高等院校机械类应用型本科"十二五"创新规划系列教材

顾问●张 策 张福润 赵敖生

机械制造装备设计

主 编 张 福 王晓方

副主编 汪 靖 王树逵

参 编 张智伟

U0370391

JIXIE ZHIZAO ZHUANGBEI SHEJI

华中科技大学出版社
http://www.hustp.com
中国·武汉

内 容 简 介

本书是为贯彻落实《国家中长期人才发展规划纲要(2010—2020 年)》,并结合多年的工学结合人才培养经验编写的,内容注重实践性操作和技能培养,反映机械行业对应用型技能人才的需求,以工作过程为导向,按照工程技术岗位所需的知识、能力、素质来选取教学内容的,本书紧密结合企业元素,选用企业真实的典型案例进行分析描述,采用最新的国家标准,内容丰富新颖。通过引用典型实例进行分析,使读者加深对所述内容的理解,较好地掌握本课程的基本理论,培养读者分析和解决生产实际问题的能力。

全书分为六个模块,设有 31 个项目。模块一(项目 1.1~1.7)为现代机械制造装备概论;模块二(项目 2.1~2.6)为机床的传动设计;模块三(项目 3.1~3.5)为机床主要部件设计;模块四(项目 4.1~4.3)为组合机床设计;模块五(项目 5.1~5.6)为机床夹具设计;模块六(项目 6.1~6.4)为机械加工中物料储运装置与设备管理。

本书可作为高等院校"机械制造装备"课程教材,也可供从事机械制造等工作的工程技术人员参考。

图书在版编目(CIP)数据

机械制造装备设计/张福,王晓方 主编.—武汉:华中科技大学出版社,2014.1(2021.8 重印)
ISBN 978-7-5609-9643-1

Ⅰ.①机… Ⅱ.①张… ②王… Ⅲ.①机械制造-工艺装备-设计-高等学校-教材 Ⅳ.①TH16

中国版本图书馆 CIP 数据核字(2014)第 017478 号

机械制造装备设计   张 福 王晓方 主编

策划编辑:俞道凯
责任编辑:姚 幸
封面设计:陈 静
责任校对:刘 竣
责任监印:张正林
出版发行:华中科技大学出版社(中国·武汉)   电话:(027)81321913
         武汉市东湖新技术开发区华工科技园   邮编:430223
录   排:华中科技大学惠友文印中心
印   刷:武汉市籍缘印刷厂
开   本:787mm×1092mm 1/16
印   张:23.75
字   数:590 千字
版   次:2021 年 8 月第 1 版第 6 次印刷
定   价:42.80 元

高等院校机械类应用型本科"十二五"创新规划系列教材
编审委员会

高等院校机械类应用型本科"十二五"创新规划系列教材

总　　序

　　《国家中长期教育改革和发展规划纲要》(2010—2020)颁布以来,胡锦涛总书记指出:教育是民族振兴、社会进步的基石,是提高国民素质、促进人的全面发展的根本途径。温家宝总理在 2010 年全国教育工作会议上的讲话中指出:民办教育是我国教育的重要组成部分。发展民办教育,是满足人民群众多样化教育需求、增强教育发展活力的必然要求。目前,我国高等教育发展正进入一个以注重质量、优化结构、深化改革为特征的新时期,从1998 年到 2010 年,我国民办高校从 21 所发展到了 676 所,在校生从 1.2 万人增长为 477 万人。独立学院和民办本科学校在拓展高等教育资源,扩大高校办学规模,尤其是在培养应用型人才等方面发挥了积极作用。

　　当前我国机械行业发展迅猛,急需大量的机械类应用型人才。全国应用型高校中设有机械专业的学校众多,但这些学校使用的教材中,既符合当前改革形势又适用于目前教学形式的优秀教材却很少。针对这种现状,急需推出一系列切合当前教育改革需要的高质量优秀专业教材,以推动应用型本科教育办学体制和运行机制的改革,提高教育的整体水平,加快改进应用型本科的办学模式、课程体系和教学方式,形成具有多元化特色的教育体系。现阶段,组织应用型本科教材的编写是独立学院和民办普通本科院校内涵提升的需要,是独立学院和民办普通本科院校教学建设的需要,也是市场的需要。

　　为了贯彻落实教育规划纲要,满足各高校的高素质应用型人才培养要求,2011 年 7 月,华中科技大学出版社在教育部高等学校机械学科教学指导委员会的指导下,召开了高等院校机械类应用型本科"十二五"创新规划系列教材编写会议。本套教材以"符合人才培养需求,体现教育改革成果,确保教材质量,形式新颖创新"为指导思想,内容上体现思想性、科学性、先进性和实用性,把握行业岗位要求,突出应用型本科院校教育特色。在独立学院、民办普通本科院校教育改革逐步推进的大背景下,本套教材特色鲜明,教材编写参与面广泛,具有代表性,适合独立学院、民办普通本科院校等机械类专业教学的需要。

　　本套教材邀请有省级以上精品课程建设经验的教学团队引领教材的建设,邀请本专业领域内德高望重的教授张策、张福润、赵敖生等担任学术顾问,邀请国家级教学名师、教育部机械基础学科教学指导委员会副主任委员、华中科技大学机械学院博士生导师吴昌林教授担任总主编,并成立编审委员会对教材质量进行把关。

　　我们希望本套教材的出版,能有助于培养适应社会发展需要的、素质全面的新型机械工程建设人才,我们也相信本套教材能达到这个目标,从形式到内容都成为精品,真正成为高等院校机械类应用型本科教材中的全国性品牌。

高等院校机械类应用型本科"十二五"创新规划系列教材

编审委员会

2012-5-1

前　言

　　本书是为贯彻落实《国家中长期人才发展规划纲要(2010—2020年)》，全面提升本科教材质量，充分发挥教材在提高人才培养质量中的基础性作用，结合多年的工学结合人才培养经验而编写的。高等院校课程改革经历了课程综合化、任务驱动教学、项目教学等模式，目前主要是以职业能力培养为主线，围绕高素质技能型人才培养目标系统改革课程体系，以工作过程为导向来改革专业课程，力求更好地服务于专业，服务于岗位，努力实现与工作岗位零距离接触。

　　本书正是以这种课程改革为指导思想，在内容上体现思想性、科学性、先进性和实用性，把握行业岗位要求，突出应用型院校教育特色。以工作过程为导向，按照工程技术岗位所需的知识、能力、素质来选取教材内容，紧密结合企业元素，选用企业真实的典型案例进行分析描述，内容丰富新颖。全书分为六个模块，共31个项目：模块一(项目1.1～1.7)为现代机械制造装备概论，模块二(项目2.1～2.6)为机床的传动设计，模块三(项目3.1～3.5)为机床主要部件设计，模块四(项目4.1～4.3)为组合机床设计，模块五(项目5.1～5.6)为机床夹具设计，模块六(项目6.1～6.4)为机械加工中物料储运装置与设备管理。

　　本书采用项目教学加典型案例的形式，立足于对学生实践能力的培养，因此对内容的选择标准作了根本性改革，打破了以知识传授为主要特征的传统课程教学模式，转变为以工作任务为中心来组织教材内容和课程教学，从生产实际出发，在突出实际应用的同时，结合理论知识分别进行论述。其实用性和针对性较强，有以下明显特点。

　　1. 由省级以上精品课程建设经验的教师参加本书的编写，体现教学内容的先进性。在内容的编写上，实行主编负责下的民主集中制，详细讨论现有教材在使用过程中的利与弊，取其精华。所选案例注重实用性和代表性，符合生产实际的需要，既能使学生较快融入企业生产实际，又能为学生的可持续发展提供一定的理论基础。

　　2. 根据技能培养的教学特点，将每个项目的目标任务与理论知识有机结合在一起，通过典型案例反映每个项目的重点内容。强化和拓展学生的知识理解能力和应用能力，既通俗易懂、内容丰富，又紧密联系生产实际。

　　3. 采用最新的国家标准，每个任务采用企业的工作任务单形式引出，使学生在学习过程中感受企业的氛围。

　　4. 增添大量的精美实物图片和典型案例，增强互动性和感官认识，举一反三，达到更好地掌握技能的目的。

　　本书由沈阳工学院张福、沈阳理工大学王晓方担任主编，由武昌工学院汪靖、沈阳大学王树逵担任副主编，南车二七车辆有限公司转向架技术室张智伟参编。其中课程导入、模块一由张福编写，模块二、三由王晓方编写，模块四、六由王树逵编写，模块五由汪靖编写；全书图表由张智伟统稿。在本书编写过程中，相关院校的校企合作企业的技术专家和兄弟院校的老师为本书的编写提出了许多宝贵的意见，在这里表示衷心的感谢！

由于编者水平和经验有限,时间仓促,书中难免有欠妥之处,恳请读者批评指正。

编者

2013 年 8 月

目　　录

课 程 导 入

一、金属切削机床在国民经济中的地位与作用

在现代机械制造工业中,加工机器零件的方法有多种,如铸造、锻造、焊接、冲压、切削加工和各种特种加工等。机械零件的形状精度、尺寸精度和表面粗糙度,目前主要靠切削加工的方法来达到,特别是形状复杂、精度要求高和表面粗糙度值要求很小的零件,往往需要在机床上经过几道甚至几十道切削加工工序才能完成。因此,金属切削机床是加工机器零件的主要设备。它所担负的工作量占机器总制造工作量的 40%～60%。机床的技术水平直接影响到机械制造工业的产品质量和劳动生产率。

机械制造业是国民经济赖以发展的基础。机床工业则是机械制造工业的基础。一个国家机械制造业的技术水平,在很大程度上标志着这个国家的工业生产能力和科学技术水平。显然,金属切削机床在国民经济现代化建设中起着重要的作用。

二、金属切削机床的发展概况

机床是人类在长期生产实践中,不断改进生产工具的基础上产生的,并随着社会生产的发展和科学技术的进步而渐趋完善。最原始的机床是木制的,所有运动都由人力或畜力驱动,主要用于加工木料、石料和陶瓷制品的泥坯。15 至 16 世纪出现的铣床和磨床,在我国明朝时期宋应星所著《天工开物》中就已有对天文仪器进行磨削和铣削的记载。图 0-1 所示为在 1668 年加工天文仪器上大铜环的铣床。它利用直径 2 丈(约 6.7 m)的镶片铣刀,由牲畜驱动来进行铣削的。铣削完毕后,将铣刀换下,装上磨石,还可以对大铜环进行磨削加工。

图 0-1　我国明朝时期的磨削和铣削
1—铣刀;2—铜环

现代意义上用于加工金属机械零件的机床是在 18 世纪中叶才开始发展起来的。18 世纪末,蒸汽机的出现提供了新型能源,使生产技术发生了革命性的变化。在加工过程中,逐渐产生了专业分工,出现了多种类型的机床。1770 年前后出现了镗削汽缸内孔用的镗床,

1797 年出现了带有机动刀架的车床。到 19 世纪末，车床、钻床、镗床、刨床、拉床、铣床、磨床、齿轮加工机床等类型的机床已先后形成。

20 世纪以来，齿轮变速箱的出现，使机床的结构和性能发生了根本性的变化。随着电气、液压等技术的出现并在机床上得到普遍应用，机床技术有了迅速的发展。除通用机床外，出现了许多变型品种和各式各样的专用机床。20 世纪 50 年代，在综合应用电子技术、检测技术、计算技术、自动控制和机床设计等各个领域最新成就的基础上发展起来的数控机床，使机床自动化进入了一个崭新的阶段，与早期发展的仅适用于大批量生产的纯机械控制和继电器接触控制的自动化机床相比，数控机床具有很高柔性，即使在单件、小批生产中也能得到经济的使用。

纵观机床的发展历史，它总是随着机械工业的扩大和科学技术的进步而发展的，并始终围绕着不断提高生产效率、加工精度、自动化程度和扩大产品品种范围而进行的。现代机床总的趋势仍然是继续沿着这一方向发展的。

我国的机床工业是在中华人民共和国成立后建立起来的。在半封建半殖民地的中国，基本上没有机床制造工业。直到 1949 年，全国只有少数几个机械修配厂能少量生产结构简单的机床。1949 年，全国机床产量仅 1 500 多台。中华人民共和国成立 60 多年来，我国机床工业获得了高速发展，目前我国已形成了布局比较合理、结构比较完整的机床工业体系。我国机床的拥有量和产量已步入世界前列，品种和质量也有很大的发展和提高，除满足国内建设的需要以外，有一部分已远销国外。我国已制订了完整的机床系列型谱，生产的机床品种也日趋齐全，目前已具备了成套装备现代化工厂的能力。我国机床的性能也在逐步提高，有些机床已经接近世界先进水平。在消化、吸收、引进技术的基础上，我国数控技术也有了新的发展。目前我国能生产 100 多种数控机床，并研制出六轴五联动的数控系统，可用于复杂型面的加工。

我国机床工业的发展是迅速的，成就是巨大的。但由于起步晚、底子薄，与世界先进水平相比，还有较大的差距。主要表现在：大部分高精度和超高精度机床的性能还不能满足要求，精度保持性也较差，特别是高效自动化和数控机床的产量、技术水平和质量等方面都明显落后。到 1990 年底，我国数控机床的产量仅为全部机床产量的 1.5%，产值数控化率仅为 8.7%。而同期日本机床产值数控化率为 80%，德国为 54.2%，因而造成数控机床大量进口。我国数控机床基本上是中等规格的车床、铣床和加工中心等。精密、大型、重型或小型数控机床，还远远不能满足需要，用于航空、航天、冶金、汽车、造船和重型机器制造等工业所需的多种类型的特种数控机床基本上还是空白。另外，在技术水平和性能方面的差距也很明显，产品的质量与可靠性也不够稳定，机床基础理论和应用技术的研究明显落后，人员技术素质还跟不上现代机床技术飞速发展的需要。因此，我国机床工业面临着光荣而艰巨的任务，必须奋发图强，努力工作，不断扩大技术队伍和提高人员的技术素质，在学习和引进国外的先进科学技术的同时，努力提高自主创新能力，以便早日赶上世界先进水平。

三、机床的分类

由于机床品种规格多，为了便于区别、使用和管理，所以应该对机床进行分类和编号。

1. 按加工性质和所用刀具进行分类

根据《金属切削切床 型号编制方法》(GB/T 15375—2008),目前将机床分为 11 类:车床、钻床、镗床、磨床、齿轮加工机床、螺纹加工机床、铣床、刨插床、拉床、锯床及其他机床。每一类机床又按工艺范围、布局形式和结构性能等不同,分为若干组,每一组又细分为若干系(系列)。

2. 同类型机床按其工艺范围(通用性程度)进行分类

(1)通用机床 它可用于加工多种零件的不同工序,加工范围较广,通用性较好,但结构比较复杂。这种机床主要适用于单件、小批生产,如卧式车床、摇臂钻床、万能升降台铣床和万能外圆磨床等。

(2)专门化机床 它的工艺范围较窄,专门用于加工某一类或几类零件的某一道(或几道)特定工序,如曲轴车床、凸轮轴车床等。

(3)专用机床 它的工艺范围最窄,只能用于加工某一零件的某一道特定工序,适用于大批大量生产。如汽车、拖拉机制造企业中大量使用的各种组合机床、车床导轨的专用磨床等。

3. 同类型机床按加工精度进行分类

机床可分为普通精度机床、精密机床和高精度机床。

4. 按自动化程度进行分类

机床可分为手动、机动、半自动和全自动机床。

5. 按质量与尺寸进行分类

机床可分为仪表机床、中型机床(一般机床)、大型机床(质量达到 10t)、重型机床(质量在 30t 以上)、超重型机床(质量在 100t 以上)。

6. 按机床主要工作部件的数目进行分类

机床可以分为单轴、多轴,单刀或多刀机床等。

7. 按控制方式与控制系统进行分类

机床可分为仿形机床、程序控制机床、数字控制机床等。

随着机床的发展,其分类方法也将不断发展。现代机床正朝数控化方向发展,数控机床的功能日趋多样化,工序更加集中。现在一台数控机床集中了越来越多的传统机床的功能。例如数控车床在卧式车床功能的基础上,又集中了转塔车床、仿型车床、自动车床等多种车床的功能。可见,机床数控化引起了机床传统分类方法的变化。这种变化主要表现在机床品种不是越分越细,而是趋向综合。

四、机床型号的编制方法

机床型号是机床产品的代号,用于简明地表示机床的类型、通用特性、结构特性、主要技术参数等。我国的机床型号编制方法自 1957 年第一次颁布以来,随着机床工业的发展,曾做过多次修订和补充,现行的编制方法是按国家标准《金属切削机床 型号编制方法》(GB/T 15375—2008)执行,适用于各类通用及专用金属切削机床、自动线,不包括组合机床、特种加工机床。

1. 通用机床的型号

型号由基本部分和辅助部分组成,中间用"/"隔开,读做"之",前者需要统一管理,后者纳入型号与否由企业自定,型号构成如下。

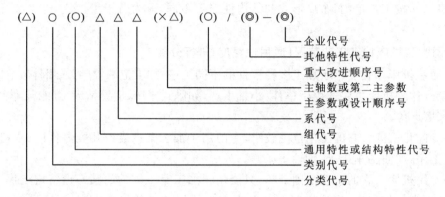

其中,△表示阿拉伯数字,○表示大写汉语拼音字母,( )表示可选项,◎表示大写汉语拼音字母或阿拉伯数字。

1) 机床的类别代号

机床的类别代号用大写的汉语拼音字母表示,按其相应的汉字字意读音。必要时,每类可分为若干分类。分类代号在类代号之前,作为型号的首位,并用阿拉伯数字表示。第一分类代号前的"1"省略,其他分类代号则应予以表示。例如,铣床类代号"X",读作"铣"。机床的类和分类代号见表0-1。

表 0-1 机床的类和分类代号

类别	车床	钻床	镗床	磨床			齿轮加工机床	螺纹加工机床	铣床	刨插床	拉床	锯床	其他机床
代号	C	Z	T	M	2M	3M	Y	S	X	B	L	G	Q
读音	车	钻	镗	磨	二磨	三磨	牙	丝	铣	刨	拉	割	其

机床的特性代号表示机床所具有的特殊性能,包括通用特性和结构特性,用汉语拼音字母表示。

(1)通用特性代号　通用特性代号有统一的固定含义,它在各类机床中表示的意义相同。当某类型机床除了有普通型外,还有某些通用特性时,在类代号之后加通用特性代号予以区别。例如,"CK"表示数控车床。如果某类型机床仅有某种通用性能,而无普通形式者,则通用特性不予表示。如 C1107 型单轴纵切自动车床,由于这类自动车床没有"非自动"型,所以不必用…Z 表示通用特性。

当在一个型号中需同时使用两至三个通用特性代号时,一般按重要程度排列顺序。例如,"MBG"表示半自动高精度磨床。机床通用特性代号见表0-2。

表 0-2　机床通用特性代号

通用特性	高精度	精密	自动	半自动	数控	加工中心（自动换刀）	仿形	轻型	加重型	简式	柔性加工单元	数显	高速
代号	G	M	Z	B	K	H	F	Q	C	J	R	X	S
读音	高	密	自	半	控	换	仿	轻	重	简	柔	显	速

（2）结构特性代号　对主参数值相同而结构、性能不同的机床,要在型号中加结构特性代号予以区分。根据各类机床的具体情况,对某些结构特性代号可以赋予一定含义。但结构特性代号与通用特性代号不同,它在型号中没有统一的含义,只在同类机床中起区分机床结构和表示性能不同的作用。当型号中有通用特性代号时,结构特性代号更应排在通用能性代号之后。结构特性代号用汉语拼音字母（通用特性代号已用的字母和"I""O"两个字母不能用）表示,当单个字母不够用时,可将两个字母组合使用。例如,CA6140 型卧式车床型号中的"A",可理解为这种型号车床在结构上区别于 C6140 型车床。结构特性的代号字母是根据各类机床的情况分别规定的,在不同型号中的意义不一样。

（3）机床的组别代号和系别代号　机床的组别代号和系别代号用两位阿拉伯数字表示,前位表示组别,后位表示系列。每类机床按其结构性能及使用范围划分为 10 个组,每个组又分为 10 个系,分别用数字 0~9 表示。金属切削机床的类、组划分见表 0-3。

表 0-3　金属切削机床的类、组代号

组别\\类别	0	1	2	3	4	5	6	7	8	9
车床 C	仪表车床	单轴自动、半自动车床	多轴自动、半自动车床	回轮、转塔车床	曲轴及凸轮轴车床	立式车床	落地及卧式车床	仿形及多刀车床	轮、轴、辊、锭及铲齿车床	其他车床
钻床 Z	—	坐标镗钻床	深孔钻床	摇臂钻床	台式钻床	立式钻床	卧式钻床	铣钻床	中心孔钻床	—
镗床 T	—	—	深孔镗床	—	坐标镗床	立式镗床	卧式铣镗床	精镗床	汽车、拖拉机修理用镗床	—
磨床 M	仪表磨床	外圆磨床	内圆磨床	砂轮机	坐标磨床	导轨磨床	刀具刃磨床	平面及端面磨床	曲轴、凸轮轴、花键轴及轧辊磨床	工具磨床
磨床 2M	—	超精机	内圆研磨机	外圆及其他研磨机	抛光机	砂带抛光及磨削机床	刀具刃磨及研磨机床	可转位刀片磨削机床	研磨机	其他磨床
磨床 3M	—	球轴承套圈沟磨床	滚子轴承套圈滚道磨床	轴承套圈超精机床	叶片磨削机床	滚子加工机床	钢球加工机床	气门、活塞及活塞环磨削机床	汽车、拖拉机修磨机床

续表

组别 类别	0	1	2	3	4	5	6	7	8	9
齿轮加工机床 Y	仪表齿轮加工机	—	锥齿轮加工机	滚齿及铣齿机	剃齿及研齿机	插齿机	花键轴铣床	齿轮磨齿机	其他齿轮加工机	齿轮倒角及检查机
螺纹加工机床 S	—	—	—	套丝机	攻丝机	—	螺纹铣床	螺纹磨床	螺纹车床	—
铣床 X	仪表铣床	悬臂及滑枕铣床	龙门铣床	平面铣床	彷形铣床	立式升降台铣床	卧式升降台铣床	床身铣床	工具铣床	其他铣床
刨插床 B	—	悬臂刨床	龙门刨床	—	—	插床	牛头刨床	—	边缘及模具刨床	其他刨床
拉床 L	—	—	侧拉床	卧式外拉床	连续拉床	立式内拉床	卧式内拉床	立式外拉床	键槽及螺纹拉床	其他拉床
锯床 G	—	—	砂轮片锯床	—	卧式带锯床	立式带锯床	圆锯床	弓锯床	锉锯床	—
其他机床 Q	其他仪表机床	管子加工机床	木螺钉加工机	—	刻线机	切断机	—	—	—	—

(4)机床主参数和设计顺序号 机床主参数代表机床规格的大小,用折算值(主参数乘以折算系数)表示。常见机床的主参数及折算系数见表 0-4。

表 0-4 常见机床的主参数及折算系数

机　　床	主参数名称	主参数折算系数	第二主参数
卧式车床	床身上最大回转直径/mm	1/10	最大工件长度
立式车床	最大车削直径/mm	1/100	最大工件高度
摇臂钻床	最大钻孔直径/mm	1/1	最大跨距
卧式镗铣床	镗轴直径/mm	1/10	
坐标镗床	工作台面宽度/mm	1/10	工作台面长度
外圆磨床	最大磨削直径/mm	1/10	最大磨削长度
内圆磨床	最大磨削孔径/mm	1/10	最大磨削深度
矩台平面磨床	工作台面宽度/mm	1/10	工作台面长度
齿轮加工机床	最大工件直径/mm	1/10	最大模数
龙门铣床	工作台面宽度/mm	1/100	工作台面长度
升降台铣床	工作台面宽度/mm	1/10	工作台面长度
龙门刨床	最大刨削宽度/mm	1/100	最大刨削深度
插床及牛头刨床	最大插削及刨削长度/mm	1/10	
拉床	额定拉力/t	1/1	最大行程

　　第二主参数一般是指主轴数、最大跨距、最大工件长度及工作台工作长度等。第二主参数也用折算值表示。

　　(5)机床的重大改进顺序号　当机床的性能及结构布局有重大改进,并按新产品重新设计、试制和鉴定时,在原有机床型号的尾部,应加重大改进号,以区别原有机床型号。序号按A,B,C,…的字母顺序选用。

　　(6)其他特性代号　主要用来反映各类机床的特性,如对于数控机床,可用来反映不同的控制系统;对于一般机床,可以反映同一型号机床的变型等。其他特性代号用汉语拼音字母或阿拉伯数字或二者的组合来表示。

　　(7)企业代号　生产企业单位的代号用企业所在城市名称或企业名称的大写汉语拼音字母表示。企业代号置于辅助部分之尾部,用“—”分开,读作“至”。若在辅助部分中仅有企业代号,则不加“—”。

　　对 CA6140 型卧式车床,含义如下。

　　对 MG1432A 型高精度万能外圆磨床,含义如下。

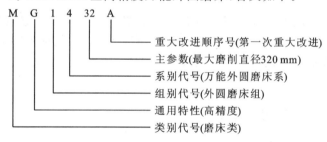

五、机床的一般要求

　　机床为机械制造的工作母机,它的性能与技术水平直接关系到机械制造产品的质量与成本,关系到机械制造的劳动生产率。因此,机床首先应满足使用方面的要求,其次应考虑机床制造方面的要求。现将这两方面的基本要求简述如下。

1. 工作精度良好

　　机床的工作精度是指加工零件的尺寸精度、形状精度和表面粗糙度。根据机床的用途和使用场合,各种机床的精度标准都有相应的规定。尽管各种机床的精度标准不同,但是评价一台机床的质量都以机床工作精度作为最基本的要求。机床的工作精度不仅取决于机床的几何精度与传动精度,还受机床弹性变形、热变形、振动、磨损以及使用条件等许多因素的影响,这些因素涉及机床的设计、制造和使用等方面的问题。

　　对机床的工作精度不但要求具有良好的初始精度,而且要求具有良好的精度保持性,即要求机床的零部件具有较高的可靠性和耐磨性,使机床有较长的使用期限。

2. 生产率和自动化程度要高

生产率常用单位时间内加工工件的数量来表示。机床生产率是反映机械加工经济效益的一个重要指标,在保证机床工作精度的前提下,应尽可能提高机床生产率。要提高机床生产率,必须减少切削加工时间和辅助时间。前者在于增大切削用量或采用多刀切削,并相应地增加机床的功率,提高机床的刚度和抗振性;后者在于提高机床自动化程度。

提高机床自动化程度的另一目的就是,改善劳动条件以及加工过程不受操作者的影响,使加工精度保持稳定。因此,机床自动化是机床发展趋向之一,特别是对用于大批生产的机床和精度要求高的机床,提高机床自动化程度更为重要。

3. 噪声要小,传动效率要高

机床噪声是危害人们身心健康,影响正常工作的一种环境污染。机床传动机构的运转、某些结构的不合理以及切削过程都将产生噪声,速度高、功率大和自动化的机床噪声问题更为严重。所以,对现代机床的噪声控制应予以充分重视。

高速运转的零件和机构越多,空转功率也越大,同时产生的噪声也越大。为了节省能源、保证机床工作精度和降低机床噪声,应当设法提高机床的传动效率。

4. 操作要安全方便

机床的操作应当方便省力且安全可靠,操纵机床的动作应符合习惯以避免发生误操作,以减轻工人的紧张程度,保证工人与机床的安全。

5. 制造和维修方便

在满足使用方面要求的前提下,应力求机床结构简单,零部件数量少,结构的工艺性好,便于制造和维修。机床结构的复杂程度和工艺性决定了机床的制造成本,在保证机床工作精度和生产率的前提下,应设法降低成本、提高经济效益。此外,还应力求机床的造型新颖、色彩美观大方。

思考与训练

0-1 机床在国民经济中的地位和作用是什么?

0-2 举例说明通用机床、专门化机床和专用机床的主要区别是什么。

0-3 说出下列机床的名称和主参数(第二主参数),并说明它们各具有何种通用和结构特性。CM6132,C1336,C2150×6,Z3040×16,T6112,T4163B,XK5040,B2021A,MGB1432。

模块一　现代机械制造装备概论

项目实施建议

知识目标　掌握工件表面成形方法,机床的运动、传动分析、机床的结构和配置形式、掌握各种机床的加工工艺范围

技能目标　能分析机床的运动与传动系统、熟悉各种机床的工艺范围

教学重点　工件表面成形方法,切削运动

教学难点　工件表面成形方法,机床的传动系统

教学方案(情景)　现场参观,现场教学,多媒体教学

选用工程应用案例　以 CA6140 型卧式车床为例,分析机床的运动与传动

考核与评价　项目成果评定 60%,学习过程评价 30%,团队合作评价 10%

建议学时　8~12

项目 1.1　机床传动基础知识

任务 1.1.1　工件表面的成形运动

任务引入

机械零件的形状很多,但主要由平面、圆柱面、圆锥面和成形面组成。要获得所需的工件表面有哪些成形方法? 工件表面的成形方法和机床所需的运动以及各种运动之间有何联系呢? 机床的各种运动都是怎样来实现的?

任务分析

各种类型机床的具体用途和加工方法虽然各不相同,但基本上其工作原理相同,即所有机床都必须通过刀具和工件之间的相对运动,切除工件上多余金属,形成具有一定形状、尺寸和表面质量的工件表面,从而获得所需的机械零件。机床加工机械零件的过程,实质就是形成零件上各个工作表面的过程。

一、工件的表面形状及其形成方法

机械零件的形状多种多样,但构成其内、外轮廓表面的不外乎几种基本形状的表面:平面、圆柱面、圆锥面以及各种成形面(见图 1-1)。这些基本形状的表面都属于线性表面,既可经济地在机床上进行加工,又较易获得所需精度。

工件表面可以看成是一条线沿着另一条线运动而形成的。并且把这两条线称为母线和导线,统称发生线。如图 1-2(a)所示,平面是由直线 1(母线)沿直线 2(导线)运动而形成;图

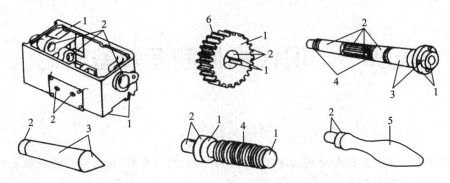

图 1-1 构成机械零件外形轮廓的常用表面

1—平面;2—圆柱面;3—圆锥面;4—螺旋面(成形面);5—回转体成形面;6—渐开线表面(直线成形面)

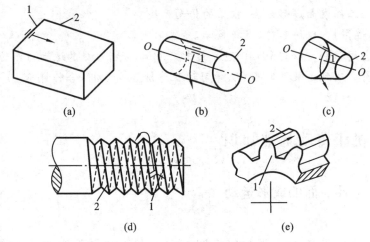

图 1-2 零件表面的形成

1—母线;2—导线

1-2(b)、(c)所示圆柱面和圆锥面是由直线 1(母线)沿着圆 2(导线)运动而形成;图 1-2(d)所示为圆柱螺纹的螺旋面,是由"∧"形成线 1(母线)沿螺纹线 2(导线)运动而成;图 1-2(e)所示为直齿圆柱齿轮的渐开线齿廓表面,是由渐开线 1(母线)沿直线 2(导线)运动而形成的。

在上述举例中不难发现,有些表面的母线和导线可以互换,如圆柱面和直齿圆柱齿轮的渐开线齿廓表面等,称为可逆表面;而有些表面的母线和导线不可互换,如圆锥面、螺纹面,称为不可逆表面。一般说来,可逆表面可采用的加工方法要多于不可逆表面。

机床上加工零件时,零件所需形状的表面是通过刀具和工件的相对运动,用刀具的切削刃切削出来的,其实质就是借助于一定形状的切削刃以及切削刃与被加工表面之间按一定规律的相对运动,生成所需的母线和导线。由于加工方法和使用的刀具切削刃形状的不同,机床上形成发生线的方法和所需运动也不同,归纳起来有以下四种:轨迹法、成形法、相切法、展成法,如图 1-3 所示。

1. 轨迹法

轨迹法是指利用刀具按一定规律的轨迹运动对工件进行加工的方法。切削刃与被加工

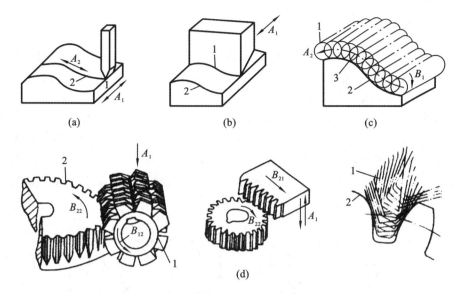

图 1-3　形成发生线的四种方法及运动
1—刀尖或切削刃；2—发生线；3—刀具轴线的运动轨迹

表面为点接触（实际是在很短一段长度上的弧线接触），因此，切削刃可被看做是一个点。为了获得所需发生线，切削刃必须沿着发生线做轨迹运动。在图 1-3(a)所示例子中，刨刀沿箭头 A_1 方向所做直线运动，形成了直线形的母线。刨刀沿箭头 A_2 方向所做曲线运动，形成了曲线形的导线。显然，采用轨迹法形成发生线，需要一个独立的运动。

2. 成形法

成形法是指利用成形刀具对工件进行加工的方法。如图 1-3(b)所示，切削刃是一条与所需形成的发生线完全吻合的切削线，因此加工时不需要任何成形运动便可获得所需发生线。曲线形母线由成形刨刀的切削刃直接形成，直线形的导线则由轨迹法形成。

3. 相切法

相切法是指利用刀具边旋转边做轨迹运动对工件进行加工的方法。如图 1-3(c)所示，切削刃可被看做是点，当该切削点绕着刀具轴线做旋转运动 B_1 同时刀具轴线沿着发生线的等距线做轨迹运动 A_2 时，切削点运动轨迹的包络线便形成所需的发生线。因此，采用相切法形成发生线，需要两个独立的成形运动，即刀具的旋转运动和刀具中心按一定规律运动。

4. 展成法（范成法）

展成法是指利用刀具和工件做展成切削运动的加工方法，切削刃是一条与需要形成的发生线共轭的切削线。加工时，刀具与工件按确定的运动关系做相对运动，切削刃与被加工表面相切，切削刃各瞬时位置的包络线就是所需的发生线。用展成法形成发生线时，刀具和工件之间的相对运动通常由两个运动（旋转＋旋转或旋转＋移动）组合而成，这两个运动之间必须保持严格的运动关系，彼此不能独立，它们共同组成一个复合的运动，这个运动称为展成运动。如图 1-3(d)所示，工件旋转 B_{22} 和刀具旋转 B_{12}（或刀具直线移动 B_{21}）是形成渐开线的展成运动，它们必须保持严格的传动比关系。

二、机床的运动

在机床上,为了获得所需的工件表面形状,必须形成一定形状的发生线(母线和导线)。除成形法外,发生线的形成都是靠刀具和工件做相对运动实现的。这种运动称为表面成形运动。此外,还有多种辅助运动。

表面成形运动(简称成形运动)是保证得到工件要求的表面形状的运动。表面成形运动是机床上最基本的运动,是机床上刀具和工件为了形成表面发生线而做的相对运动。例如,图 1-4(a)所示的是用尖头车刀车外圆柱面。形成母线和导线的方法属于轨迹法。工件的旋转运动 B_1 产生母线(圆),刀具的纵向直线运动 A_2 产生导线(直线)。运动 B_1 和 A_2 就是两个表面成形运动。

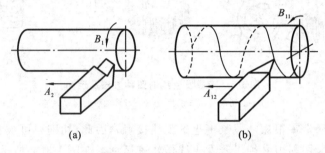

图 1-4 成形运动的组成

1. 成形运动按其组成情况分类

成形运动按其组成情况不同,可分为简单运动和复杂运动两种。如果一个独立的成形运动是由单独的旋转运动或直线运动构成的,则此成形运动称为简单成形运动。在机床上,简单成形运动一般是主轴的旋转,刀架和工作台的直线移动。通常用符号 A 表示直线运动,用符号 B 表示旋转运动。例如,用尖头车刀车削外圆柱面时(见图 1-4(a)),工件的旋转运动 B_1 和刀具的直线移动 A_2 就是两个简单运动。

如果一个独立的成形运动是由两个或两个以上的旋转运动或直线运动,按照某种确定的运动关系组合而成,则称此成形运动为复合成形运动。例如,车削螺纹时(见图 1-4(b)),形成螺旋形发生线所需的刀具和工件之间的相对螺旋轨迹运动,通常将其分解为工件的等速旋转运动 B_{11} 和刀具的等速直线移动 A_{12}。B_{11} 和 A_{12} 彼此不能独立,它们之间必须保证严格的运动关系,即工件每转 1 圈时,刀具直线移动的距离应等于螺纹的一个导程,从而 B_{11} 和 A_{12} 这两个单元运动组成一个复合运动。

由复合成形运动分解的各个运动虽然都是直线运动或旋转运动,但本质是不同的。前者是复合运动的一部分,各个部分必然保持严格的相对运动关系,是互相依存,而不是独立的。而简单运动之间是互相独立的,没有严格的相对运动关系。

2. 成形运动按在切削过程中的作用分类

成形运动按其在切削过程中所起的作用,又可分为主运动和进给运动。

1) 主运动

主运动是指直接切除工件上多余材料(切削层),使之转变为切屑,以形成工件新表面的运动。金属切削的过程中,无论哪种切削运动,主运动只有一个,且它的速度较高、功率消耗也较大,约占总功率消耗的 90%。主运动可以由工件完成,如车削加工时工件的旋转运动,也可以由刀具完成,如铣削、钻削加工中的铣刀、钻头的旋转运动,刨削加工时刨刀的直线运动。

2)进给运动

进给运动是指不断地把切削层投入切削,以逐渐切出整个工件表面的运动。切削运动中,进给运动可以是一个(如钻削加工时)或多个(如磨削加工时),也可能没有(如拉削加工时)。进给运动通常速度较低,功率消耗较小,既可以是连续的,也可以是间断的。例如,车削外圆时,纵向进给运动是连续的,横向进给运动是间断的,刀具进给运动仅消耗切削总功率的 10% 左右。主运动和进给运动既可能是简单成形运动,也可能是复合成形运动。

表面成形运动是机床上最基本的运动,其轨迹、数目、行程和方向在很大程度上决定着机床的传动和结构形式。显然,采用不同工艺方法,加工不同形状的表面,所需要的表面成形运动是不同的,从而产生了各种不同类型的机床。然而,即使是用同一种工艺方法和刀具结构加工相同表面,由于具体加工条件不同,表面成形运动在刀具和工件之间的分配也往往不同。例如,车削圆柱面时,在绝大多数情况下,表面成形运动是工件旋转和刀具直线移动。但根据工件形状、尺寸和坯料形式等具体条件不同,表面成形运动也可以是工件旋转并直线移动,或刀具旋转和工件直线移动,或者刀具旋转并直线移动(见图 1-5)。表面成形运动在刀具和工件之间的分配情况不同,机床结构也不一样,这就决定了机床结构形式的多样化。

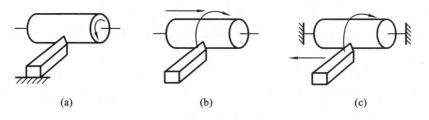

(a)　　　　　　　　(b)　　　　　　　　(c)

图 1-5　圆柱面的车削加工方式

(a)工件运动　(b)刀具绕工件转动、工件移动　(c)刀具运动

3)辅助运动

机床的运动除了切削运动外,还有一些实现机床切削过程的辅助工作而必须进行的辅助运动,该运动不直接参与切削运动,但为切削加工的工件运动创造了加工的必要条件,是不可缺少的。它的种类很多,主要包括以下几种。

(1)切入运动　刀具相对工件切入一定深度,以保证工件获得一定的加工尺寸。

(2)分度运动　加工若干个完全相同的均匀分布的表面时,为使表面成形运动得以周期性地继续进行的运动称为分度运动。例如,多工位工作台、刀架等的周期性转位或移位,以便依次加工工件上的各有关表面,或依次使用不同刀具对工件进行顺序加工。

(3)操纵和控制运动　操纵和控制运动包括启动、停止,变速,换向,部件与工件的夹紧、松开,转位以及自动换刀、自动检测等。

(4)调位运动　加工开始前,机床移动有关部件,以调整刀具和工件之间的正确相对位置。

（5）各种空行程运动　空行程运动是指进给前后的快速运动。例如，在装卸工件时，为避免碰伤操作者或划伤已加工表面，刀具与工件应相对退离。在进给开始之前，刀具快速前进，使刀具与工件接近。进给结束后，刀具应快速退回。又如，车床的刀架或铣床的工作台，在进给前后都有快进或快退运动。

三、机床的传动联系和传动原理图

1. 机床传动的组成

为了实现加工过程中所需的各种运动，机床必须具有执行件、动力源和传动装置三个基本部分。

（1）执行件　执行件是执行机床运动的部件，如主轴、刀架、工作台等。其任务是装夹刀具或工件，并直接带动其完成一定形式的运动，并保持其准确的运动轨迹。

（2）动力源　动力源是为执行件提供动力和运动的装置，如交流异步电动机、直流或交流调速电动机和伺服电动机等。

（3）传动装置　传动装置是指传递运动和动力的装置，通过它把执行件和动力源或有关的执行件之间联系起来，使执行件获得一定速度和方向的运动，并使有关执行件之间保持某种确定的相对运动关系。

2. 机床的传动联系和传动链

在机床上，为了得到所需要的运动，需要通过一系列的传动件（如轴、带、齿轮副、蜗杆副、丝杠螺母机构和齿轮齿条机构等）把执行件和动力源（如主轴和电动机等），或者把执行件和执行件（如主轴和刀架等）联系起来，以构成传动联系。构成一个传动联系的一系列传动件称为传动链。

传动链中的传动机构可分为定比传动机构和换置机构两种。定比传动机构的传动比不变，如带传动、定比齿轮副和丝杠螺母副等。换置机构可根据需要改变传动比或传动方向，如滑移齿轮变速机构、挂轮机构及各种换向机构等。

根据传动联系的性质不同，传动链还可分为外联系传动链和内联系传动链。

1）外联系传动链

外联系传动链是指动力源（如电动机）与机床执行件（如主轴、刀架、工作台等）之间的传动链。它可使执行件得到预定速度的运动，且传递一定的动力。此外，外联系传动链还包括变速机构和换向（改变运动方向）机构等。外联系传动链传动比的变化只影响生产率或表面粗糙度，不影响发生线的性质。因此，外联系传动链不要求动力源与执行件之间有严格的传动比关系。例如，在车床上用轨迹法车削圆柱面时，主轴的旋转和刀架的移动是两个互相独立的成形运动，有两条外联系传动链。主轴的转速和刀架的移动速度只影响生产率和工件表面粗糙度，不影响圆柱面的形成（即不影响发生线的性质）。传动链的传动比不要求很精确，工件的旋转和刀架的移动之间，也没有严格的相对速度关系。

2）内联系传动链

内联系传动链联系的是复合运动中的多个分量，也就是说它所联系的是有严格运动关系的两执行件，以获得准确的加工表面形状及较高的加工精度。有了内联系传动链，机床工作时，由其所联系的两个执行件就按照规定的运动关系做相对运动，但是内联系传动链本身并不能提供运动,为使执行件得到运动,还需要外联系传动链将运动传递到内联系传动上来。例如,在车床上用螺纹车刀车削螺纹时,为了保证所加工螺纹的导程值,主轴(工件)每转1圈,车刀必须直线移动一个螺纹导程。此时联系主轴和刀架之间的螺纹传动链就是一条传动比有严格要求的内联系传动链。假如传动比不准确,则车螺纹就不能得到要求的螺纹导程;加工齿轮时就不能展成正确的渐开线齿形。因此,内联系传动链中不能有传动比不确定或瞬时传动比有变化的传动机构,如带传动、摩擦传动和链传动等。

通过以上对机床运动的分析,可以看出:每一个运动,不论是简单的还是复杂的,必须有一条外联系传动链;只有复合运动才有内联系传动链。如果一个复合运动分解为两个部分,则必有一条内联系传动链。外联系传动链不影响发生线的性质,只影响发生线形成的速度;内联系传动链影响发生线的性质和执行件运动的轨迹。内联系传动链只能保证执行件具有正确的运动轨迹,要使执行件运动起来,还须通过外联系传动链把动力源和执行件联系起来,使执行件得到一定的运动速度和动力。

3. 机床的传动原理图

通常,传动链包括各种机构,如带传动机构、齿轮齿条、蜗轮蜗杆、丝杠螺母、滑移齿轮变速机构、交换齿轮变速机构、离合器变速机构、交换齿轮或挂轮架,以及各种电的、液压的和机械的无级变速机构等。在考虑传动路线时,通常把上述机构分成两大类:一类是传动比和传动方向固定不变的传动机构,如带传动、定比齿轮副、蜗轮蜗杆副、丝杠螺母副等,称为定比传动机构;另一类是能根据需要变换传动比和传动方向的传动机构,如交换齿轮、滑移齿轮变速机构等,称为换置机构。

为了便于研究机床的传动联系,常用一些简明的符号把传动原理和传动线路表示出来,这就是传动原理图,在图中仅表示与形成某一表面直接有关的运动及其传动联系。图1-6所示为传动原理图中经常使用的一部分符号。其中表示执行件的符号还没有统一的规定,一般采用较直观的圆形表示。为了把运动分析的理论推广到数控机床,图中引入了数控机床传动原理图时所需要用的一些符号,如电的联系、脉冲发生器等。

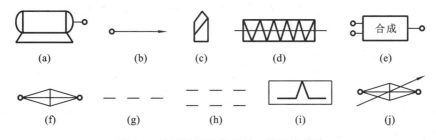

图 1-6　传动原理图常用的一些示意符号

(a)电动机　(b)主轴　(c)车刀　(d)滚刀　(e)合成机构　(f)传动比可变换的换置机构
(g)传动比不变的机械联系　(h)电的联系　(i)脉冲发生器　(j)快调换置器官——数控系统

下面举例说明传动原理图的画法和所表示的内容。

例 1-1　卧式车床传动原理图。

卧式车床用螺纹车刀车削螺纹时的传动原理如图1-7所示。图中由主轴至刀架的传动联系为两个执行件之间的传动联系,由此保证刀具与工件间的相对运动关系。这个运动是

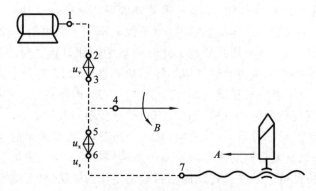

图 1-7　车削圆柱螺纹的传动原理图

复合运动。它将其分解为两部分:主轴的旋转 B 和车刀的纵向移动 A。因此,车床应有两条传动链。

(1)主轴→4→5→u_x→6→7→丝杠　该传动链是复合运动 A 和 B 的内联系传动链,u_x 表示螺纹传动链的换置机构,如交换齿轮架上的交换齿轮和进给箱中的滑移齿轮变速机构等,可通过调整 u_x 来得到被加工螺纹的导程。

(2)动力源→1→2→u_v→3→4→主轴　该传动链是联系动力源与复合运动 A 和 B 的外联系传动链,外联系传动链可由动力源联系复合运动中的任意环节。u_v 表示主运动传动链的换置机构,如滑移齿轮变速机构和离合器变速机构等,通过 u_v 可调整主轴的转速,以适应切削速度的需要。

在卧式车床上车削圆柱面时,由表面成形原理可知,主轴的旋转和刀具的移动是两个独立的简单运动。这时车床应有两条外联系传动链,如图 1-7 所示,其中一条为电动机→1→2→u_v→3→4→主轴;另一条为电动机→1→2→u_v→3→4→5→u_s→6→7→丝杠。其中 1→2→u_v→3→4 是两条传动链的公共段。u_s 为刀架移动速度换置机构的传动比,它实际上与 u_v 是同一变换机构。这样,虽然车削螺纹和车削外圆柱时运动的数量和性质不同,但可共用一个传动原理图。其差别仅在于:当车削螺纹时,u_x 必须计算和调整精确;当车削外圆时,不需要准确。

例 1-2　数控车床的传动原理图。

数控车床的传动原理图基本上与卧式车床相同,所不同的是数控车床多以电气控制,如图 1-8 所示。车削螺纹时,脉冲发生器 P 通过机械传动装置(通常是一对齿数相等的齿轮)与主轴相联系。主轴每转 1 圈,脉冲发生器 P 发出 n 个脉冲。经 3 传至纵向快速调整换置机构 u_{c1} 和伺服系统 5 控制伺服电动机 6(M_1),它可以经机械传动装置 7→8 或直接与滚珠丝杠连接,使刀架做纵向直线移动 A_1,并保证主轴每转一圈,刀架纵向移动一个工件螺纹的导程。改变 u_{c1},可使脉冲发生器 P 输出脉冲发生变化,以满足车削不同导程螺纹的要求。

车削螺纹时,脉冲发生器 P 发出的脉冲经 9→10→u_{c2}→11→12→M_2→13→14→丝杠,使刀具做横向移动 A_2。

车削成形曲面时,主轴每转 1 圈,脉冲发生器 P 发出的脉冲同时控制刀架纵向直线移动 A_1 和刀具横向移动 A_2。这时,传动链为:A_1→纵向丝杠→8→7→M_1→6→5→u_{c1}→4→3→P→9→10→u_{c2}→11→12→M_2→13→14→横向丝杠→A_2,形成一条内联系传动链,u_{c1}、u_{c2} 同时

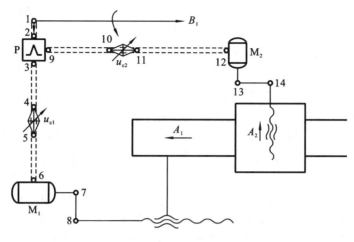

图 1-8 数控车床的传动原理图

不断变化,保证刀尖沿着要求的轨迹运动,以便得到所需的工件表面形状,并使刀架纵向直线移动 A_1 和刀具横向移动 A_2 的合成线速度的大小基本保持恒定。

车削圆柱面或端面时,主轴的转动 B_1、刀架的纵向直线移动 A_1 和刀具的横向移动 A_2 是 3 个独立的简单运动,u_{c1}、u_{c2} 用以调整主轴的转速和刀具的进给量。

项目 1.2 机床传动系统分析

任务 1.2.1 机床传动系统分析

任务引入

机床传动系统都有哪些组成部分,各自完成什么样的运动?

任务分析

机床传动系统由多条传动链组成,分别完成各自的相应运动,其主要传动链为主运动和进给运动传动链,根据需要组成传动链的装置不尽相同,在研究机床传动原理时,主要是靠分析机床的传动系统图来完成的,分析时,首先要根据加工方法来确定传动链中执行件的运动参数,然后再根据相对运动关系来计算出变速机构的传动比。

一、机床传动系统分析

实现机床加工过程中全部成形运动和辅助运动的各传动链组成一台机床的传动系统。根据执行件所完成运动的作用不同,传动系统中各传动链分为主运动传动链、进给运动传动链、范成运动传动链和分度运动传动链等。

为便于了解和分析机床的传动结构及运动传递情况,把传动原理图所表示的传动关系用一种简单的示意图形式,即传动系统图体现出来。它是表示实现机床全部运动的一种示意图,图中将每条传动链中的具体传动机构用简单的规定符号表示(见国家标准《机械制

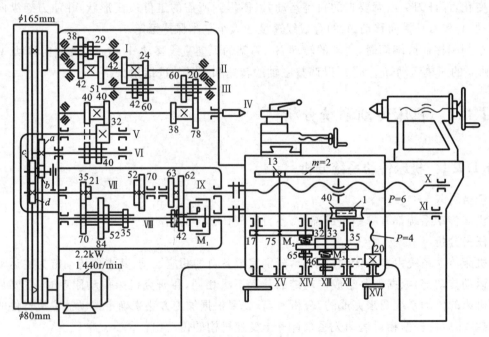

图—机构运动简图符号》(GB/T 4460—1984)),同时标明齿轮和蜗轮的齿数、蜗杆头数、丝杠导程、带轮直径、电动机功率和转速等,并按照运动传递顺序,以展开图形式,绘在能反映机床外形及主要部件相互位置的投影面上。传动系统图只表示传动关系,不表示各传动元件的实际尺寸和空间位置。

分析传动系统图的一般方法是:根据主运动、进给运动和辅助运动来确定有几条传动链。首先找到传动链所联系的两个末端件(动力源和某一执行件,或者一个执行件到另一个执行件),然后按照运动传递或联系顺序,从一个末端件向另一末端件,依次分析各传动轴之间的传动结构和运动传递关系,以查明该传动链的传动路线以及变速、换向、接通和断开的工作原理。

图 1-9 所示为卧式车床传动系统图。该机床可实现主运动、纵向进给运动、横向进给运动和车螺纹时的纵向进给运动等 4 个运动,即机床传动系统由主运动传动链、车螺纹传动链、纵向进给传动链及横向进给传动链等组成。下面以主运动传动链和进给运动传动链为例进行分析。

图 1-9 卧式车床传动系统图

a,b,c,d—交换齿轮;$P_{h丝}$—丝杠导程;M_1,M_2,M_3—离合器

1. 主运动传动链

卧式车床的主运动是主轴带动工件的旋转运动,其传动链的两端件是主电动机(2.2 kW,1 440 r/min)和主轴Ⅳ,其传动路线为:由电动机经带传动等将运动传至轴Ⅰ,然后再经Ⅰ—Ⅱ轴间、Ⅱ—Ⅲ轴间和Ⅲ—Ⅳ轴间的三个滑移齿轮(双联齿轮)变速组,使主轴获得 $2×2×2=8$ 级转速。其传动路线表达式如下。

$$\text{电动机} \to \frac{\phi 80}{\phi 165} \to \text{I} \to \begin{bmatrix} \frac{29}{51} \\ \\ \frac{38}{42} \end{bmatrix} \to \text{II} \to \begin{bmatrix} \frac{24}{60} \\ \\ \frac{42}{42} \end{bmatrix} \to \text{III} \to \begin{bmatrix} \frac{20}{78} \\ \\ \frac{60}{38} \end{bmatrix} \to \text{IV（主轴）}$$

2. 进给运动传动链

主轴 IV 的后端装有两个齿数相同的齿轮 Z40，并固连在一起，由它们把运动传至刀架。主轴的运动通过轴 IV—VI 之间的滑移齿轮变速机构传至轴 VIII。当轴 VIII 上的滑移齿轮 Z42 与轴 IX 上的齿轮 Z62 或 Z63 啮合时运动传至轴 IX，然后经联轴器传动丝杠 X 旋转，通过开合螺母机构使刀架纵向移动，这就是车削螺纹时刀架的转动路线。其表达式如下。

$$\text{IV（主轴）} \to \begin{bmatrix} \frac{40}{32} \times \frac{32}{40} \\ \\ \frac{40}{40} \end{bmatrix} \to \text{VI} \to \frac{a}{b} \cdot \frac{c}{d} \to \text{VII} \to \begin{bmatrix} \frac{21}{84} \\ \\ \frac{35}{70} \\ \\ \frac{70}{35} \end{bmatrix} \to \text{VIII} \to \begin{bmatrix} \frac{42}{62} \\ \\ \frac{42}{63} \end{bmatrix} \to \text{IX} \to \text{X（丝杠）}$$

当滑移齿轮 Z42 右移，与轴 XI 上的内齿离合器 M_1 接合时，运动由轴 XIII 传至光杠 XI，然后经蜗轮蜗杆副 $\frac{1}{40}$、轴 XII 和齿轮 Z35，传动轴 XIII 上的空套齿轮 Z33 旋转。当离合器 M_2 接合时，运动经齿轮副 $\frac{33}{65}$、离合器 M_2、齿轮副 $\frac{32}{75}$ 传至 XV 轴上的齿轮 Z13。该齿轮与固定在床身上的齿条（$m=2$ mm）啮合，当 Z13 在齿条上滚转时，便驱动刀架作纵向进给运动，这是普通车削时的纵向进给传动路线。当离合器 M_3 接合时，运动由齿轮 Z33 经离合器 M_3、齿轮副传 $\frac{46}{20}$ 至横向进给丝杠 XVI（$P=4$ mm），通过丝杠螺母机构使刀架获得横向进给运动。运动传动路线表达式如下。

$$\text{IV（主轴）} \to \begin{bmatrix} \frac{40}{32} \times \frac{32}{40} \\ \\ \frac{40}{40} \end{bmatrix} \to \text{VI} \to \frac{a}{b} \cdot \frac{c}{d} \to \text{VII} \to \begin{bmatrix} \frac{21}{84} \\ \\ \frac{35}{70} \\ \\ \frac{70}{35} \end{bmatrix} \to \text{VIII} \to M_1 \to \text{XI} \to \frac{1}{40} \to \text{XII} \to$$

$$\frac{35}{35} \to \begin{bmatrix} \frac{33}{65} \to M_2 \to \frac{32}{75} \to \text{XV} \to \text{Z13} \to \text{齿条（纵向）} \\ \\ M_3 \to \frac{46}{20} \to \text{XVI} \to \text{丝杠（横向）} \end{bmatrix}$$

由于传动系统图是用平面图形来反映立体的机床传动结构的，有时不得不把一根轴画成折断线或弯曲成一定角度的折线；有时把相互啮合的传动副分开，而用虚线或大括号连接表示它们的传动联系，图 1-9 所示中轴 XIII 上齿轮 Z46 与轴 XVI 上齿轮 Z20 就是用虚线连接的，以表示两者是啮合的。注意：这些特殊表示方法对读懂传动系统图是有帮助的。

二、机床的调整计算

机床的调整计算通常有两种情况：一种是根据传动系统图提供的有关数据，确定某些执行件的运动速度或位移量；另一种是根据执行件所需的运动速度、位移量，或有关执行件之间所需保持的运动关系，确定相应传动链中换置机构（通常为挂轮变速机构）的传动比，以便进行必要调整。

机床调整计算按每一传动链分别进行，其一般步骤如下。

（1）确定传动链的两端件，如电动机→主轴，主轴→刀架等。

（2）根据传动链两端件的运动关系，确定它们的计算位移，即在指定的同一时间间隔内两端件的位移量。例如，主运动传动链的计算位移为：电动机 $n_电$（单位为 r/min），主轴 $n_主$（单位为 r/min）；车床螺纹进给传动链的计算位移为：主轴转 1 圈，刀架移动被加工工件螺纹的一个导程 P（单位为 mm）。

（3）根据计算位移以及相应传动链中各个顺序排列的传动副的传动比，列写运动平衡式。

（4）根据运动平衡式，计算出执行件的运动速度（如转速、进给量等）或位移量，或者整理出换置机构的换置公式，然后按加工条件确定挂轮变速机构所需采用的配换齿轮齿数，或确定对其他变速机构的调整要求。

例 1-3　根据图 1-9 所示车削螺纹的进给传动，确定交换齿轮变速机构的置换公式。

（1）传动链两端件：主轴→刀架。

（2）计算位移：主轴转 1 圈→刀架移动 P_h（P_h 是工件螺纹导程，单位为 mm）。

（3）运动平衡式为

$$1 \times \frac{40}{40} \times \frac{a}{b} \times \frac{c}{d} \times \frac{35}{70} \times \frac{42}{63} \times 6 = P_h$$

式中：a、b、c、d 为交换齿轮的齿数。

（4）换置公式：将上式化简整理，得出交换齿轮变速机构的换置公式为

$$u_x = \frac{a}{b} \times \frac{c}{d} = \frac{P_h}{2}$$

将选择车削的工件螺纹导程的数值带入此换置公式，便可计算出交换齿轮变速机构的传动比及各交换齿轮的齿数。例如，$P_h = 4$ mm，则

$$u_x = \frac{a}{b} \times \frac{c}{d} = \frac{4}{2} = \frac{40}{30} \times \frac{60}{40}$$

即交换齿轮的齿数为

$$a = 40, \quad b = 30, \quad c = 60, \quad d = 40$$

任务 1.2.2　机床的传动形式

任务引入

机床的传动都由哪些装置组成，各自有何特点？

任务分析

根据不同的需要，机床的传动形式有各种不同的方式，只有掌握每种传动装置的特点，才能正确地确定机床传动方案。

一、机床的传动形式

机床的传动形式按其所采用的传动介质不同,分为机械、液压、电气和气压传动,以及以上几种传动方式的联合传动等。

(1)机械传动 用齿轮、齿条、V带、离合器、丝杠螺母等机械元件传递运动与动力。这种传动形式工作可靠、维修方便,目前在机床上应用最广。

(2)液压传动 应用油液做介质,通过泵、阀和液压缸等液压元件传递运动和动力。这种传动形式结构简单。液压传动较多地用于直线运动,其运动比较平稳,容易实现自动化,在磨床、组合机床及液压刨床等机床上应用较多。

(3)电气传动 应用电能,通过电器装置传递运动和动力。这种传动方式的电气系统比较复杂,成本较高。在大型、重型机床上较多应用直流电动机、发电机组;在数字控制机床上,常用机械传动与步进电动机或电液脉冲电动机与伺服电动机等联合传动,用以实现机床的无级变速。电气传动容易实现自动控制。

(4)气压传动 用空气做介质,通过气动元件传递运动和动力。这种传动形式的主要特点是动作迅速,易于获得高转速,易于实现自动化,但其运动平稳形较差,驱动力较小,主要用于机床的某些辅助运动(如夹紧工件等)及小型机床的进给运动传动中。

按传动速度调节变化特点,将传动分为有级传动和无级传动。有级传动又称有级调速,是指在一定转速范围内,速度分为若干级,而且每级速度的变化是不连续的传动。无级传动又称无级调速,是指在一定转速范围内,速度可以调到任意一个数值的传动。

学习小结

本项目主要介绍了工件表面的组成及表面成形方法、金属切削加工所需运动;机床的传动联系、传动链、传动原理图、传动系统、机床运动调整计算的一般方法。

机器零件上每一个表面都可看成是一条线(母线)沿着另条线(导线)运动的轨迹。母线和导线统称为形成表面的发生线(生成线、成形线)。发生线的形成方法有轨迹法、成形法、相切法和展成法四种。

机床在加工过程中完成的各种运动,按其功用可分为表面成形运动和辅助运动两类。

机床的传动原理包括简单成形运动和复合成形运动原理。通过机床的传动链实现机床的运动,一般机床传动链由动力源、传动装置和执行件按一定的规律组成。其中传动装置是实现不同运动的装置。了解机床传动分析,掌握机床运动调整计算的一般方法,对于熟悉机床的运动、传动、结构和操纵控制原理具有非常重要的意义。本项目重点是工件表面成形方法、机床的调整计算,难点是机床的传动系统及调整计算。这部分知识是学习机床概论的知识点,也是掌握认识和分析机床的方法和步骤所必需的基础知识。

生产学习经验

(1)机械加工的实质是刀具和零件间按零件的要求做切削运动。每类机床都应有成形运动(主运动、进给运动)和辅助运动。成形运动中的切削用量三要素对零件质量、加工效率、加工成本均有影响。

(2)通过机床的传动链实现机床的运动,一般机床传动链由运动源、传动装置和执行件按一定的规律组成。其中传动装置是实现不同运动的装置。

（3）传动链分析时注意"抓两端,连中间"。

（4）分析传动结构时,特别注意齿轮和离合器等传动件与传动轴之间的连接关系（如固定、空套或滑移等）。

思考与训练

1. 举例说明何谓简单运动,何谓复合运动,其本质区别是什么。

2. 举例说明何谓外联系传动链,何谓内联系传动链,其本质区别是什么。

3. 切削加工时,零件的表面是如何形成的? 发生线的成形方法有几种? 各是什么?

4. 举例说明什么叫表面成形运动、分度运动、切入运动和辅助运动。

5. 使用简图分析用下列加工方法加工所需表面时的成形方法,并说明机床运动的形式、性质和数量。

（1）用成形车刀车外圆。

（2）用普通外圆车刀车削外圆锥体。

（3）用圆柱铣刀采用周铣法铣平面。

（4）用窄砂轮磨长圆柱体。

（5）用钻头钻孔。

（6）用插齿刀插削直齿圆柱齿轮。

（7）用滚刀滚切直齿圆柱齿轮。

（8）用端铣刀铣平面。

6. 试设计两至三种车床车螺纹的传动原理图,并分析它们各有何优缺点。

7. 分析图 1-10 所示传动系统图,列出其传动链,并求主轴 V 有几级转速,其中最高转速和最低转速各为多少?

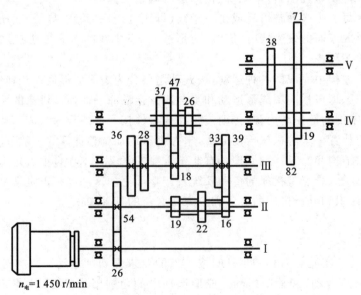

图 1-10 传动系统

项目 1.3　普通车床

任务 1.3.1　CA6140 型普通车床解析

任务引入

现要求加工图 1-11 所示的轴类零件,材料为 45 钢,小批生产。

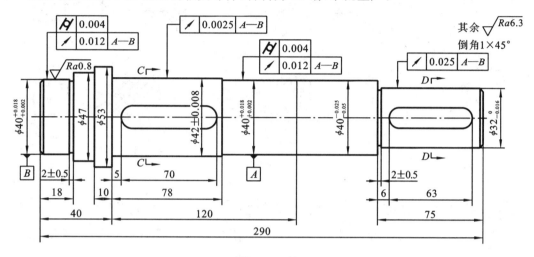

图 1-11　轴

任务分析

图 1-11 所示的是一个典型的轴类零件,主要的加工面为圆柱面,即以中心轴线为回转中心形成的圆柱面,端面为小平面,这些面主要在车床上完成粗加工和半精加工,主要轴段的最终加工由磨削完成,两键槽由铣削工序完成。在车床进行粗加工、半精加工时,车床所需的转速是不同的。车床如何实现不同转速,进行粗加工、半精加工是本任务要解决的问题。

机床在机械加工中,保证刀具与工件之间具有正确的相对运动,并完成其所需的切削。

车床是制造业中使用最广泛的一类机床。在一般机器制造厂中,车床的应用极为广泛,在金属切削机床中所占的比例最大,占机床总台数的 20%～35%,其中又以普通车床的应用最为广泛。CA6140 型车床是我国生产的一种典型的普通车床。图 1-11 所示的轴的粗加工、半精加工可以在 CA6140 型车床上完成。下面主要介绍 CA6140 型车床的组成和主传动系统等,通过对 CA6140 车床的学习,为进一步学习其他机床打下良好的基础。

一、CA6140 型车床的组成

1. 车削加工概述

车削是机械加工中应用最广泛的一种基本加工方法,主要用来加工各种回转表面,如内外圆柱、圆锥表面、回转体成形面和回转体的端面,有些车床还能加工螺纹。通常,车削加工时的主运动一般为工件的旋转运动,进给运动则由刀具直线移动来完成。车床上使用的刀具主要是各种车刀,也可以使用钻头、扩孔钻、铰刀、丝锥、板牙等孔加工刀具和螺纹刀具进行加工。由于大多数机械零件都具有回转表面,车床的工艺范围又较广,因此,车削加工的应用极为广泛。图 1-12 所示的是卧式车床所能加工的典型表面。

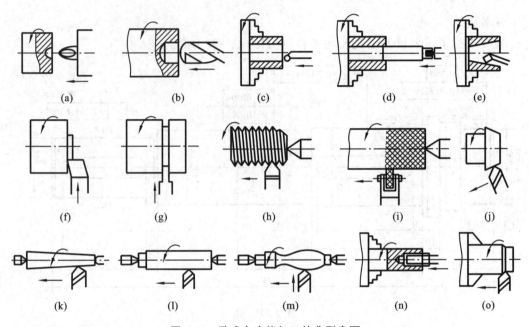

图 1-12 卧式车床能加工的典型表面

由图 1-12 可以看出,为完成各种加工工序,车床必须具备下列成形运动:工件的旋转运动——主运动;刀具的直线运动——进给运动。其中,刀具平行于工件旋转轴线方向的移动称为纵向进给运动;垂直于工件旋转轴线方向的移动称为横向进给运动;与工件旋转轴线呈一定角度方向的移动为斜向进给运动。

2. GA6140 型车床的组成

CA6140 型车床的主参数:床身上最大工件回转直径为 400 mm。第二主参数:最大加工长度有 750 mm、1 000 mm、1 500 mm、2 000 mm 四种。CA6140 型车床的外形如图 1-13 所示。机床的主要组成部件及其功用介绍如下。

1）主轴箱

主轴箱 1 固定在床身 4 的左边,内部装有主轴和变速传动机构。工件通过卡盘等夹具装夹在主轴前端。主轴箱的功能是支承主轴,并把动力经变速机构传给主轴,使主轴带动工件按规定的转速旋转,以实现主运动。主轴通过前端的卡盘或花盘带动工件完成旋转,为主运动,也可以装前顶尖通过拨盘带动工件旋转。

2）刀架

刀架 2 可沿床身 4 上的刀架导轨作纵向移动。刀架部件由几层组成,它的功用是装夹车刀,实现纵向、横向和斜向运动。

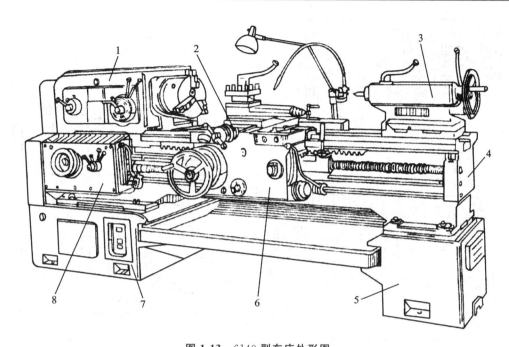

图 1-13　6140 型车床外形图
1—主轴箱;2—刀架;3—尾座;4—床身;5,7—床腿;6—溜板箱;8—进给箱

3）尾座

尾座 3 安装在床身 4 右端的尾座导轨上,可沿导轨纵向调整位置。它的功用是用后顶尖支承长工件,也可以安装钻头、铰刀等孔加工刀具进行孔加工。

4）进给箱

进给箱 8 固定在床身 4 的左端前侧。进给箱内装有进给运动的传动及操纵装置,改变进给量的大小、改变所加工螺纹的种类及导程。

5）床身

床身 4 固定在床腿 7、5 上。床身上安装着机床的各部件,并保证它们之间具有要求的相互准确位置。床身上面有纵向进给运动导轨和尾座纵向调整移动的导轨。

6）溜板箱

溜板箱 6 与刀架 2 的最下层与纵向溜板相连,与刀架一起做纵向运动,其功用是把进给箱传来的运动传给刀架,使刀架实现纵向和横向进给,或快速运动,或车削螺纹。溜板箱上装有各种操作手柄和按钮。

二、CA6140 型车床传动系统

CA6140 型车床的传动系统如图 1-14 所示。整个传动系统由主运动传动链、车螺纹传动链、纵向进给传动链、横向进给传动链及快速移动传动链组成。

1. 主运动传动链

主运动传动链的两端件是主电动机与主轴,它的功能是把动力源的运动及动力传给主

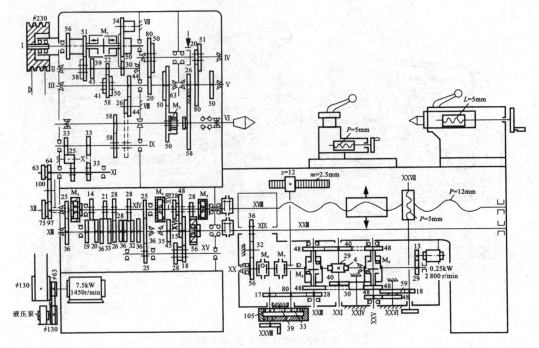

图 1-14 CA6140 型车床的传动系统图

轴,并满足卧式车床主轴变速和换向的要求。

(1)两端件 电机—主轴。

(2)计算位移 所谓计算位移是指传动链首末件之间相对运动量的对应关系。CA6140 型车床的主运动传动链是一条外联系传动链,电动机与主轴各自转动时运动量的关系为各自的转速,即 1 450 r/min(主电动机)—n r/min(主轴)。

(3)传动路线表达式 主运动由主电动机(7.5 kW,1 450 r/min)经带传动Ⅰ轴而输入主轴箱。轴Ⅰ上安装有双向多片式摩擦离合器 M_1,以控制主轴的启动、停转及旋转方向。M_1 左边摩擦片结合时,空套的 Z_{51}、Z_{56} 双联齿轮与Ⅰ轴一起转动,通过两对齿轮副 $\left[\dfrac{56}{38},\dfrac{51}{43}\right]$ 带动Ⅱ轴实现主轴正转。右边摩擦片结合时,由 Z_{50} 与Ⅰ轴一起转动,Z_{50} 通过Ⅶ轴的 Z_{34} 带动Ⅱ轴上的 Z_{30} 实现主轴反转。当两边摩擦片都脱开时,则Ⅰ轴空转,此时主轴静止不动。Ⅱ轴的运动通过Ⅱ—Ⅲ轴之间的三对传动副 $\left[\dfrac{39}{41}、\dfrac{22}{58}、\dfrac{30}{50}\right]$ 带动Ⅲ轴。Ⅲ轴的运动可由两种传动路线至主轴,当主轴Ⅵ轴的滑移齿轮 Z_{50} 处于左边位置时,轴Ⅲ的运动直接由齿轮 Z_{63} 传至与主轴用花键连接的滑移齿轮 Z_{50},从而带动主轴以高速旋转。当主轴Ⅵ轴的滑移齿轮 Z_{50} 右移,脱开与轴Ⅲ上齿轮 Z_{63} 的啮合,并通过其内齿轮与主轴上齿轮 Z_{58} 左端齿轮啮合(即 M_2 结合)时,轴Ⅲ的运动经轴Ⅲ—Ⅳ之间及轴Ⅳ—Ⅴ之间两组双联滑移齿轮变速装置传至轴Ⅴ,再经齿轮副 $\dfrac{26}{58}$ 使主轴获得中、低转速。其传动路线表达式为

$$电动机(7.5\ kW,1\ 450\ r/min)\rightarrow\frac{\phi130}{\phi230}\rightarrow I\rightarrow\begin{cases}M_1(左,正转)\rightarrow\begin{cases}\frac{56}{38}\\[4pt]\frac{51}{43}\end{cases}\rightarrow\\[10pt]M_1(右,反转)\rightarrow\frac{50}{34}\rightarrow VII\rightarrow\frac{34}{30}\end{cases}\rightarrow$$

$$II\rightarrow\begin{cases}\frac{39}{41}\\[3pt]\frac{30}{50}\\[3pt]\frac{22}{58}\end{cases}\rightarrow III\rightarrow\begin{cases}\frac{20}{80}\\[3pt]\frac{50}{50}\end{cases}\rightarrow IV\rightarrow\begin{cases}\frac{20}{80}\\[3pt]\frac{50}{51}\end{cases}\rightarrow V\rightarrow\frac{26}{58}\rightarrow M_2\rightarrow\frac{63}{50}\rightarrow VI（主轴）$$

（4）主轴转速级数　由传动系统图和传动路线表达式可以看出,主轴正转时,适用各滑动齿轮轴向位置的各种不同组合,主轴共可得 $2\times3\times(1+2\times2)=30$ 种转速,但由于轴Ⅲ—Ⅴ间的四种传动比为

$$u_1=\frac{50}{50}\times\frac{51}{50}\approx1,\quad u_2=\frac{50}{50}\times\frac{20}{80}=\frac{1}{4},\quad u_3=\frac{20}{80}\times\frac{51}{50}\approx\frac{1}{4},\quad u_4=\frac{20}{80}\times\frac{20}{80}=\frac{1}{16}$$

其中 $u_2=u_3$,轴Ⅲ—Ⅴ之间只有三种不同传动比,故主轴正转的实有级数为

$$2\times3\times(2\times2-1)=18$$

加上经齿轮副 $\frac{63}{50}$ 直接传动时的 6 级转速,主轴共可获得 24 级正转转速。

同理可以算出主轴的反转转速级数为

$$3\times(1+3)=12 级$$

（5）运动平衡式　主运动的运动平衡式为

$$n_主=1\ 450\times\frac{130}{230}\times(1-\varepsilon)\times u_{I-II}\times u_{II-III}\times u_{III-VI}$$

式中：$n_主$——主轴转速,r/min;

$\quad\varepsilon$——V带传动的滑动系数,近似取 0.02;

$\quad u_{I-II}$、u_{II-III}、u_{III-VI}——轴Ⅰ—Ⅱ、Ⅱ—Ⅲ、Ⅲ—Ⅵ之间的传动比。

主轴的最低转速为

$$n_{min}=1\ 450\times\frac{130}{230}\times(1-0.02)\times\frac{51}{43}\times\frac{22}{58}\times\frac{20}{80}\times\frac{20}{80}\times\frac{26}{58}\ r/min\approx10\ r/min$$

主轴的最高转速为

$$n_{max}=1\ 450\times\frac{130}{230}\times(1-0.02)\times\frac{56}{38}\times\frac{39}{41}\times\frac{63}{50}\ r/min\approx1\ 400\ r/min$$

主轴各级转速的数值可根据主运动传动所经过的传动件的运动参数（如带轮直径、齿轮齿数等）列出运动平衡式来求出。图 1-15 所示为 CA6140 型卧式车床主运动的转速图。

2. 车螺纹进给传动链

CA6140 型卧式车床可车削米制、英制、模数制和径节制四种标准螺纹；另外还可以加工大导程螺纹、非标准和较精密的螺纹。这些螺纹既可以是左旋的,也可以是右旋的。

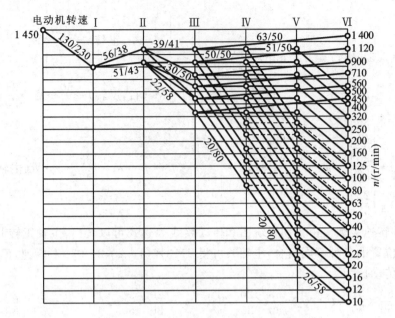

图 1-15　CA6140 型车床主运动转速图

1）车削米制螺纹

米制螺纹是应用最广泛的一种螺纹,在车削螺纹时,应满足主轴带动工件旋转 1 圈,刀架带动刀具轴向进给所加工螺纹的一个导程。国家标准规定了米制螺纹的标准导程值,表 1-1 列出了 CA6140 型车床能车制的常用导程值。

表 1-1　标准米制螺纹导程/mm

L/mm $u_{\text{基}}$ $u_{\text{倍}}$	$\dfrac{26}{28}$	$\dfrac{28}{28}$	$\dfrac{32}{28}$	$\dfrac{36}{28}$	$\dfrac{19}{14}$	$\dfrac{20}{14}$	$\dfrac{33}{21}$	$\dfrac{36}{21}$
$\dfrac{18}{45}\times\dfrac{15}{48}=\dfrac{1}{8}$	—	—	1	—	—	1.25	—	1.5
$\dfrac{28}{35}\times\dfrac{15}{48}=\dfrac{1}{4}$	—	1.75	2	2.25	—	2.5	—	3
$\dfrac{18}{45}\times\dfrac{35}{28}=\dfrac{1}{2}$	—	3.5	4	4.5	—	5	5.5	6
$\dfrac{28}{35}\times\dfrac{35}{28}=1$	—	7	8	9	—	10	11	12

从表 1-1 中可以看出,每一行的导程组成等差数列,行与行之间,即列成等比数列,在车削米制螺纹的传动链中设置的换置机构应能将标准螺纹加工出来,并且满足传动链尽量简便的要求。

（1）两端件　主轴—刀架（丝杠）。

（2）计算位移　主轴转 1 圈—刀架移动所加工螺纹的一个导程 L。

（3）传动路线表达式　车削米制螺纹时,进给箱中离合器 M_3、M_4 脱开,M_5 结合。运动由主轴Ⅵ经齿轮副 $\frac{58}{58}$ 传至Ⅸ轴,再经 $\frac{33}{33}$ 或者 $\frac{33}{25}\times\frac{25}{33}$ 传动Ⅹ轴,其中 $\frac{33}{33}$ 加工右旋螺纹, $\frac{33}{25}\times$ $\frac{25}{33}$ 用来加工左旋螺纹,由Ⅸ轴、Ⅺ轴和Ⅹ轴及轴上传动件组成的传动机构称为三星轮换向机构,所谓换向是指变换所加工螺纹的旋向。Ⅹ轴经 $\frac{63}{100}\times\frac{100}{75}$ 传动ⅩⅢ轴,M_3 脱开由 $\frac{25}{36}$ 传到ⅩⅣ轴,由ⅩⅣ轴经 $\frac{19}{14},\frac{20}{14},\frac{36}{21},\frac{33}{21},\frac{26}{28},\frac{28}{28},\frac{36}{28},\frac{32}{28}$ 传至ⅩⅤ轴,由ⅩⅣ轴、ⅩⅤ轴及轴上传动件组成的传动机构称为双轴滑移变速机构,其传动比从小到大写出为

$$u_{基1}=\frac{26}{28}=\frac{6.5}{7},\quad u_{基2}=\frac{28}{287}=\frac{7}{7},\quad u_{基3}=\frac{32}{28}=\frac{8}{7},\quad u_{基4}=\frac{36}{28}=\frac{9}{7}$$

$$u_{基5}=\frac{19}{14}=\frac{9.5}{7},\quad u_{基6}=\frac{20}{14}=\frac{10}{7},\quad u_{基7}=\frac{33}{21}=\frac{11}{7},\quad u_{基8}=\frac{36}{21}=\frac{12}{7}$$

若不看 $\frac{6.5}{7}$ 和 $\frac{9.5}{7}$,其余的 6 个传动比组成一个等差数列,是获得螺纹导程的基本机构,称为基本组,其传动比用 $u_{基}$ 表示。

运动由ⅩⅤ轴经 $\frac{25}{36}\times\frac{36}{25}$ 传至ⅩⅥ轴,由ⅩⅥ经 $\frac{18}{45}、\frac{28}{35}$ 传至ⅩⅦ,又经 $\frac{15}{48}、\frac{35}{28}$ 传至ⅩⅧ轴,由ⅩⅥ、ⅩⅦ和ⅩⅧ轴及轴上传动件组成的机构称为三轴滑移变速机构,它们的传动比为

$$u_{倍1}=\frac{18}{45}\times\frac{15}{48}=\frac{1}{8},\quad u_{倍3}=\frac{18}{45}\times\frac{15}{28}=\frac{1}{2}$$

$$u_{倍2}=\frac{28}{35}\times\frac{15}{48}=\frac{1}{4},\quad u_{倍4}=\frac{28}{35}\times\frac{35}{28}=1$$

其值组成等比数列,公比为 2,用来配合基本组,扩大了车削螺纹的螺距值大小的范围,故称为增倍机构或增倍组,其传动比值用 $u_{倍}$ 表示。其传动路线表达式为

$$Ⅵ轴(主轴)\to\frac{58}{58}\to Ⅸ\to\begin{bmatrix}\dfrac{33}{33}\\(右旋螺纹)\\\dfrac{33}{25}\times\dfrac{25}{33}\\(左旋螺纹)\end{bmatrix}\to Ⅺ\to\frac{63}{100}\times\frac{100}{75}\to Ⅻ\to\frac{25}{36}\to ⅩⅢ\to$$

$$u_{基}\to ⅩⅣ\to\frac{25}{36}\to\frac{36}{25}\to ⅩⅤ\to u_{倍}\to ⅩⅦ\to M_5\to ⅩⅧ(丝杠)\to 刀架$$

(4)运动平衡式　主轴转 1 圈,刀架移动 $L(\text{mm})$ 则传动路线表达式为

$$L=kP=1_{主轴}\times\frac{58}{58}\times\frac{33}{33}\times\frac{63}{100}\times\frac{100}{75}\times\frac{25}{36}\times u_{基}\times\frac{25}{36}\times\frac{36}{25}\times u_{倍}\times 12$$

式中:L——螺纹导程,mm;

P——螺纹螺距,mm;

k——螺纹头数;

$u_{基}$——轴 ⅩⅢ—ⅩⅣ 间基本螺距机构的传动比;

$u_{倍}$——轴 ⅩⅤ—ⅩⅦ 间增倍机构传动比。

将上式化简后,有

$$L = 7u_基 \times u_倍$$

上式称为 CA6140 型卧式车床加工米制螺纹的换置公式。可见,适当地选择 $u_基$ 和 $u_倍$ 值,就可得到被加工螺纹的各种导程 L。

例 1-4　欲在 CA6140 型卧式车床上加工一左旋米制螺纹,其螺纹的螺距 $P = 1.75$ mm,螺纹线数 $n = 2$,问能否加工。若能加工,其 $u_基$、$u_倍$ 各为多少。并写出加工此螺纹时主轴至刀架的具体传动路线。

解　将螺距 $P = 1.25$,线数 $n = 2$ 转换成被加工螺纹的导程,即

$$L = P \times n = 1.75 \times 2 \text{ mm} = 3.5 \text{ mm}$$

根据换置公式 $L = 7u_基 \times u_倍$,看是否可取到合适的 $u_基$、$u_倍$,使得等式成立,若能,说明螺纹能加工,若不能,则说明不能加工。

若取 $u_基 = \dfrac{7}{7} = \dfrac{28}{28}$,$u_倍 = \dfrac{1}{2} = \dfrac{18}{45} \times \dfrac{35}{28}$,代入公式 $L = 7u_基 \times u_倍$,得到 $L = 7 \times \dfrac{7}{7} \times \dfrac{1}{2}$ mm $= 3.5$ mm,等式两边相等,说明此螺纹能在 CA6140 型卧式车床上加工。则在 CA6140 型卧式车床上加工此螺纹时,主轴至刀架的具体传动路线为

$$Ⅵ轴（主轴）\to \dfrac{58}{58} \to Ⅸ \to 33 \times \dfrac{25}{33} \to Ⅺ \to \dfrac{63}{100} \times \dfrac{100}{75} \to Ⅻ \to \dfrac{25}{36} \to ⅩⅢ \to \dfrac{28}{28} \to ⅩⅣ \to \dfrac{25}{36} \times \dfrac{36}{25} \to$$

$$ⅩⅤ \to \dfrac{18}{45} \times \dfrac{35}{28} \to ⅩⅦ \to M_{5合} \to ⅩⅧ（丝杠）\to 刀架$$

(5)扩大导程路线加工米制螺纹　由加工米制螺纹的换置公式可知,在 CA6140 型卧式车床上用正常路线加工米制螺纹的最大导程是 12 mm。当需要车削导程大于 12 mm 的螺纹时,可将Ⅸ轴上的滑移齿轮 Z58 向右滑移,使之与Ⅷ轴上的齿轮 Z26 啮合。这是一条扩大导程的传动路线,主轴Ⅵ轴与刀架之间的传动路线表达式为

$$Ⅵ轴（主轴）\to \begin{cases} （扩大导程）\dfrac{58}{26} \to Ⅴ \to \dfrac{80}{20} \to Ⅳ \begin{cases} \dfrac{50}{50} \\ \dfrac{80}{20} \end{cases} \to Ⅲ \to \dfrac{44}{44} \times \dfrac{26}{58} \\ \\ （正常导程）\dfrac{58}{58} \end{cases} \to$$

$$Ⅸ \to （接正常导程传动路线）$$

从传动路线表达式可知,扩大螺纹导程时,主轴Ⅵ到轴Ⅸ的传动比为

当主轴转速为 40～125 r/min 时,

$$u_{扩1} = \dfrac{58}{26} \times \dfrac{80}{20} \times \dfrac{50}{50} \times \dfrac{44}{44} \times \dfrac{26}{58} = 4$$

当主轴转速为 10～32 r/min 时,

$$u_{扩2} = \dfrac{58}{26} \times \dfrac{80}{20} \times \dfrac{80}{20} \times \dfrac{44}{44} \times \dfrac{26}{58} = 16$$

而正常螺纹导程时,主轴Ⅵ到轴Ⅸ的传动比为

$$u = \dfrac{58}{58} = 1$$

所以,通过扩大导程传动路线可将正常螺纹导程扩大 4 倍或 16 倍。CA6140 型车床车削大导程米制螺纹时,最大螺纹导程为 192 mm。

需要说明的是,用扩大导程路线加工螺纹时,其扩大路线主轴Ⅵ至Ⅸ轴之间所经过的 Ⅴ→Ⅳ→Ⅲ 这段路线是主运动传动路线的一部分。也就是说,主轴是经过 Ⅲ→Ⅳ→Ⅴ 传动的,所以加工扩大导程螺纹时,主轴只能低速转动。

2) 车削模数螺纹

模数螺纹主要用于车削米制蜗杆,有时某些特殊丝杠的导程也是模数制的。模数螺纹用模数 m 表示导程的大小。米制螺纹的齿距为 km,所以模数螺纹的导程为 $L_m = k\pi m$,这里,k 为螺纹的头数。

加工模数螺纹时的计算位移为:主轴转 1 圈,刀架移动一个导程,即 L_m(mm)。

由于模数螺纹标准的导程值与米制螺纹的标准导程值规律相同,所以采用的传动路线相同。但是模数螺纹的导程中含有特别因子 π,所以在车削模数螺纹时,只要将挂轮 改用 $\dfrac{64}{100} \times \dfrac{100}{97}$ 即可。其运动平衡式为

$$L_m = k\pi m = 1_{主轴} \times \frac{58}{58} \times \frac{33}{33} \times \frac{64}{100} \times \frac{100}{97} \times \frac{25}{36} \times u_基 \times \frac{25}{36} \times \frac{36}{25} \times u_倍 \times 12$$

式中:L_m——模数螺纹导程,mm;

m——模数螺纹的模数值,mm;

k——螺纹头数。

上式中,$\dfrac{64}{100} \times \dfrac{100}{97} \times \dfrac{25}{36} \approx \dfrac{7\pi}{48}$,将其代入化简后得

$$L_m = k\pi m = \frac{7\pi}{4} u_基 \times u_倍$$

$$m = \frac{7}{4k} u_基 \times u_倍$$

上式为加工模数螺纹的换置公式,改变 $u_基$ 与 $u_倍$,就可以加工出一系列标准的模数螺纹。

3) 车削英制螺纹

英制螺纹在采用英制的国家如英国、美国和加拿大等应用较广泛。我国的部分管螺纹目前也采用英制螺纹。

英制螺纹以每英寸长度上螺纹牙数 α 来表示,α 的单位为:牙/in。标准的 α 值也是一个分段的等差数列,段与段之间成等比数列。由于 CA6140 型车床的丝杠是米制螺纹,被加工的英制螺纹也应换算成以毫米为单位的相应导程值,即:加工英制螺纹时,英制螺纹螺距为

$$L_a = \frac{1}{\alpha}(\text{in}) = \frac{25.4}{\alpha}(\text{mm})$$

英制螺纹传动链的计算位移为:主轴转 1 圈,刀架移动螺纹的一个导程,因为 α 为分段等差数列,则 $1/\alpha$ 英寸就是一个分段的调和数列。段与段之间成等比,而且公比为 2。将英制螺纹的导程与米制螺纹比较,需对米制螺纹传动路线作如下调整才能满足加工英制螺纹的要求。

（1）改变传动链中部分传动副的传动比，使其中包含特殊因子 25.4；

（2）将基本组两轴的主、被动关系对调，以便使分母为等差级数。其余部分的传动路线与车削米制螺纹时相同。即传动比变成为：$\frac{7}{6.5},\frac{7}{7},\frac{7}{8},\frac{7}{9},\frac{7}{9.5},\frac{7}{10},\frac{7}{11},\frac{7}{12}$；除 $\frac{7}{6.5}$ 和 $\frac{7}{9.5}$ 之外，就成为一个调和数列，从而满足加工 L_a 的要求。由此可知加工英制螺纹的传动路线为：由主轴 Ⅵ 轴到 ⅩⅢ 轴与米制螺纹传动路线相同。进入进给箱后，M_3 结合，传 ⅩⅤ 轴经 $1/u_基$ 传 ⅩⅣ 轴，ⅩⅥ 轴左边的 25 向左滑移至与 ⅩⅣ 轴的固定齿轮 36 啮合，用 36/25 使 ⅩⅣ 轴传动 ⅩⅥ 轴，由 ⅩⅥ 轴至刀架与米制螺纹传动路线相同。其运动平衡式为

$$L_a=1_{(主轴)}\times\frac{58}{58}\times\frac{33}{33}\times\frac{63}{100}\times\frac{100}{75}\times\frac{1}{u_基}\times\frac{36}{25}\times u_倍\times 12$$

将上式中的 $\frac{63}{100}\times\frac{100}{75}\times\frac{36}{25}$ 用 $\frac{25.4}{21}$ 代替，（相对误差为 0.0006）得

$$L_a=\frac{4}{7}\times 25.4\times\frac{4}{u_基}\times u_倍$$

将上式与英制传动链的计算位移联立，得

$$a=\frac{7}{4}\times\frac{u_基}{u_倍}\ （牙/in）$$

此式即为加工英制螺纹的换置公式。

在 CA6140 型车床上改变 $u_基$ 和 $u_倍$，就可以加工标准的英制螺纹，与米制螺纹相同，若采用扩大导程的英制传动路线可加工较大导程的英制螺纹，也可以根据换置公式分析某一给定英制螺纹能否在 CA6140 型卧式车床上加工和其能加工时的具体传动路线。

4）车削径节制螺纹

径节螺纹主要用于同英制蜗轮相配合，即为英制蜗杆，以径节 DP（牙/in）来表示的。径节表示齿轮或蜗杆折算到 1 in 分度圆直径上的齿数，即径节 $DP=z/D$（z 为齿数，D 为分度圆直径，in），所以径节螺纹的导程为

$$L_{DP}=\frac{\pi}{DP}in=\frac{25.4k\pi}{DP}mm$$

径节 DP 也是按分段等差数列的规律排列的，所以径节螺纹与英制螺纹导程的排列规律相似，即分母是分段等差数列，且导程中含有 25.4 mm 的因子，所不同的只是多一特殊因子 π。因此，车削径节螺纹是在车削英制螺纹传动路线的基础上，将挂轮组更换为 $\frac{64}{100}\times\frac{100}{97}$，以引入特殊因子 π。车径节螺纹时的运动平衡式为

$$L_{DP}=1_{(主轴)}\times\frac{58}{58}\times\frac{33}{33}\times\frac{64}{100}\times\frac{100}{97}\times\frac{1}{u_基}\times\frac{36}{25}\times u_倍\times 12$$

化简得

$$DP=7k\frac{u_基}{u_倍}$$

上式被称为加工径节制螺纹的换置方式，在 CA6140 型车床上改变 $u_基$、$u_倍$ 的值，就可以加工常用的 24 种径节制螺纹。

　　5）车削非标准螺纹与较精密级螺纹

非标准螺纹是指螺纹导程值按正常螺纹路线或者扩大导程路线均得不到。这时我们将螺纹进给传动路线中的挂轮用 $\frac{a}{b}\times\frac{c}{d}$ 替换。将离合器 M_3、M_4 和 M_5 全部结合，使轴Ⅻ、轴ⅩⅣ、轴ⅩⅦ和丝杠连成一体，则运动由挂轮直接传到丝杠。被加工螺纹的导程 L 依靠选配挂轮组的齿轮齿数来得到。由于主轴至丝杠的传动路线大为缩短，从而减少了传动累积误差，加工出具有较高精度的螺纹。运动平衡式为

$$L=1_{(主轴)}\times\frac{58}{58}\times\frac{33}{33}\times u_{挂}\times12$$

式中：L——非标准螺纹的导程，mm；

　　　$u_{挂}$——挂轮组传动比。

化简后得换置公式

$$u_{挂}=\frac{a}{b}\times\frac{c}{d}=\frac{L}{12}$$

由上述可知，CA6140 型车床通过不同传动比的挂轮、基本组、增倍组，以及轴Ⅻ和轴ⅩⅤ上两个滑移齿轮 Z25 的移动（通常称这两滑移齿轮及有关的离合器为移换机构），能加工出四种不同的标准螺纹及非标准螺纹。表 1-2 列出了加工各种螺纹时，进给传动链中各机构的工作状态。

表 1-2　CA6140 型车床加工螺纹调整表

螺纹种类	导程/mm	挂轮机构	离合器状态	移换机构	基本组传动方向
米制螺纹	L	$\frac{63}{100}\times\frac{100}{75}$	M_5 结合，M_3、M_4 脱开	轴Ⅻ Z25(←) 轴ⅩⅤ Z25(→)	轴ⅩⅢ→轴ⅩⅣ
模数螺纹	$L_m=k\pi m$	$\frac{64}{100}\times\frac{100}{97}$			
英制螺纹	$L_a=\frac{25.4}{\alpha}$	$\frac{63}{100}\times\frac{100}{75}$	M_3、M_5 结合，M_4 脱开	轴Ⅻ Z25(→) 轴ⅩⅤ Z25(←)	轴ⅩⅣ→轴ⅩⅢ
径节螺纹	$L_{DP}=\frac{25.4k\pi}{DP}$	$\frac{64}{100}\times\frac{100}{97}$			
非标准螺纹	L	$\frac{a}{b}\times\frac{c}{d}$	M_3、M_4、M_5 均结合	轴Ⅻ Z25(→)	—

3. 机动进给传动链

　　CA6140 型车床的机动进给主要是用来加工圆柱面和端面，为了减少螺纹传动链丝杠及开合螺母磨损，保证螺纹传动链的精度，机动进给传动链不用丝杠及开合螺母传动。其运动从主轴Ⅵ至进给箱ⅩⅦ轴的传动路线与车削螺纹时的传动路线相同。轴ⅩⅦ上的滑移齿轮 Z28 处于左位，使 M_5 脱开，从而切断进给箱与丝杠的联系。运动由齿轮副 $\frac{28}{56}$ 传动ⅩⅨ轴（光杠），又由 $\frac{36}{32}\times\frac{32}{56}$ 经由超越离合器 M_6、安全离合器 M_7 传动ⅩⅩ轴（蜗杆轴），再经溜板箱中的传动机构，分别传至齿轮齿条机构和横向进给丝杠（ⅩⅩⅦ轴），使刀架作纵向或横向机动进给

运动。其传动路线表达式为

$$Ⅵ（主轴）→（经由螺纹传动路线）→ⅩⅦ→M_5（脱开）→\frac{28}{56}→ⅩⅨ→\frac{36}{32}×\frac{32}{56}→M_6→M_7→$$

$$ⅩⅩ→\frac{4}{29}ⅩⅪ→\begin{cases}\begin{bmatrix}M_8↑合→\frac{40}{48}\\M_8中停\\M_8↓合→\frac{40}{30}×\frac{30}{48}\end{bmatrix}→ⅩⅫ→\frac{28}{80}→ⅩⅩⅢ→\frac{齿轮}{齿条}\binom{z=12}{m=2.5}→刀架纵向移动\\\begin{bmatrix}M_9↑合→\frac{40}{48}\\M_9中停\\M_9↓合→\frac{40}{30}×\frac{30}{48}\end{bmatrix}→ⅩⅩⅤ→\frac{48}{48}×\frac{59}{18}→ⅩⅩⅦ→\frac{横向丝杠}{螺母}\\（P=5\text{ mm}）→刀架横向移动\end{cases}$$

溜板箱中的双向牙嵌式离合器 M_8、M_9 和齿轮传动副组成的两个换向机构,分别用于变换纵向和横向进给运动的方向。利用进给箱中的基本螺距机构和增倍机构,以及进给传动链的不同传动路线,可获得纵向和横向进给量各64种。以下以纵向进给传动为例,介绍不同的传动路线时进给量的计算。

（1）当进给运动经车削米制螺纹正常螺距的传动路线时,其运动平衡式为

$$f_{纵}=1_{主轴}×\frac{58}{58}×\frac{33}{33}×\frac{63}{100}×\frac{100}{75}×\frac{25}{36}×u_{基}×\frac{25}{36}×\frac{36}{25}×u_{倍}×\frac{28}{56}×$$

$$\frac{36}{32}×\frac{32}{56}×\frac{4}{29}×\frac{40}{48}×\frac{28}{80}×π×2.5×12$$

式中：$f_{纵}$——纵向进给量（mm/r）。

化简后得

$$f_{纵}=0.71u_{基}\,u_{倍}$$

通过该传动路线,可得到 0.88～1.22 mm/r 的32种正常进给量。

（2）当进给运动经车削英制螺纹正常螺距的传动路线时,其运动平衡式为

$$f_{纵=1(主轴)}×\frac{58}{58}×\frac{33}{33}×\frac{63}{100}×\frac{100}{75}×\frac{1}{u_{基}}×\frac{36}{25}×u_{倍}×\frac{28}{56}×\frac{36}{32}×$$

$$\frac{32}{56}×\frac{4}{29}×\frac{40}{48}×\frac{28}{80}×π×2.5×12$$

化简后得

$$f_{纵}=1.474\frac{u_{倍}}{u_{基}}$$

在 $u_{倍}=1$ 时,可得 0.86～1.58 mm/r 的8种较大进给量,$u_{倍}$ 为其他值时,所得进给量与米制螺纹路线所得进给量重复。

（3）当主轴以 10～125 r/min 低速旋转时,可通过扩大螺距机构及英制螺纹路线传动,从而得到进给量为 1.71～6.33 mm/r 的16种加大的进给量,以满足低速、大进给量强力切削和精车的需要。

（4）当主轴以 $450\sim1\ 400\ \text{r/min}$ 高速旋转时（其中 $500\ \text{r/min}$ 除外）将轴Ⅸ上滑移齿轮 Z58 右移。主轴运动经齿轮副 $\dfrac{60}{53}\times\dfrac{44}{44}\times\dfrac{26}{58}$ 传至轴Ⅸ，再经米制螺纹路线传动（使用 $u_{倍}=\dfrac{1}{8}$），可得到 $0.028\sim0.054\ \text{mm/r}$ 的 8 种微小进给量，以满足高速、小进给量精车的需要。

横向进给量同样可通过上述四种传动路线传动获得，只是以同样传动路线传动时，横向进给量为纵向进给量的一半。

4．刀架的快速移动

刀架的快速移动是使刀具机动地快速退离或接近加工部位，以减轻操作工人的劳动强度和缩短辅助时间。当需要快速移动时，可按下快速移动按钮，装在溜板箱中的快速电动机（$0.25\ \text{kW}$，$2\ 800\ \text{r/min}$）的运动便经齿轮副传至轴ⅩⅩ，然后再经溜板箱中与机动进给相同的传动路线传至刀架，使其实现纵向和横向的快速移动。

为了节省辅助时间及简化操作，在刀架快速移动过程中，光杠仍可继续传动，不必脱开进给传动链。这时，为了避免光杠和快速电动机同时传动轴ⅩⅩ而导致其损坏，在齿轮 Z56 及轴ⅩⅩ之间装有超越离合器，即可避免二者发生的矛盾。

三、CA6140 型普通车床的主要结构

1．主轴箱

主轴箱主要由主轴部件、传动机构、启停与制动装置、操纵机构及润滑装置等组成。为了便于了解主轴箱内各传动件的传动关系，传动件的结构、形状、装配方式及其支承结构，常采用展开图的形式表示。图 1-16 所示为 CA6140 型普通车床主轴箱的展开图，它基本上按主轴箱内各传动轴的传动顺序，沿其轴线取剖切面，展开绘制而成，其剖切面的位置参见图 1-17。以下对主轴箱内主要部件的结构、工作原理及调整作一简单介绍。

1）卸荷带轮

主电动机通过带传动使轴Ⅰ旋转，为提高轴Ⅰ旋转的平稳性，轴Ⅰ上的带轮采用了卸荷结构。如图 1-16 所示，带轮 1 通过螺钉与花键套筒 2 连成一体，支承在法兰 3 内的两个深沟球轴承上。法兰 3 则用螺钉固定在主轴箱体 4 上。当带轮 1 通过花键套筒 2 的内花键带动轴Ⅰ旋转时，传动带作用于带轮上的拉力先经花键套筒 2，再通过两个深沟球轴承，后经法兰 3 传至箱体 4，从而使轴Ⅰ只受转矩作用，免受径向力作用，以减少轴Ⅰ的弯曲变形，提高了传动的平稳性及传动件的使用寿命。把这种卸掉作用在轴Ⅰ上由传动带拉力产生的径向载荷的装置称为卸荷装置。

2）双向式多片摩擦离合器及制动机构

（1）双向多片式摩擦离合器结构及工作原理　双向摩擦离合器 M_0 装在轴Ⅰ上，其作用是控制主轴Ⅵ正转、反转或停止。制动器安装在轴Ⅳ上，当摩擦离合器脱开时，用制动器进行制动，使主轴迅速停止运动，以便缩短辅助时间。

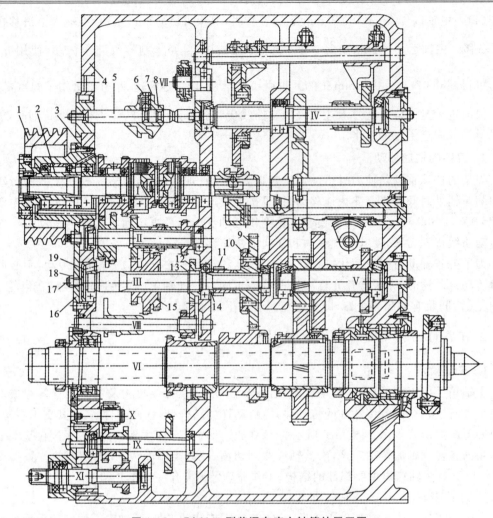

图 1-16　CA6140 型普通车床主轴箱的展开图

1—带轮；2—花键套筒；3—法兰；4—箱体；5—导向轴；6—调节螺钉；7—螺母；8—拨叉；9,10,11,12—齿轮；
13—弹簧卡圈；14—垫圈；15—三联滑移齿轮；16—轴承盖；17—螺钉；18—锁紧螺母；19—压盖

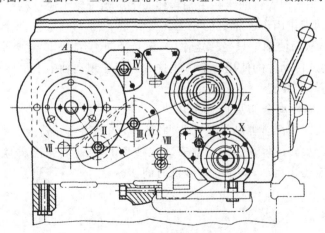

图 1-17　CA6140 型普通车床主轴箱展开图的剖面图

摩擦离合器的结构如图 1-18 所示,分左离合器和右离合器两部分,左、右两部分的结构相似,工作原理相同。左离合器控制主轴正转,由于正转需传递的扭矩较大,所以摩擦片的

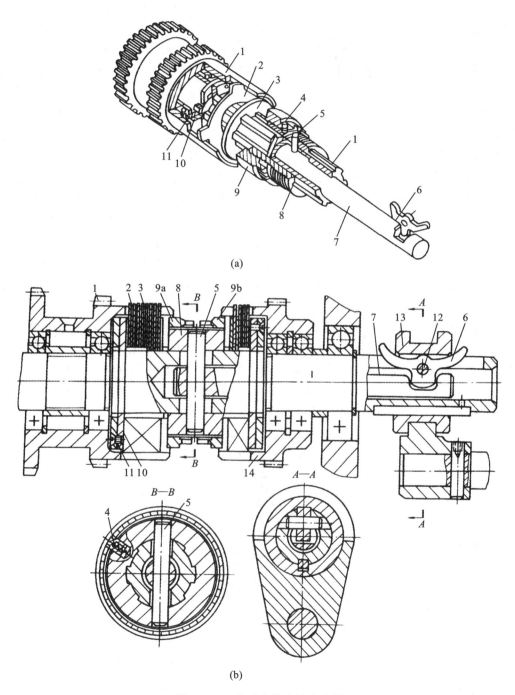

(a)

(b)

图 1-18 双向式多片摩擦离合器

1—双联空套齿轮;2—外摩擦片;3—内摩擦片;4—弹簧销;5—园销;5—羊角形摆块;7—拉杆;
8—压套;9—螺母;10、11—止推片;12—销轴;13—滑套;14—空套齿轮

片数较多。右离合器控制主轴反转、主要用于退刀,传递的扭矩较小,故摩擦片的片数较少。图 1-18(a)所示的是左离合器的立体图,它是由外摩擦片 2、内摩擦片 3、压套 8、螺母 9、止推片 10 和 11 及空套齿轮 1 等组成。内摩擦片 3 装在轴 I 的花键上,与轴 I 一起旋转。外摩擦片 2 以其 4 个凸齿装入空套双联齿轮 1(用两个深沟球轴承支承在轴 I 上的)的缺口中,多个外摩擦片 2 和内摩擦片 3 相间安装。当用操纵机构拨动滑套 13 移至右边位置时,滑套将羊角形摆块 6 的右角压下,由于羊角形摆块是用销轴 12 装在轴 I 上的,则羊角就绕销轴做顺时针摆动,其弧形尾部推动拉杆 7 向左,通过固定在拉杆左端的圆销 5,带动压套 8 和螺母 9 左移,将左离合器内外摩擦片压紧在止推片 10 和 11 上,通过摩擦片间的摩擦力,使轴 I 和双联齿轮连接,于是经多级齿轮副带动主轴正转。当用操纵机构拨动滑套 13 移至左边位置时,压套 8 右移,将右离合器的内外摩擦片压紧,空套齿轮 14 与轴 I 连接,主轴实现反转。滑套处于中间位置时,左、右离合器的摩擦片均松开,主轴停止转动。

摩擦离合器还可起过载保护作用。当机床超载时,摩擦片打滑,于是主轴停止转动,从而避免损坏机床零部件。摩擦片之间的压紧力是根据离合器应传递的额定扭矩来确定的。当摩擦片磨损后压紧力减小时可通过压套 8 上的螺母 9 来调整。压下弹簧销 4(见图 1-18 所示的 B—B 剖面),转动螺母 9 使其作少量轴向位移,即可调节摩擦片间的压紧力,从而改变离合器传递扭矩的能力。调整妥当后弹簧销复位,插入螺母槽口中,使螺母在运转中不会自行松开。

(2)离合器的操纵　如图 1-19 所示,离合器由手柄 7 操纵,手柄 7 向上扳绕支承轴 8 逆时钟摆动,拉杆 10 向外,曲柄 11 带动齿轮 13 作顺时钟转动(由上向下观察),齿条轴 14 向右移动,带动拨叉 15 及滑套 4 移,滑套 4 向右移动,迫使元宝形摆块 3 绕其装在轴 I 上的销轴顺时钟摆动,其下端的凸缘向左推动装在轴 I 孔中的拉杆 16 向右移动,双向摩擦片式离合器的右离合器接通,实现主轴正转。同理,将手柄 7 扳至下端位置时,右离合器压紧,主轴反转。当手柄 7 处于中间位置时,离合器脱开,主轴停止转动。为了操纵方便,支承轴 8 上装有两个操纵手柄 7,分别位于进给箱的右侧和滑板箱的右侧。

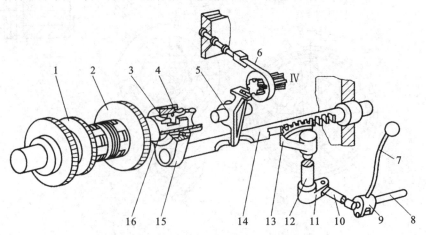

图 1-19　摩擦离合器及制动装置的操纵机构

1—双联齿轮;2—齿轮;3—元宝形摆块;4—滑套;5—杠杆;5—制动带;7—手柄;8—支承轴;
9、11—曲柄;10、16—拉杆;12—轴;13—扇形齿轮;14—齿条轴;15—拨叉

（3）制动装置　如图 1-20 所示，它是由制动轮 7、制动钢带 6、杠杆 4、齿条轴 2 和调节螺钉 5 组成。制动轮 7 是一个用钢做成的圆盘，通过花键与轴连接在一起，制动钢带 6 是一个具有一定柔性的钢制带，它的内表面上一般有一层钢丝石棉，主要用于提高制动带和制动轮之间的摩擦力。

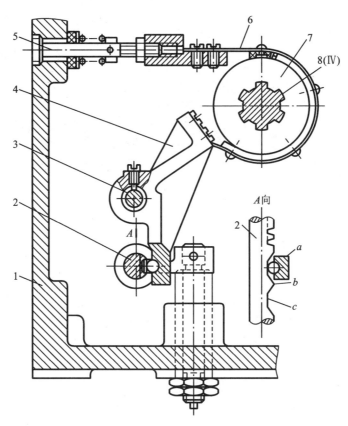

图 1-20　制动装置

1—箱体；2—齿条轴；3—杠杆支承轴；4—杠杆；5—调节螺钉；6—制动钢带；7—制动轮；8—轴Ⅳ

制动带安装在制动轮 7 上，它的一端通过调节螺钉 5 与主轴箱体 1 连接在一起，而它的另一端固定在杠杆 4 的上端（一般也用铆钉连接），杠杆 4 可以围绕杠杆支承轴 3 进行摆动，当杠杆 4 的下端与齿条轴 2 上面的圆弧形凹槽 c 接触时，制动钢带 6 就处于自然放松状态，这时制动器不起作用；操纵齿条轴 2，使它的上凸起部分 b 与杠杆 4 下端接触时，杠杆围绕杠杆支承轴 3 逆时针摆动，这时制动钢带 6 被拉紧，制动钢带 6 和制动轮 7 之间消除间隙产生压力，进而产生摩擦制动力，快速使轴Ⅳ制动停止，通过齿轮的各级传动，最后使主轴暂停，可以对工件进行检测。

如果手柄放在中间位置制动效果差，则原因可能是制动带 6 变松，这时可通过调整螺钉 5，来调节制动带 6 和制动轮 7 间的摩擦力，从而达到合适的制动效果（可以自行分析）。

2. 进给箱

进给箱的作用是变换被加工螺纹的种类和导程，以及获得所需的各种机动进给量。图 1-21 所示的是 CA6140 型普通车床进给箱结构图。其中轴ⅩⅡ、ⅩⅣ、ⅩⅦ和ⅩⅧ四轴同心，轴

XIII、XVI 和 XIX 三轴同心。进给箱内有 3 套操纵机构。一套操纵机构用于操纵基本组 XIV 轴上的 4 个滑移齿轮。其他两套操纵机构分别为增倍组操纵机构和螺纹种类变换及光杠丝杠运动分配操纵机构。这里重点分析基本螺距操纵机构。

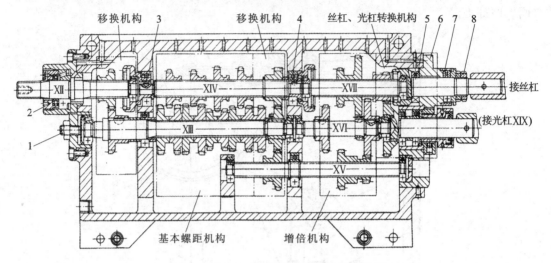

图 1-21　CA6140 型普通车床进给箱结构图
1—调节螺钉；2—调整螺母；3、4—深沟球轴承；5、7—推力球轴承；5—支承套；8—双螺母

　　基本螺距操纵机构其工作原理见图 1-22，它是用来操纵 XIV 轴上的 4 个滑移齿轮，在任何一时刻保证最多只有 4 个滑移齿轮中的 1 个齿轮与 8 个固定齿轮中的 1 个齿轮相啮合，由图 1-22 可以看出，基本组 XIV 轴的 4 个滑移齿轮分别由 4 个拨块 3 来拨动，每个拨块的位置是由各自的销子 5 分别通过杠杆 4 来控制的。4 个销子 5 均匀地分布在操纵手轮 6 背面的环形槽 E 中，环形槽中有两个相隔 45°的孔 a 和 b，孔中分别安装带斜面的压块 1 和 2，其中压块 1 的斜面向外斜，压块 2 的斜面向里斜。这种操纵机构就是利用压块 1、2 和环形槽 E 操纵销子 5 及杠杆 4，使每个拨块 3 及其滑动齿轮可以有左、中、右三种位置。在同一工作时间内基本组中只能有一对齿轮啮合。

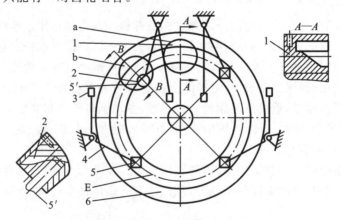

图 1-22　进给箱基本组操纵机构工作原理图
1—内压块；2—外压块；3—拨块；4—杠杆；5—销子；6—操纵手轮

手轮 6 在圆周上有 8 个均布位置,当它处于图 1-22 所示位置时,只有左上角杠杆的销子 5 在压块 2 的作用下靠在孔 b 的内侧壁上,此时滑移齿轮 Z28(左)处于左端位置与轴 XIV 上的齿轮 Z26 啮合(注意图 1-22 的视图是在操纵手轮的背面观察,文中的左右是站在手轮前面面对机床来观察),其余 3 个销子均处于环形槽 E 中,其相应的滑移齿轮都处于各自的中间(空挡)位置。若将手轮拨出按图示逆时针转动 45°,这时孔 a 正对左上角杠杆的销子 5′,将手轮重新推入,这时孔 a 中压块 1 的斜面推动销 5′向外,使左上角杠杆向顺时针转动,于是便将相应的滑移齿轮 Z28 推向右端与 XIII 轴上的齿轮 Z28 相啮合(对着机床观察)。

3. 溜板箱

溜板箱的作用是将丝杠或光杠传来的旋转运动转换为直线运动并带动刀架进给,控制刀架运动的接通、断开和换向,手动操纵刀架移动和实现快速移动,机床过载时控制刀架自动停止进给等。CA6140 型普通车床的溜板箱是由以下几部分机构组成:接通操纵机构,断开操纵机构,转换纵、横向进给运动的操纵机构;接通丝杠传动的开合螺母机构;保证机床工作安全的互锁机构;保证机床工作安全的过载保护机构;实现刀架快慢速自动转换的超越离合器等。下面将介绍主要机构的结构、工作原理及有关调整。

1) 开合螺母机构

如图 1-23(a)所示,开合螺母由上、下两个半螺母 26 和 25 组成,它们分别装在溜板箱箱体后壁的燕尾导轨中。上、下半螺母的背面各装有一圆柱销 27,其伸出一端分别插在圆盘 28 的两条曲线槽中(见图 1-23(b))。扳动手柄 6 经轴 7 使圆盘 28 逆时针转动,曲线槽迫使两圆柱销 27 互相靠近,带动上、下半螺母合拢,与丝杠啮合,刀架便由丝杠螺母经溜板箱传动进给;扳动手柄 6 使圆盘 28 顺时针转动,曲线槽通过圆销使两半螺母相互分离,与丝杠脱开啮合,刀架停止进给。

利用螺钉 31 可调整开合螺母的开合量,即调整开合螺母合上后与丝杠之间的间隙。转动螺钉 31(见图 1-23(c)),可调整销钉 30 相对下螺母的伸出长度,从而限定上、下两个半螺母合上时的位置,以调整丝杠与螺母间的间隙。用螺钉 33 经平镶条 29 可调整开合螺母与燕尾导轨间的间隙(见图 1-23(d))。

2) 机动进给及快速移动的操纵机构

图 1-24 所示为纵、横向机动进给操纵机构。纵、横向机动进给的接通、断开和换向由一个手柄集中操纵。手柄 1 通过销轴 2 与轴向固定的轴 23 相连接。向前或向后扳动手柄 1 时,轴 23 转动,其上的凸轮 22 也随之转动,从而通过凸轮上的曲线槽带动杠杆 20 摆动,圆柱销 18 通过拨叉轴 10 带动拨叉 17 及离合器 M_9 一起沿轴 XXV 移动,从而接通横向机动进给,使刀架向前或向后移动。

手柄 1 的方形下端通过球头销 4 与轴 5 相连接,轴 5 只能轴向移动而不能转动。当向左或向右扳动手柄 1 时,手柄下端通过球头销 4 拨动轴 5 左右移动,然后经过杠杆 11、连杆 12 以及偏心销带动凸轮 13 转动。凸轮上的曲线槽通过圆销 14、轴 15 和拨叉 16,拨动离合器 M_8 与轴 XXII 上两个空套齿轮之一啮合,从而接通纵向机动进给,并使刀架向左或向右移动。

操纵手柄 1 的面板上开有十字槽,其纵、横向机动进给的扳动方向与刀架进给方向一致,给使用带来方便。手柄在中间位置时,两离合器均处于中间位置,机动进给断开。按下操纵手柄顶端的按钮 S,接通快速电动机,可使刀架按手柄扳动的位置确定的进给方向快速

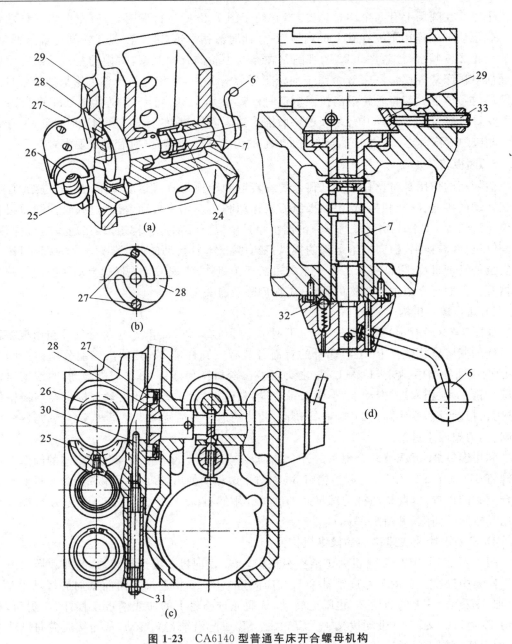

图 1-23　CA6140 型普通车床开合螺母机构

6—手柄；7—轴；24—支承套；25—下半螺母；26—上半螺母；27—圆柱销；28—圆盘；
29—平镶条；30—销钉；31、33—螺钉；32—定位钢球

移动。由于超越离合器 M_6 的作用，即使机动进给不断开，也可使刀架快速移动，而不会发生运动干涉。

3）互锁机构

溜板箱内的互锁机构是为了保证纵、横向机构进给和车螺纹进给运动不同时接通，以免造成机床的损坏。

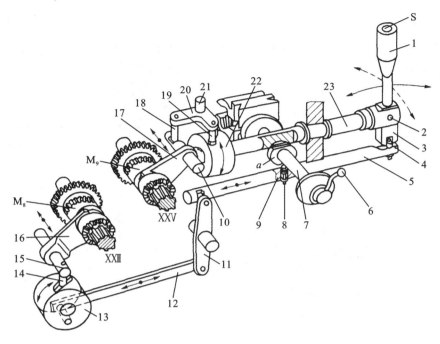

图 1-24　纵、横向机动进给操纵机构

1、6—手柄；2、21—销轴；3—手柄座；4、9—球头销；5、7、23—轴；8—弹簧销；10、15—拨叉轴；

11、20—杠杆；12—连杆；13、22—凸轮；14、18、19—圆销；16、17—拨叉；S—按钮

下面进一步说明机动进给操纵手柄与开合螺母手柄之间为何需要互锁。当机动纵向进给时，溜板箱带动开合螺母移动，若开合螺母与丝杠啮合，此时会出现开合螺母要移动而丝杠不转动，从而产生运动干涉，造成机件损坏。故此时开合螺母操纵手柄必须处于锁死状态，开合螺母不能被合拢。另外，若丝杠旋转，通过开合螺母带动溜板箱移动时，轴 ⅩⅩⅢ 随溜板箱一起移动，则轴上的小齿轮 z12 在齿条上滚动的同时绕轴 ⅩⅩⅢ 转动，通过 $\frac{80}{20}$ 传动到 ⅩⅩⅡ 轴，此时若 M_8 啮合（即机动进给手柄工作）就通过 $\frac{48}{40}$ 或者 $\frac{48}{30} \times \frac{30}{40}$ 带动轴 ⅩⅩⅠ，轴 ⅩⅩⅠ 通过蜗轮传动蜗杆，造成蜗杆蜗轮的逆传动，造成其传动副的损坏，所以机动进给与车螺纹路线不但有 M_5 实现动力互锁，而且还必须有机动进给操纵手柄与开合螺母操纵手柄之间的互锁。

图 1-25 所示的是互锁机构的工作原理图。图 1-25（a）所示的是手柄中间位置时的情况，这时可任意地扳动开合螺母操纵手柄或机动进给操纵手柄。图 1-25（b）所示的是合上开合螺母时的情况，这时操纵开合螺母的手柄带动轴 7 转过了一个角度，它的凸肩转入轴 23 的长槽中，将轴 23 卡住，使它不能转动，即横向机动进给不能接通；同时，凸肩又将球头销 9 压入到轴 5 的孔中，由于销子 9 的另一半仍留在支承套 24 中，使轴 5 不能轴向移动（即纵向机动进给不能接通）。图 1-25（c）所示的是纵向机动进给的情况，这时轴 5 向右移动，轴 5 上的圆孔及安装在圆孔内的弹簧销 8 也随之移开，球头销 9 被轴 5 的表面顶住不能往下移动，它的上端卡在轴 7 的锥孔中，将手柄轴 7 锁住不能转动，所以开合螺母不能再闭合。图 1-25（d）所示的是横向机动进给的情况，此时轴 23 转动，其上的长槽也随之转动而不对准

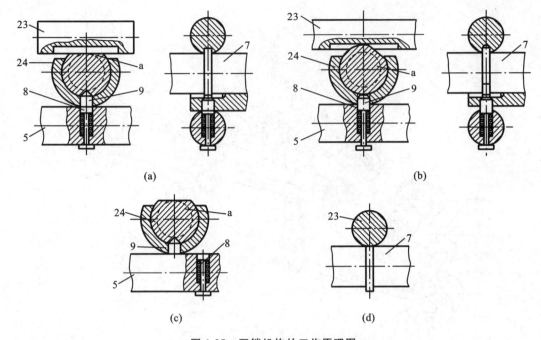

图 1-25　互锁机构的工作原理图

(a)手柄中间位置　(b)合上开合螺母位置　(c)纵向机动进给　(d)横向机动进给

轴 7 上的凸肩,于是轴 7 不能再转动,即开合螺母不能闭合。由此可见,由于互锁机构的作用,合上开合螺母后,不能再接通纵、横向进给运动,而接通了纵向或横向进给运动后,就无法再接通车螺纹运动。操纵进给方向的手柄面板上开有十字槽,以保证手柄向左或向右扳动后,不能前后扳动;反之,向前或向后扳动后,不能左右扳动。这样就实现了纵向与横向机动进给运动之间的互锁。

4) 超越离合器

快速电动机点动运行使刀架纵横快速移动,其启动按钮位于手柄 1 的顶部(见图 1-24)。在蜗杆轴 XXII 的左端与齿轮 Z56 之间装有超越离合器。以避免光杠与快速电动机同时传动轴 XXII。超越离合器的工作原理如图 1-26 所示。

机动进给时,由光杠传来的低速进给运动使齿轮 27 连同超越离合器的外环按图 1-26 所示的逆时针方向转动。三个圆柱滚子 29 在弹簧 33 的弹力和外环与滚子之间的摩擦力作用下,滚子 29 往窄隙方向滚移,从而楔紧在外环 29 与星形体 26 之间。齿轮 27 就可经滚子 29 带动星形体 26 一起转动。由星形体 26 通过键传动 25,键传动 25 通过其螺旋端齿传动安全离合器的右半部 24(称为安全离合器),再传动轴 XXII。按下快速启动按钮,快速电动机启动经齿轮副 18/24 传动轴 XXII,若其转动方向与光杠传递的运动方向相同时,这时 XXII 经安全离合器使星形体 26 得到一个与齿轮 27 转向相同但转速高得多的运动,这时星形体给滚子的摩擦力使滚子压销 32 和弹簧 33,向楔形槽的宽端方向滚动,脱开了外环与星形体之间的联系。因此快速移动时可以不脱开进给传动链。但这里需要说明的是:①快速电动机传至 XXII 轴的转向是有限制的;②光杠若反转时,其进给运动不能通过超越离合器传给 XXII,这就是说,利用 IX→XI→X 三轴组成的三星轮换向机构进行机动进给换向在 CA6140 型普通

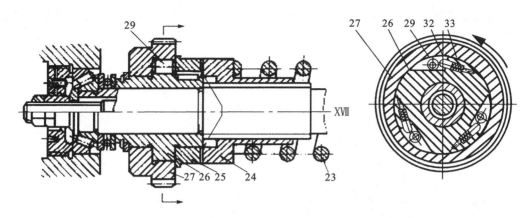

图 1-26　超越离合器及安全离合器的工作原理

车床上是不行的。

5）安全离合器

在机动进给时，如进给力过大或进给运动受阻，则有可能损坏机件。因此在进给运动传动链中设置安全离合器来自动地停止进给。安全离合器的工作原理见图 1-27。

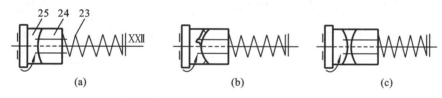

图 1-27　安全离合器工作原理

（a）正常工作位　（b）临界位　（c）打滑位

超越离合器的星形体 26 空套在轴 XXII 上，安全离合器的左半部 25 用键与星形体连接。安全离合器的右半部 24 用花键与轴 XXII 相连。运动经星形体 26 通过键传动 25，再由 25 的端齿与螺旋端齿传动 24，又由 24 的花键传动轴 XXII。左半部 25 与右半部 24 端面齿啮合，啮合面之间为螺旋形端面齿。由于接触面是倾斜的，左半部带动右半部时两接触面之间产生的作用力为公法线方向上，此力可以分解成切向力和轴向力，切向力使 24 旋转，这个轴向力靠弹簧 23 来平衡。见图 1-27（b），当进给力超过预定值后，其轴向力变大压缩弹簧 23，使 24 产生轴向位移，从而使端齿脱开产生打滑，见图 1-27（c）。

在机床上可预先调节压缩弹簧 23 的预压力，从而可调整安全离合器传递的额定工作扭矩。

6）方刀架结构

如图 1-28 所示，方刀架安装在小滑板 1 上，用小滑板的圆柱凸台 D 定位。

方刀架可转动间隔为 90°的四个位置，使装在四侧的四把车刀依次进入工作位置。每次转位后，定位销 8 插入刀架滑板上的定位孔中进行定位。方刀架每次转位过程中的松夹、拨销、转位、定位以及夹紧等动作，都由手柄 16 操纵。逆时针转动手柄 16，使从轴 6 顶端的螺纹向上退松，方刀架 10 便被松开。同时，手柄通过内花键套 13（用骑缝螺钉与手柄连接)带动花键套筒 15 转动,花键套筒 15 的下端面齿与凸轮 5 上的端面齿啮合,因而凸轮也被带动做逆时针转动。

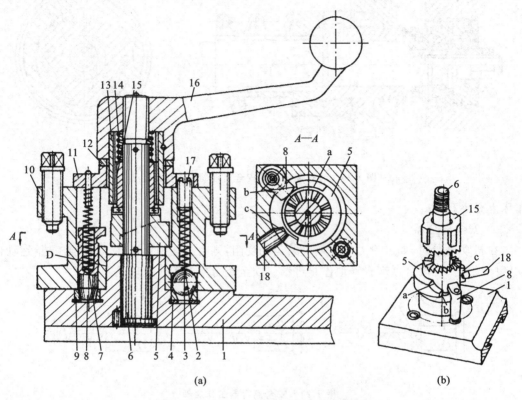

(a)　　　　　　　　　(b)

图 1-28　CA6140 型普通车床方刀架结构

1—小滑板;2—弹簧;3—定位钢球;4—定位套;5—凸轮;5—轴;7—弹簧;8—定位销;9—定位套;l0—方刀架;
11—刀架上盖;12—垫片;13—内花键套;14—弹簧;15—花键套筒;16—手柄;17—调节螺钉;18—固定销

任务 1.3.2　其他车床

任务引入

机械零件是多种多样的,为满足不同零件的车削加工,必然要有不同类型的车床。

任务分析

从满足各种不同切削需求入手,了解和掌握其他类型车床的结构和特点。

一、车床的分类

车床的种类很多,除了卧式车床外,按其用途和结构的不同,还有仪表车床、落地车床、转塔车床、回轮车床、立式车床、自动车床、半自动车床、曲轴及凸轮车床、铲齿车床等。下面简要介绍其中几种。

1) 转塔车床

图 1-29(a)所示为转塔车床。它除有一个前刀架 3 外,还有一个转塔刀架 4(可绕垂直

轴线转位)。前刀架的组成和运动同卧式车床的刀架相同,既可纵向进给车外圆,也可以横向进给加工端面和沟槽。转塔刀架只能作纵向进给,它一般为六角形,可在6个面上安装一把或一组刀具(见图1-29(b))。为了在刀架上安装各种刀具以及进行多刀切削,需采用各种辅助工具。转塔刀架用于车削内外圆柱面,钻、扩、铰和镗孔,加工螺纹等,前刀架和转塔刀架各由一个溜板箱来控制它们的运动。转塔刀架设有定程机构,加工过程中当刀架到达预先调定的位置时,可自动停止进给或快速返回原位。

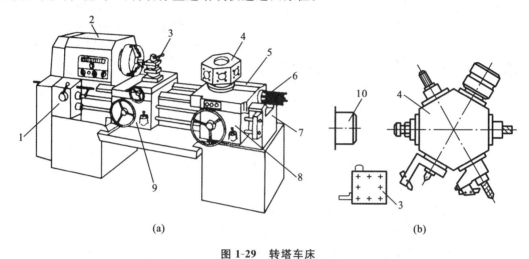

图 1-29　转塔车床
1—进给箱;2—主轴箱;3—前刀架;4—转塔刀架;5—纵向溜板;6—定程装置;
7—床身;8—转塔刀架溜板箱;9—前刀架溜板箱;10—主轴

在转塔车床上加工工件时,需根据工件的加工工艺过程,预先将所用的全部刀具装在刀架上,每把(组)刀具只用于完成某一特定工步,并根据工件的加工尺寸调整好位置。同时,还需相应调整定程装置,以便控制每一刀具的行程终点位置。机床调整妥当后,只需接通刀架的进给运动,以及工作行程终了时将其退回,便可获得所需的加工尺寸。在加工过程中,每完成一个工步,刀架转位一次,将下一组所需使用的刀具转到加工位置,以进入下一工步。

2) 回轮车床

回轮车床结构如图1-30所示。在回轮车床上没有前刀架,只有一个可绕水平轴线转位的圆盘形回轮刀架,其回转轴线与主轴轴线平行。回轮刀架沿端面圆周分布有12或16个安装刀具用的孔,每个刀具孔转到最高上面位置时,其轴线与主轴轴线在同一直线上。回轮刀架可沿床身上的导轨作纵向进给运动,进行车内圆、钻孔、扩孔、铰孔和加工螺纹等工序;还可以绕自身轴线缓慢旋转,实现横向进给,以便进行切槽,车成形面或切断等加工。这种车床加工工件时,除采用复合刀夹进行多刀切削外,还常常利用装在相邻刀孔中的几个单刀刀夹同时进行切削。

与卧式车床比较,在转塔、回轮车床上加工工件主要有以下一些特点。

(1)转塔或回轮刀架上可安装很多刀具,加工过程中不需要装卸刀具便能完成复杂的加工工序。利用刀架转位来转换刀具,迅速方便,缩短了辅助时间。

(2)每把刀具只用于完成某一特定工步,可进行合理调整,实现多刀同时切削缩短机动时间。

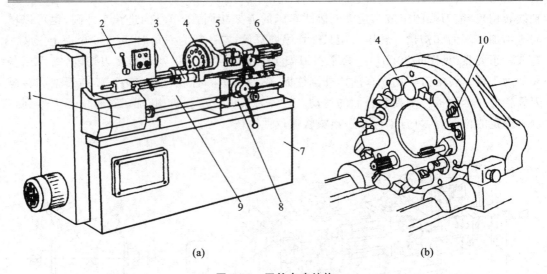

(a)   (b)

图 1-30　回轮车床结构

1—进给箱；2—主轴箱；3—刚性纵向定程机构；4—回轮刀架；5—纵向刀架溜板；

5—纵向定程机构；7—底座；8—溜板箱；9—床身；10—横向定程机构

（3）由预先调整好的刀具位置来保证工件的加工尺寸，并利用可调整的定程机构控制刀具的行程长度，在加工过程中可减少对刀、试切和测量的时间。

（4）通常采用各种快速夹头以代替普通卡盘，如棒料常用弹簧夹头，铸、锻件用气动或液压卡盘装夹。加工棒料时，还采用专门的送料机构，送、夹料迅速方便。

由上述可知，用转塔、回轮车床加工工件，可缩短机动时间和辅助时间，生产率较高。但是，转塔、回轮车床上预先调整刀具和定程机构需要花费较多的时间，不适于单件小批生产，而在大批生产中，应采用生产率更高的自动和半自动车床。因此，转塔、回轮车床只适用于成批生产中加工尺寸不大且形状复杂的工件。

3）立式车床

立式车床主要用于加工径向尺寸大而轴向尺寸相对较小，且形状比较复杂的大型或重型零件。立式车床是汽轮机、水轮机、重型电机、矿山冶金等重型机械制造厂不可缺少的加工设备，在一般机械制造厂中使用也很普遍。立式车床的主要特点是主轴立式布置，并有一个直径很大的圆形工作台，供安装工件之用。工作台台面处于水平位置，因而笨重工件的装夹和找正比较方便。由于工件和工作台的质量主要由床身导轨所承受，大大减轻了主轴及其轴承的负荷，因此较易保证加工的精度。

立式车床分单柱式和双柱式两种。单柱式立式车床只用于加工直径一般小于 1 600 mm 的工件，双柱式立式车床加工工件直径一般大于 2 000 mm，重型立式车床其加工工件直径超过 25 000 mm。

单柱立式车床具有一个箱形立柱，与底座固定地连成一整体，构成机床的支承骨架（见图 1-31(a)）。工作台装在底座的环形导轨上，工件安装在它的台面上，由它带动绕垂直轴线旋转，完成主运动。在立柱的垂直导轨上装有横梁和侧刀架，在横梁的水平导轨装一个垂直刀架。垂直刀架可沿横梁导轨移动做横向进给，以及沿刀架滑座的导轨移动做垂直进给。刀架滑座可左右扳转一定角度，以便刀架做斜向进给。因此，垂直刀架可用来完成车内、外

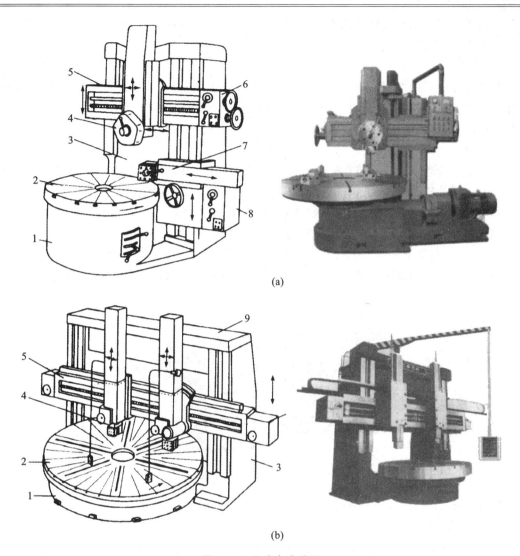

图 1-31　立式车床外形

(a)C5123A 型单柱式立式车床外形及实物　(b)C5240A 型双柱式立式车床外形及实物

1—底座；2—工作台；3—立柱；4—垂直刀架；5—横梁；6—垂直刀架进给箱；7—侧刀架；8—侧刀架进给箱；9—顶梁

圆柱面，内、外圆锥面，切端面以及切沟槽等工序。在垂直刀架上通常带有一个五角形的转塔刀架，它除了可安装各种车刀以完成上述工序外，还可安装各种孔加工刀具，以进行钻、扩、铰等工序。侧刀架可以完成车外圆、切端面、切沟槽和倒角等工序。垂直刀架和侧刀架的进给运动或者由主运动传动链传来，或者由装在进给箱上的单独电动机传动。两个刀架在进给运动方向上都能进行快速调位移动，以完成快速趋进、快速退回和调整位置等辅助运动，横梁连同垂直刀架一起，可沿立柱导轨上下移动，以适应加工不同高度工件的需要。横梁移至所需位置后，可手动或自动夹紧在立柱上。

双柱式立式车床具有两个立柱（见图 1-31（b）），它们通过底座和上面的顶梁连成一个封闭式框架。横梁上通常装有两个垂直刀架。中等尺寸的立式车床上，其中一个刀架往往也带有转塔刀架。双柱立式车床有一个侧刀架,装在右立柱的垂直导轨上。大尺寸的立式车床一般不带有侧刀架。

4)自动车床

自动车床是指经装料和调整后,能按一定程序自动完成工作循环,重复加工一批工件的车床,而除装卸工件以外能自动完成工作循环的车床称为半自动车床。自动车床可减轻工人体力劳动强度,缩短辅助时间,并可由一人看管多台机床,生产率较高。

5)数控车床

数控车床与普通车床一样,也是用来加工零件旋转表面的,一般能够自动完成外圆柱面、圆锥面、球面以及螺纹的加工,还能加工一些复杂的回转面,如双曲面等。工件安装方式与普通车床基本相同,为了提高加工效率,数控车床多采用液压、气动和电动卡盘。

如图1-32所示,数控车床的外形与普通车床相似,即由床身、主轴箱、刀架、进给系统、液压系统、冷却和润滑系统等部分组成。数控车床的进给系统与普通车床有质的区别。传统普通车床有进给箱和交换齿轮架,而数控车床是直接用伺服电动机通过滚珠丝杠驱动溜板和刀架实现进给运动,因而进给系统的结构大为简化。

图1-32 数控车床的外形

数控车床品种繁多,规格不一,不同类型的数控车床,加工的工艺范围也不同。

(1)立式数控车床 其车床主轴垂直于水平面,有一个直径很大的圆形工作台,用来装夹工件。这类机床主要用于加工径向尺寸大,轴向尺寸相对较小的大型复杂零件。

(2)卧式数控车床 此类车床又分为数控水平导轨卧式车床和数控倾斜导轨卧式车床。其倾斜导轨结构可以使车床具有更大的刚度,并易于排除切屑。

(3)卡盘式数控车床 这类车床没有尾座,适合车削盘类(含短轴类)零件。夹紧方式多为电动或液动控制,卡盘结构多具有可调卡爪或不淬火卡爪(软卡爪)。

(4)顶尖式数控车床 这类车床配有普通尾座或数控尾座,适合车削较长的零件及直径不太大的盘类零件。

按功能分,数控车床有以下几种类型。

(1)经济型数控车床 它是采用步进电动机和单片机对普通车床的进给系统进行改造后形成的简易型数控车床,成本较低,但自动化程度和功能都比较差,车削加工精度也不高,适用于要求不高的回转类零件的车削加工。

(2)普通数控车床 它是根据车削加工要求在结构上进行专门设计并配备通用数控系统而形成的数控车床,数控系统功能强,自动化程度和加工精度也比较高,适用于一般回转类零件的车削加工。这种数控车床可同时控制两个坐标轴,即 X 轴和 Z 轴。

(3)车削加工中心 它在普通数控车床的基础上,增加了 C 轴和动力头,更高级的数控车床带有刀库,可控制 X、Z 和 C 三个坐标轴,联动控制轴可以是(X、Z)、(X、C)或(Z、C)。由于增加了 C 轴和铣削动力头,这种数控车床的加工功能大大增强,除可以进行一般车削外,还可以进行径向和轴向铣削,曲面铣削,中心线不在零件回转中心的孔和径向孔的钻削等加工。

二、精密车床

精密和高精度卧式车床用于车削精密和高精度零件,在工具、仪器、仪表等精密机械制造工作中应用广泛。根据相关规定,刀架上最大回直径为 200 mm 的精密和高精度车床应达到的加工精度见表 1-3。

表 1-3　精密和高精度卧式车床应达到加工精度

精 度 项 目	精 密 车 床	高精度车床
精车外圆的圆度	0.003 5 mm	0.001 4 mm
精车端面的平面度	0.008 5 mm/200 mm	0.003 5 mm/200 mm
加工螺纹的精度 IT	不低于 8 级	不低于 7 级
加工表面粗糙度 Ra	$Ra=1.25\sim0.321\ \mu m$	$Ra=0.32\sim0.021\ \mu m$

精密车床通常是在普通精度级车床的基础上改进而制成的,所作的改进主要在以下几个方面:提高机床的几何精度,主要是提高关键零件的精度。例如:主轴、导轨、丝杠螺母的制造精度。

(1)采用高精度的主轴轴承 精密车床主轴前、后支承的滚动轴承比普通车床都要提高一些,前支承用 P4 级,后支承用 P5 级。有的精密车床主轴前、后支承都采用高精度的油膜轴承,以提高旋转精度和抗振性。图 1-33 所示为 CM6132 型精密车床的主轴部件,其前、后支承均采用油膜轴承。

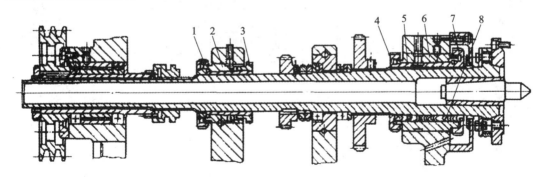

图 1-33　CM6132 型精密车床的主轴部件

1,3—螺母;2—后轴承;4—螺母;5—前轴承;6—衬套;7—螺母;8—垫片

(2)采用减少主轴变形的布局和结构 精密车床的主运动传动系统常采用分离传动的布局方式,这样可减少主轴箱的热变形。减少主电动机及变速传动系统的振动对主轴箱的

影响,同时主轴箱的带轮往往采用卸荷式结构,以减少主轴的弯曲变形。

高精度车床除了具有精密车床的特点以外,还必须进一步采取措施以保证获得高的加工精度和很低的表面粗糙度,如图 1-34 所示为 CG6125B 型高精度车床的传动系统图,其特点如下。

①主运动传动链由双速电动机经锥盘—环盘无级变速器、变速箱传动主轴箱中的 V 轴采用无级变速器,可以得到最合理的切削速度。主运动的变速主要在主轴箱以外进行,然后以传动带将运动传至主轴箱。这种将主轴箱与变速箱分开的传动方式称为分离驱动,其优点是:可以防止摩擦盘及齿轮变速机构高速运转时产生的热量和振动传至主轴箱引起主轴的热变形或影响主轴运转的平稳性,有利于提高机床的工作精度。

②主轴的前、后支承均为液体静压轴承,不仅回转精度很高,而且在各种转速下都可以得到完全的液体摩擦,阻尼大,抗振性好,运动平稳。

③进给传动链短,取消了卧式车床常用的进给箱,加工螺纹时由主轴箱的 Ⅶ 轴经 a、b、c、d 四个高精度的挂轮直接传动丝杠。传动链缩短后,大大减少了多级齿轮传动产生的误差,提高了螺纹的加工精度。机动进给时由可控硅调速的直流电动机驱动光杠,可实现机动进给时的无级调速,可获得最佳进给量,提高其表面加工精度。

此外,高精度车床在车螺纹采用丝杠螺母传动时,当丝杠螺母传动副加工好后,测出这个传动副的误差,在机床上装上误差补偿装置,这样更加提高了加工螺纹时的螺纹精度。

高精度车床同其他高精度机床一样,对安装和使用环境也有严格的要求。例如机床应安装在有防振沟的地基上或隔振器上,工作环境应保持恒温(20±1 ℃)、恒湿(50%~60%)、净化(空气洁净度要求 10 000~100 级)等。

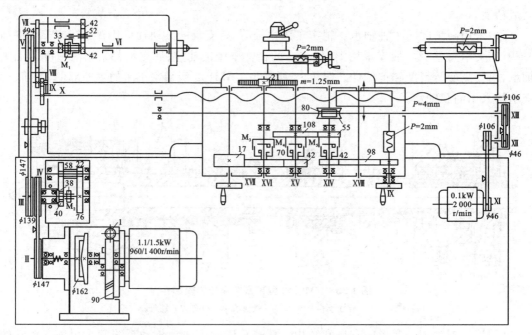

图 1-34 CG6125B 型高精度车床的传动系统图

学习小结

普通卧式车床是由三箱(主轴箱、进给箱、溜板箱)、两杠(光杠和丝杠)、三个部件(床身、刀架和尾座)等组成。每个组成部分都有各自的作用。卧式车床有4种运动,有4条传动链,即主运动传动链、纵横向进给运动传动链、车螺纹传动链及刀架快速移动传动链。应对主轴箱和溜板箱内的主要部件有清楚的了解。

了解CA6140型普通车床的工作原理、基本结构、使用功能和范围,对掌握CA6140型普通车床的运动形式、结构特征及工艺范围具有重要意义。本模块重点是CA6140型卧式车床的传动系统,基本内部结构。四种螺纹车削进给传动链实现、主轴结构是本模块的难点。

生产学习经验

(1)离合器摩擦片之间的间隙不合适,会影响车床的正常使用。间隙过大,产生闷车;间隙过小,摩擦片易烧坏。

(2)制动带的松紧程度应适当。制动带拉得太松,制动时主轴不能迅速停止;制动带拉得过紧,会使摩擦表面烧坏,制动带扭曲变形。

(3)光杠实现纵横向直线进给,而丝杠则在加工螺纹时实现刀架的进给,不能只单独设置丝杠或光杠。设置光杠可以减少丝杆的利用率,减少丝杠磨损,以保证传动精度。

思考与训练

1. 试分析CA6140型普通车床的传动系统。

(1)这台车床的传动系统有几条传动链? 指出各传动链的首端件和末端件。

(2)分析车削模数螺纹和径节螺纹的传动路线,并列出其运动平衡式。

(3)为什么车削螺纹时用丝杠承担纵向进给,而车削其他表面时用光杠传动纵向和横向进给? 能否用一根丝杠承担纵向进给又承担车削其他表面的进给运动。

2. 在CA6140型普通车床的主运动、车削螺纹运动、纵向和横向进给运动和快速运动等传动链中,哪条传动链的两端件之间具有严格的传动比? 哪条传动链是内联系传动链?

3. 判断下列结论是否正确,并说明理由。

(1)车削米制螺纹转换为车削英制螺纹,用同一组(螺纹)交换齿轮,但要转换传动路线。

(2)车削模数螺纹转换为车削径节螺纹,要转换传动路线。

(3)车削米制螺纹转换为车削径节螺纹,齿轮。用同一组(模数)交换齿轮,但用英制传动路线,但要改变交换?

(4)车削英制螺纹转换为车削径节螺纹,用英制传动路线,但要改变交换齿轮。

4. 在CA6140型普通车床上车削下列螺纹。

(1)米制螺纹 $P=3$ mm,$k=2$。

(2)模数螺纹 $m=3$ mm,$k=2$。

试列出其传动路线表达式,并说明车削这些螺纹时可采用的主轴转速范围及其理由。

5. 若将 CA6140 型普通车床的纵向传动丝杠（$P_h = 12$ mm）换成英制丝杠（α 牙/in），试分析车削米制螺纹和英制螺纹的传动路线，交换齿轮应怎样调整，并列出能够加工的标准米制、英制螺纹种类。

6. 为什么 CA6140 型普通车床主轴转速在 $450 \sim 1\,450$ r/min 条件下，并采用扩大螺距机构，刀具获得微小进给量，而主轴转速为 $10 \sim 125$ r/min 条件下，使用扩大螺距机构，刀具却获得大进给量？

7. 试分析 CA6140 型普通车床的主轴组件在主轴箱内怎样定位。其径向和轴向间隙怎样调整。

8. 为什么普通卧式车床主轴箱的运动输入轴（Ⅰ轴）常采用卸荷式带轮结构？对照传动系统图说明转矩是如何传递到轴Ⅰ的。

项目 1.4　普通磨床

任务 1.4.1　万能外圆磨床

任务引入

磨床是用磨料磨具（如砂轮、砂带、油石、研磨料等）为工具对工件进行切削加工的机床。它们是因精加工和硬表面加工的需要而发展起来的，目前也有少数应用于粗加工的高效磨床。

任务分析

磨削加工通常是金属切削的最后一道工序，其功能也是切除工件表面上多余的金属层，使工件尺寸符合图样要求并保证工件的尺寸精度、形状精度及表面质量。

一、外圆磨床的工作方法与主要类型

外圆磨床主要用来磨削外圆柱面和圆锥面，基本的磨削方法有两种：纵磨法和切入磨法。纵磨时（见图 1-35(a)），砂轮旋转做主运动（n_t），进给运动有：工件旋转做圆周进给运动（n_w）；工件沿其轴线往复移动做纵向进给运动（f_a）；在工件每一纵向行程或往复行程终了时，砂轮周期地做一次横向进给运动（f_r）。全部余量在多次往复行程中逐步磨去。切入磨时（见图 1-35(b)），工件只做圆周进给运动（n_w）而无纵向进给运动，砂轮则连续地做横向进给运动（f_r），直到磨去全部余量，达到所要求的尺寸为止。在某些外圆磨床上，还可用砂轮端面磨削工件的台阶面（见图 1-35(c)）。磨削时工件转动（n_w），并沿其轴线缓慢移动（f_a），以完成进给运动。

外圆磨床的主要类型有普通外圆磨床、万能外圆磨床、无心外圆磨床、宽砂轮外圆磨床和端面外圆磨床等。

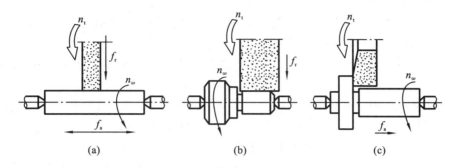

图 1-35　外圆磨床的磨削方法

（a）纵磨　（b）切入磨　（c）用砂轮端面磨削工件的台阶面

n_t—砂轮旋转角速度；n_ω—工件旋转角速度；f_r—砂轮横向进给量；f_a—工件纵向进给量

二、M1432A 型万能外圆磨床

M1432A 型万能外圆磨床主要用于磨削内外圆柱面、内外圆锥面、阶梯轴轴肩以及端面和简单的成形回转体表面等。它属于普通精度级机床，磨削加工精度可达 IT6～IT7 级，表面粗糙度 Ra 在 1.25～0.081 μm 之间。这种磨床万能性强，但磨削效率不高，自动化程度较低，适用于工具车间，维修车间和单件小批生产类型。其主参数为：最大磨削直径为320 mm。

1. M1432A 型万能外圆磨床的主要组成部件

图 1-36 所示为 M1432A 型万能外圆磨床的外形，它由下列主要部件组成。

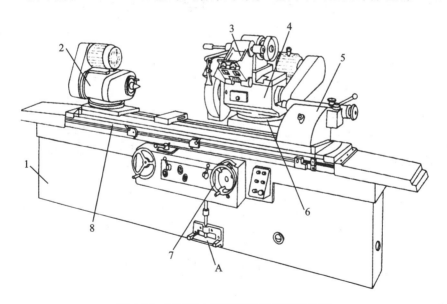

图 1-36　M1432A 型万能外圆磨床的外形

1—床身；2—头架；3—内圆磨具；4—砂轮架；5—尾座；6—滑鞍；7—手轮；8—工作台；A—脚踏操纵板

（1）床身　它是磨床的基础支承件，用以支承机床的各部件。

（2）头架　它用于装夹和定位工件并带动工件转动。当头架体旋转一个角度时，可磨削短圆锥面；当头架体逆时针回转90°时，可磨削小平面。

（3）内圆磨具　它用于支承磨内孔的砂轮主轴。内圆磨具主轴由单独的内圆砂轮电动机驱动。

（4）砂轮架　它用以支承并传动砂轮主轴高速旋转。砂轮架装在滑鞍6上，回转角度为±30°。当需要磨削短圆锥面时，砂轮架可调至一定的角度位置。

（5）尾座　尾座上的后顶尖和头架前顶尖一起，用于支承工件。

（6）工作台　它由上工作台和下工作台两部分组成。上工作台可绕下工作台的芯轴在水平面内调至某一角度位置，用以磨削锥度较小的长圆锥面。工作台台面上装有头架和尾座，这些部件随着工作台一起，沿床身纵向导轨做纵向往复运动。

（7）滑鞍及横向进给机构　转动横向进给手轮7，通过横向进给机构带动滑鞍6及砂轮架作横向移动，也可利用液压装置，使滑鞍及砂轮架做快速进退或周期性自动切入进给。

2. 机床的运动

图1-37所示为M1432A型万能外圆磨床上四种典型的加工示意图。

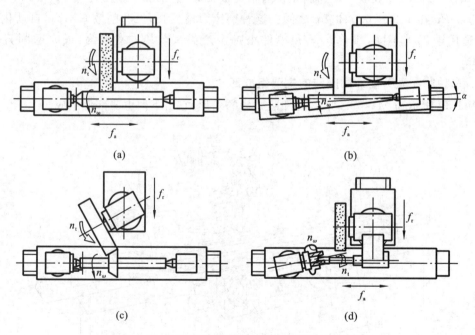

图1-37　M1432A型万能外圆磨床加工示意图

（a）纵磨法磨外圆柱面　（b）扳转工作台用纵磨法磨长圆锥面

（c）扳转砂轮架用切入法磨短圆锥面　（d）扳转头架用纵磨法磨内圆锥面

1）磨外圆

如图1-37（a）所示，外圆磨削所需的运动如下。

（1）砂轮旋转运动 n_t　它是磨削外圆的主运动。

（2）工件旋转运动 n_w　　它是工件的圆周进给运动。

（3）工件纵向往复运动 f_a　　它是磨削出工件全长所必需的纵向进给运动。

（4）砂轮横向进给运动 f_r　　它是间歇的切入运动。

2）磨长圆锥面

如图 1-37（b）所示，所需的运动和磨外圆时一样，所不同的是将工作台调至一定的角度位置。这时工件的回转中心线与工作台纵向进给方向不平行，所以磨削出来的表面是圆锥面。

3）切入法磨外圆锥面

如图 1-37（c）所示，将砂轮调整至一定的角度位置，工件不做往复运动，砂轮做连续的横向切入进给运动。这种方法仅适合磨削短的圆锥面。

4）磨内锥孔

如图 1-37（d）所示，将工件装夹在卡盘上，并调整至一定的角度位置。这时磨外圆的砂轮不转，磨削内孔的内圆砂轮作高速旋转运动 n_t，其他运动与磨外圆时类似。

从上述四种典型表面加工的分析中可知，机床应具有下列运动。

（1）主运动　①磨外圆砂轮的旋转运动 n_t；②磨内孔砂轮的旋转运动 n_t。主运动由两个电动机分别驱动，并设有互锁装置。

（2）进给运动　①工件旋转运动 n_w；②工件纵向往复运动 f_a；③砂轮横向进给运动 f_r；往复纵磨时，横向进给运动是周期性间歇进给；切入式磨削时是连续进给运动。

（3）辅助运动　包括砂轮架快速进退（液压），工作台手动移动以及尾座套筒的退回（手动或液动）等。

3. 机床的机械传动系统

M1432A 型万能外圆磨床的运动由机械和液压联合传动，除工作台的纵向往复运动、砂轮架的快速进退和周期自动切入进给及尾座顶尖套筒的缩回为液压传动外，其余运动都是机械传动。其机械传动系统图如图 1-38 所示。

1）外圆磨削时砂轮主轴传动链

砂轮主轴的运动是由砂轮架电动机（1 440 r/min，4 kW）经 4 根 V 带直接传动的。砂轮主轴的转速达 1 670 r/min。

2）内圆磨具传动链

内圆磨削砂轮主轴由内圆砂轮电动机（2 840 r/min，1.1 kW）经平带直接传动。更换平带轮可使内圆砂轮主轴获得两种高转速（10 000 r/min 和 15 000 r/min）。

内圆磨具装在支架上，为了保证工作安全，内圆砂轮电动机的启动与内圆磨具支架的位置有互锁作用。只有当支架翻到工作位置时，电动机才能启动。这时，（外圆）砂轮架快速进退手柄在原位上自动锁住，不能快速移动。

3）头架拨盘（带动工件）的传动链

拨盘的运动是由双速电动机（700/1 350 r/min，0.55/1.1 kW）驱动，经 V 带塔轮及两级 V 带传动，使头架的拨盘或卡盘带动工件，实现圆周运动。

其传动路线表达式为

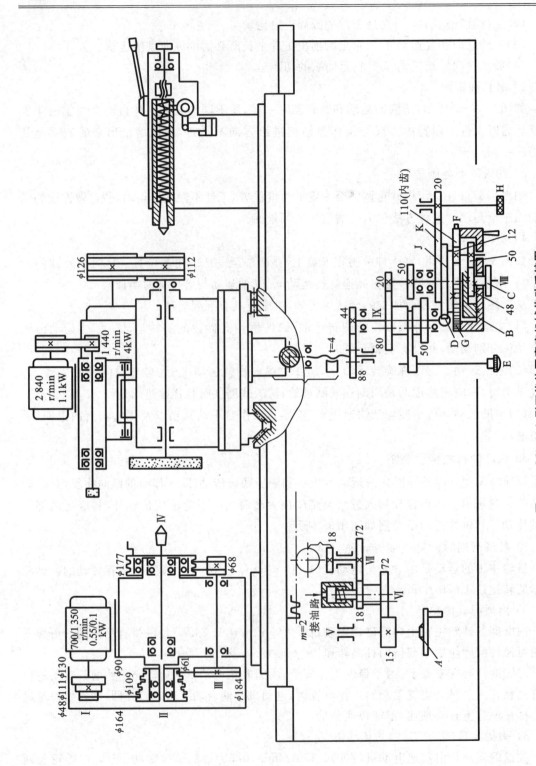

图 1-38 M1432A 型万能外圆磨床机械传动系统图

$$头架电动机（双速）\rightarrow I \rightarrow \begin{cases} \dfrac{\phi48}{\phi164} \\ \dfrac{\phi111}{\phi109} \\ \dfrac{\phi130}{\phi90} \end{cases} \rightarrow II \rightarrow \dfrac{\phi61}{\phi184} \rightarrow III \rightarrow \dfrac{\phi68}{\phi177} \rightarrow 拨盘或卡盘（工作转动）$$

4）工作台的手动驱动

调整机床及磨削阶梯轴的台阶时，工作台还可由手轮 A 驱动。其传动路线为

$$手轮 A \rightarrow V \rightarrow \frac{15}{72} \rightarrow VI \rightarrow \frac{18}{72} \rightarrow VII \rightarrow \frac{18}{齿条} \rightarrow 工作台纵向移动$$

手轮转 1 圈，工作台纵向移动量为

$$1 \times \frac{15}{72} \times \frac{18}{72} \times 18 \times 2\pi = 5.89 \text{ mm} \approx 6 \text{ mm}$$

为了避免工作台纵向运动时带动手轮 A 快速转动碰伤操作者，这里采用了互锁油缸。轴 VI 的互锁油缸和液压系统相通，工作台运动时压力油推动轴 VI 上的双联齿轮移动，使齿轮 Z18 与 Z72 脱开。因此，液压驱动工作台纵向运动时手轮 A 并不转动。当工作台不用液压传动时，互锁油缸上腔通油池，在油缸内的弹簧作用下，使齿轮副 18/72 重新啮合传动，转动手轮 A，便可实现工作台手动纵向直线移动。

5）滑鞍及砂轮架的横向进给运动

横向进给运动，可摇动手轮 B 来实现，也可由进给液压缸的柱塞 G 驱动，实现周期的自动进给。传动路线表达式为

$$\begin{matrix} 手轮 B（手动进给）\\ 进给油缸柱塞 G（自动进给） \end{matrix} \rightarrow VIII \rightarrow \begin{cases} \dfrac{50}{50}（粗） \\ \dfrac{20}{80}（细） \end{cases} \rightarrow IX \rightarrow \dfrac{44}{88} 横向进给丝杠（L=4 \text{ mm}）$$

横向手动进给分粗进给和细进给。粗进给时，将手柄 E 向前推，转动手轮 B 经齿轮副 50/50，44/88 和丝杠，使砂轮架作横向粗进给运动。手轮 B 转 1 圈，砂轮架横向移动 2 mm，手轮 B 的刻度盘 D 上分为 200 格，则每格的进给量为 0.01 mm。细进给时，将手柄 E 拉到图示位置，经齿轮副 20/80 和 44/88 啮合传动，则砂轮架作横向细进给，手轮 B 转 1 圈，砂轮架横向移动 0.5 mm，刻度盘上每格进给量为 0.002 5 mm。

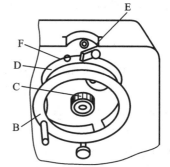

(1)定程磨削法 磨削一批工件时，为了简化操作及节省时间，通常在试磨第一个工件达到要求的直径后，调整刻度盘上挡块 F 的位置，使它在横进给磨削至所需直径时，正好与固定在床身前罩上的定位块相碰（见图 1-39）。因此，磨削后续工件时，只需摇动横进给手轮（或开动液压自动进给），当挡块 F 碰在定位块 E 上时，停止进给（或液压自动停止进给），就可达到所需的磨削直径，上述过程就称为定程磨削。利用定程磨削可减少测量工件直径尺寸的次数。

(2)砂轮磨损调整法 当砂轮磨损或修正后，由于挡块 F

图 1-39 手动刻度的调整
B—手柄；C—按钮；D—刻度盘；
F—挡块；E—定位块

控制的工件直径变大了。这时,必须调整砂轮架的行程终点位置,也就是调整刻度盘 D 上挡块 F 的位置。如图 1-39 所示,其调整的方法为:拔出旋钮 C,使它与手柄 B 上的销子脱开,顺时针转动旋钮 C,经齿轮副 48/50 带动齿轮 Z12 旋转,Z12 与刻度盘 D 的内齿轮 Z110 相啮合,于是使刻度盘 D 逆时针转动。刻度盘 D 应转过的格数,根据砂轮直径减小所引起的工件尺寸变化量确定。调整妥当后,将旋钮 C 的销孔推入手柄 B 的销子上,使旋钮 C 和手柄 B 成一整体。

4. M1432A 型万能外圆磨床的主要部件结构

1)砂轮架

砂轮架由壳体、主轴及轴承、传动装置及滑鞍等组成。砂轮主轴及其支承部分的结构和性能,直接影响工件的加工精度和表面粗糙度,它是该磨床及砂轮架部件的关键。砂轮主轴应具有较高的旋转精度、刚度、抗振性和良好的耐磨性。为保证砂轮运转平稳和加工质量,新装的砂轮及主轴上的零件都需进行静平衡处理,整个主轴部件还要进行动平衡处理。

图 1-40 所示为 M1432A 型万能外圆磨床砂轮架的结构。

主轴的两端以锥体定位,前端通过压盘 1 安装砂轮,末端通过锥体安装 V 带轮 13,并用轴端的螺母进行压紧。砂轮主轴 5 的前、后支承均采用"短三瓦"动压滑动轴承。每个轴承各由三块均布在主轴轴颈周围,包角约为 60°的扇形轴瓦 19 组成。每块轴瓦上都由可调节的球头螺钉 20 支承。而球头螺钉的球面与轴瓦的球面经过配做(偶件加工法),能保证有良好的接触刚度,并使轴瓦能灵活地绕球头螺钉自由摆动。螺钉的球头(支承点)位置在轴向处于轴瓦的正中,而在周向则偏离中间一些距离。这样,当主轴旋转时,三块轴瓦各自在螺钉的球头上自由摆动到一定平衡位置,其内表面与主轴轴颈间形成楔形缝隙,于是在轴颈周围产生三个独立的压力油膜,使主轴悬浮在三块轴瓦的中间,形成液体摩擦作用,以保证主轴有高的精度保持性。当砂轮主轴受磨削载荷而产生向某一轴瓦偏移时,这一轴瓦的楔缝变小,油膜压力升高;而在另一方向的轴瓦的楔缝变大,油膜压力减小。这样,砂轮主轴就能自动调节到原中心位置,保持主轴有高的旋转精度。轴承间隙用球头螺钉 20 进行调整,调整时,先卸下封口螺钉 23,锁紧螺钉 22 和螺套 21,然后转动球头螺钉 20,使轴瓦与轴颈间的间隙合适为止(一般情况下,其间隙为 0.01~0.02 mm)。一般只调整最下面的一块轴瓦即可。调整好后,必须重新用螺套 21,螺钉 22 将球头螺钉 20 锁紧在壳体 4 的螺孔中,以保证支承刚度。

主轴由止推环 8 和推力轴承 10 作轴向定位,并承受左右两个方向的轴向力。推力轴承的间隙由装在带轮内的 6 根弹簧 11 通过销子 14 自动消除。由于自动消除间隙的弹簧 11 的力量不可能很大,所以推力轴承只能承受较小的向左的轴向力。因此,本机床只宜用砂轮的左端面磨削工件的台肩端面。

砂轮的壳体 4 固定在滑鞍 16 上,利用滑鞍下面的导轨与床身顶面后部的横导轨配合,并通过横向进给机构和半螺母 18,使砂轮作横向进给运动或快速向前或向后移动。壳体 4 可绕轴销 17 回转一定角度,以磨削锥度大的短锥体。

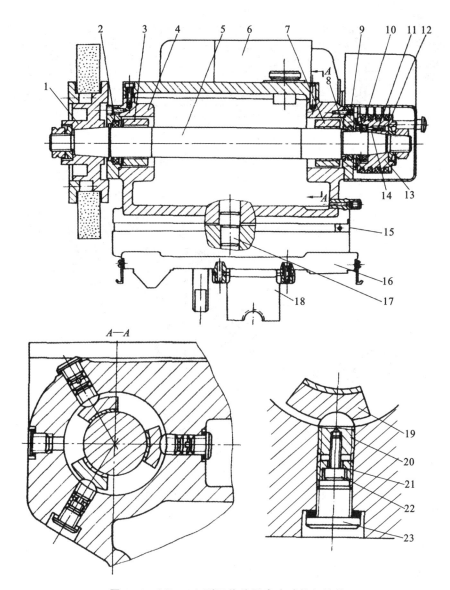

图 1-40 M1432A 型万能外圆磨床砂轮架结构

1—压盘；2,9—轴承盖；3,7—动压滑动轴承；4—壳体；5—砂轮主轴；6—主电动机；8—止推环；
10—推力轴承；11—弹簧；12—调节螺钉；13—带轮；14—销子；15—刻度盘；16—滑鞍；17—定位轴销；
18—半螺母；19—扇形轴瓦；20—球头螺钉；21—螺套；22—锁紧螺钉；23—封口螺钉

2）内圆磨具及其支架

内圆磨具如图 1-41 所示，内圆磨具支架如图 1-42 所示。

由于磨削内圆时砂轮直径较小，所以内圆磨具主轴应具有很高的转速，内圆磨具应保证高转速下运动平稳，主轴轴承并应具有足够的刚度和寿命。内圆磨具主轴由平带传动。主

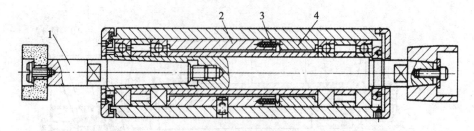

图 1-41 内圆磨具
1—接杆；2—套筒；3—弹簧；4—套筒

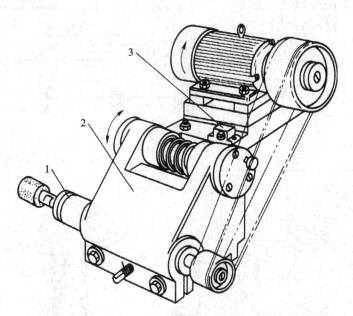

图 1-42 M1432A 型万能外圆磨床的内圆磨具支架
1—内圆磨具；2—内圆磨具支架；3—挡块（支架翻上时用）

轴前、后支承各用两个 D 级精度的角接触球轴承，均匀分布的 8 个弹簧 3 的作用力通过套筒 2、4 顶紧轴承外圈。当轴承磨损产生间隙或主轴受热膨胀时，由弹簧自动补偿调整，从而保证了主轴轴承刚度和稳定的预紧力。

主轴的前端有一莫氏锥孔，可根据磨削孔深度的不同安装不同的内磨接杆 1；后端有一外锥体，以安装平带轮，由电机通过平带直接传动主轴。内圆磨具装在支架的孔中，图 1-42所示为工作时位置。如果不磨削内圆，内圆磨具支架翻向上方。内圆磨具主轴的轴承用锂基润滑脂润滑。

3）头架

M1432A 型万能外圆磨床的头架结构如图 1-43 所示，头架由壳体 15、头架主轴 10 及其轴承、工件传动装置与底座 14 等组成。头架主轴 10 支承在 4 个 D 级精度的角接触球轴承上，靠修磨垫圈 4、5 和 9 的厚度，可对轴承进行预紧，以保证主轴部件的刚度和旋转精度。

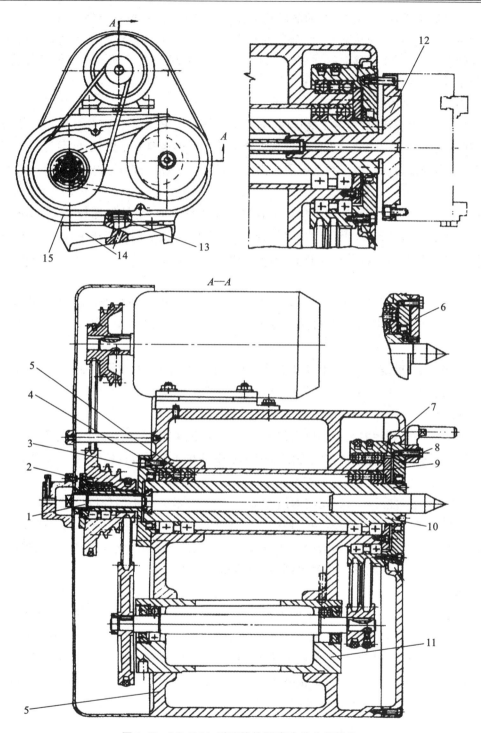

图 1-43　M1432A 型万能外圆磨床的头架结构

1—螺杆;2—摩擦环;3,4,5,9—修磨垫圈;6—连接板;7—带轮;8—拨盘;
10—头架主轴;11—偏心套;12—法兰盘;13—柱销;14—底座;15—壳体

轴承用锂基脂润滑,头架主轴 10 的前后端用橡胶油密封。双速电动机经塔轮变速机构和两组带轮带动工件转动,使传动平稳,而头架主轴 10 按需要可以转动或不转动。带的张紧度分别靠转动偏心套 11 和移动电动机座实现。头架主轴 10 上的带轮 7 采用卸荷结构,以减少头架主轴 10 的弯曲变形。

根据不同加工需要,头架主轴有以下三种工作形式。

(1)工件支承在前、后顶尖上磨削时,需拧动螺杆 1 顶紧摩擦环 2(见图 1-43),使头架主轴 10 和顶尖固定不能转动。工件则由与带轮 7 相连接的拨盘 8 上的拨杆,通过夹头带动旋转,实现圆周进给运动。由于磨削时顶尖固定不转,所以可避免因顶尖的旋转误差而影响磨削精度。

(2)用三爪自定心卡盘或四爪单动卡盘夹持工件磨削时,应拧松螺杆 1,使主轴可自由转动。卡盘装在法兰盘 12 上(见图 1-43),而法兰盘 12 以其锥柄安装在主轴锥孔内,并用通过主轴孔的拉杆拉紧。旋转运动由拨盘 8 上的螺钉传给法兰盘 12,同时主轴也随着一起转动。

(3)自磨主轴顶尖时,也应将主轴放松,同时用连接板 6 将拨盘 8 与主轴相连(见图 1-43),使拨盘 8 直接带动主轴和顶尖旋转,依靠机床自身修磨顶尖,以提高工件的定位精度。

头架壳体 15 可绕底座 14 上柱销 13 转动,调整头架主轴 10 在水平面内的角度位置,其范围为逆时针方向 0°～90°。

4)尾座

尾座的作用是利用安装在尾座套筒上的顶尖(后顶尖)与头架主轴上的前顶尖一起支承工件,使工件实现准确定位。某些外圆磨床的尾座可在横向作微量位移调整,以便精确地控制工件的锥度。

M1432A 型万能外圆磨床尾座的结构如图 1-44 所示。中小型外圆磨床的尾座一般用弹簧力预紧工件,以便磨削过程中工件因热胀而伸长时,可自动进行补偿,避免引起工件弯曲变形和顶尖过分磨损。预紧力的大小可以调节。利用手把 12、转动丝杠 13,使螺母 14 左右移动(螺母 14 由于受销子 11 的限制,不能转动),改变弹簧 10 的压缩量,便可调整顶尖对工件的预紧力。

尾座套筒 2 在装卸工件时的退回可以手动,也可以液动。手动时可顺时针转动手柄 7,通过轴 8 和轴套 9,由上拨杆 15 拨动尾座套筒 2,连同顶尖 1 一起向后退回;液动时,用脚踏"脚踏操纵板",操纵液压系统中的换向滑阀,使液压油进入液压缸(直接加工在尾座壳体 4 上)左腔,推动活塞 5 右移,通过下拨杆 6 和轴套 9 带动上拨杆 15 顺时针转动,拨动尾座套筒 2 和顶尖 1 退回。尾座套筒 2 前端的密封盖 3 上有一斜孔 a,用于安装修整砂轮的金刚石杆。

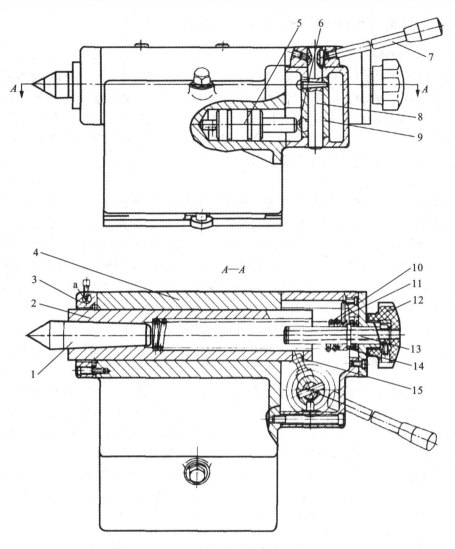

图 1-44　M1432 型万能外圆磨床尾座的结构

1—顶尖；2—尾座套筒；3—密封盖；4—壳体；5—活塞；6—下拨杆；7—手柄；8—轴；9—轴套；
10—弹簧；11—销子；12—手把；13—丝杠；14—螺母；15—上拨杆；a—斜孔

任务 1.4.2　其他类型磨床

任务引入

磨床可以加工各种表面,如内外圆柱面和圆锥面、平面、渐开线齿廓面、螺旋面以及各种成形面等,还可以刃磨刀具和进行切断等,工艺范围非常广泛。

任务分析

选择合适的机床是保证工件加工精度且提高工作效率的基本方法。所以,本任务主要学习常用磨床的各种类型、特点、外圆磨床的工作原理和主要部件结构。

一、普通外圆磨床和半自动宽砂轮外圆磨床

1）普通外圆磨床

普通外圆磨床的结构与万能外圆磨床基本相同,所不同的是:①头架和砂轮架不能绕轴芯在水平面内调整角度位置;②头架主轴直接固定在箱体上不能转动,工件只能用顶尖支承进行磨削;③不配置内圆磨头装置。因此,普通外圆磨床工艺范围较窄,只能磨削外圆柱面和锥度较小的外圆锥面。但由于主要部件的结构层次少,刚度高,且可采用较大的磨削用量,因此生产率较高,同时也易于保证磨削质量。

2）半自动宽砂轮外圆磨床

半自动宽砂轮外圆磨床的结构与普通外圆磨床类似,但其具有更好的结构和更高的刚度。它采用大功率电动机驱动宽度很大的砂轮,按切入磨法工作。为了使砂轮磨损均匀和获得小的表面粗糙度,某些宽砂轮外圆磨床的工作台或砂轮主轴可作短距离的往复抖动运动。这种磨床常配备有自动测量仪以控制磨削尺寸,按半自动循环方式进行工作,进一步提高了自动化程度和生产率。但由于此类磨床的磨削力和磨削热量大,工件容易变形,所以加工精度和表面粗糙度比普通外圆磨床差些,主要适用于成批和大量生产中磨削刚度较好的工件,如汽车和拖拉机的驱动轴、电动机转子轴和机床主轴等。

二、端面外圆磨床

端面外圆磨床的主要特点是砂轮主轴轴线相对于头、尾座顶尖中心连线倾斜一定角度（如 MB1632 型半自动端面外圆磨床为 26°36′）。端面外圆磨床的磨削方法如图 1-45 所示,砂轮架沿斜向进给（见图 1-45(a)）,且砂轮装在主轴右端,以避免砂轮架与尾座和工件相碰。这种磨床以切入磨法同时磨削工件的外圆和台阶端面,通常按半自动循环进行工作,由定程装置或自动测量仪控制工件尺寸,生产率较高,且台阶端面由砂轮锥面进行磨削（见图 1-45(b)）,砂轮和工件的接触面积较小。能保证较高的加工质量。这种磨床主要用于大批、大量生产中磨削带有台阶的轴类和盘类零件。

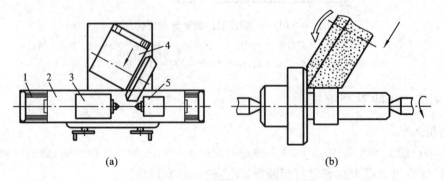

(a)　　　　　　　　　　　　　(b)

图 1-45　端面外圆磨床的磨削方法

(a)砂轮架沿斜向进给　(b)砂轮锥面磨削台阶端面

1—床身;2—工作台;3—头架;4—砂轮架;5—尾座

三、无心外圆磨床

无心外圆磨床的工作原理如图 1-46 所示。磨削时,工件不是支承在顶尖上或夹持在卡盘中,而是直接放在砂轮 1 和导轮 3 之间,由托板 2 和导轮 3 支承,工件被磨削外圆表面本身就是定位基准面。磨削时工件在磨削力以及导轮和工件间摩擦力作用下带动旋转,实现圆周进给运动。导轮是摩擦因数较大的树脂或橡胶结合剂砂轮,其线速度在 $10\sim50$ m/min 左右,工件的线速度基本上等于导轮的线速度。磨削砂轮 1 采用一般的外圆磨砂轮,通常不变速,线速度很高,一般为 35 m/s 左右,所以在磨削砂轮与工件之间有很大的相对速度,这就是磨削工件的切削速度。

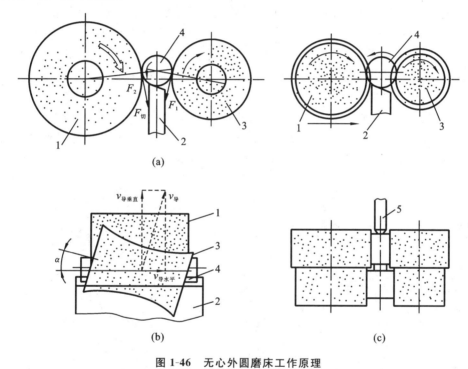

图 1-46 无心外圆磨床工作原理

(a)工作原理 (b)纵磨法 (c)横磨法

1—砂轮;2—托板;3—导轮;4—工件;5—挡块

无心磨削时,工件的中心必须高于导轮 3 和砂轮 1 的中心连线(高出的距离一般为 $(0.15\sim0.25)d$,(d 为工件直径),使工件与砂轮 1 和导轮 3 间的接触点不在工件的同一直径线上,从而使工件在多次转动中逐渐被磨圆。

无心磨床有纵磨法和横磨法两种磨削方法。

(1)纵磨法 如图 1-46(b)所示,将工件 4 从机床前面放到导板上,推入磨削区;由于导轮 3 在垂直平面内倾斜 α 角,导轮 3 与工件 4 接触处的线速度 $v_导$ 可分解为 $v_{导水平}$ 和 $v_{导垂直}$ 两个方向的分速度,$v_{导垂直}$ 控制工件 4 的圆周进给运动,$v_{导水平}$ 使工件 4 作纵向进给运动。所以工件 4 进入磨削区后,既做旋转运动,又做轴向移动,穿过磨削区,从机床后面出去,完成一次走刀。磨削时,工件 4 一个接一个地通过磨削区,加工是连续进行的。为了保证导轮 3 和工件 4 间为直线接触,导轮 3 的形状应修整成回转双曲面。这种磨削方法适用于不带台阶的圆柱形工件。

(2)横磨法 如图 1-46(c)所示,先将工件 4 放在托板 2 和导轮 3 上,然后由工件 4(连同导轮 3)或砂轮做横向进给运动。此时导轮 3 的中心线仅倾斜微小的角度(约为 30′),以便对工件产生一个不大的轴向推力,使之靠住挡块 5,得到可靠的轴向定位。此法适用于具有阶梯或成形回转表面的工件。

图 1-47 所示的是目前生产中使用最普遍的无心外圆磨床的外形。砂轮架 3 固定在床身 1 的左边,装在其上的砂轮主轴通常是不变速的,由装在床身内的电动机经 V 带直接传动。导轮架装在床身 1 右边的拖板 9 上,它由转动体 5 和座架 6 两部分组成。转动体可在垂直平面内相对座架转位,以使装在其上的导轮主轴根据加工需要对水平线偏转一个角度。导轮可有级或无级变速,它的传动装置装在座架内。在砂轮架左上方以及导轮架转动体的上面,分别装有砂轮修整器 2 和导轮修整器 4。在拖板 9 的左端装有工件座架 11,其上装着支承工件用的托板 16,以及使工件在进入与离开磨削区时保持正确运动方向的导板 15。利用快速进给手柄 10 或微量进给手轮 7,可使导轮沿拖板 9 上导轨移动(此时拖板 9 被锁紧在回转底座 8 上),以调整导轮和托板间的相对位置;或者使导轮架、工件座架同拖板 9 一起,沿回转底座 8 上导轮移动(此时导轮架被锁紧在拖板 9 上),实现横向进给运动。回转底座 8 可在水平面内扳转角度,以便磨削锥度不大的圆锥面。

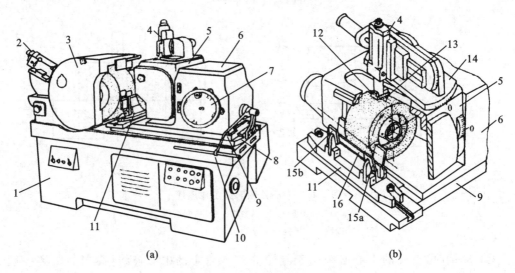

图 1-47 无心外圆磨床

1—床身;2—砂轮修整器;3—砂轮架;4—导轮修整器;5—转动体;6—座架;7—微量进给手轮;8—回转底座;
9—拖板;10—快速进给手柄;11—工件座架;12—直尺;13—金刚石;14—底座;15—导板;16—托板

修整导轮时,将导轮修整器 4 的底座 14 相对导轮转动体 5 偏转某一角度(应等于或略小于导轮在垂直平面内倾斜的角度),并移动直尺 12,使金刚石 13 的尖端偏离导轮轴线一段距离(应等于或略小于工件与导轮接触线在两轮中心连线上的高度),使金刚石尖端的移动轨迹与工件在导轮上的接触线相吻合。

四、内圆磨床

内圆磨床用于磨削各种圆柱孔(如通孔、盲孔、阶梯孔和断续表面的孔等)和圆锥孔,其磨削方法有下列几种。

(1)普通内圆磨削 如图1-48(a)所示,磨削时,工件4用卡盘或其他夹具装夹在机床主轴上,由主轴带动其旋转作圆周进给运动(n_{ω}),砂轮高速旋转,实现主运动(n_1),同时砂轮或工件4往复移动做纵向进给运动(f_a),在每次(或n次)往复后,砂轮或工件4做一次横向进给运动(f_r)。这种磨削方法适用于形状规则,便于旋转的工件。

(2)无心内圆磨削 如图1-48(b)所示,磨削时,工件4支承在滚轮1和导轮3上,压紧轮2使工件4紧靠导轮3,工件即由导轮3带动旋转,实现圆周进给运动(n_{ω})。砂轮除了完成主运动(n_1)外,还作纵向进给运动(f_a)和周期横向进给运动(f_r)。加工结束时,压紧轮沿箭头9方向摆开,以便装卸工件。这种磨削方式适用于大批、大量生产,加工外圆表面已经精加工过的薄壁工件,如轴承套圈等。

(3)行星内圆磨削 如图1-48(c)所示,磨削时,工件固定不转,砂轮除了绕其自身轴线高速旋转实现主运动(n_1)外,同时还绕被磨内孔的轴线做公转运动,以完成圆周进给运动(n_w)纵向往复运动(f_a)由砂轮或工件完成。周期地改变砂轮与被磨内孔轴线间的偏心距,即增大砂轮公转运动的旋转半径,可实现横向进给运动(f_r)。这种磨削方式适用于磨削大型或形状不对称、不便于旋转的工件。

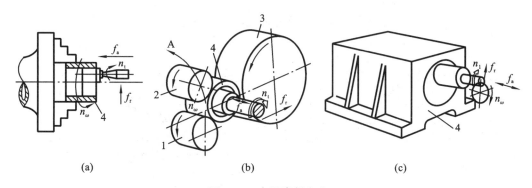

图 1-48 内圆磨削方法
(a)普通内圆磨削 (b)无心内圆磨削 (c)行星内圆磨削
1—滚轮;2—压紧轮;3—导轮;4—工件

内圆磨床有普通内圆磨床、无心内圆磨床和行星内圆磨床等多种类型,用于磨削圆柱孔和圆锥孔。按自动化程度分,有普通、半自动和全自动内圆磨床三类。一般机械制造厂中以普通内圆磨床应用最普通。磨削时,根据工件形状和尺寸不同,可采用纵磨法或切入磨法(见图1-49(a)、(b))。有些普通内圆磨床上备有专门的端磨装置,可在工件一次装夹中磨削内孔和端面(见图1-49(c)、(d)),这样不仅易于保证内孔和端面的垂直度,而且生产率较高。

图1-50所示的是两种常见普通内圆磨床布局形式。图1-50(a)所示为磨床的工件头架安装在工作台上,随工作台一起往复移动,完成纵向进给运动。图1-50(b)所示为磨床砂轮

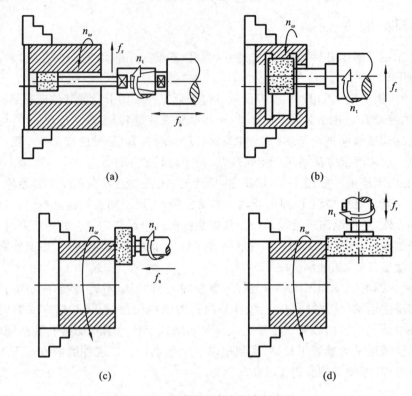

图 1-49 普通内圆磨床的磨削方法

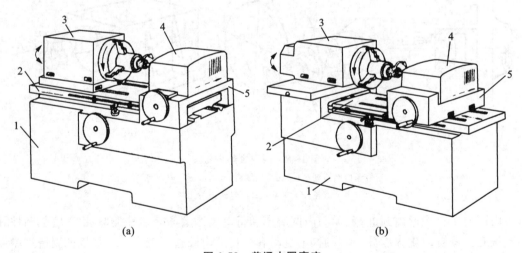

图 1-50 普通内圆磨床

1—床身；2—工作台；3—头架；4—砂轮架；5—滑座

架安装在工作台上作纵向进给运动。两种磨床的横向进给运动都由砂轮架实现。工件头架都可绕垂直轴线调整角度，以便磨削锥孔。

五、平面磨床

平面磨床用于磨削各种零件的平面。根据砂轮的工作面不同,平面磨床可分为用砂轮周边和端面进行磨削两类。用砂轮周边磨削(见图 1-51(a)、(b))的平面磨床,砂轮主轴常处于水平位置(卧式);而用砂轮端面磨削(见图 1-51(c)、(d))的平面磨床,砂轮主轴常为立式的。根据工作台的形状不同,平面磨床又可分为矩形工作台和圆形工作台两类。所以,根据磨削方法和机床布局不同,平面磨床主要有下列四种类型:卧轴矩台平面磨床、卧轴圆台平面磨床、立轴矩台平面磨床和立轴圆台平面磨床。其中,卧轴矩台平面磨床和立轴圆台平面磨床最为常见。

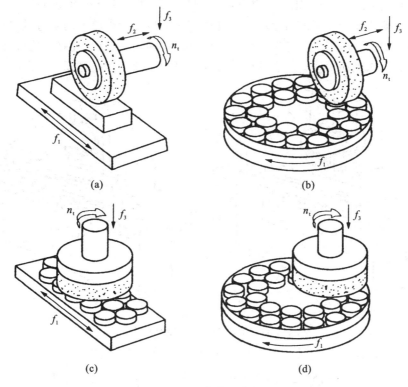

图 1-51　平面磨床的磨削方法

(a)周边磨削:工件往复运动　(b)周边磨削:工件圆周进给

(c)端面磨削:工件往复运动　(d)端面磨削:工件圆周进给

在上述四类平面磨床中,用砂轮端面磨削的平面磨床与用周边磨削的平面磨床相比较,由于端面磨削的砂轮直径往往比较大,能一次磨出工件的全宽,磨削面积较大,所以生产率较高,但端面磨削时砂轮和工件表面是成弧形线或面接触,接触面积大,冷却困难,且切屑不易排除,所以加工精度较低,表面粗糙度值较大;而用砂轮周边磨削,由于砂轮和工件接触面较小,发热量少,冷却和排屑条件较好,可获得较高的加工精度和较小的表面粗糙度值。另外,采用卧轴矩台的布局形式时,工艺范围较广,除了用砂轮周边磨削水平面外,还可用砂轮的端面磨削沟槽和台阶等的垂直侧平面。

　　圆形工作台平面磨床与矩形工作台平面磨床相比,圆形工作台平面磨床生产率稍高些,这是由于圆形工作台平面磨床是连续进给,而矩形工作台平面磨床有换向时间损失。但是圆形工作台平面磨床只适于磨削小零件和大直径的环形零件端面,不能磨削窄长零件,而矩形工作台平面磨床可方便地磨削各类零件,包括直径小于矩形工作台宽度的环形零件。

　　目前,最常见的平面磨床为卧轴矩形工作台式平面磨床和立轴圆形工作台式平面磨床。

　　图 1-52 所示为最常见的两种卧轴矩台式平面磨床布局形式。图 1-52(a)所示为砂轮架移动式,工作台只做纵向往复运动,而由砂轮架沿滑鞍上的燕尾导轨移动来实现周期的横向进给运动。滑鞍和砂轮架一起可沿立柱导轨移动,做周期的垂直进给运动。图 1-52(b)所示为十字导轨式,工作台装在床鞍上,它除了做纵向往复运动外,还随床鞍一起沿床身导轨做周期的横向进给运动,而砂轮架只做垂直周期进给运动。这类平面磨床工作台的纵向往复运动和砂轮架的横向周期进给运动一般都采用液压传动。砂轮架的垂直进给运动通常是手动的。为了减轻操作工人的劳动强度和节省辅助时间,有些机床具有快速升降机构,用以实现砂轮架的快速机动调位运动。砂轮主轴采用内联电动机直接传动。

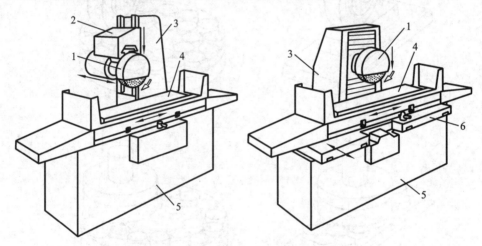

图 1-52　卧轴矩形工作台平面磨床
1—砂轮架;2—滑鞍;3—立柱;4—工作台;5—床身;6—床鞍

　　图 1-53 所示为立轴圆形工作台平面磨床的外形。圆形工作台装在床鞍上,它除了做旋转运动实现圆周进给外,还可以随同床鞍一起,沿床身导轨纵向快速退离或趋近砂轮,以便装卸工件。砂轮的垂直周期进给通常由砂轮架沿立柱导轨移动来实现,但也有采用移动装在砂轮架体壳中的主轴套筒来实现的。砂轮架还可做垂直快速调位运动,以适应磨削不同高度工件的需要。以上这些运动都由单独电动机经机械传动装置传动。这类磨床的砂轮主轴轴线位置可根据加工要求进行微量调整,使砂轮端面和工作台台面平行或倾斜一个微小的角度(一般小于 $10'$)。粗磨时,常采用较大的磨削用量以提高磨削效率,为避免发热量过大而使工件产生热变形和表面烧伤,需将砂轮端面倾斜一些,以减少砂轮与工件的接触面积。精磨时,为了保证磨削表面的平面度与平行度,需使砂轮端面与工作台台面平行或倾斜一极小的角度。此外,磨削内凹或内凸的工作表面时,也需使砂轮端面在相应方向倾斜。砂轮主轴轴线位置可通过砂轮架相对立柱或立柱相对于床身底座偏斜一个角度来调整。

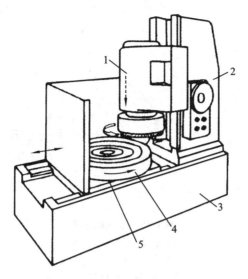

图 1-53 立轴圆台平面磨床

1—砂轮架；2—立柱；3—床身；4—工作台；5—床鞍

学习小结

本项目主要介绍了磨床的加工特点、应用与主要类型；M1432A 型万能外圆磨床的工艺范围、组成部件、运动、传动特点、主要结构。重点是万能外圆磨床的组成、运动及主要部件。万能外圆磨床主要部件是本模块的难点。

生产学习经验

(1)砂轮安装后，首先需对砂轮进行平衡调整。平衡砂轮是通过调整砂轮法兰盘上环形槽内平衡块的位置来实现的，如图 1-54 所示。

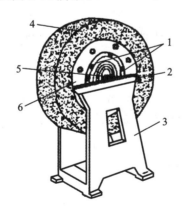

图 1-54 砂轮平衡

1—平衡块；2—平衡轨道；3—平衡架；4—砂轮；5—心轴；6—砂轮套筒

(2)修整砂轮的常用工具是金刚笔。修整砂轮时，金刚笔相对砂轮的位置如图 1-55 所示，以避免笔尖扎入砂轮，同时也可保持笔尖的锋利。

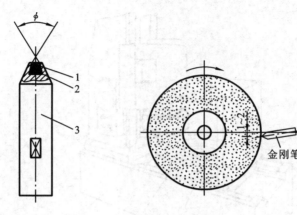

图 1-55 砂轮的修正
1—金刚石；2—焊料；3—笔杆

思考与训练

1. 以 M1432A 型外圆磨床为例，说明为保证加工质量（尺寸精度、形状精度和表面粗糙度），万能外圆磨床在传动和结构方面采取了哪些措施（可与卧式车床进行比较）？

2. 在 M1432A 型外圆磨床上磨削外圆时，问：

（1）若用顶尖支承工件进行磨削，为什么工件头架的主轴不转动？另外工件是怎样获得旋转（圆周进给）运动的？

（2）若工件头架和尾座的锥孔中心在垂直平面内不等高，磨削的工件又将产生什么误差，如何解决？若二者在水平面内不同轴，磨削的工件又将产生什么误差？如何解决？

3. 在 M1432A 型外圆磨床上磨削工件，装夹方法有哪几种？

4. 万能外圆磨床上磨削圆锥面有哪几种方法？各适用于什么场合？

5. 采用定程磨削一批零件后发现工件直径尺寸大了 0.07 mm，应如何进行补偿调整？说明其调整步骤。

6. 是分析无心外圆磨床和普通外圆磨床在布局、磨削方法、生产率及适用范围方面各有什么区别？

7. 内圆磨削的方法有哪几种？各适用于什么场合？

8. 试分析卧轴矩形工作台平面磨床与立轴圆形工作台平面磨床在磨削方法、加工质量、生产率等方面有何不同？它们的适用范围有何区别？

项目 1.5　齿轮加工机床

任务 1.5.1　齿轮加工方法

任务引入

在机械传动中，齿轮是最常见的机械零件。那么，齿轮是如何加工的？在加工过程中有哪些加工方法？在不同的加工方法中具体应注意什么问题？

任务分析

齿轮传动由于具有传动比准确、传动力大、效率高、结构紧凑、可靠耐用等优点,因此应用极为广泛,齿轮的需求量也日益增加。随着科学技术的不断发展,对齿轮传动在圆周速度和传动精度方面的要求越来越高。因此,齿轮加工在机械制造业中占有重要的地位。本任务将主要学习有关齿轮的加工方法和比较典型的齿轮加工机床。

一、齿轮加工机床的工作原理

1. 齿轮加工方法分类

齿轮的加工方法很多,如铸造、锻造、热扎、冲压和切削加工等。目前,前四种方法的加工精度还不高,精密齿轮主要靠切削加工。

按形成轮齿的原理,切削齿轮的方法可分为两大类:成形法和展成法。

1)成形法

成形法用与被加工齿轮齿槽形状相同的成形刀具切削齿轮,即所用刀具的切削刃形状与被切削齿轮的齿槽形状相吻合。例如,在铣床上用盘状模数铣刀或指状模数铣刀铣削齿轮(见图 1-56),在刨床或插床上用成形刀具加工齿轮。

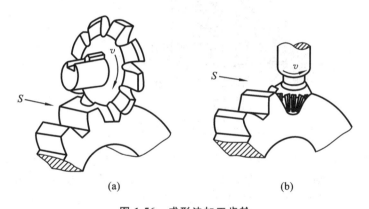

图 1-56　成形法加工齿轮

(a)用盘状模数铣刀铣齿　(b)用指状模数铣刀铣齿

采用单齿廓成形刀具加工齿轮时,每次只加工一个齿槽,然后用分度装置进行分度,依次加工下一个齿槽,直至全部轮齿加工完毕为止。这种加工方法的优点是机床较简单,可以利用通用机床加工;其缺点是加工齿轮精度低。因为对于同一模数的齿轮,只要齿数不同,齿廓形状就不相同,需采用不同的成形刀具。在实际生产中,为了减少成形刀具的数量,每一种模数通常只配 8 把,各自适应一定的齿数范围(见表 1-4),铣刀的齿形曲线是按该范围内最小齿数的齿形制造的,对其他齿数的齿轮,均存在着不同程度的齿形误差。另外,在通用机床上加工齿轮时,由于一般分度头的分度精度不高,会引起分齿不均匀,以及每加工一个齿槽,工件都需要分度,同时刀具必须回程一次,所以其加工精度和生产率不高。因此,单齿廓成形法只适用于单件小批及修配业中加工精度不高的齿轮。此外,在重型机器制造工业中制造大型齿轮时,为了使所用刀具及机床的结构比较简单,也常用单齿廓成形法加工齿轮。

表1-4　齿轮铣刀的刀号

刀号	1	2	3	4	5	6	7	8
加工齿数范围	12～13	14～16	17～20	21～25	26～34	35～54	55～134	135以上

在大批生产中，也可采用多齿廓成形刀具来加工齿轮，如用齿轮拉刀、齿轮推刀（见图1-57）或多齿刀盘等刀具同时加工出齿轮的各个齿槽。

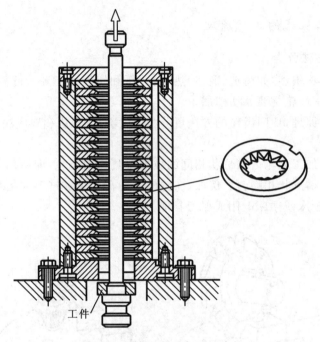

工件

图1-57　用齿轮推刀加工外齿轮

用多齿刀盘加工直齿圆柱齿轮时（见图1-58），刀盘3上装有和被切齿轮2齿数相等的成形切刀1，当工件沿轴向垂直向上运动时，刀盘3上的各把切刀同时切削工件各个齿槽。当工件向下作回程运动时，各切刀沿刀盘3径向退出一小段距离，以防止切刀磨损和擦伤工

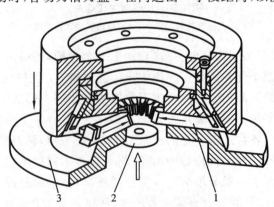

3　2　1

图1-58　多齿刀盘加工齿轮
1—成形切刀；2—被切齿轮；3—刀盘

件已加工表面。工件每次回程后,各切刀沿刀盘3径向进给一次,使各切刀逐次切入,直至切出工件全齿高为止。

用多齿廓成形刀具加工齿轮可以得到较高的加工精度和生产率,但要求所用刀具有较高的制造精度且结构复杂,同时每套刀具只能加工一种模数和齿数的齿轮,所用机床也必须是特殊结构的,因而成本较高,仅适用于大批生产中。

2)展成法

展成法加工齿轮是利用齿轮的啮合原理进行的,即把齿轮啮合副(齿条—齿轮、齿轮—齿轮)中的一个转化为刀具,另一个转化为工件,并强制刀具和工件做严格的啮合运动而展成切出齿廓。下面以滚齿加工为例加以进一步的说明。

在滚齿机上滚齿加工的过程,相当于一对交错轴斜齿轮相互啮合运动的过程(见图1-59(a)),只是其中一个交错轴斜齿轮的齿数极少,且分度圆上的导程角也很小,所以它便成为蜗杆形状(见图1-59(b)),再将蜗杆开槽并铲背、淬火、刃磨,便成为齿轮滚刀(见图1-59(c))。一般蜗杆螺纹的法向截面形状近似齿条形状(见图1-60(a)),因此,当齿轮滚刀按给定的切削速度转动时,它在空间便形成一个以等速移动着的假想齿条,当这个假想齿条与被切齿轮按一定速比作啮合运动时,便在轮坯上逐渐切出渐开线的齿形。齿形的形成是由滚刀在连续旋转中依次对轮坯切削的数条刀刃线包络而成(见图1-60(b))。

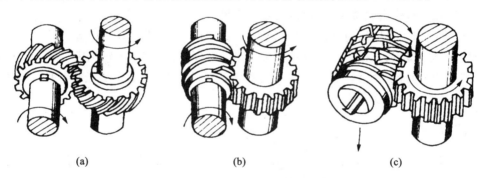

(a)　　　　　　　　　(b)　　　　　　　　　(c)

图1-59　展成法滚齿原理

(a)螺旋齿轮传动　(b)蜗杆传动　(c)滚齿加工

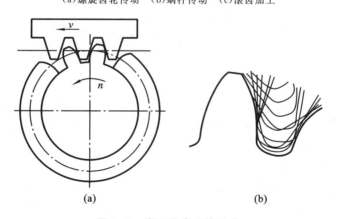

(a)　　　　　　　　　(b)

图1-60　渐开线齿形的形成

(a)加工示意图　(b)一个齿面形成包络线,v—假想齿条移动速度,n—被切齿轮转动速度

　　用展成法加工齿轮,可以用同一把刀具加工模数相同的齿轮,且加工精度和生产效率也较高,因此各种齿轮加工机床广泛应用这种加工方法,如滚齿机、插齿机和剃齿机等。此外,多数磨齿机及锥齿轮加工机床也是按展成法原理进行加工的。

　　2. 齿轮加工机床的类型及其用途

　　齿轮加工机床的种类繁多,按照被加工齿轮的种类不同,齿轮加工机床可分为圆柱齿轮加工机床和锥齿轮加工机床两大类。

　　(1)圆柱齿轮加工机床　主要包括滚齿机、插齿机、剃齿机、衍齿机和磨齿机等。

　　①滚齿机　主要用于加工直齿、斜齿圆柱齿轮和蜗杆。

　　②插齿机　主要用于加工单联及多联的内、外直齿圆柱齿轮。

　　③剃齿机　主要用于淬火前的直齿和斜齿圆柱齿轮的齿廓精加工。

　　④衍齿机　主要用于对热处理后的直齿和斜齿圆柱齿轮的齿廓精加工。衍齿对齿形精度改善不大,主要是降低齿面的表面粗糙度值。

　　⑤磨齿机　主要用于淬火后的圆柱齿轮的齿廓精加工。

　　此外,还有花键轴铣床和车齿机等。

　　(2)锥齿轮加工机床　这类机床可分为直齿锥齿轮加工机床和弧齿锥齿轮加工机床两类。用于加工直齿锥齿轮的机床有锥齿轮刨齿机、铣齿机、拉齿机和磨齿机等;用于加工弧齿锥齿轮的机床有弧齿轮铣齿机、拉齿机和磨齿机等。

　　此外,齿轮加工机床还包括加工齿轮所需的倒角机、淬火机和滚动检查机等。

　　近年来,精密化和数控化的齿轮加工机床迅速发展,各种数控齿轮机床、加工中心、柔性生产系统等相继问世,使齿轮加工精度和效率显著提高。此外,齿轮刀具制造水平和材料有了很大改进,使切削速度和刀具寿命普遍提高。

二、滚齿机

　　滚齿机是齿轮加工机床中应用最广泛的一种,它采用范成法工作。在滚齿机上,使用齿轮滚刀加工直齿或斜齿外啮合圆柱齿轮,或用蜗轮滚刀加工蜗轮。用其他非渐开线齿形的滚刀还可在滚齿机上加工花键轴、链轮等。

　　滚齿机按工件的安装方式不同,可分为立式和卧式。卧式滚齿机适用于加工小模数齿轮和连轴齿轮,工件轴线为水平安装;立式滚齿机是应用最广泛的一种,它适用于加工轴向尺寸较小而径向尺寸较大的齿轮。

　　1. 滚齿原理

　　滚齿加工是依照交错轴螺旋齿轮啮合原理进行的。用齿轮滚刀加工齿轮的过程相当于一对斜齿轮啮合的过程,将其中一个齿轮的齿数减少到几个或一个,使其螺旋角增大到很大(即螺旋升角很小),此时齿轮已演变成蜗杆,沿蜗杆轴线方向开槽并铲背后,则成为齿轮滚刀。当齿轮滚刀按给定的切削速度做旋转运动,并与被切齿轮做一定速比的啮合运动过程中,在齿坯上就滚切出齿轮的渐开线齿形(见图 1-61(a))。在滚切过程中,分布在螺旋线上的滚刀各切削刃相继切去齿槽中一薄层金属,每个齿槽在滚刀旋转过程中由几个刀齿依次切出,渐开线齿廓则由刀刃一系列瞬时位置包络而成,如图 1-61(b)所示。因此,滚齿时齿廓的成形方法是展成法。成形运动是滚刀的旋转运动 B_{11} 和工件的旋转运动 B_{12} 组合而成的复合运动,这个复合运动称为展成运动。当滚刀与工件连续不断地旋转时,便在工件整个圆周上依次切出所有齿槽,形成齿轮的渐开线齿廓。也就是说,滚齿时齿廓的成形过程与齿坯的分度过程是结合在一起的。

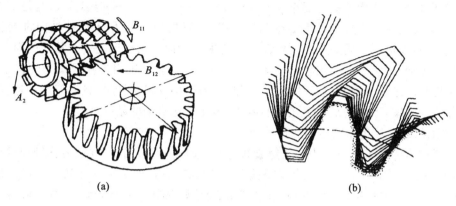

(a)　　　　　　　　　　　　(b)

图 1-61　滚齿原理

由上述可知,为了得到所需的渐开线齿廓和齿轮齿数,滚切齿形时滚刀和工件之间必须保证严格的运动关系,即当滚刀转过 1 圈时,工件必须相应转过 $\frac{k}{z}$ 圈(k 为滚刀头数,z 为工件齿数)。

1) 加工直齿圆柱齿轮时的运动和传动原理

加工直齿圆柱齿轮时,滚刀轴线与齿轮端面倾斜一个角度,其值等于滚刀螺旋升角,使滚刀螺纹方向与被切齿轮齿向一致。图 1-62 所示为滚切直齿圆柱齿轮时的运动和传动原理,为完成滚切直齿圆柱齿轮,它需具有以下三条传动链。

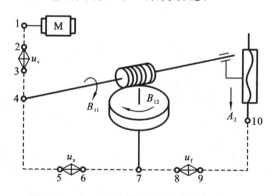

图 1-62　加工直齿圆柱齿轮时的传动原理

(1)主运动传动链　电动机(M)→1→2→u_v→3→4→滚刀(B_{11}),这是一条将动力源(电动机)与滚刀相联系的外联系传动链,实现滚刀的旋转运动,即主运动。其中,u_v 为换置机构,用以变换滚刀的转速。

(2)展成运动传动链　滚刀(B_{11})→4→5→u_x→6→7→工作台(B_{12}),这是一条内联系传动链,实现渐开线齿廓的复合成形运动。对单头滚刀而言,滚刀转 1 圈,工件应转过一个齿,所以要求滚刀与工作台之间必须保持严格的传动比关系。其中,换置机构为 u_x 用于适应工件齿数和滚刀头数的变化,其传动比的数值要求很精确。由于工作台(工件)的旋转方向与滚刀螺旋角的旋向有关,故在这条传动链中,还设有工作台变向机构。

(3)轴向进给运动传动链 工作台(B_{12})→7→8→u_f→9→10→刀架(A_2),这是一条外联系传动链,实现齿宽方向直线形齿形运动。其中,换置机构为 u_f 用于调整轴向进给量的大小和进给方向,以适应不同加工表面粗糙度的要求。轴向进给运动是一个独立的简单运动,作为外联系传动链,它可以使用独立的动力源来驱动,所以这里用工作台作为间接动力源,是因为滚齿时的进给量通常以工件每转 1 圈时的刀架位移量来计量,且刀架运动速度较低,采用这种传动方案,不仅满足了工艺上的需要,还能简化机床的结构。

2)加工斜齿圆柱齿轮的运动和传动原理

斜齿圆柱齿轮在齿长方向为一条螺旋线,为了形成螺旋线齿线,在滚刀作轴向进给运动的同时,工件还应作附加旋转运动 B_{22}(简称附加运动),且这两个运动之间必须保持确定的关系:滚刀移动一个螺旋线导程 S 时,工件应准确地附加转过一圈,因此,加工斜齿轮时的进给运动是螺旋运动,是一个复合运动。如图 1-63(a)所示,设工件螺旋线为右旋,螺旋角为 β,当刀架带动滚刀沿工件轴向进给 f(单位为 mm),滚刀由 a 点到 b 点时,为了能切出螺旋线齿线,应使工件的 b' 点转到 b 点,即在工件原来的旋转运动 B_{12} 基础上,再附加转动 bb',滚刀在进给一个 f 至 c 点时,工件再附加转动 cc',使工件的 c' 点转到 c 点。依此类推,当滚刀再进给至 p 点,正好等于一个螺旋线导程 S 时,工件上的 p' 点应转到 p 点,即工件应附加转动 1 圈。附加运动用 B_{22} 表示,它的方向与工件在展成运动中的旋转运动 B_{12} 方向相同或相反,这取决于工件螺旋线方向和滚刀(刀架)轴向进给方向 A_{21};如果 B_{22} 和 B_{12} 同向,调整计算时附加运动取 +1 圈,反之,若 B_{12} 和 B_{12} 方向相反,则取 -1 圈。有上述分析可知,滚刀的轴向进给运动 A_{21} 和工件的附加运动 B_{22} 是形成螺旋线齿线所必需的运动,它们组成了一个复合运动——螺旋轨迹运动。

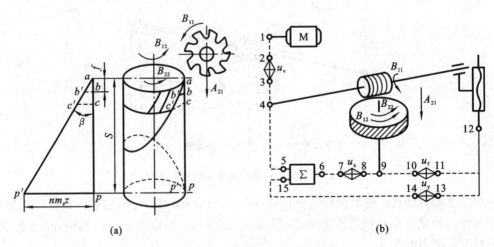

图 1-63 加工斜齿圆柱齿轮时的传动原理

(a)加工斜齿圆柱齿轮示意图 (b)传动原理图

　　加工斜齿圆柱齿轮所需成形运动的传动原理如图 1-63(b)所示，其中，主运动、展成运动以及轴向进给运动传动链与加工直齿圆柱齿轮是相同，只是在刀架与工作台之间增加了一条附加运动传动链，刀架(滚到移动 A_{21})→12→13→u_y→14→15→$\boxed{\sum}$→6→7→u_s→8→9→工作台(工件附加运动 B_{22})，以保证刀架沿工作台轴线方向移动一个螺旋线导程 S 时，工件附加转过±1圈，形成螺旋线齿线。显然，这是一条内联系传动链。传动链中的换置机构 u_y 用于适应工件螺旋线导程 S 和螺旋方向的变化。由于加工斜齿圆柱齿轮时，工件的旋转运动既要与滚刀旋转运动配合，组成形成渐开线齿廓的展成运动，又要与滚刀刀架轴向进给运动配合，组成形成螺旋线齿长的附加运动，所以加工时工作台的实际旋转运动是上述两个运动的合成。为使工作台能同时接收来自两条传动链的运动而不发生矛盾，就需要在传动链中配置一个运动合成机构，将两个运动合成之后再传给工作台。

　　3) 加工蜗轮时的运动和传动原理

　　用蜗轮滚刀加工蜗轮时，齿廓的形成方法及成形运动与加工圆柱齿轮是相同的，但齿线是当滚刀切至全齿深时，在展成齿廓的同时形成的。因此，滚切蜗轮需有展成运动、主运动与切入进给运动。根据切入进给方法不同，滚切蜗轮的方法有以下两种。

　　(1)径向进给法　这种加工方法在一般滚齿机上都可进行。加工时，由滚刀旋转运动 B_{11} 和工件旋转运动 B_{12} 展成齿形的同时，还应由滚刀或工件径向做切入进给运动 A_2 (见图 1-64(a))，使滚刀从蜗轮齿顶逐渐切入至全齿深。采用这种方法加工涡轮时，机床的传动原理如图 1-64(b)所示(图中表示由滚刀实现切入进给运动)。

　　(2)切向进给法　这种加工方法只有在滚刀刀架上具备切向进给溜板的滚齿机上方能进行，同时需要采用带切削锥的蜗轮滚刀(见图 1-64(c))。加工前，预先按蜗轮蜗杆副的啮合状态，调整好滚刀与工件轴线之间的距离。加工时，滚刀沿工件切线方向(即滚刀轴向)缓慢移动，完成切向进给运动，滚刀在进给过程中，先是切削锥部，继而圆柱部分逐渐切入工件，当滚刀的圆柱部分完全切入工件时，就切到了全齿深。加工过程中，由于滚刀沿工件切线方向移动，破坏了它和工件的正常"啮合传动"关系，所以工件的附加旋转运动 B_{22} 必须与之严格配合。它们的运动关系应与蜗杆轴向移动时带动蜗轮转动一样，即滚刀切向移动一个齿距的同时，工件必须附加转动一个齿，附加运动的方向则与滚刀切向进给方向相应。由于工件的附加运动 B_{22} 与展成运动中工件的旋转运动 B_{12} 是同时进行的，因此，与加工斜齿圆柱齿轮相似，加工时工件的旋转运动是 B_{22} 和 B_{12} 的合成运动。在传动系统中也需要配置运动合成机构。图 1-64(d)所示为用切向进给法滚切蜗轮时的传动原理。机床的主运动及展成运动传动链与加工直齿圆柱齿轮相同。联系工作台(工件旋转运动)与滚刀切向进给溜板(滚刀移动)的传动链"7→u_f→2→1"为切向进给传动链，它是外联系传动链。联系切向进给溜板(滚到移动 A_{21})和工作台(工件附加旋转运动 B_{22})的传动链"1→2→3→u_y→4→5→$\boxed{\sum}$→6→u_x→7"为附加运动传动链，它是内联系传动链。展成运动和附加运动由运动合成机构合成后传给工件。

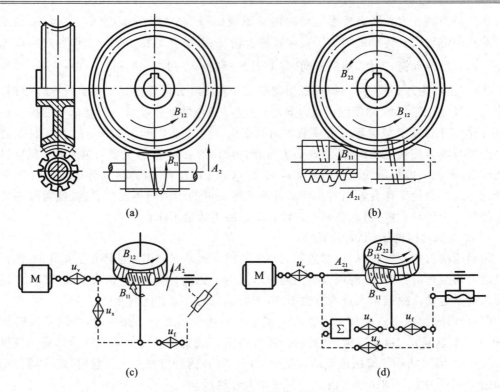

(a)　　　　　　　　　　　　　　(b)

(c)　　　　　　　　　　　　　　(d)

图 1-64　加工蜗轮时的传动原理图

任务 1.5.2　Y3150E 型滚齿机

任务引入

了解 Y3150E 型滚齿机的结构和工作原理并掌握其使用范围;能看懂滚齿传动系统图,会进行有关运动的计算。

任务分析

Y3150E 型滚齿机主要用于加工直齿和斜齿圆柱齿轮。此外,使用蜗轮滚刀时,还可用手动径向进给滚切蜗轮,也可用于加工花键轴及链轮等工件。

一、主要组成部件

Y3150E 型滚齿机外形如图 1-65 所示。机床由床身 1、立柱 2、刀架溜板 3、滚刀架 5、后立柱 8 和工作台 9 等主要部件组成。立柱 2 固定在床身上。刀架溜板 3 可沿立柱导轨作垂直进给运动或快速移动。滚刀安装在刀杆 4 上,由滚刀架 5 的主轴带动作旋转主运动。滚刀架 5 可沿刀架溜板 3 的圆形导轨在 240°范围内转动,以调整滚刀的安装角度,工件安装在工作台 9 上的工件芯轴 7 上或直接安装在工作台 9 上,随同工作台一起做旋转运动。工作台 9 和后立柱 8 装在同一溜板上,可沿床身的水平导轨移动,以调整工件的径向位置或做手动径向进给运动。后立柱 8 上的支架 6 可通过轴套或顶尖支承工件芯轴的上端,以提高芯轴的刚度,使滚切过程平稳。

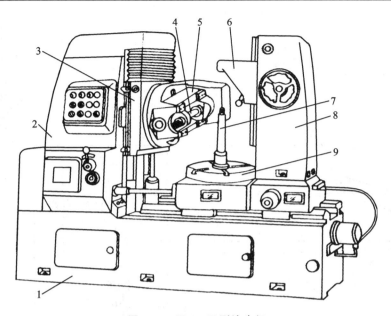

图 1-65   Y3150E 型滚齿机

1—床身；2—立柱；3—刀架溜板；4—刀杆；5—滚刀架；6—支架；7—工件芯轴；8—后立柱；9—工作台

Y3150E 型滚齿机能加工直齿、斜齿、圆柱齿轮和蜗轮等，因此，其具备下列传动链：主运动传动链、展成运动传动链、垂直进给运动传动链、附加运动传动链、径向进给运动传动链和切向进给运动传动链。其中，前四种传动链是所有滚齿机都具备的，后两种传动链只有部分滚齿机具备。此外，大部分滚齿机还具备刀架快速空行程传动链，由快速电动机直接传动刀架溜板作快速运动。

二、机床主要技术参数

最大工件直径   500 mm

最大加工宽度   250 mm

最大加工模数   8 mm

最少加工齿数   5k（滚刀头数）

滚刀主轴转速及级数（r/min）   40、50、63、80、125、160、200、250

刀架轴向进给量及级数（mm/r）   0.4、0.56、0.63、0.87、1、1.16、1.41、1.6、1.8、2.5、2.9、4

机床外形尺寸(长×宽×高)(mm)   2 439×1 272×1 770

机床质量   约 3 450 kg

三、Y3150E 型滚齿机传动系统

图 1-66 所示为 Y3150E 型滚齿机的传动系统图。该机床主要用于加工直齿和斜齿圆柱齿轮，也可用手动径向进给来加工蜗轮。因此，传动系统中有主运动、展成运动、轴向运动和附加运动四条传动链。另外还有一条刀架快速移动（空行程）传动链。

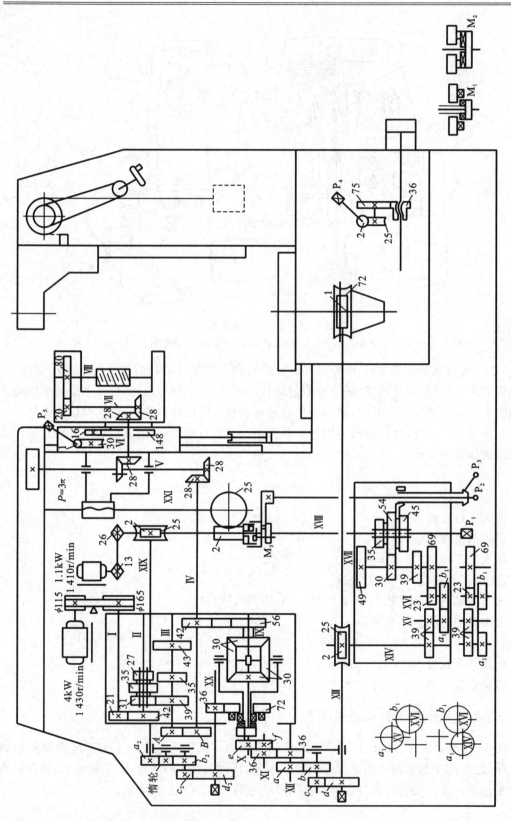

图 1-66　Y3150E 型滚齿机传动系统图

滚齿机的传动系统比较复杂。在进行机床的运动分析时,应根据机床的传动原理图,从传动系统图中找出各条传动链的两端件及其对应的传动路线和相应的换置机构;根据传动链两端件间的计算位移列出运动平衡式,再由运动平衡式导出换置公式。

任务 1.5.3　齿轮加工的调整计算

任务引入

由于齿轮的模数和齿数是多种多样,为了满足不同齿轮的加工需要,就必须对齿轮机床进行必要的调整。

任务分析

齿轮的模数和齿数不同是如何影响传动关系的?怎样进行调整?

一、加工直齿圆柱齿轮的调整计算

根据上面讨论的机床在加工直齿圆柱齿轮时的运动和传动原理图,即可从图 1-66 所示的传动系统图中找出各个运动的传动链并进行运动的调整计算。

1. 主运动传动链

主运动传动链是联系电动机和滚刀主轴之间的传动链,由它决定形成渐开线(母线)的速度,是"外联系"传动链。

(1)两端件　电动机—滚刀主轴。

(2)传动路线为

$$\begin{pmatrix} 电动机 \\ 4\ kW \\ 1\ 430\ r/min \end{pmatrix} \rightarrow \dfrac{\phi115}{\phi165} \rightarrow I \rightarrow II \rightarrow \begin{bmatrix} \dfrac{31}{39} \\ \dfrac{35}{35} \\ \dfrac{27}{43} \end{bmatrix} \rightarrow III \rightarrow \dfrac{A}{B} \rightarrow IV \rightarrow \dfrac{28}{28} \rightarrow V \rightarrow \dfrac{28}{28} \rightarrow$$

$$VI \rightarrow \dfrac{28}{28} \rightarrow VII \rightarrow \dfrac{20}{80} \rightarrow VIII(滚刀主轴)$$

(3)计算位移　电动机 $n_电$(1 430 r/min)—滚刀主轴 $n_刀$ (r/min)。

(4)运动平衡式为

$$1\ 430 \times \dfrac{115}{165} \times \dfrac{21}{42} \times u_{II\text{-}III} \times \dfrac{A}{B} \times \dfrac{28}{28} \times \dfrac{28}{28} \times \dfrac{28}{28} \times \dfrac{20}{80} = n_刀$$

(5)导出换置公式　由上式简化可以得到换置机构传动比 u_v 的计算公式,即

$$u_v = u_{II\text{-}III} \times \dfrac{A}{B} = \dfrac{n_刀}{124.583}$$

式中:$n_刀$——滚刀主轴转速,r/min;

$u_{II\text{-}III}$——轴 II-III 之间三联滑移齿轮变速组的三种传动比,$\dfrac{27}{43}, \dfrac{31}{39}, \dfrac{35}{35}$;

$\dfrac{A}{B}$——主运动变速挂轮齿数比,共三种,$\dfrac{22}{44}, \dfrac{33}{33}, \dfrac{44}{22}$。

当滚刀转速 $n_刀$ 给定后,就可算出 u_v 的数值,并由此确定变速箱中滑移齿轮的啮合位

置和挂轮的齿数。反之,变速箱中滑移齿轮的啮合位置和挂轮的齿数确定后,就可算出滚刀的转速 $n_刀$。滚刀共有表 1-5 所列的 9 级转速。

表 1-5 滚刀主轴转速

A/B	22/44			33/33			44/22		
$u_{Ⅱ-Ⅲ}$	27/43	31/39	35/35	27/43	31/39	35/35	27/43	31/39	35/35
$n_刀/(\text{r/min})$	40	50	63	80	100	125	160	200	250

2. 展成运动传动链

展成运动传动链是联系滚刀主轴和工作台之间的传动链,由它决定齿轮齿廓的形状(渐开线),是"内联系"传动链。

(1)两端件 滚刀—工件。

(2)传动路线为

$$Ⅷ(滚刀主轴) \to \frac{80}{20} \to Ⅶ \to \frac{28}{28} \to Ⅵ \to \frac{28}{28} \to Ⅴ \to \frac{28}{28} \to Ⅳ \to \frac{42}{56} \to Ⅸ 合成机构 \to$$

$$X \to \frac{e}{f} \to Ⅻ \to \frac{a \times c}{b \times d} \to ⅩⅢ \to \frac{1}{72} \to 工作台(工件)$$

(3)计算位移 工作台 1 圈—滚刀 $\frac{k}{z}$ 圈

当滚刀头数为 k,工件齿数为 z 时,滚刀转 1 圈,工件(即工作台)相对于滚刀转 $\frac{k}{z}$ 圈。

(4)运动平衡式为

$$1 \times \frac{80}{20} \times \frac{28}{28} \times \frac{28}{28} \times \frac{28}{28} \times \frac{42}{58} \times u_合 \times \frac{e}{f} \times \frac{a}{b} \times \frac{c}{d} \times \frac{1}{72} = \frac{k}{z}$$

式中:$u_合$——合成机构的传动比。Y3150E 型滚齿机在滚切直齿圆柱齿轮时,运动合成机构用离合器 M_1 连接,此时运动和成机构的转动比 $u_合 = 1$。

(5)换置公式 化简上式可得分度挂轮架(换置机构)传动比 u_x 的计算公式,即

$$u_x = \frac{a}{b} \times \frac{c}{d} = \frac{f}{e} \times \frac{24k}{z}$$

式中:$\frac{e}{f}$ 挂轮——"结构性挂轮"。用于工件齿数 z 在较大范围内变化时调整 u_x 的数值,保证其分子、分母相差倍数不致过大,从而使挂轮架结构紧凑。根据 $\frac{k}{z}$ 值,挂轮 $\frac{e}{f}$ 可以有如下选择:

当 $5 \leqslant \frac{k}{z} \leqslant 20$ 时,取 $e = 48, f = 24$;

当 $21 \leqslant \frac{k}{z} \leqslant 142$ 时,取 $e = 36, f = 36$;

当 $143 \leqslant \frac{z}{k}$ 时,取 $e = 24, f = 48$。

例 1-5 在 Y3150E 型滚齿机上粗切一直齿轮,$m = 2, z = 30$,材料为 45 钢,$\beta = 0$;选用

单头右旋滚刀，$\gamma = 2°19'$，$D_刀 = 55$ mm。试计算：滚刀安装角度 δ 及速度交换齿轮 $\dfrac{A}{B}$ 和分齿交换齿轮 $\dfrac{a}{b} \times \dfrac{c}{d}$ 的值。

解　(1)滚刀安装角度　因为直齿轮的螺旋角 $\beta = 0$，所以滚刀安装角度为

$$\delta = \gamma = 2°19'$$

(2)主运动链中速度交换齿轮的选择　因为工件材料为 45 钢，且为粗加工，由切削手册查得切削速度为 $v_0 = 28$ m/min。利用公式 $n_0 = \dfrac{1\,000v_0}{\pi D_0}$，将 $v_0 = 28$，$D_0 = 55$ 代入，则有

$$n_0 = \frac{1\,000 \times 28}{\pi \times 55} \text{ r/min} = 156 \text{ r/min}$$

由主运动传动链换置公式 $u_v = u_变 \times \dfrac{A}{B} = \dfrac{n_刀}{124.583} = \dfrac{156}{124.583} = 1.25$

式中：$u_变 = \dfrac{27}{34}, \dfrac{31}{39}, \dfrac{35}{35}$；$\dfrac{A}{B} = \dfrac{22}{44}, \dfrac{33}{33}, \dfrac{44}{22}$。

由机床说明书选取 $\dfrac{A}{B} = \dfrac{44}{22}$，则 $u_变 = \dfrac{27}{34}$。因为该传动链为外联系传动链，两端件之间无严格传动比要求，所选配齿轮可用。

(3)展成运动传动链中分齿交换齿轮的选择 $\dfrac{a}{b}, \dfrac{c}{d}$ 因为被加工齿轮齿数为 $z = 30$，由 $21 \leqslant z/k \leqslant 142$，选取结构交换齿轮为 $\dfrac{e}{f} = \dfrac{36}{36}$。将 $\dfrac{e}{f} = \dfrac{36}{36}$ 代入展成运动传动链换置公式 $u_x = \dfrac{a}{b} \times \dfrac{c}{d} = \dfrac{f}{e} \times \dfrac{24k}{z}$，可得 $u_x = \dfrac{a}{b} \times \dfrac{c}{d} = \dfrac{4}{5} = \dfrac{24}{60} \times \dfrac{46}{23}$。该传动链为内联系传动链，所选分齿交换齿轮无传动比误差，可满足要求。

二、加工斜齿圆柱齿轮的调整计算

1. 主运动传动链

主运动传动链的调整计算与加工直齿圆柱齿轮时相同。

2. 展成运动传动链

展成运动的传动路线以及两端件的计算位移都和加工直齿圆柱齿轮时相同。但此时，运动合成机构的作用不同，在 Ⅺ 轴上安装套筒 G 和离合器 M_2，其在展成运动传动链中的传动比 $u_{合1} = -1$，代入运动平衡式后得出的换置公式为

$$u_x = \frac{a}{b} \times \frac{c}{d} = -\frac{f}{e} \times \frac{24k}{z_0}$$

式中负号说明展成运动链中轴 Ⅺ 与 Ⅸ 的转向相反，而在加工直齿圆柱齿轮时，是要求两轴的转向相同（换置公式中符号应为正）。因此，在调整展成运动挂轮 u_x 时，必须按机床说明书规定配加惰轮，以消除"－"的影响。为叙述方便，以下有关斜齿圆柱齿轮展成运动传动链的计算，均已考虑配加惰轮，故都取消"－"号。

3. 轴向进给运动传动链

轴向进给传动链及其调整计算和加工直齿圆柱齿轮相同。

4. 附加运动传动链

附加运动传动链是联系刀架直线移动(即轴向进给)和工作台附加旋转运动之间的传动链。其作用是保证刀架下移工件螺旋线一个导程 S 时,工件在展成运动的基础上必须再附加(多转或少转)转动 1 圈。

(1)两端件　刀架—工作台(工件)。

(2)传动路线为

(刀架轴向进给丝杠)$XXI \to \dfrac{2}{25} \to M_3 \to XVIII \to \dfrac{2}{25} \to XIX \to \dfrac{a_2}{b_2} \times \dfrac{c_2}{d_2} \times \dfrac{36}{72} \to M_2 \to$

合成机构 $\to X \to \dfrac{e}{f} \to XIII \to \dfrac{1}{72} \to$ 工作台(工件)

(3)计算位移　S(单位为 mm)—(± 1)(圈)

刀架轴向移动一个螺旋线导程 S 时,工件应附加转过 ± 1 圈。

(4)运动平衡式　将计算位移代入传动路线表达式,得到该传动链的运动平衡式为

$$\frac{S}{3\pi} \times \frac{25}{2} \times \frac{2}{25} \times \frac{a_2}{b_2} \times \frac{c_2}{d_2} \times \frac{36}{72} \times u_{合2} \times \frac{e}{f} \times \frac{a}{b} \times \frac{c}{d} \times \frac{1}{72} = \pm 1$$

式中：3π——轴向进给丝杠的导程,mm；

$u_{合2}$——运动合成机构在附加运动传动链中的传动比,$u_{合2} = 2$；

$\dfrac{a}{b} \times \dfrac{c}{d}$——展成运动传动链挂轮传动比,$\dfrac{a}{b} \times \dfrac{c}{d} = \dfrac{f}{e} \times \dfrac{24k}{z}$；

S——被加工斜齿轮螺旋线的导程,mm,$S = \dfrac{\pi m_n z}{\sin \beta}$；

m_n——被加工齿轮法向模数,mm；

β——被加工齿轮的螺旋角,"°"。

(5)换置公式　整理上式,得

$$u_y = \frac{a_2}{b_2} \times \frac{c_2}{d_2} = \pm 9 \frac{\sin\beta}{m_n k}$$

对于附加运动传动链的运动平衡式和换置公式,做如下分析。

(1)附加运动传动链是形成螺旋线的内联系传动链,其传动比数值的精确度直接影响工件轮齿的齿向精度,所以挂轮传动比应配算准确。但是,换置公式中包含有无理数 $\sin\beta$,这就给精确配算挂轮 $\dfrac{a}{b} \times \dfrac{c}{d}$ 带来困难,因为挂轮个数有限,且与展成运动共用一套挂轮。为保证展成运动挂轮传动比尽可能准确,一般先选定展成运动挂轮,剩下的挂轮供附加运动传动链中挂轮选择,故无法配算的非常准确,其配算结果和计算结果之间的误差,对于 8 级精度的斜齿轮来说,要精确到小数点后的 4 位数字(即小数点后第 5 位才允许有误差);对于 7 级精度的斜齿轮来说,要精确到小数点后第 5 位数字,才能保证不超过精度标准中规定的齿向允差。

(2)运动平衡式中不仅包含了 u_y 而且包含有 u_x,这样的设置方案可使附加运动传动链

换置公式中不包含工件齿数这个参数,就是说附加运动挂轮配算与工件的齿数 z 无关。它的好处在于:一对互相啮合的斜齿轮(平行轴传动),由于其模数相同,螺旋角绝对值也相同,当用一把滚刀加工这一对斜齿轮时,即使这对齿轮的齿数不同,仍可用相同的附加运动挂轮。而且只需计算和调整挂轮一次。更重要的是,由于附加运动挂轮近似配算所产生的螺旋角误差,对两个斜齿轮是相同的,因此仍可使其获得良好的啮合。

三、滚刀刀架结构和滚刀的安装调整

1. 滚刀刀架的结构

滚刀刀架的作用是支承滚刀主轴,并带动安装在主轴上的滚刀实现沿工件轴向的进给运动。由于在不同加工情况下,滚刀旋转轴线需对工件旋转轴线保持不同的相对位置,或者说滚刀需有不同的安装角度,所以,通用滚齿机的滚刀刀架都由刀架体和刀架溜板两部分组成。装有滚刀主轴的刀架体可相对刀架溜板转一定的角度,以便使主轴旋转轴线处于所需位置,刀架溜板则可沿立柱导轨做直线运动(见图 1-65)。

图 1-67 所示为 Y3150E 型滚齿机滚刀刀架的结构。刀架体 1 用装在环形 T 形槽内的 6 个螺钉 4 固定在刀架溜板(图中未标出)上。调整滚刀安装角时,应先松开螺钉 4,然后用扳手转动刀架溜板上的操作手柄 P_5(见图 1-66),经蜗杆蜗轮副 1/30 及齿轮 Z16 带动固定在刀架体上的齿轮 Z148,使刀架体 1 回转至所需的滚刀安装角。调整完毕后,应重新拧紧螺钉 4 上的螺母。

主轴 14 前(左)端用内锥外圆的滑动轴承 13 支承,以承受径向力,并用两个推力球轴承 11 承受轴向力。主轴后(右)端通过铜套 8 及花键套筒 9 支承在两个圆锥滚子轴承 6 上。当主轴前端的滑动轴承 13 磨损引起主轴径向圆跳动超过允许值时,可拆下垫片 10 及 12,磨去相同的厚度,调配至符合要求时为止。如需调整主轴的轴向窜动,则只要将垫片 10 适当磨薄即可。安装滚刀的刀杆(见图 1-67(b))用锥柄安装在主轴前端的锥孔内,并用拉杆 7 将其拉紧。刀杆左端支承在支架 16 上的内锥套支承孔中,支架 16 可在刀架体上沿主轴轴线方向调整位置,并用压板固定在所需位置上。

安装滚刀时,为使滚刀的刀齿(或齿槽)对称于工件的轴线,以保证加工出的齿廓两侧齿面对称,另外,为使滚刀的磨损不过于集中在局部长度上,而是沿全长均匀地磨损,以提高其使用寿命,都需调整滚刀轴向位置,这就是所谓串刀。调整时,先松开压板螺钉 2(见图 1-66),然后用手柄转动方头轴 3,通过方头轴 3 上的齿轮和主轴套筒上的齿条带动主轴套筒连同滚刀主轴一起轴向移动。调整合适后,应拧紧压板螺钉。Y3150E 型滚齿机滚到最大串刀范围为 55 mm。

2. 滚刀安装角的调整

滚齿时,为了切出准确的齿形,应使滚刀和工件处于准确的"啮合"位置,即滚刀在切削点的螺旋线方向应与被加工齿轮齿槽方向一致。为此,须将滚刀轴线与工件端面安装成一定的角度,即为安装角,用 δ 表示。如图 1-68 所示为滚切斜齿锥齿轮时滚刀轴线的偏转情况,其安装角 δ 为

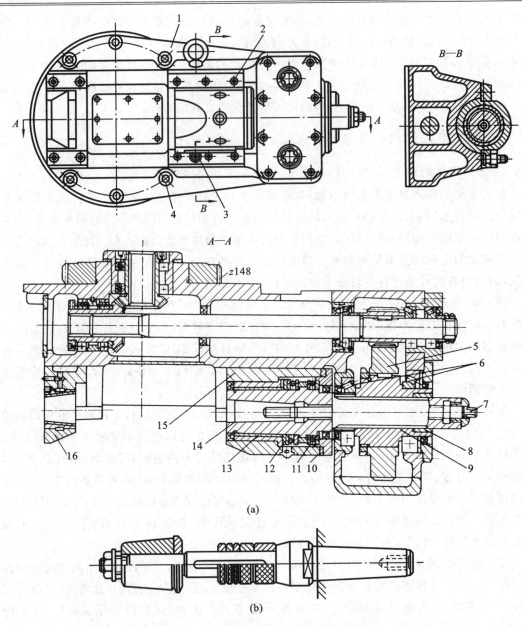

(a)

(b)

图 1-67 Y3150E 型滚齿机滚刀刀架的结构

1—刀架体;2、4—螺钉;3—方头轴;5—齿轮;6—圆锥滚子轴承;7—拉杆;8—铜套;
9—花键套筒;10、12—垫片;11—推力球轴承;13—滑动轴承;14—主轴;15—轴承座;16—支架

$$\delta = \beta \pm \omega$$

式中:β——被加工齿轮的螺旋角;

ω——滚刀的螺旋升角。

上式中,当被加工的斜齿轮与滚刀的螺旋线方向相反时取"+"号,与螺旋线方向相同时取"—"号。滚切斜齿轮时,应尽量采用与工件螺旋线方向相同的滚刀,使滚刀安装角较小,有利于提高机床运动平稳性及加工精度。

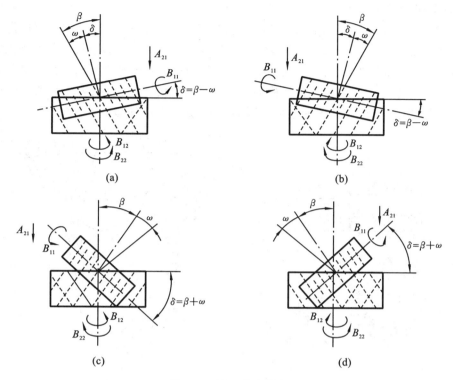

图 1-68　滚刀的安装角

当加工直齿圆柱齿轮时,因 $\beta=0$,所以滚刀的安装角 δ 为

$$\delta=\pm\omega$$

这说明在滚齿机上切削直齿圆柱齿轮时,滚刀的轴线也是倾斜的,与水平面成 ω 角(对立式滚齿机而言),倾斜方向则取决于滚刀的螺旋线方向。

任务 1.5.4　其他齿轮加工机床

任务引入

常用的圆柱齿轮加工机床除滚齿机外,根据不同加工需要,还有多种其他类型机床,以便于不同齿轮的加工。

任务分析

能根据齿轮形状及精度的不同,正确地选用不同的机床。

一、插齿机

常用的圆柱齿轮加工机床除滚齿机外,还有插齿机。插齿机主要用于加工直齿圆柱齿轮,特别适宜加工在滚齿机上不能加工的内齿轮和多联齿轮。装上附件,插齿机还能加工齿条,但插齿机不能加工蜗轮。

1. 插齿机的工作原理

插齿机是按展成法原理来加工齿轮的。插齿刀实质上是一个端面磨有前角,齿顶及齿侧均磨有后角的齿轮(见图 1-69(a))。插齿时,插齿刀沿工件轴向做直线往复运动以完成切削主运动,在刀具和工件轮坯作"无间隙啮合运动"过程中,在轮坯上渐渐切出齿廓。加工过程中,刀具每往复一次,仅切出工件齿槽的一小部分,齿廓曲线是在插齿刀切削刃多次相继的切削中,由切削刃各瞬时位置的包络线所形成的(见图 1-69(b))。

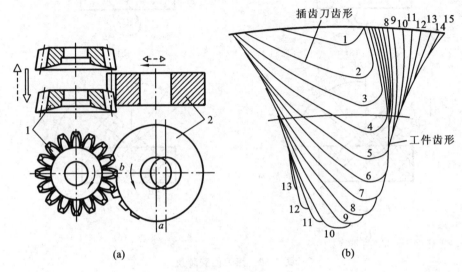

(a)　　　　　　　　　　　　(b)

图 1-69　插齿原理

1—插齿刀;2—工件

2. 插齿机的工作运动

加工直齿圆柱齿轮时,插齿机应具有如下运动。

1)主运动

插齿机的主运动是插齿刀沿其轴线(即沿工件的轴向)所做的直线往复运动。在一般立式插齿机上,刀具垂直向下时为工作行程,向上为空行程。主运动以插齿刀每分钟的往复行程次数来表示,即双行程数/min。

若切削速度 v(单位为 m/min)及行程长度 L(单位为 mm)已确定,插齿刀每分钟往复行程数可表示为

$$N_刀 = \frac{1\,000v}{2L}$$

2)展成运动

加工过程中,插齿刀和工件必须保持一对圆柱齿轮的啮合运动关系,即在插齿刀转过一个齿时工件也转过一个齿。工件与插齿刀所做的啮合旋转运动即为展成运动。

3)圆周进给运动

圆周进给运动是插齿刀绕自身轴线的旋转运动,其旋转速度的快慢决定了工件转动的快慢,也直接关系到插齿刀的切削负荷、被加工齿轮的表面质量、机床生产率和插齿刀的使用寿命。圆周进给运动的大小,即圆周进给量,用插齿刀每往复行程一次,刀具在分度圆圆

周上所转过的弧长来表示,单位为 mm/往复行程。显然,降低圆周进给量将会增加形成齿槽的刀刃切削次数,从而提高齿形曲线的精度。

4）径向切入运动

开始插齿时,如插齿刀立即径向切入工件至全齿深,将会因切削负荷过大而损坏刀具和工件。为了避免这种情况,工件应逐渐地向插齿刀作径向切入。如图 1-69(a)所示,开始加工时,工件外圆上的点与插齿刀外圆相切,在插齿刀和工件做展成运动的同时,工件相对于刀具作径向切入运动。当刀具切入工件至全齿深后(至 b 点),径向切入运动停止;然后工件再旋转 1 圈,便能加工出全部完整的齿廓。径向进给量是以插齿刀每次往复行程,工件或刀具径向切入的距离来表示,单位为 mm/往复行程。根据工件的材料、模数和精度等条件,也可采用 2 次和 3 次径向切入方法,即刀具切入到工件全齿深,可分 2 次或 3 次进行。每次径向切入运动结束后,工件都要转 1 圈。

5）让刀运动

插齿刀向上运动(空行程)时,为了避免擦伤工件齿面和减少刀具磨损,刀具和工件间应让开一小段距离(一般为 0.5 mm 的间隙),而在插齿刀向下开始工作行程之前,又迅速恢复到原位,以便刀具进行下一次切削,这种让开和恢复原位的运动称为让刀运动。插齿机的让刀运动可以由安装工件的工作台移动来实现,也可由刀具主轴摆动得到。由于工件和工作台的惯量比刀具主轴大,故让刀运动产生的振动也大,不利于提高切削速度,所以以新型号的插齿机(如 Y5132 型)普遍采用刀具主轴摆动来实现让刀运动。

3. 插齿机的传动原理

插齿机的传动原理如图 1-70 所示,图中表示了 3 条成形运动的传动链。

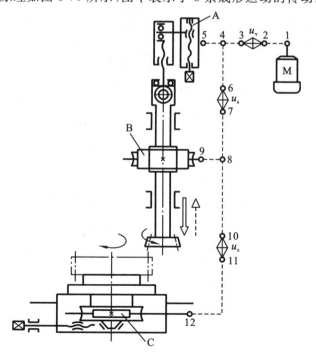

图 1-70　插齿机的传动原理

(1)"电动机 M→1→2→u_v→3→4→5→曲柄偏心盘 A→插齿刀主轴"为主运动传动链，u_v 为调整插齿刀每分钟往复行程数的换置机构。

(2)"曲柄偏心盘 A→5→4→6→u_s→7→8→9→蜗杆副 B→插齿刀主轴"为圆周进给运动传动链，其中 u_s 为调整插齿刀圆周进给量大小的换置机构。

(3)"插齿刀主轴(插齿刀转动)→蜗杆副 B→9→8→10→u_c→11→12→蜗杆副 C→工作台"为展成运动传动链，其中 u_c 为调整插齿刀与工件之间传动比的换置机构，以适应插齿刀和工件齿数的变化。

让刀运动及径向切入运动不直接参与工件表面的形成过程，故没有在图中表示。

二、圆柱齿轮磨齿机

圆柱齿轮磨齿机简称磨齿机，是用磨削方法对圆柱齿轮齿面进行精加工的精密机床，主要用于淬硬齿轮的精加工。齿轮加工时，一般先由滚齿机或插齿机切出轮齿后再磨齿，有的磨齿机也可直接在齿坯上磨出轮齿，但生产率低，设备成本高，因此只限于模数较小的齿轮。

磨齿机的工作原理按齿廓的形成方法，磨齿有成形法和展成法两种，但大多数磨齿机均以展成法来加工齿轮。下面介绍常用的几种磨齿机的工作原理及其特点。

1. 蜗杆砂轮型磨齿机

蜗杆砂轮型磨齿机用直径很大的修整成蜗杆形的砂轮磨削齿轮(见图 1-71(a))，它的工

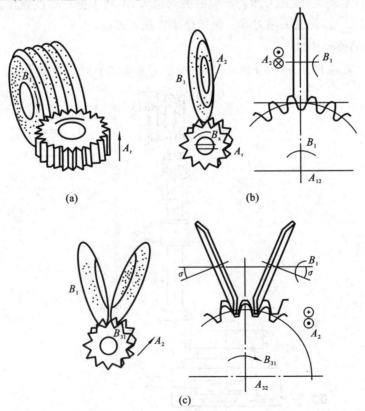

图 1-71　展成法磨齿

作原理和加工过程与滚齿机类似。蜗杆砂轮相当于滚刀,加工时砂轮与工件做展成运动,磨出渐开线。磨削直齿圆柱齿轮的轴向齿线一般由工件沿其轴向做直线往复运动。这种机床能连续磨削,在各类磨齿机床中它的生产效率最高。其缺点是,砂轮修整成蜗杆较困难,且不易得到很高的精度,磨削不同模数的齿轮时需要更换砂轮;联系砂轮与工件的内联系传动链中的各个传动环节转速很高,用机械传动易产生噪声,磨损较快。这种磨齿机适用于中小模数齿轮的成批和大批生产。

2. 锥形砂轮磨齿机

锥形砂轮磨齿机是利用齿条和齿轮啮合原理来磨削齿轮的,它所使用的砂轮截面形状是按照齿条的齿廓修整的。当砂轮按切削速度旋转,并沿工件齿线方向做直线往复运动时,砂轮两侧锥面的母线就形成了假想齿条的一个齿廓(见图 1-71(b)),如果强制被磨削齿轮在此假想齿条上做无间隙的啮合滚转运动,即被磨削齿轮转动一个齿($\frac{1}{z}$ 圈)的 B_{31} 和直线移动 A_{32} 所组成的复合运动用展成法形成,而齿线则由砂轮旋转 B_1 和直线移动 A_2 用相切法形成。

在这类机床上磨削齿轮时,一个齿槽的两侧齿面是分别进行磨削的。工件向左滚动时,磨削左侧的齿面;向右滚动时,磨削右侧的齿面。工件往复滚动一次,磨完一个齿槽的两侧齿面后,工件脱离砂轮,并进行分度。然后,再重复上述过程,磨削下一个齿槽。可见,工件上全部轮齿齿面需经过多次分度和磨削后才能完成。

由上述可知,锥形砂轮型磨齿机的成形运动有:砂轮旋转 B_1 和直线移动 A_2,这是形成齿线所需的两个简单运动;工件转动 B_{31} 和直线移动 A_{32} 是形成渐开线齿廓所需的一个复合运动——范成运动。此外,为磨出全部轮齿,加工过程中还需有一个周期的分度运动。这类磨齿机的典型传动原理如图 1-72 所示。

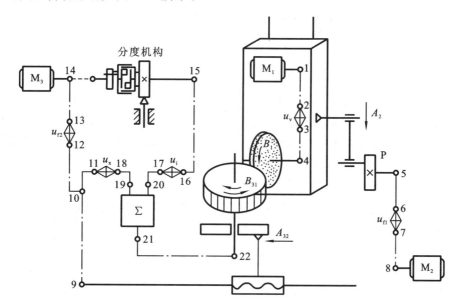

图 1-72 锥形砂轮型磨齿机的传动原理

　　砂轮旋转运动(主运动)B_1由外联系传动链 $M_1 \to 1 \to 2 \to u_v \to 3 \to 4 \to$ 砂轮主轴(砂轮转动)实现,u_v 为调整砂轮转速的换置机构。

　　砂轮的往复直线运动(轴向进给运动)A_2由外联系传动链 $M_2 \to 8 \to 7 \to u_{f1} \to 6 \to 5 \to$ 曲柄偏心盘机构 P→砂轮架溜板(砂轮移动)实现。u_{f1} 为调整砂轮轴向进给速度的换置机构。

　　范成运动$(B_{31}+A_{32})$由内联系传动链(回转工作台(工件旋转 B_{31})$\to 22 \to 21 \to \boxed{\sum} \to 19 \to 18 \to u_x \to 11 \to 10 \to 9 \to$ 纵向工作台(工件直线移动 A_{32}))和外联系传动链($M_3 \to 14 \to 13 \to u_{f2} \to 12 \to 10$)来实现。前者保证范成运动的运动轨迹,即工件转动与移动之间的严格运动关系,后者使工件获得一定速度和方向的范成运动。换置机构 u_{f2} 位中除变速机构外,还有自动换向机构,使工件在加工过程中能来回滚转,依次完成各个齿的磨齿工作循环。u_x 是用来调节工件齿数和模数变化的换置机构。工件的分度运动由分度运动传动链“分度机构 $\to 15 \to 16 \to u_i \to 17 \to 20 \to \boxed{\sum} \to 21 \to 22 \to$ 回转工作台”实现。分度时,机床的自动控制系统将分度机构离合器接合,使分度机构在旋转一定角度后即脱开,并由分度盘准确定位。在分度机构接合一次的过程中,工件在范成运动的基础上附加转过一个齿,这是由调整换置机构 u_i 来保证的。

　　锥形砂轮磨齿机的优点是适用范围广,砂轮形状简单;其缺点是砂轮形状不易修整得准确,磨损较快且不均匀,因而加工精度较低。

学习小结

　　本项目主要介绍了齿轮加工机床的工作原理、齿轮加工机床的类型和用途;对 Y3150E 型滚齿机的主要组成部件及传动系统作了详细的介绍;对插齿机和其他类型齿轮加工机床的种类和工作原理作了介绍。重点是齿轮加工机床的工作原理、Y3150E 型滚齿机的传动系统调整计算,难点是加工斜齿轮时的传动系统调整计算。

生产学习经验

　　(1)加强对齿轮成形时传动链的分析,通过该部分的内容,既可以进一步熟悉运动分析的方法,也可以对滚齿机的传动链有更好的了解。

　　(2)滚齿机上加工斜齿圆柱齿轮时,范成运动(B_{12})的方向与工件旋转方向相同;附加运动(B_{22})的方向与工件范成运动中的旋转运动(B_{12})方向或者相同,或者相反;这都取决于工件螺旋线方向及滚刀进给方向。如果 B_{22} 和 B_{12} 同向,计算时附加运动取$+1$;反之,若 B_{12} 和 B_{22} 方向相反,则取-1。

　　(3)在滚齿机上加工齿轮时,如果滚刀的刀齿相对于工件的轴心线不对称,则加工出来的齿轮也不对称,产生圆度误差;将滚刀的刀齿调整使其相对于工件的轴心线对称。

思考与训练

1. 分析比较应用展成法与成形法加工圆柱齿轮各有何特点。

2. 在滚齿机上加工直齿和斜齿圆柱齿轮、大质数直圆柱齿轮和用切向法加工蜗轮时,分别需要调整哪几条传动链? 画出传动原理图,并说明各传动链的两端件及计算位移是什么。

3. 在 Y3150E 型滚齿机上采用差动法滚切斜齿圆柱齿轮时,如果使用单头右旋滚刀滚切齿数为 $z=35$,螺旋导程 $T=643$ mm 的右旋齿轮,在选择滚刀转速为 $n_0=125$ r/min,轴向进给量 $S=1$ mm/r 的条件下,回答下列问题:

(1)在加工时工件(工作台)的实际转速 n 是多少?

(2)如果脱开差动挂轮,工件的转速 $n_工$ 是多少?

4. 在有差动机构的滚齿机上,滚切一对相互啮合、齿数不同的斜齿圆柱齿轮时,为什么可以使用同一套差动挂轮?

5. 在下列改变某一条件的情况下(其他条件不改变),滚齿机上那些传动链的换向机构要变向:

(1)由滚切右旋齿轮改为左旋齿轮;

(2)由逆铣滚齿改为顺铣滚齿;

(3)由使用右旋滚刀改为左旋滚刀。

6. 在加工斜齿圆柱齿轮时,会不会由于附加运动通过合成机构加到工件上而使工件和滚刀架运动越来越快或越来越慢? 为什么?

7. 对比滚齿机和插齿机的加工方法,说明它们各自的特点及主要应用范围。

8. 磨齿有哪些方法? 各有什么特点?

项目 1.6 其他类型机床

任务 1.6.1 钻床

任务引入

钻床工作原理、结构特点及其应用范围。在可用来加工孔的各类机床中,它们的适用范围有何区别?

任务分析

钻床一般用于加工直径不大、精度要求较低的孔,其中立式钻床只适用于加工中小型工件上的孔,摇臂钻床适用于加工大中型工件上的孔。

钻床是用途广泛的孔加工机床。主要用钻头加工直径不大、精度不太高的孔,也可以通过钻孔→扩孔→铰孔的工艺手段来加工精度要求较高的孔,利用夹具还可以加工有一定位置要求的孔系。钻床可完成钻孔、扩孔、铰孔、攻螺纹、锪埋头孔和锪端面等工作。钻床在加工时,工件固定不动,刀具一面旋转做主运动,一面沿轴向移动做进给运动。故钻床适用于加工没有对称回转轴线的工件上的孔,尤其是多孔加工,如箱体和机架等零件上的孔。钻床的加工方法及所需的运动如图 1-73 所示。

钻床根据用途和结构不同,主要类型有立式钻床、台式钻床、摇臂钻床和专用钻床(如深孔钻床和中心孔钻床)等。钻床的主参数是最大钻孔直径。

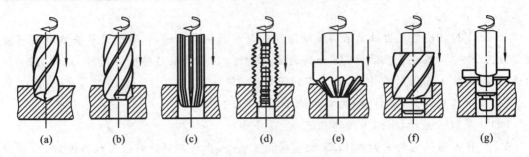

图 1-73　钻床的加工方法

(a)钻孔　(b)扩孔　(c)铰孔　(d)攻螺纹　(e),(f)锪埋头孔　(g)锪端面

一、立式钻床

立式钻床是钻床中应用较多的一种钻床,其特点是主轴轴线垂直布置,而且其位置是固定的。加工时,为使刀具旋转中心线与被加工孔的中心线重合,必须移动工件(相当于调整坐标位置),因此立式钻床只适于加工中小型工件上的孔。

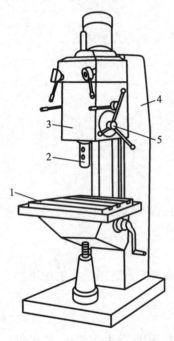

立式钻床的外形如图 1-74 所示。主轴箱 3 中装有主运动和进给运动的变速传动机构和主轴部件等。加工时,主运动是由主轴 2 带着刀具做旋转运动实现的,而主轴箱 3 固定不动,进给运动是由主轴 2 随同主轴套筒在主轴箱 3 中做直线移动来实现。主轴箱 3 右侧的手柄 5 用于使主轴 2 升降。工件放在工作台 1 上。工作台 1 和主轴箱 3 都可沿立柱 4 调整其上下位置,以适应加工不同高度的工件。

由于立式钻床主轴轴线垂直布置,且其位置是固定的,加工时必须通过移动工件才能使刀具轴线与被加工孔的中心线重合,因而操作不便,生产率不高。常用于单件、小批生产中加工中小型工件,且被加工孔数不宜过多。

二、摇臂钻床

由于大而重的工件移动费力,找正困难,加工时希望工件固定,主轴能任意调整坐标位置,因而产生了摇臂钻床(见图 1-75(a))。工件和夹具可以安装在底座 1 或工作台 8 上。立柱为双层结构,内立柱 2 固定在底座 1 上,外立柱 3 由滚动轴承支承,可绕内立柱转动,立柱结构如图 1-75(b)所示。摇臂可沿外立柱 3 升降。主轴箱 6 可沿摇臂的导轨水平移

图 1-74　立式钻床的外形图

1—工作台;2—主轴;

3—主轴箱;4—立柱;5—手柄

动。这样,就可在加工时使工件不动而方便地调整主轴 7 的位置。为了使主轴 7 在加工时保持准确的位置,摇臂钻床上具有立柱、摇臂及主轴箱 6 的夹紧机构。当主轴 7 的位置调整妥当后,就可快速地将它们夹紧。由于摇臂钻床在加工时需要经常改变切削量,因此摇臂钻床通常具有既方便又节省时间的操纵机构,可快速地改变主轴转速和进给量。摇臂钻床广泛应用于单件和中、小批生产中加工大中型零件。

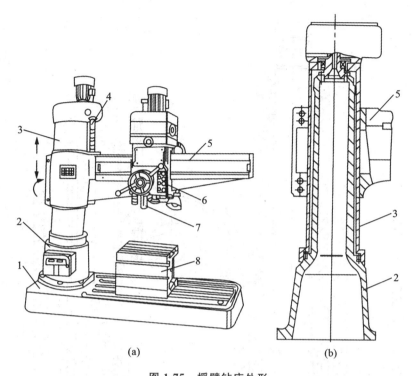

(a)　　　　　　　　　　　　(b)

图 1-75　摇臂钻床外形

1—底座;2—内立柱;3—外立柱;4—摇臂升降丝杠;5—摇臂;6—主轴箱;7—主轴;8—工作台

　　摇臂钻床的主轴组件如图 1-76 所示。摇臂钻床的主轴在加工时既做旋转主运动,又做轴向进给运动,所以主轴 1 用轴承支承在主轴套筒 2 内,主轴套筒 2 装在主轴箱体孔的镶套 11 中,由小齿轮 4 和主轴套筒 2 上的齿条驱动主轴套筒 2 连同主轴 1 做轴向进给运动。主轴 1 的旋转主运动由主轴尾部的花键传入,而该传动齿轮则通过轴承直接支承在主轴箱体上,使主轴 1 卸荷。这样既可减少主轴的弯曲变形,又可使主轴移动轻便。主轴 1 的前端有一个 4 号莫氏锥孔,用于安装和紧固刀具。主轴的前端还有两个并列的横向腰形孔,上面一个可与刀柄相配,以传递转矩,并可用专用的卸刀扳手插入孔中旋转卸刀;下面一个用于在特殊的加工方式下固定刀具,如倒刮端面时,需要将楔块穿过腰形孔将刀具锁紧,以防止刀具在向下切削力作用下从主轴锥孔中掉下来。

　　钻床加工时,主轴要承受较大的进给力,而背向力不大,因此主轴的轴向切削力由推力轴承承受,上面的一个推力轴承用以支承主轴的质量。螺母 3 用以消除推力轴承内滚珠与滚道的间隙;主轴的径向切削力由深沟球轴承支承。钻床主轴的旋转精度要求不是太高,故深沟球轴承的游隙不需要调整。

　　为了防止主轴因自重而脱落,以及使操纵主轴升降轻便,在摇臂钻床内设有圆柱弹簧—凸轮平衡机构(见图 1-76)。弹簧 7 的弹力通过套 10、链条 5、凸轮 8、齿轮 9 和小齿轮 4 作用在主轴套筒 2 上,与主轴 1 的质量相平衡。主轴 1 上下移动时,齿轮 4、9 和凸轮 8 转动,并拉动链条 5 改变弹簧 7 的压缩量,使其弹力发生变化,但同时由于凸轮 8 的转动改变了链条 5 至凸轮 8 及齿轮 9 回转中心的距离,即改变了力臂的大小,从而使力矩保持不变。

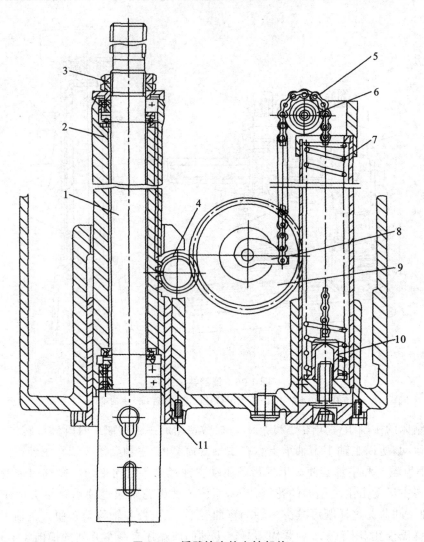

图 1-76　摇臂钻床的主轴部件

1—主轴；2—主轴套筒；3—螺母；4—小齿轮；5—链条；6—链轮；7—弹簧；8—凸轮；9—齿轮；10—套；11—镶套

三、台式钻床

台式钻床简称台钻，它实质上是一种加工小孔的立式钻床。台式钻床的外形如图 1-77 所示。台钻的钻孔直径一般在 15 mm 以下，最小可达十分之几毫米。因此，台钻主轴的转速很高，最高可达每分钟几万转。台钻结构简单，使用灵活方便，适于加工小型零件上的孔。但其自动化程度较低，通常用手动进给。

四、其他钻床

1. 可调式多轴立式钻床

可调式多轴立式钻床是立式钻床的变形品种，其布局与立式钻床相似，其主要特点是主轴箱上装有若干个主轴,且可根据加工需要调整主轴位置(见图 1-78)。加工时,由主轴箱带动全部主轴沿立柱导轨垂直进给,对工件上的多个孔同时加工。进给运动通常采用液压传动,并可实现半自动工作循环。这种机床能较灵活地适应工件的变化,且采用多刀切削,生产效率较高,适用于成批生产。

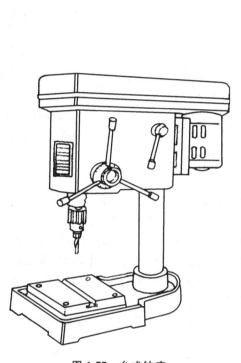

图 1-77 台式钻床

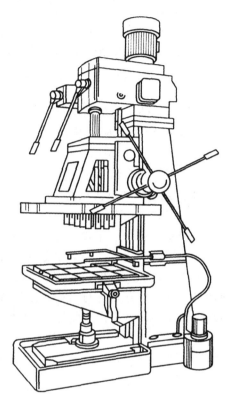

图 1-78 可调多轴立式钻床

2. 深孔钻床

深孔钻床是专用机床,专门用于加工工件上深孔,例如枪管、炮筒和机床主轴等。这种机床加工的孔较深,为了减少孔中心线的偏斜,加工时通常是由工件转动来实现主运动,深孔钻头并不转动,只做直线进给运动。此外,由于被加工孔较深而且工件又往往较长,为了便于排除切屑及避免机床过于高大,深孔钻床通常采用卧式布置。

任务 1.6.2 镗床

任务引入

镗床工作原理、结构特点及其应用范围。在各类机床中,它们的适用范围有何区别。

任务分析

镗床主要是用镗刀镗削工件上铸出或已粗钻出的孔,常用于加工尺寸较大且精度要求较高的孔,特别是分布在不同表面上、孔距和位置精度要求很严格的孔,如各种箱体、汽车发动机缸体等。

镗床常用于加工尺寸较大且精度要求较高的孔,特别是分布在不同表面上、孔距和位置精度(如平行度、垂直度和同轴度等)要求较严格的孔系,如各种箱体和汽车发动机缸体等零件上的孔系加工。

镗床的主要工作是用镗刀镗削工件上铸出或已粗钻出的孔。机床加工时的运动与钻床类似,但进给运动则根据机床类型和加工条件不同,或者由刀具完成,或者由工件完成。在镗床上,除镗孔外,还可以进行铣削、钻孔、铰孔等工作。因此镗床的工艺范围较广。根据用途,镗床可分为卧式铣镗床、坐标镗床及精镗床。此外,还有立式镗床、深孔镗床和落地镗床等。

一、卧式铣镗床

卧式铣镗床的工艺范围十分广泛,因而得到普遍应用。卧式铣镗床除镗孔外,还可车端面,铣平面,车外圆,车内、外螺纹,钻、扩、铰孔等。零件可在一次安装中完成大量的加工工序,而且其加工精度比钻床和一般的车床、铣床高,因此特别适合加工大型、复杂的箱体类零件上精度要求较高的孔系及端面。由于卧式镗铣床的工艺范围广泛,所以又称为万能镗床。

1. 主要组成部件及其运动

卧式铣镗床的外形如图 1-79 所示。由上滑座 12、下滑座 11 和工作台 3 组成的工作台部件装在床身导轨上。工件安装在工作台 3 上,可与工作台 3 一起随下滑座 11 或上滑座 12 作纵向或横向移动。工作台 3 还可绕上滑座 12 的圆导轨在水平面内转位,以便加工互相成一定角度的平面和孔。主轴箱 8 可沿前立柱 7 上的导轨上下移动,以实现垂直进给运动或调整主轴在垂直方向的位置。在主轴箱 8 中装有镗轴 4,平旋盘 5,主运动、进给运动变速传动机构及其操纵机构。此外,机床上还有坐标测量装置,以实现主轴箱和工作台之间的准确定位。根据加工情况不同,刀具可以装在镗轴 4 锥孔中,或装在平旋盘 5 的径向刀具溜板 6 上。镗轴 4 旋转做主运动,并可沿轴向移动做进给运动;平旋盘 5 只能做旋转主运动。

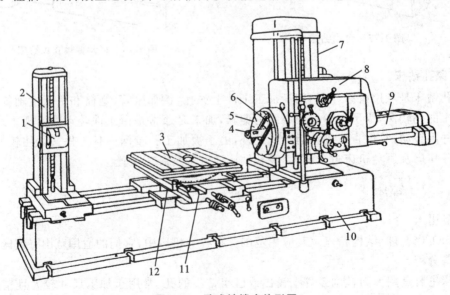

图 1-79　卧式铣镗床外形图

1—后支架;2—后立柱;3—工作台;4—镗轴;5—平旋盘;6—径向刀具溜板;

7—前立柱;8—主轴箱;9—后尾筒;10—床身;11—下滑座;12—上滑座

装在平旋盘径向导轨上的径向刀具溜板 6,除了随平旋盘一起旋转外,还可作径向进给运动。装在后立柱 2 上的后支架 1 用于支承悬伸长度较大的镗轴 4 的悬伸端,以增加刚度。后支架 1 可沿后立柱 2 上的导轨上下移动,以便于与主轴箱 8 同步升降,从而保持后支架支承孔与镗轴 4 在同一轴线上。后立柱 2 可沿底座 10 的导轨移动,以适应镗轴 4 的不同程度悬伸。

综上所述,卧式铣镗床的主运动有镗轴和平旋盘的旋转运动。进给运动有:镗轴的轴向运动,平旋盘刀具溜板的径向进给运动,主轴箱的垂直进给运动,工作台的纵向和横向进给运动。辅助运动有:主轴、主轴箱及工作台在进给方向上的快速调位运动,后立柱的纵向调位运动,后支架的垂直调位移动,工作台的转位运动。

图 1-80 所示为卧式铣镗床的典型加工方法。图 1-80(a)所示为用装在镗轴上的悬伸刀杆镗孔,图 1-80(b)所示为利用长刀杆镗削同一轴线上的两孔,图 1-80(c)所示为用装在平旋盘上的悬伸刀杆镗削大直径的孔,图 1-80(d)所示为用装在镗轴上的端铣刀铣平面,图 1-80(e)、(f)分别所示为用装在平旋盘刀具溜板上的车刀车内沟槽和端面。

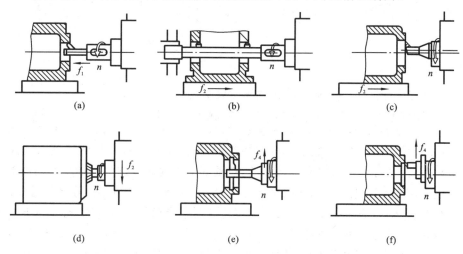

(a) (b) (c)

(d) (e) (f)

图 1-80 卧式铣镗床的典型加工方法

2. 主轴部件结构

卧式铣镗床主轴部件的结构形式较多,图 1-81 所示为 TP619 型卧式铣镗床的主轴结构。它主要由镗轴 2、镗轴套筒 3 和平旋盘 7 组成。镗轴 2 和平旋盘 7 用来安装刀具并带动其旋转,两者可同时同转动,也可以不同转速同时转动。镗轴套筒 3 用作镗轴 2 的支承和导向,并传动其旋转。镗轴套筒 3 采用 3 支承结构,前支承采用 D3182126 型双列圆柱滚子轴承,中间和后支承采用 D2007126 型圆锥滚子轴承,3 支承均安装在箱体轴承座孔中,后轴承间隙可用调整螺母 13 调整。在镗轴套筒 3 的内孔中,装有 3 个淬硬的精密衬套 8、9 和 12,用以支承镗轴 2。镗轴 2 用 38CrMoAIA 钢经渗氮处理制成,具有很高的表面硬度,它和衬套的配合间隙很小,而前后衬套间的距离较大,使主轴部件有较高的刚度,以保证主轴具有较高的旋转精度和平稳的轴向进给运动。

镗轴 2 的前端有一精密的 1:20 锥孔,供安装刀具和刀杆用。它由后端齿轮($z=43$ 或 $z=75$)通过平键 11 使镗轴套筒 3 旋转,再经套筒上两个对称分布的导键 10 传动旋转。导

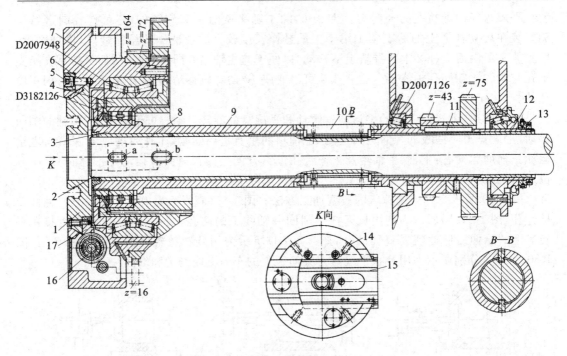

图 1-81　TP619 型卧式铣镗床主轴部件结构

1—刀具溜板;2—镗轴;3—镗轴套筒;4—法兰盘;5—螺塞;6—销钉;7—平旋盘;8,9—前支承衬套;
10—导键;11—平键;12—后支承衬套;13—调整螺母;14—径向 T 形槽;15—T 形槽;16—丝杠;17—半螺母

键 10 固定在镗轴套筒 3 上,其突出部分嵌在镗轴 2 的两条长键槽内,使镗轴 2 既能由镗轴套筒 3 带动旋转,又可在衬套中沿轴向移动,镗轴 2 的后端通过推力球轴承和圆锥滚子轴承与支承座连接。支承座装在后尾筒的水平导轨上,可由丝杠 16(轴 ⅩⅦ)经半螺母 17 传动移动,带动镗轴 2 作轴向进给运动。镗轴 2 前端还有两个腰形孔 a、b,其中孔 a 用于拉镗孔或倒刮端面时插入楔块,以防止镗杆被拉出,孔 b 用于拆卸刀具。镗轴 2 不作轴向进给时(例如铣平面或由工作台进给镗孔时),利用支承座中的推力球轴承和圆锥滚子轴承使镗轴 2 实现轴向定位。其中圆锥滚子轴承还可以作为镗轴 2 的附加径向支承,以免镗轴后部的悬伸端下垂。

平旋盘 7 通过 D2007984 型双列圆锥滚子轴承支承在固定于箱体上的法兰盘 4 上。平旋盘由用螺钉和定位销连接其上的齿轮($z=72$)传动。传动刀具溜板的大齿轮($z=164$)空套在平旋盘 7 的外圆柱面上。平旋盘 7 的端面上铣有四条径向 T 形槽 14,可以用来紧固刀具或刀盘;在它的燕尾导轨上,装有径向刀具溜板 1,刀具溜板 1 的左侧面上铣有两条 T 形槽 15(K 向视图),可用来紧固刀具或刀盘。刀具溜板 1 可在平旋盘 7 的燕尾导轨上作径向进给运动,燕尾导轨的间隙可用镶条进行调整。当加工过程中刀具溜板不需作径向进给时(如镗大直径孔或车外圆柱面时),可拧紧螺塞 5,通过销钉 6 将其锁紧在平旋盘 7 上。

二、坐标镗床

坐标镗床是一种高精度机床,其特征是具有测量坐标位置的精密测量装置。为了保证高精度,这种机床的主要零部件的制造和装配精度都很高,并具有较好的刚度和抗振性。它主要用来镗削精密孔(IT5 级或更高)和位置精度要求很高的孔系(定位精度可达 0.002～0.01 mm)。例如,镗削钻模和镗模上的精密孔。

坐标镗床的工艺范围很广,除镗孔、钻孔、扩孔、铰孔、锪端面以及精铣平面和沟槽外,还可进行精密刻线和画线,以及进行孔距和直线尺寸的精密测量工作。

坐标镗床主要用于工具车间加工工具、模具和量具等,也可用于生产车间成批地加工精密孔系,如在飞机、汽车、拖拉机、内燃机和机床等行业中加工某些箱体零件的轴承孔。

1. 坐标镗床的主要类型

坐标镗床按其布局形式有单柱、双柱和卧式等主要类型。

(1)单柱坐标镗床　图 1-82 所示为单柱坐标镗床。工件固定在工作台 1 上,坐标位置由工作台沿床鞍 5 导轨的纵向移动(X 向)和床鞍 5 沿床身 6 导轨的横向移动(Y 向)来实现。装有主轴组件的主轴箱 3 可以在立柱 4 的竖直导轨上调整上下位置,以适应不同高度的工件。主轴箱 3 内装有主轴电动机和变速、进给及其操纵机构。主轴 2 由精密轴承支承在主轴套筒中。当进行镗孔、钻孔、扩孔和铰孔等工作时,主轴 2 由主轴套筒带动,在竖直方向做机动或手动进给运动。当进行铣削时,则由工作台在纵、横方向完成进给运动。

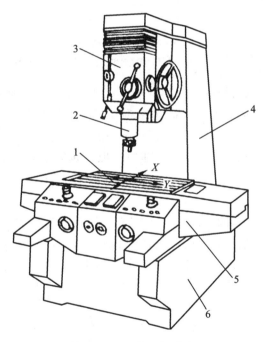

图 1-82　单柱坐标镗床
1—工作台;2—主轴;3—主轴箱;4—立柱;5—床鞍;6—床身

这种类型机床工作台的三个侧面都是敞开的,操作比较方便,但主轴箱悬臂安装,当机床尺寸大时,将会影响机床刚度和加工精度。因此,此种形式多为中、小型机床。

(2)双柱坐标镗床　这类坐标镗床采用了两个立柱、顶梁和床身构成的龙门框架的布局形式,并将工作台直接支承在床身导轨上(见图 1-83)。主轴箱 5 沿横梁 2 的导轨作横向移动(Y 向)和工作台 1 沿床身 8 的导轨做纵向移动(X 向)。横梁 2 可沿立柱 3 和 6 的导轨上下调整位置,以适应不同高度的工件。双柱坐标镗床主轴箱悬伸距离小,且装在龙门框架上,刚度高;工作台和床身的层次少,承载能力较强。因此,大、中型坐标镗床常采用此种布局。

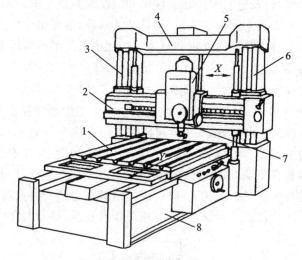

图 1-83 双柱坐标镗床

1—工作台;2—横梁;3,6—立柱;4—顶梁;5—主轴箱;7—主轴;8—床身

(3)卧式坐标镗床 卧式坐标镗床的主轴是水平布置与工作台平行。机床两个坐标方向的移动分别由下滑座沿床身的导轨横向移动(X 向)和主轴箱沿立柱的导轨上下移动(Y 向)来实现。回转工作台可以在水平面内回转至一定角度位置,以进行精密分度。进给运动由上滑座的纵向移动或主轴的轴向移动(Z 向)实现。其特点是生产效率高,可省去镗模等复杂工艺装备,且装夹方便。

2. 精镗床

精镗床是一种高速镗床,因它以前采用金刚石镗刀,故又称其为金刚镗床。精镗床现已广泛使用硬质合金刀具。这种机床的特点是切削速度很高,而切深和进给量极小,因此可以获得很高的加工精度和表面质量。工件的尺寸精度可达 0.003~0.005 mm,表面粗糙度值 Ra 可达 0.16~1.25 μm。精镗床广泛应用于大批生产中,如用于加工发动机的气缸、连杆、活塞和液压泵壳体等零件上的精密孔。

精镗床种类很多,按其布局形式可分为单面、双面和多面;按其主轴位置可分为立式、卧式和倾斜式;按其主轴数量可分为单轴、双轴和多轴。单面卧式精镗床外形图如图 1-84 所示。机床主轴箱 1 固定在床身 4 上,主轴 2 短而粗,在镗杆端部设有消振器,主轴 2 采用精密的角接触轴承或静压轴承支承,并由电动机经带轮直接带动主轴 2,以保证主轴组件准确平稳地运转。主轴 2 高速旋转带动镗刀做主运动。工件通过夹具安装在工作台 3 上,工作台 3 沿床身导轨做平稳的低速纵向移动以实现进给运动。工作台 3 一般为液压驱动,可实现半自动循环。

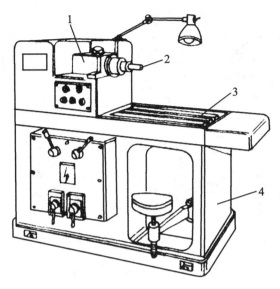

图 1-84 单面卧式精镗床

1—主轴箱;2—主轴;3—工作台;4—床身

任务 1.6.3 铣床

任务引入

铣床工作原理、结构特点及其应用范围。在各类机床中,它们的适用范围有何区别?

任务分析

铣床可加工平面、沟槽(如键槽、T 形槽、燕尾槽等)、多齿零件上的齿槽、螺旋形表面及各种曲面,还可以加工回转体表面及内孔,以及进行切断工作等。

铣床是指用铣刀进行切削加工的机床。它的特点是以多齿刀具的旋转运动为主运动,而进给运动可根据加工要求,由工件在相互垂直的三个方向中作某一方向运动来实现。在少数铣床上,进给运动也可以是工件的回转或曲线运动。由于铣床上使用多齿刀具,加工过程中通常有几个刀齿同时参与切削,因此,可获得较高的生产率。就整个铣削过程来看是连续的,但就每个刀齿来看切削过程是断续的,且切入与切出的切削厚度亦不等,因此,作用在机床上的切削力相应地发生周期性的变化,这就要求铣床在结构上具有较高的静刚度和动刚度。

铣床的工艺范围很广,可以加工平面(如水平面、垂直面等)、沟槽(如 T 形槽、键槽、燕尾槽等)、螺旋表面(如螺纹、螺旋槽等)、多齿零件(如齿轮、链轮、棘轮和花键轴等)以及各种曲面(见图 1-85)。此外,铣床还可用于加工回转体表面及内孔,以及进行切断工作等。

铣床的类型很多,主要类型有:卧式万能升降台铣床、立式升降台铣床、龙门铣床、工具铣床和各种专用铣床等。

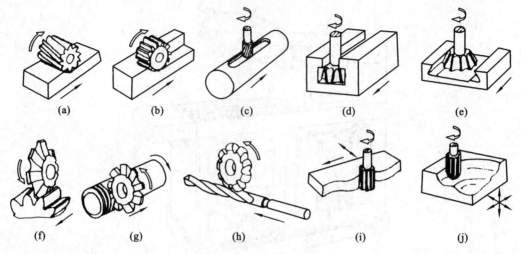

图 1-85　铣床加工的典型表面

1. 卧式万能升降台铣床

卧式万能升降台铣床的主轴是卧式布置的,简称卧铣,如图 1-86 所示。X6132A 型万能卧式升降台铣床由底座 1、床身 2、悬梁 3、刀杆支架 4、主轴 5、工作台 6、床鞍 7、升降台 8 及回转盘 9 等组成。床身 2 固定在底座 1 上,用于安装和支承其他部件。床身内装有主轴部件、主变速传动装置及其变速操纵机构。悬梁 3 安装在床身 2 的顶部,并可沿燕尾导轨调整

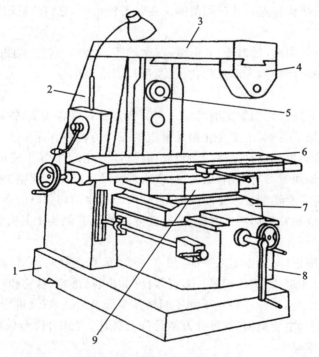

图 1-86　卧式万能升降台铣床

1—底座;2—床身;3—悬梁;4—刀杆支架;5—主轴;6—工作台;7—床鞍;8—升降台;9—回转盘

前后位置。悬梁上的刀杆支架 4 用于支承刀杆的悬伸端，以提高其刚度。升降台 8 安装在床身 2 前侧面垂直导轨上，可上下移动，以适应工件不同的高度。升降台内装有进给运动传动装置及其操纵机构。升降台 8 的水平导轨上装有床鞍 7，可沿主轴轴线方向作横向移动。床鞍 7 上装有回转盘 9，回转盘上面的燕尾导轨上安装有工作台 6。因此，工作台除了可沿导轨作垂直于主轴轴线方向的纵向移动外，还可通过回转盘绕垂直轴线在 ±45° 范围内调整角度，以便铣削螺旋表面。

　　卧式万能升降台铣床主要用于铣削平面、沟槽和多齿零件等。

2. 立式升降台铣床

　　立式升降台铣床的主轴是垂直布置的，简称立铣，如图 1-87 所示。立式升降台铣床的工作台 3、床鞍 4 和升降台 5 的结构与卧式升降台铣床相同，主轴 2 安装在立铣头 1 内，可沿其轴线方向进给或经手动调整位置。立铣头 1 可根据加工需要在垂直面内偏转一个角度（≤45°），使主轴与台面倾斜成所需角度，以扩大铣床的工艺范围。这种铣床可用端铣刀或立铣刀加工平面、斜面、沟槽、台阶、齿轮和凸轮等表面。

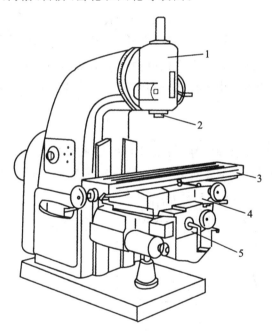

图 1-87　立式升降台铣床

1—立铣头；2—主轴；3—工作台；4—床鞍；5—升降台

3. 龙门铣床

　　龙门铣床是一种大型、高效率的铣床，主要用于加工各种大型工件的平面和沟槽，借助于附件能完成斜面、内孔等加工，如图 1-88 所示。

　　龙门铣床因有顶梁 6、立柱 5 及 7、床身 10 组成的"龙门"式框架而得名。通用的龙门铣床一般有 3～4 个铣头。每个铣头均有单独的驱动电动机、变速传动机构、主轴部件及操纵机构等。横梁 3 上的两个垂直铣头 4 和 8 可在横梁上沿水平方向（横向）调整其位置。横梁 3 以及立柱 5、7 上的两个水平铣头 2 和 9 可沿立柱的导轨调整其垂直方向上的位置。各铣

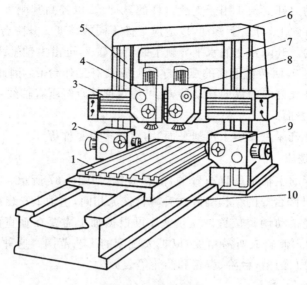

图 1-88 龙门铣床

1—工作台;2,9—水平铣头;3—横梁;4,8—垂直铣头;5,7—立柱;6—顶梁;10—床身

刀的切削深度均由主轴套筒带动铣刀主轴沿轴向移动来实现。加工时,工作台 1 连同工件作纵向进给运动。龙门铣床可用多把铣刀同时加工几个表面,所以生产率较高,在成批、大批生产中得到广泛应用。

4. 圆台铣床

圆台铣床可分为单轴和双轴两种形式,图 1-89 所示为双轴圆台铣床。主轴箱 5 的两个主轴上分别安装粗铣和半精铣的端铣刀,用于粗铣和半精铣平面。滑座 2 可沿床身 1 的导

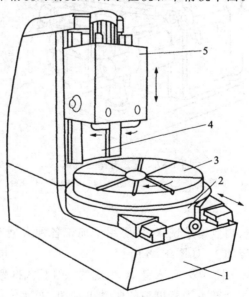

图 1-89 圆台铣床

1—床身;2—滑座;3—工作台;4—立柱;5—主轴箱

轨横向移动,以调整工作台3与主轴间的横向位置。主轴箱5可沿立柱4的导轨升降;主轴也可在主轴箱中调整其轴向位置,以使刀具与工件的相对位置准确。加工时,可在工作台3上装夹多个工件,工作台3连续转动,由两把铣刀分别完成粗、精加工,装卸工件的辅助时间与切削时间重合,生产率较高。这种铣床的尺寸规格介于升降台铣床与龙门铣床之间,适于成批、大批加工小型零件的平面。

5. 工具铣床

图1-90所示为万能工具铣床的外形。这种铣床能完成多种铣削加工,具有水平和垂直两个主轴,在升降台上可安装万能角度工作台、水平工作台、圆形工作台、分度头和平口钳等多种附件,用途广泛,特别适合于加工各种夹具、工具、刀具和模具等复杂零件。

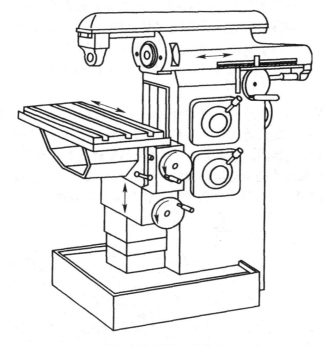

图1-90　万能工具铣床

6. 其他铣床

除了上述常用的铣床外,还有许多专用铣床,如仿形铣床、花键铣床、螺纹铣床、凸轮铣床、钻头沟槽铣床、仪表铣床等,这里就不一一叙述了。

任务1.6.4　刨床、插床、拉床

任务引入

刨床、插床、拉床工作原理、结构特点及其应用范围。它们各自有何特点和应用?

任务分析

刨床主要用于加工各种平面和沟槽,由于所用刀具结构简单,在单件、小批生产条件下加工形状复杂的表面比较经济,且生产准备工作省时。拉床是指用拉刀进行加工的机床,可加工各种形状的通孔、平面及成形面等。拉削加工的生产率高,并可获得较高的加工精度和较大的表面粗糙度,但刀具结构复杂,制造费用较高,因此仅适用于大批、大量生产中。

刨床、插床和拉床是主运动为直线运动的机床,所以常称它们为直线运动机床。

一、刨床

刨床主要用于加工各种平面、斜面、沟槽及成形表面。其主运动是刀具或工件所作的直线往复运动。它只在一个方向上进行切削,称为工作行程;返程时不进行切削,称为空行程。空行程时刨刀抬起,以便让刀,避免损伤已加工表面和减少刀具的磨损。进给运动是刀具或工件沿垂直于主运动方向所作的间歇运动。刨刀结构简单,刃磨方便,在单件、小批生产中加工形状复杂的表面比较经济。但其主运动反向时需克服较大的惯性力,限制了切削速度和空行程速度的提高,同时还存在空行程所造成的时间损失,因此,在大多数情况下其生产率较低。这类机床一般适用于单件、小批生产,特别在机修和工具车间,它是常用的设备。

目前,在工厂中使用的刨床可分为两大类:牛头刨床和龙门刨床。

1. 牛头刨床

牛头刨床主要用于加工小型零件,其外形如图 1-91 所示。主运动为滑枕 3 带动刀架 2 在水平方向所做的直线往复运动。滑枕 3 装在床身 4 顶部的水平导轨中,由床身 4 内部的曲柄摇杆机构传动实现主运动。刀架 2 可沿刀架座的导轨上下移动,以调整刨削深度,也可在加工垂直平面和斜面时作进给运动。调整刀架 2,可使刀架 2 左右旋转 60°,以便加工斜面或斜槽。加工时,工作台 1 带动工件沿横梁 8 作间歇的横向进给运动。横梁可沿床身上

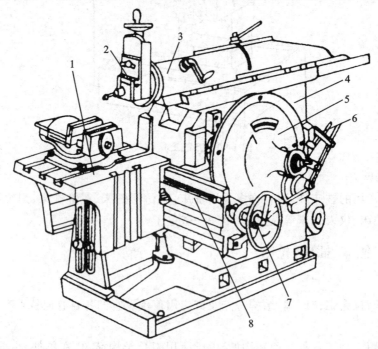

图 1-91　牛头刨床

1—工作台;2—刀架;3—滑枕;4—床身;5—摇臂机构;6—变速机构;7—进给机构;8—横梁

的垂直导轨上下移动，以调整工件与刨刀的相对位置。

牛头刨床主运动的传动方式有机械和液压两种。机械传动常用曲柄摇杆机构，其结构简单、工作可靠、维修方便。液压传动能传递较大的力，可实现无级调速，运动平稳，但其结构复杂、成本高，一般用于规格较大的牛头刨床。

牛头刨床工作台的横向进给运动是间歇进行的。它可由机械或液压传动实现。机械传动一般采用棘轮机构。

2. 龙门刨床

龙门刨床由顶梁5、立柱6和床身1组成了一个"龙门"式框架，如图1-92所示。其主运动是工作台2带动工件沿床身1的水平导轨所作的直线往复运动。横梁3上装有两个垂直刀架4，可分别作横向、垂直进给运动和快速调整移动，以刨削工件的水平面。刀架4的溜板可使刨刀上下移动，作切入运动或刨削垂直平面。垂直刀架的溜板还能绕水平轴调整至一定的角度，以加工倾斜的平面。装在立柱6上的侧刀架9可沿立柱导轨在垂直方向间歇移动，以刨削工件的垂直平面。横梁3可沿左右立柱的导轨作垂直升降，以调整垂直刀架的位置，适应不同的工件加工。进给箱7共有三个：一个在横梁端，驱动两个垂直刀架；其余两个分装在左右侧刀架上。工作台2、各进给箱7及横梁3的升降等都有其单独的电动机。

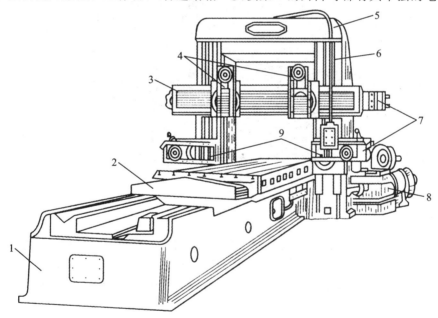

图1-92　龙门刨床

1—床身；2—工作台；3—横梁；4—刀架；5—顶梁；6—立柱；7—进给箱；8—减速箱；9—侧刀架

龙门刨床主要用于加工大型或重型零件上的各种平面、沟槽和各种导轨面，也可在工作台上一次装夹数个中小型零件进行加工。应用龙门刨床进行精细刨削，可得到较高的加工精度（直线度为 0.02 mm/1 000 mm）和较好的表面质量（表面粗糙度值 $Ra \leqslant 2.5$ μm）。在大批生产中，龙门刨床常被龙门铣床所代替。大型龙门刨床往往还附有铣主轴箱（铣头）和磨头，以便在一次装夹中完成更多的工序，这时就称为龙门刨铣床或龙门刨铣磨床。这种机床的工作台既可作快速的主运动（刨削），也可作低速的进给运动（铣、磨）。

二、插床

插床可认为是立式的刨床,由床身、立柱、溜板、床鞍、圆工作台和滑枕等主要部件组成,如图 1-93 所示。滑枕 8 可沿滑枕导轨座上的导轨作上下方向的往复运动,使刀具实现主运动,向下为工作行程,向上为空行程。滑枕导轨座 7 可以绕销轴 6 小范围内调整角度,以便于加工倾斜的内外表面。床鞍 3 和溜板 2 可分别作横向和纵向进给运动,圆工作台 9 可绕垂直轴线旋转,完成圆周进给或分度。圆工作台的分度运动由分度装置 4 来实现。圆工作台 9 在各个方向上的间歇进给运动是在滑枕 8 空行程结束后的短时间内进行的。

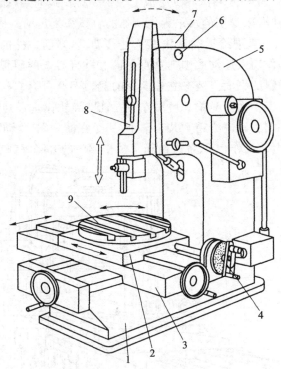

图 1-93 插床

1—床身;2—溜板;3—床鞍;4—分度装置;5—立柱;6—销轴;7—滑枕导轨座;8—滑枕;9—圆工作台

插床主要用于单件、小批生产中加工零件的内表面,例如孔内键槽、方孔、多边形孔和花键孔等。也可加工某些不便于铣削或刨削的外表面(平面或成形面)。其中用得最多的是插削各种盘类零件的内键槽。

三、拉床

拉床是用拉刀进行加工的机床。采用不同结构形状的拉刀,可以完成各种形状的通孔、通槽、平面及成形表面的加工。图 1-94 所示为适于拉削的一些典型表面形状。

拉床的运动比较简单,只有主运动而没有进给运动。拉削时,一般由拉刀作低速直线运动,被加工表面在一次走刀中形成。考虑到拉刀承受的切削力很大,同时为了获得平稳的切削运动,所以拉床的主运动通常采用液压驱动。

拉床的主参数是额定拉力,通常为 $50 \sim 400$ kN。

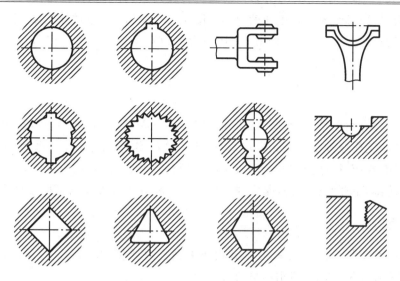

图 1-94　拉削的典型表面形状

　　拉床按加工表面种类不同可分为内拉床和外拉床。前者用于拉削工件的内表面,后者用于拉削工件的外表面。按机床的布局又可分为卧式和立式两类。图 1-95(a)所示为卧式内拉床,是拉床中最常用的,用以拉花键孔、键槽和精加工孔。图 1-95(b)所示为立式内拉

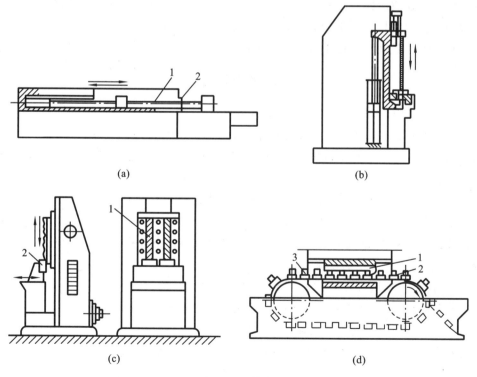

图 1-95　拉床

1—拉刀;2—工件;3—毛坯

床,常用于齿轮淬火后,校正花键孔的变形。图 1-95(c)所示为立式外拉床,用于汽车、拖拉机行业加工气缸体等零件的平面,图 1-95(d)所示为连续式外拉床,它生产率高,适用于大批生产中加工小型零件。

学习小结

本项目主要介绍了钻床、镗床、铣床和直线运动机床(如刨床、插床和拉床等)的类型、结构、工艺范围和工作原理及特点。要求掌握钻床、镗床、铣床和直线运动机床的类型和功用,掌握各种钻床、镗床、铣床和直线运动机床的结构特点和使用场合;重点是其他类型通用机床加工工艺范围,主要结构;难点是卧式镗床主轴结构和坐标镗床的坐标测量装置。

生产学习经验

(1)钻孔时,工件一定要压紧,在通孔将要被钻穿时要特别小心,尽量减小进给量,以防进给量突然增加而发生工件甩出等事故。

(2)钻孔时,不准戴手套,手中也不能拿棉纱头,以免不小心被切屑勾住发生事故。不准用手直接拿切屑和用嘴吹碎屑,清除切屑应用钩子或刷子,并尽量在停车时清除。

(3)钻孔时,工作台面上不准放置刀具、量具及其他物品。钻通孔时,工件下面必须垫上垫块或使钻头对准工作台的槽,以免损坏工作台,车未停稳不准去捏钻夹头。

(4)钻床变速前应先停车。

(5)顺铣在刀齿切入时承受最大载荷,因而当加工工件有硬皮时,刀齿会受到很大的冲击和磨损。所以,顺铣不宜加工有硬皮的工件。

思考与训练

1. 什么是钻削加工方法,其加工特点是什么?

2. 钻床主要有哪几种类型? 各适用于何种场合应用?

3. Z3040 型摇臂钻床及 TP619 型卧式铣镗床的主轴支承各采用什么结构? 为什么采用这种结构?

4. 单柱、双柱及卧式坐标镗床在布局上各有什么特点? 它们各适用于什么场合?

5. 卧式镗床上可做哪些工作? 如何实现主运动和进给运动?

6. 写出图 1-85 所示被加工表面的名称及所使用的刀具,并分别说明加工这些表面可采用哪种(或哪几种)类型的铣床为宜?

7. 铣削、刨削和拉削的主运动、进给运动和加工范围有何异同?

8. 卧式铣床、立式铣床和龙门铣床在结构以及使用范围方面有何区别?

9. 牛头刨床和龙门刨床结构和使用范围有何区别? 龙门刨床和龙门铣床有何区别?

10. 插床和牛头刨床有何区别? 插床主要加工何种表面?

项目 1.7　数控机床

任务 1.7.1　熟知数控机床

任务引入

什么是数控机床？与传统加工设备相比，数控机床有何特点？数控机床适用于加工何种类型的零件？数控机床由哪几个部分组成？各部分的基本功能是什么？

任务分析

数控机床(numerical control machine tools)是指采用数字形式的信息控制的机床。它把机械加工过程中的各种控制信息用代码化的数字表示，通过信息载体输入数控装置，经运算处理，由数控装置发出各种控制信号，控制机床的动作，按图样要求的形状和尺寸，自动地将零件加工出来。数控机床较好地解决了复杂、精密、小批、多品种的零件加工问题，是一种柔性的、高效能的自动化机床，代表了现代机床控制技术的发展方向，是一种典型的机电一体化产品。本模块主要学习有关数控机床的知识。

一、数控机床的基本组成及其工作原理

1. 数控机床的基本组成

数控机床通常由加工程序、输入装置、数控装置、伺服系统、辅助控制装置、反馈系统及机床等几个部分组成。图 1-96 所示为数控机床的组成框图。数控机床的功能主要由数控装置(CNC)来决定，因此它是数控机床的核心部分。

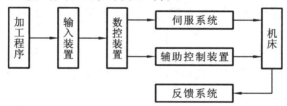

图 1-96　数控机床的组成框图

1）加工程序

数控机床工作时，不需要人工直接去操作机床，而是按数控加工程序自动执行的。其加工程序上存储有加工零件的全部操作信息。数控加工程序就是根据被加工零件图样要求的形状、尺寸、精度、材料及其他技术要求，确定零件的加工工艺规程、工艺参数；然后根据数控机床编程手册规定的格式和代码编写加工程序单。对于形状简单的零件，通常采用手工编程；对于形状复杂的零件，目前大多采用 MasterCAM、Pro/Engineer、UG 和 CATIA 等 CAD/CAM 软件来实现计算机辅助编程。

加工程序可储存在控制介质(也称信息载体、程序载体)上。数控机床中，常用的控制介质有穿孔纸带、穿孔卡片、磁带和磁盘等。加工信息(程序)是以代码的形式按规定的格式存储的。目前国际上通常使用 EIA(美国电子工业协会)代码和 ISO(国际标准化组织)代码，我国规定以 ISO 代码作为标准代码。

2）输入装置

输入装置的作用是将控制介质上的有关加工信息传递并存入控制系统内。根据控制介质的不同，相应有不同的输入装置。如使用穿孔带时，配有光电阅读机；使用磁带时，配有录放机；对于软磁盘，配有磁盘驱动器和驱动卡等。有时为了用户方便，数控机床可以同时具备集中输入装置。

现代数控机床还可以通过手动方式（也称 MDI 方式），将零件加工程序通过数控装置的操作面板上的按键直接键入；或者可以由计算机编程后，用通信方式传送到数控装置中。

3）数控装置

数控装置是数控机床的核心，它主要包括微型计算机、通用输入/输出（I/O）外围设备（如显示器、键盘、操作控制面板等）及相应的软件。它具有的主要功能有如下几点。

（1）多轴联动、多坐标控制。

（2）实现多种函数的插补（如直线、圆弧、抛物线、螺旋线、极坐标、样条等）。

（3）多种程序输入功能以及编辑和修改功能。

（4）信息转换功能　包括 EIA/ISO 代码转换，米制/英制转换、坐标转换、绝对值/增量值转换等。

（5）补偿功能　刀具半径补偿、刀具长度补偿、传动间隙补偿、螺距误差补偿等。

（6）多种加工方式选择　可实现各种加工循环，重复加工，凹凸模加工和镜像加工等。

（7）显示功能　用数码显示器 LED 可显示刀具在各坐标轴上的位置，CRT（阴极射线管）显示器可显示字符、轨迹、平面图形和动态三维图形。

（8）自诊断功能。

（9）通信和联网功能。

4）伺服系统

伺服系统是数控系统的执行部分。它接受数控装置的指令信息，经功率放大后，严格按照指令信息的要求驱动机床的运动部件，完成指令的规定运动。伺服系统由伺服电动机及驱动控制单元组成。它与数控机床的进给机械部件构成进给伺服系统。一般来说，数控机床的伺服系统要有好的快速响应性能和高的伺服精度。

5）反馈系统

对于半闭环、闭环控制数控机床来说，其还带有反馈装置，构成反馈系统，其作用是将数控机床的各坐标轴的位移检测值反馈到机床的数控装置中，数控装置对反馈回来的实际位移值与设定值进行比较后向伺服系统发出指令，纠正所产生的误差。常用的反馈装置有测速发电机、旋转变压器、脉冲编码器、感应同步器、光栅、磁性检测元件、霍尔检测元件等组成的系统。

6）辅助控制装置

辅助控制装置的主要作用是接受数控装置输出的主运动换向、变速、启停，刀具的选择和交换，以及其他辅助装置等指令信号，经过必要的编译、逻辑判别和运算，经功率放大后直接驱动相应的电器，带动机床机械部件、液压气动等辅助装置，完成指令规定的动作。此外，还有行程开关和监控检测等开关信号也要经过辅助控制装置送到数控装置进行处理。

由于可编程控制器（PLC）具有响应快、性能可靠、易于使用、编程和修改，并可直接驱动机床电器，现已广泛作为数控机床的辅助控制装置。数控机床所用 PLC 有内装型和独立型两种。内装型 PLC 从属于 CNC 装置,PLC 硬件电路可与 CNC 装置其他电路制作在同一块印刷板上,也可以做成独立的电路板。独立型 PLC 独立于 CNC 装置,本身具有完备的硬、软件功能,可以独立完成所规定的控制任务。

7) 机床机械部件

数控机床的机械部件包括:主运动部件,进给运动执行部件,如工作台、拖板及其传动部件和床身立柱等支承部件,此外,还有冷却、润滑、排屑、转位和夹紧等辅助装置。对于加工中心类的数控机床,还有存放刀具的刀库,交换刀具的机械手等部件。数控机床机械部件的组成与普通机床相似,但其传动系统更为简单,并且数控机床的静态和动态刚度要求更高,传动装置的间隙要求尽可能小,滑动面的摩擦因数要小,并有恰当的阻尼,以适应对数控机床高定位精度和良好的控制性能要求,而且其传动和变速系统要便于实现自动化控制。

2. 数控机床的工作原理

使用机床加工零件时,通常都需要对机床的各种动作进行控制,一是控制动作的先后次序,二是控制机床各运动部件的位移量。采用普通机床加工时,这种开车、停车、走刀、换向、主轴变速和开关切削液等操作都是由人工直接控制的;采用自动机床和仿形机床加工时,上述操作和运动参数则是通过设计好的凸轮、靠模和挡块等装置以模拟量的形式来控制的,它们虽能加工比较复杂的零件,且有一定的灵活性和通用性,但是零件的加工精度受凸轮、靠模制造精度的影响,而且工序准备时间也很长。

采用数控机床加工零件时,只需要将零件图形和工艺参数、加工步骤等以数字信息的形式,编成程序代码输入到机床控制系统中,再由其进行运算处理后转成驱动伺服机构的指令信号,从而控制机床各部件协调动作,自动地加工出零件来。当更换加工对象时,只需要重新编写程序代码,输入给机床,即可由数控装置代替人的大脑和双手的大部分功能,控制加工的全过程,制造出任意复杂的零件,如图 1-97 所示。

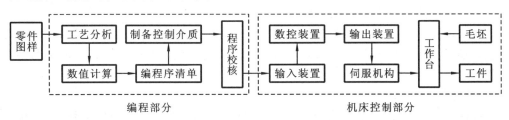

图 1-97　数控加工原理框图

从图 1-97 可以看出,数控加工过程总体上可分为数控程序编制和机床加工控制两大部分。数控机床的控制系统一般都能按照数字程序指令控制机床实现主轴自动启停、换向和变速,能自动控制进给速度、方向和加工路线,进行加工,能选择刀具并根据刀具尺寸调整吃刀量及行走轨迹,能完成加工中所需要的各种辅助动作。

二、数控机床的特点与分类

数控加工是一种可编程的柔性加工方法,其设备费用相对较高,故数控加工主要应用于加工零件比较复杂、精度要求较高,以及产品更换频繁、生产周期要求短的场合。

1. 数控机床的特点

数控机床是实现柔性自动化的重要的设备,与普通机床相比,数控机床具有如下特点。

1）适应性强

用数控机床加工零件，当产品改型时，只需重新制作信息载体或重新编制手动输入程序，就能实现对新零件的加工。它不同于普通机床，不需要制作、更换工夹具和模具，更不需要重新调整机床。为单件、小批生产以及试制新产品提供了极大的方便。因而生产准备时间短，灵活性强。

2）加工精度高，质量稳定

数控装置每输出一个脉冲，机床移动部件的位移量称为脉冲当量，数控机床的脉冲当量一般为 0.001 mm，高精度的数控机床可达 0.000 1 mm，其运动分辨率远高于普通机床。另外，数控机床具有位置检测装置，可将移动部件实际位移量或丝杠、伺服电动机的转角反馈到数控装置，并进行补偿。因此，可获得比机床本身精度还高的加工精度。数控机床加工零件的质量由机床保证，无人为操作误差的影响，所以同一批零件的尺寸一致性好，质量稳定。

3）自动化程度高，劳动强度低

数控机床对工件的加工是按事先编好的程序自动完成的，工件加工过程中不需要人的干预，加工完毕后自动停车，使操作者的劳动强度与紧张程度大为减轻。加上数控机床一般都具有较好的安全防护、自动排屑、自动冷却和自动润滑装置，操作者的劳动条件也大为改善。

4）生产效率高

工件加工所需要的时间主要包括切削时间和辅助时间两部分。数控机床能有效地减少这部分时间。数控机床主轴的转速和进给量的变化范围比普通机床大，使它能选用最有利的切削用量；由于数控机床的结构刚度高，能使用大切削用量的强力切削，提高了机床的切削效率，节省了切削时间；数控机床的移动部件空行程运动速度快，工件装夹时间短，辅助功能比普通机床少。对某些复杂零件的加工，如果采用带有自动换刀装置的数控加工中心，可实现在一次装夹下进行多工序的连续加工，减少了半成品的周转时间，生产率的提高更为明显。

5）具有加工复杂形状零件的能力

数控机床能完成普通机床难以完成或根本不能加工的复杂零件加工。例如，采用二轴联动或二轴以上联动的数控机床，可加工母线为曲线的旋转体曲面零件、凸轮零件和各种复杂空间曲面类零件。

6）有利于生产管理的现代化

用数控机床加工零件，能准确计算出零件的加工工时，并有效地简化检验、工装和半成品的管理工作，减少因误操作造成废品和损坏刀具的可能性。有利于生产管理水平的提高，实现生产管理的现代化。

7）数控机床价格高，维修较难

数控机床配有数控装置或计算机，机床加工精度受切削用量大、连续加工发热多的影响，其设计要求比通用机床更严格，制造要求更精密，因此制造成本较高。

数控机床的数控系统较复杂，一些元件、部件的精度较高，以及一些进口机床的技术开发受到条件的限制，因此，数控机床的调试和维修都较困难。

2. 数控机床的分类

数控机床的分类方法很多，通常从以下不同角度进行分类。

1）按工艺用途分类

目前，数控机床的品种规格已达 500 多种，按其工艺用途可以划分为以下四大类。

（1）金属切削类 它又可分为以下两类。

①普通数控机床 包括数控车床、数控钻床、数控铣床、数控磨床和数控镗床等。

②数控加工中心 图 1-98 和图 1-99 所示分别为立式加工中心、卧式加工中心的外观。立式加工中心最适宜加工高度方向尺寸相对较小的工件，一般情况下，除底部加工中心不能加工外，其余五个面都可以用不同的刀具进行轮廓和表面加工。卧式加工中心适宜加工有多个加工面的大型零件或高度尺寸较大的零件。

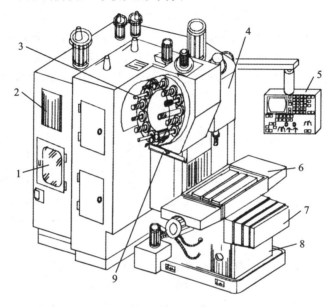

图 1-98 立式数控加工中心

1—纸带读入装置；2—数控柜；3—刀库；4—主轴箱；5—操作面板；
6—纵向工作台（X）；7—横向工作台（Y）；8—底座；9—换刀机械手

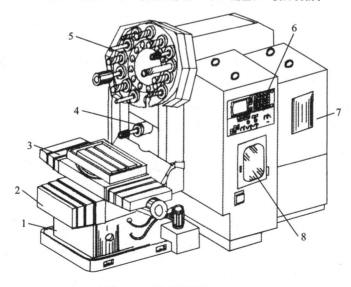

图 1-99 卧式数控加工中心

1—底座；2—横向工作台（Z）；3—纵向工作台（X）；4—主轴；5—刀库；6—操作面板；7—刀库；8—光电读带机

(2)金属成形类　指采用挤、冲、压、拉等成形工艺的数控机床。常用有数控折弯机、数控冲剪机、数控弯管机、数控压力机及数控旋压机等。这类机床起步晚,但目前发展很快。

(3)特种加工类　主要有数控电火花线切割机、数控电火花成形机、数控激光与火焰切割机等。

(4)测量、绘图类　主要有数控绘图机、数控三坐标测量机及数控对刀仪等。

2) 按控制运动的方式分类

(1)点位控制机床　它的特点是刀具相对工件的移动过程中,不进行切削加工,对定位过程中的运动轨迹没有严格要求,只要求从一坐标点到另一坐标点的精确定位。如数控坐标镗床、数控钻床、数控冲床、数控点焊机和数控测量机等都采用此类系统。如图 1-100(a)所示,这类机床的数控功能主要用于控制加工部位的相对位置精度,而其加工切削过程还得靠手工控制机械运动来进行。

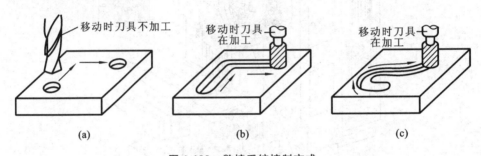

图 1-100　数控系统控制方式

(a)点位控制　(b)直线控制　(c)轮廓控制

(2)直线控制机床　这类控制系统的特点是除了控制起点与终点之间的准确位置外,而且要求刀具由一点到另一点之间的运动轨迹为一条直线,并能控制位移的速度,因为这类数控机床的刀具在移动过程中要进行切削加工。直线控制系统的刀具切削路径只沿着平行于某一坐标轴方向运动,或者沿着与坐标轴成一定角度的斜线方向进行直线切削加工,如图 1-100(b)所示。采用这类控制系统的机床有数控车床、数控铣床等。

同时具有点位控制功能和直线控制功能的点位/直线控制系统,主要应用在数控镗铣床、加工中心机床上。

(3)轮廓控制机床　它又称连续控制机床,其特点是能够同时对两个或两个以上的坐标轴进行连续控制。加工时不仅要控制起点和终点位置,而且要控制两点之间每一点的位置和速度,使机床加工出符合图样要求的复杂形状(任意形状的曲线或曲面)的零件。它要求数控机床的辅助功能比较齐全。CNC 装置一般都具有直线插补和圆弧插补功能。如数控车床、数控铣床、数控磨床、数控加工中心、数控电加工机床、数控绘图机等都采用此类控制系统。

这类数控机床绝大多数具有二坐标或二坐标以上的联动功能,不仅有刀具半径补偿、刀具长度补偿功能,而且还具有机床轴向运动误差补偿,丝杠、齿轮的间隙补偿等一系列功能。

3) 按机床所用进给伺服系统不同分类

按机床所用进给伺服系统不同,数控机床可分为开环伺服系统型、闭环伺服系统型和半闭环伺服系统型。

（1）开环伺服系统　这种控制方式不带位置测量元件。数控装置根据信息载体上的指令信号,经控制运算发出指令脉冲,使伺服驱动元件转过一定的角度,并通过传动齿轮、滚珠丝杠螺母副,使执行机构(如工作台)移动或转动。图 1-101 所示为开环控制系统的框图。这种控制方式没有来自位置测量元件的反馈信号,对执行机构的动作情况不进行检查,指令流向为单向,因此被称为开环控制系统。

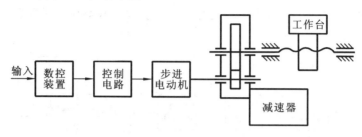

图 1-101　开环控制系统框图

步进电动机伺服系统是最典型的开环控制系统。这种控制系统的特点是系统简单,调试维修方便,工作稳定,成本较低。由于开环系统的精度主要取决于伺服元件和机床传动元件的精度、刚度和动态特性,因此控制精度较低。目前在国内多用于经济型数控机床,以及对旧机床的改造。

（2）半闭环伺服系统　这种控制系统不是直接测量工作台的位移量,而是通过旋转变压器、光电编码盘或分解器等角位移测量元件,测量伺服机构中电动机或丝杠的转角来间接测量工作台的位移。这种系统中滚珠丝杠螺母副和工作台均在反馈环路之外,其传动误差等仍会影响工作台的位置精度,故称为半闭环控制系统。图 1-102 所示为半闭环控制系统框图。

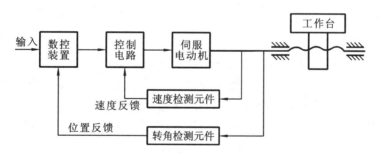

图 1-102　半闭环控制系统框图

半闭环伺服系统介于开环和闭环之间,由于角位移测量元件比直线位移测量元件结构简单,因此装有精密滚珠丝杠螺母副和精密齿轮的半闭环系统被广泛应用。目前已经把角位移测量元件与伺服电动机设计成一个部件,使用起来十分方便。半闭环伺服系统的加工精度虽然没有闭环系统高,但是由于采用了高分辨率的测量元件,这种控制方式仍可获得比较满意的精度和速度。系统调试比闭环系统方便,稳定性好,成本也比闭环系统低,目前,大多数数控机床采用半闭环伺服系统。

（3）闭环伺服系统　这是一种自动控制系统,其中包含功率放大和反馈,使输出变量的值响应输入变量的值。数控装置发出指令脉冲后,当指令值送到位置比较电路时,此时若工作台没有移动,即没有位置反馈信号时,指令值使伺服驱动电动机转动,经过齿轮、滚珠丝杠螺母副等传动元件带动机床工作台移动。装在机床工作台上的位置测量元件测出工作台的实际位移量,最后,反馈到数控装置的比较器中与指令信号进行比较,并用比较后的差值进行控制。若两者存在差值,经放大器放大后,再控制伺服驱动电动机转动,直至差值为零时,工作台才停止移动,这种系统称为闭环伺服系统。图 1-103 所示为闭环控制系统框图。闭环伺服系统的优点是精度高、速度快。主要用在精度要求较高的数控镗铣床、数控超精车床、数控超精镗床等机床上。

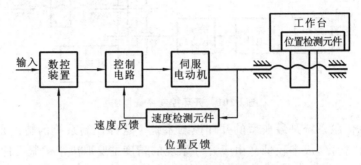

图 1-103   闭环控制系统框图

近些年出现了一种采用混合控制的数控机床,它是将上述三种形式有选择地集中起来,特别适用于大型数控机床,因为大型数控机床需要较高的进给速度和返回速度,又需要相当高的精度,如采用全闭环控制,机床传动链和工作台全置于控制环中,十分复杂,难以调试稳定。现在采用半闭环和闭环混合控制方式的数控机床越来越多。

三、数控机床的主要性能指标

1. 数控机床的精度指标

1) 定位精度和重复定位精度

定位精度是指数控机床工作台等移动部件实际运动位置与指令位置的一致程度,其不一致的差量即为定位误差。引起定位误差的因素包括伺服系统、检测系统、进给传动系统及导轨误差等。定位误差直接影响加工零件的尺寸精度。

重复定位精度是指在相同操作方法和条件下,多次完成规定操作后得到结果的一致程度。重复定位精度一般是呈正态分布的偶然性误差,它会影响批量加工零件的一致性,是一项非常重要的性能指标。一般数控机床的定位精度为 0.018 mm,重复定位精度为 0.008 mm。

2) 分辨率与脉冲当量

分辨率是指可以分辨的最小位移间隔。对测量系统来讲,分辨率是可以测量的最小位移量;对控制系统来讲,分辨率是可以控制的最小位移量。

脉冲当量是指数控装置每发出一个脉冲信号,机床移动部件所产生的位移量。脉冲当量是设计数控机床的原始数据之一,其数值大小决定数控机床的加工精度和表面粗糙度。目前,简易数控机床的脉冲当量一般为 0.01 mm;普通数控机床的脉冲当量一般为 0.001 mm;精密或超精密数控机床的脉冲当量为 0.000 1 mm。脉冲当量越小,数控机床的加工精度越高,表面粗糙度值越小。

3)分度精度

分度精度是指分度工作台在分度时,实际回转角度与指令回转角度的差值。分度精度既影响零件加工部位在空间的角度位置,也影响孔系加工的同轴度等。

2. 数控机床的运动性能指标

数控机床的运动性能指标主要包括主轴转速、进给速度、坐标行程、摆角范围、刀库容量及换刀时间等。

1)主轴转速

数控机床主轴一般采用直流或交流电动机驱动,选用高速精密轴承支承,具有较宽的调速范围和较高的回转精度、刚度及抗振性。目前,数控机床主轴转速已普遍达到 5 000～10 000 r/min甚至更高,高速加工中心主轴转速最高可达 100 000 r/min,这对提高零件加工质量和各种小孔加工极为有利。

2)进给速度

进给速度是影响加工质量、生产效率和刀具寿命的主要因素,它受数控装置的运算速度、机床动态特性及刚度等因素限制。目前,数控机床的进给速度可达 10～30 m/min,不加工时的快进速度可达 20～100 m/min。

3)坐标行程

数控机床 x、y、z 坐标轴的行程大小构成数控机床的空间加工范围,即加工零件的大小。坐标行程是直接体现机床加工能力的指标参数。数控机床有最大回转直径、最大车削长度和最大车削直径的指标参数;数控铣床有工作台尺寸和工作台行程等指标参数。

4)刀库容量和换刀时间

刀库容量和换刀时间对数控机床的生产效率有直接影响。刀库容量是指刀架位数或刀库能存放刀具的数量,目前常见的小型加工中心的刀库容量为 16～60 把,大型加工中心可达 100 把以上。换刀时间指将正在使用的刀具与装在刀库上的下一工序需用的刀具交换所需要的时间,目前国内数控机床一般换刀时间为 5～10 s,国外数控机床换刀时间仅为 2～3 s。

5)摆角范围

具有摆角坐标的数控机床,其摆角大小也直接影响加工零件空间部位的能力。然而摆角太大会造成机床的刚度下降,给机床设计带来困难。

3. 数控机床的可控轴数与联动轴数

数控机床的可控轴数是指机床数控装置能够控制的坐标轴数目。一般数控机床可控轴数和数控装置的运算处理能力、运算速度及内存容量等有关。机床上的运动越多,可控轴数就越多,功能就越强,机床的复杂程度和技术含量也就越高。目前,世界上的数控装置的可控制轴数最高已达到 40 轴,我国数控装置的最高可控轴数为 9 轴。

数控机床的联动轴数是指机床数控装置控制的坐标轴同时达到空间某一点的坐标数目。目前有二轴联动、三轴联动、四轴联动和五轴联动(见图 1-104)等。三轴联动的数控机床通常是 X、Y、Z 三个直线坐标联动,可以加工空间复杂曲面,多用于数控铣床;四轴或五轴联动是指同时控制 X、Y、Z 三个直线坐标轴以及与一个或者两个围绕这些直线坐标轴旋

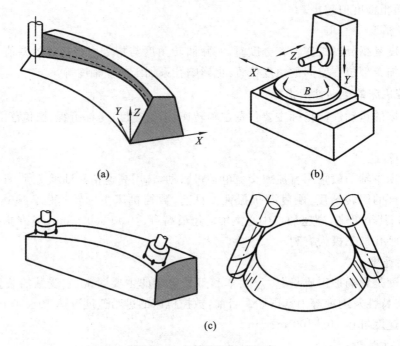

(a) (b)

(c)

图 1-104 多轴控制数控机床

(a)三轴联动,三轴控制 (b)四轴联动,四轴控制 (c)五轴联动加工

转的坐标轴,可以加工叶轮和螺旋桨等零件;而二轴半联动是特指可控轴数为三轴,而联动轴数为两轴的数控机床。

4. 数控机床进给传动系统

数控机床的进给传动系统是伺服系统的主要组成部分,它将伺服电动机的旋转运动转变为执行部件的直线移动或回转运动。数控机床的进给传动系统主要包括减速装置、丝杠螺母副及导向元件等。

进给传动系统是保证刀具与工件相对位置的重要部件,被加工工件的轮廓精度和位置精度都受到进给运动的传动精度、灵敏度和稳定性的影响。

1)数控机床进给传动系统的性能特点

(1)运动件的摩擦阻力小 进给传动系统的摩擦阻力一方面会降低传动效率,产生摩擦热;另一方面还直接影响系统的快速响应特性;动、静摩擦阻力之差会产生爬行现象,因此必须有效地减少运动件之间的摩擦阻力。

进给系统中的摩擦阻力主要来自丝杠螺母副和导轨,所以,改善丝杠和导轨结构是降低摩擦阻力的目标之一。

在数控机床进给系统中,普遍采用滚珠丝杠螺母副、静压丝杠螺母副、滚动导轨、静压导轨和塑料导轨等高效执行部件来减小摩擦阻力,提高运动精度,避免低速爬行现象。

(2)传动系统的精度和刚度高 一般来说,数控机床直线运动的定位精度和分辨率都要达到微米级,回转运动的定位精度要达到角秒级。伺服电动机的驱动力矩很大(特别是启动、制动时的力矩),如果传动部件的刚度不足,必然会使传动部件产生变形,影响定位精度、动态稳定性和快速响应特性。因此必须提高进给系统的精度和刚度。

进给系统传动的精度和刚度主要取决于丝杠螺母副、蜗杆螺母副及其支承结构的刚度。加大滚珠丝杠的直径,对滚珠丝杠螺母副、蜗杆螺母副、支承部件进行预紧,对滚珠丝杠进行预拉伸等,都是提高系统刚度的有效措施。此外,在传动链中设置减速齿轮,可以减小脉冲当量,从系统设计的角度分析可以提高传动精度,消除传动间隙。

(3)减小运动部件惯性,产生适当阻尼　进给系统中传动元件的惯量对伺服机构的启动和制动特性都有直接影响,尤其是高速运转的零件,其惯性的影响更大。因此,在满足部件强度和刚度的前提下,应尽可能减小执行部件的质量、直径,合理配置零件的结构,以减小运动部件的惯量,提高快速性。

另外,系统中还应产生适当的阻尼,尽管阻尼会降低伺服驱动系统的快速响应特性,但也是为了提高系统的稳定性。

2)滚珠丝杠螺母副传动结构

滚珠丝杠螺母副是回转运动与直线运动相互转换的新型理想传动装置,在数控机床上得到广泛的使用。它的结构特点是具有螺旋槽的丝杠螺母间装有滚珠作为中间传动件,以减少摩擦,如图 1-105 所示。图中丝杠和螺母上都磨有圆弧形的螺旋槽,这两个圆弧形的螺旋槽对合起来就形成螺旋线滚道,在滚道内装有滚珠。当丝杠回转时,滚珠相对于螺母上的滚道滚动,因此丝杠与螺母之间基本上为滚动摩擦。为了防止滚珠从螺母中滚出来,在螺母的螺旋槽两端设有回程引导装置,使滚珠能循环流动。

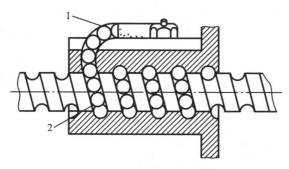

图 1-105　滚珠丝杠螺母副

1—外滚道;2—内滚道

滚珠丝杠螺母副的特点有如下几点。

(1)传动效率高,摩擦损失小　传动效率可达 0.92~0.96,比常规的滑动丝杠螺母副效率提高 3~4 倍,因此所需伺服电动机的传动转矩小。

(2)灵敏度高,传动平稳　滚珠丝杠螺母副的动、静摩擦因数相差极小,无论是静止、低速还是高速,摩擦阻力几乎不变。因此传动灵敏,随动性高,不易产生爬行。

(3)磨损小,使用寿命长　使用寿命主要取决于材料表面的抗疲劳强度。滚珠丝杠螺母副制造精度高,其循环运动比滚动轴承低,所以磨损小,精度保持性好,使用寿命长。

(4)运动具有可逆性,反向定位精度高　不仅可以将旋转运动变为直线运动,也可将直线运动变为旋转运动,通过预紧消除轴向间隙,保证反向无空回死区,从而提高轴向刚度和反向定位精度。

（5）制造工艺复杂，成本高　螺旋槽需要加工成弧形，且对精度和表面粗糙度要求很高，螺旋滚道必须磨削，因此制造工艺复杂，成本高。

（6）不能自锁　滚珠丝杠螺母副摩擦阻力小，运动具有可逆性，因而不能自锁，为了避免系统惯性或垂直安装时对运动可能造成的影响，因此需要附加制动机构。

5．数控机床的自动换刀装置

为完成对零件的多工序加工而设置的存储及更换刀具的装置称为自动换刀装置（automatic tool changer，ATC）。自动换刀装置应当具备换刀时间短、刀具重复定位精度高、足够的刀具储备量、占地面积小和安全可靠等特性。自动换刀装置是加工中心区别于其他数控机床的特征结构。自动换刀装置具有根据工艺要求自动更换所需刀具的功能，即自动换刀（ATC）机能。各类数控机床的自动换刀装置的结构取决于机床的类型、工艺范围和使用刀具的种类和数量。

1）自动换刀装置的形式

自动换刀装置主要由刀库、机械手和驱动机构等部件组成的一套独立、完整的装置。当需要换刀时，根据数控系统指令，由机械手（或通过别的方式）将刀具从刀库取出装入主轴中。尽管换刀过程、选刀方式、刀库结构、机械手类型等各不相同，但都是在数控装置及可编程序控制器控制下，由电动机、液压或气动机构驱动刀库和机械手实现刀具的选择与交换。当机构中装入接触式传感器，还可实现对刀具和工件误差的测量。

根据其结构形式，自动换刀装置可分为：排式刀架式、回转刀架式、转塔式和带刀库式。

（1）排式刀架自动换刀装置　如图 1-106 所示，它一般用于小规格数控车床，以加工棒料或盘类零件为主。当 1 把刀具完成车削任务后，横向滑板只要按程序沿 x 轴移动预先设定的距离后，第 2 把刀就到达加工位置，这样就完成了机床的换刀动作。这种结构有以下优点：刀具布置和机床调整等方面都较为方便；可根据具体工件的车削工艺要求，任意组合各种不同用途的刀具；换刀迅速省时，有利于提高机床的生产效率。

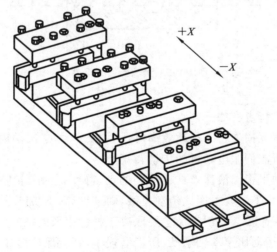

图 1-106　排式刀架

（2）回转刀架自动换刀装置　如图 1-107 所示，数控车床上使用的回转刀架是一种最简单的自动换刀装置，根据不同加工对象，可以设计成四方刀架和六角刀架等多种形式。回转刀架上分别安装着 4 把、6 把或更多的刀具,并按数控装置的指令换刀。回转刀架在结构上应具有良好的强度和刚度,以承受粗加工时的切削抗力。由于车削加工精度在很大程度上取决于刀尖位置,对于数控车床来说,加工过程中刀尖位置不进行人工调整,因此更有必要选择可靠的定位方案和合理的定位结构,以保证回转刀架在每一次转位之后,具有尽可能高的重复定位精度(一般为 0.001~0.005 mm)。

(3)转塔式自动换刀装置 一般数控机床常采用转塔式自动换刀装置。如数控车床的转塔刀架,数控钻镗床的多轴转塔头等。在转塔的各个主轴头上,预先安装有各工序所需要的旋转刀具,当发出换刀指令时,各种主轴头依次地转到加工位置,并接通主运动,使相应的主轴带动刀具旋转,而其他处于不同加工位置的主轴都与主运动脱开,如图 1-108 所示。转塔式换刀方式的主要优点在于省去了自动松夹、卸刀、装刀、夹紧以及刀具搬运等一系列复杂的操作,缩短了换刀时间,提高了换刀可靠性,它适用于工序较少,精度要求不高的数控机床。

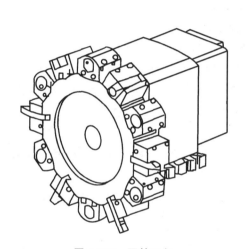

图 1-107 回转刀架

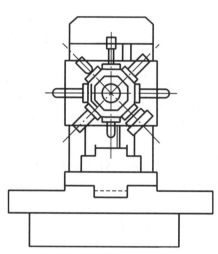

图 1-108 转塔式自动换刀

(4)带刀库的自动换刀装置 如图 1-109 所示,它是目前镗铣加工中心机床上应用最为广泛的一种自动换刀装置,由刀库、选刀机构、刀具交换机构、自动装卸机构等组成。它的整个换刀过程较复杂,首先把加工过程中需要使用的全部刀具分别安装在标准刀柄上,在机外进行尺寸预调后,按一定的方式放入刀库。换刀时,先在刀库中进行选刀,并由机械手从刀库和主轴上取出刀具,或直接通过主轴以及刀库的配合运动来取刀;然后,进行刀具交换,再将新刀具装入主轴,把旧刀具放回刀库。存放刀具的刀库具有较大的容量,它既可以安装在主轴箱的侧面或上方,也可以作为独立部件安装在机床以外。带刀库的自动换刀装置与转塔主轴头比较,有以下优点:主轴的结构刚度好,利于精密加工和重切削加工;可采用大容量的刀库,以实现复杂零件的多工序加工,从而提高了机床的适应性和加工效率。其缺点是:需要增加刀具的自动夹紧、放松机构、刀库运动及定位机构,还要有清洁刀柄及刀孔、刀座的装置,结构较复杂;换刀过程动作多、换刀时间长,影响换刀工作可靠性的因素也较多。

2)换刀方式

换刀的方式通常有以下两种。

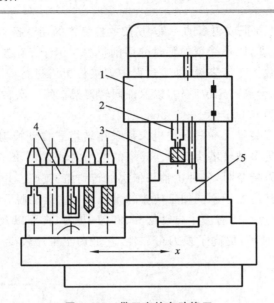

图 1-109　带刀库的自动换刀

1—主轴箱；2—主轴；3—刀具；4—刀库；5—工件

（1）无机械手换刀方式　无机械手换刀方式是依靠刀库与机床主轴的相对运动实现刀具交换的。其优点是结构简单，成本低，换刀的可靠性较高。其缺点是刀库因结构所限容量不多，且刀库旋转换刀时，机床不工作，因而影响到机床的生产效率。这种换刀系统多为中、小型加工中心采用。

例如 XH754 型的卧式加工中心，换刀采用的是主轴移动式，如图 1-110 所示。其换刀动作可分解如下。

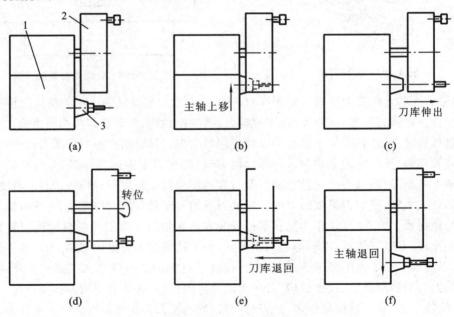

图 1-110　主轴移动式换刀过程

1—立柱；2—刀库；3—主轴

①主轴准停,主轴箱沿 1,轴上升　这时刀库上刀位的空挡正对着交换位置,装卡刀具的卡爪打开,如图 1-110(a)所示。

②主轴箱上升到极限位置,被更换的刀具刀杆进入刀库空刀位,即被刀具定位卡爪钳住,与此同时,主轴内刀杆自动夹紧装置放松刀具,如图 1-110(b)所示。

③刀库伸出,从主轴锥孔中将刀拔出,如图 1-110(c)所示。

④刀库转位,按照程序指令要求,将选好的刀具转到最下面的位置,同时,压缩空气将主轴锥孔吹净,如图 1-110(d)所示。

⑤刀库退回,同时将新刀插入主轴锥孔,主轴内刀具夹紧装置将刀杆拉紧,如图 1-110(e)所示。

⑥主轴下降到加工位置并启动,开始下一步的加工,如图 1-110(f)所示。

图 1-111 所示为目前在 XH713、XH714、XH715 等中小型立式加工中心上广泛采用的刀库移动——主轴升降式换刀方式。其换刀过程如下。

①分度　由低速力矩电动机驱动,通过槽轮机构实现刀库刀盘的分度运动,将刀盘上接收刀具的空刀座转到换刀所需的预定位置,如图 1-111(a)所示。

②接刀　气缸活塞杆推出,将刀盘接收刀具的空刀座送至主轴下方并卡住刀柄定位槽,如图 1-111(b)所示。

③卸刀　主轴松刀,铣头上移至第一参考点,刀具留在空刀座内,如图 1-111(c)所示。

④再分度　再次通过分度运动,将刀盘上选中的刀具转到主轴正下方,如图 1-111(d)所示。

⑤装刀　铣头下移,主轴夹刀,刀库气缸活塞杆缩回,刀盘复位,完成换刀动作,如图

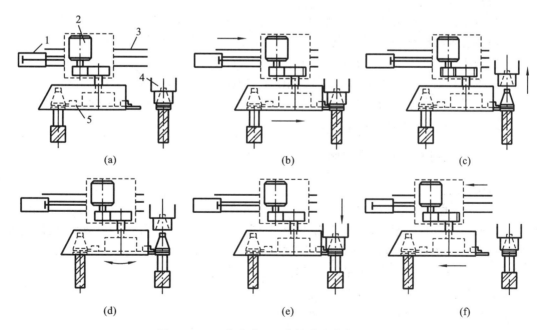

(a)　　　　　　　　　　(b)　　　　　　　　　　(c)

(d)　　　　　　　　　　(e)　　　　　　　　　　(f)

图 1-111　刀库移动——主轴升降式换刀过程

1—气缸;2—电动机;3—直线导轨;4—主轴;5—刀库刀盘

1-111(e)、图 1-111(f)所示。

（2）带机械手换刀方式　带机械手换刀方式是依靠机械手实现换刀动作的，当主轴上的刀具完成一个工步后，机械手把这一工步刀具送回刀库，并把下一工步所需要的刀具从刀库中取出来装入主轴以便继续进行加工。其优点是换刀时间短，主轴刚度高，加工区空间大。机械手换刀是目前最为常见的一种换刀方式。

对带机械手换刀的立式加工中心（如 XHK716），其换刀动作如图 1-112 所示，可分解如下。

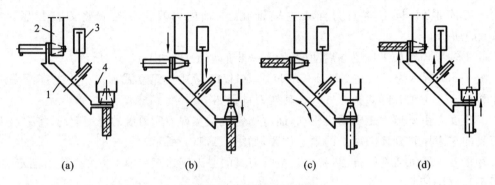

(a)　　　　　　(b)　　　　　　(c)　　　　　　(d)

图 1-112　机械手换刀过程

1—换刀机械手；2—刀库；3—油缸；4—主轴

①主轴箱回到最高处（z 坐标零点），同时实现"主轴准停"。即主轴停止回转并准确停止在一个固定不变的角度方位上，保证主轴端面的键也在一个固定的方位，使刀柄上的键槽能恰好对正端面键。

②机械手抓住主轴上和刀库上的刀具，如图 1-112(a)所示。

③活塞杆推动机械手下行，从主轴和刀库上取出刀具，如图 1-112(b)所示。

④机械手回转 180°，交换刀具位置，如图 1-112(c)所示。

⑤将更换后的刀具装入主轴和刀库，如图 1-112(d)所示。

⑥机械手放开主轴和刀库上的刀具后复位。限位开关发出"换刀完毕"的信号，主轴自由，可以开始加工或使其他程序动作。

任务 1.7.2　数控技术发展前瞻

任务引入

随着电子、信息等高新技术的不断发展，随着市场需求个性化与多样化，未来先进制造技术发展的总趋势是向精密化、柔性化、网络化、虚拟化、智能化、清洁化、集成化、全球化的方向发展。数控技术是制造业实现这些先进制造技术的基础，而数控技术水平和数控设备拥有量是体现国家综合国力、衡量国家工业现代化的重要标志之一。

任务分析

充分认识数控技术未来的发展趋势，掌握数控技术的发展方向。

一、现代制造技术的发展趋势

21世纪是知识经济时代,制造业作为我国新世纪的战略产业,将面临着巨大的挑战和经历一场深刻的技术变革。在传统制造技术基础之上发展起来的先进制造技术代表了制造技术发展的前沿,对制造业的发展将产生巨大影响。当前先进制造技术的发展大致有以下几个特点。

1. 信息技术、管理技术与工艺技术紧密结合

随着信息技术向制造技术的注入和融合,促进着制造技术的不断发展。它使制造技术的技术含量提高,使传统制造技术发生质的变化;促进了加工制造的精密化、快速化,自动化技术的柔性化、智能化,整个制造过程的网络化、全球化;相继出现的各种先进制造模式,如CIMS、并行工程、精益生产、敏捷制造、虚拟企业与虚拟制造等。这些均以信息技术的发展为支撑。

2. 计算机辅助设计、辅助制造、辅助工程分析(CAD/CAM/CAE)

制造信息的数字化,将实现CAD/CAPP/CAM/CAE的一体化,使产品向无图纸制造方向发展。在发达国家的大型企业中,已广泛使用CAD/CAM,实现了全数字化设计。将数字化技术注入产品设计开发,提高了企业产品自主开发能力和产品质量,同时也提高了企业对市场的应变能力和快速响应能力。通过局域网实现企业内部并行工程,通过Internet建立跨地区的虚拟企业,实现资源共享,优化配置,也使制造业向互联网辅助制造方向发展。

3. 加工制造技术向着超精密、超高速及发展新一代制造装备的方向发展

(1)超精密加工技术　超精密加工技术是为了获得被加工件的形状、尺寸精度和表面粗糙度均优于亚微米级的一门高新技术。超精加工技术的加工精度由红外波段向可见光和不可见光的紫外波段趋进,目前加工精度达到 $0.025\ \mu m$,表面粗糙度达 $0.045\ \mu m$,已进入纳米级加工时代。美国为了适应航空、航天等尖端技术的发展,已研制出多种数控超精密车床,最大的加工直径可达 1.63 m,定位精度为 28 纳米(nm)。

(2)超高速切削　目前铝合金超高速切削的切削速度已超过 1 600 m/min,铸铁为 1 500 m/min,超耐热镍合金为 300 m/min,钛合金 200 m/min。超高速切削的发展已转移到一些难加工材料的切削加工。现代数控机床主轴的最高转速可达到 10 000～20 000 r/min;采用高速内装式主轴电动机后,使主轴直接与电动机连接成一体,可将主轴转速提高到 40 000～50 000 r/min。

(3)新一代制造装备的发展　市场竞争和新产品、新技术、新材料的发展推动着新型加工设备的研究与开发,如"并联桁架式结构数控机床"(或俗称"六腿"机床),突破了传统机床的结构方案,采用可以伸缩的六条"腿"连接定平台和动平台,每个"腿"均由各自的伺服电动机和精密滚珠丝杠驱动,控制这六条"腿"的伸缩就可以控制装有主轴头的动平台的空间位置和姿势,满足刀具运动轨迹的要求。

4. 工艺研究由"经验"走向"定量分析"

先进制造技术的一个重要发展趋势是通过计算机技术和模拟技术的应用,使工艺研究由"经验判断"走向"定量分析",加工工艺由技艺发展为工程科学。

5. 虚拟现实技术在制造业中获得越来越多的应用

虚拟现实技术(virtual reality technology)主要包括虚拟制造技术和虚拟企业两个部分。

虚拟制造技术将从根本上改变设计、试制、修改设计、规模生产的传统制造模式。在产品真正制出之前,首先在虚拟制造环境中生成软产品原型(soft prototype)代替传统的硬样品(hard prototype)进行试验,对其性能和可制造性进行预测和评价,从而缩短产品的设计与制造周期,降低产品的开发成本。

虚拟企业是为了快速响应某一市场需求,通过信息高速公路,将产品涉及的不同企业临时组建成为一个没有围墙、超越空间约束、靠计算机网络联系、统一指挥的合作经济实体。虚拟企业的特点是企业的功能上的不完整、地域上的分散性和组织结构上的非永久性,即功能的虚拟化、组织的虚拟化、地域的虚拟化。

二、数控机床和数控系统的发展

随着先进生产技术的发展,要求现代数控机床向高速度、高精度、高可靠性、智能化和高性能的方向发展。

1. 高速度、高精度化

高速化是指数控机床的高速切削和高速插补进给,目标是在保证加工精度的前提下,提高加工速度。这不仅要求数控系统的处理速度快,同时还要求数控机床具有大功率和大转矩的高速主轴、高速进给电动机、高性能的刀具、稳定的高频动态刚度。

高精度包括高进给分辨率、高定位精度、高重复定位精度、高动态刚度和高性能闭环交流数字伺服系统等。

数控机床由于装备了新型的数控系统和伺服系统,使机床的分辨率和进给速度达到 $0.1\ \mu m(24\ m/min)$,$1\ \mu m(100\sim240\ m/min)$,现代数控系统已经逐步由 16 位 CPU 过渡到 32 位 CPU。日本产的 FANUC15 系统开发出 64 位 CPU 系统,能达到最小移动单位 $0.1\ \mu m$ 时,最大进给速度为 100 m/min。FANUC16 和 FANUC18 采用简化与减少控制基本指令的 RISC(reduced instruction set computer)精简指令计算机,能进行更高速度的数据处理,使一个程序段的处理时间缩短到 0.5 ms,连续 1 mm 移动指令的最大进给速度可达到 120 m/min。

日本交流伺服电动机已装上每转可产生 100 万个脉冲的内藏位置检测器,其位置检测精度可达到 0.01 mm/脉冲及在位置伺服系统中采用前馈控制与非线性控制等方法。补偿技术方面,除采用齿隙补偿、丝杠螺距误差补偿、刀具补偿等技术外,还开发了热补偿技术,以减少由热变形引起的加工误差。

2. 开放式

要求新一代数控机床的控制系统是一种开放式、模块化的体系结构。系统的构成要素应是模块化的,同时各模块之间的接口必须是标准化的;系统的软件、硬件构造应是"透明的""可移植的";系统应具有"连续升级"的能力。

为满足现代机械加工的多样化需求,新一代数控机床机械结构更趋向于开放式。机床结构按模块化、系列化原则进行设计与制造,以便缩短供货周期,最大限度满足用户的工艺需求。数控机床的很多部件的质量指标不断提高,品种规格逐渐增加、机电一体化内容更加丰富,因此专门为数控机床配套的各种功能部件已完全商品化。

3. 智能化

所谓智能化数控系统是指具有拟人智能特征,智能数控系统通过对影响加工精度和效率的物理量进行检测、建模、提取特征,自动感知加工系统的内部状态及外部环境,快速做出实现最佳目标的智能决策,对进给速度、切削深度、坐标移动、主轴转速等工艺参数进行实时控制,使机床的加工过程处于最佳状态。

(1)引进自适应控制技术 数控机床中因工件毛坯余量不匀、材料硬度不一致、刀具磨损、工件变形、润滑或冷却液等因素的变化,将直接或间接影响加工效果。自适应控制是在加工过程中不断检查某些能代表加工状态的参数,如切削力、切削温度等,通过评价函数计算和最佳化处理,对主轴转速、刀具(或工作台)进给速度等切削用量参数进行校正,使数控机床能够始终在最佳的切削状态下工作。

(2)设置故障自诊断功能 数控机床工作过程中出现故障时,控制系统能自动诊断,并立即采取措施排除故障,以适应长时间在无人环境下的正常运行要求。

(3)具有人机对话自动编程功能 可以把自动编程机具有的功能装入数控系统,使零件的程序编制工作可以在数控系统上在线进行,用人机对话方式,通过显示器和手动操作键盘的配合,实现程序的输入、编辑和修改,并在数控系统中建立切削用量专家系统,从而达到提高编程效率和降低操作人员技术水平的要求。

(4)应用图像识别和声控技术 由机床自己辨别图样,并自动地进行数控加工的智能化技术和根据人的语言声音对数控机床进行自动控制的智能化技术。

4. 复合化

复合化加工是指在一台机床上,工件一次装夹便可以完成多工种、多工序的加工。通过减少装卸刀具、装卸工件、调整机床的辅助时间,实现一机多能,最大限度提高机床的开机率和利用率。20 世纪 60 年代初期,在一般数控机床的基础上开发了数控加工中心(MC),即自备刀库的自动换刀数控机床。在加工中心机床上,工件一次装夹后,机床的机械手可自动更换刀具,连续地对工件的各加工面进行多种工序加工。目前加工中心的刀库容量可多达 120 把左右,自动换刀装置的换刀时间为 1~2 s。加工中心中除了镗铣类加工中心和车削类车削中心外,还出现了集成车铣加工中心,自动更换电极的电火花加工中心,带有自动更换砂轮装置的内圆磨削加工中心等。

随着数控技术的不断发展,打破了原有机械分类的工艺性能界限,出现了相互兼容、扩大工艺范围的趋势。复合加工技术不仅是加工中心、车削中心等在同类技术领域内的复合,而且正向不同类技术领域内的复合发展。

多轴同时联动移动是衡量数控系统的重要指标,现代数控系统的控制轴数可多达 16 轴,同时联动轴数已达到 6 轴。高档次的数控系统还增加了自动上下料的轴控制功能,有的在 PLC 里增加位置控制功能,以补充轴控制数的不足,这将会进一步扩大数控机床的工艺范围。

5. 高可靠性

高可靠性的数控系统是提高数控机床可靠性的关键。选用高质量的印制电路和元器件,对元器件进行严格地筛选,建立稳定的制造工艺及产品性能测试等一整套质量保证体系。在新型的数控系统中采用大规模、超大规模集成电路实现3维高密度插装技术,进一步把典型的硬件结构集成化,做成专用芯片,提高了系统的可靠性。

现代数控机床均采用CNC系统,数控系统的硬件由多种功能模块制成,对于不同功能的模块,可根据机床数控功能的需要选用,并可自行扩展,组成满意的数控系统。在CNC系统中,只要改变一下软件或控制程序,就能制成适应各类机床不同要求的数控系统。

现代数控机床都装备有各种类型的监控、检测装置,以及具有故障自动诊断与保护功能。能够对工件和刀具进行监测,发现工件超差,刀具磨损、破裂,能及时报警,给予补偿,或对刀具进行调换,具有故障预报和自恢复功能,保证数控机床长期可靠地工作。数控系统一般能够对软件、硬件进行故障自诊断,能自动显示故障部位及类型,以便快速排除故障。此外,数控系统要增强保护功能,如行程范围保护功能、断电保护功能等,以避免损坏机床和报废工件。

6. 多种插补功能

数控机床除具有直线插补、圆弧插补功能外,有的还具有样条插补、渐开线插补、螺旋插补、极坐标插补、指数曲线插补、圆柱插补、假想坐标插补等功能。

7. 人机界面的友好

现代数控机床具有丰富的显示功能,多数系统都具有实时图形显示、PLC梯形图显示和多窗口的其他显示功能;丰富的编程功能,像会话式自动编程功能、图形输入自动编程功能,有的还具有CAD/CAM功能;方便的操作,有引导对话方式帮助你很快熟悉操作,设有自动工作、手动参与功能;根据加工的要求,各系统都设了多种方便于编程的固定循环;伺服系统数据和波形的显示,伺服系统参数的自动设定;系统具有多种管理功能,刀具及其寿命的管理、故障记录、工作记录等;PLC程序编制方法增加,目前有梯形图编程(ladder language program)方法、步进顺序流程图编程(step sequence program)方法。现在越来越广泛地用C语言编写PLC程序;帮助功能,系统不但显示报警内容,而且能指出解决问题的方法。

三、数控技术与计算机集成制造系统

1. 柔性制造单元(flexible manufacturing cell,FMC)

FMC在早期是作为简单和初级的柔性制造技术而发展起来的。它在MC的基础上增加了托盘自动交换装置或机器人、刀具和工件的自动测量装置、加工过程的监控功能等,它和MC相比具有更高的制造柔性和生产效率。

图1-113所示为配有托盘交换系统构成的FMC。托盘上装夹有工件,在加工过程中,它与工件一起流动,类似通常的随行夹具。环形工作台用于工件的输送与中间存储,托盘座在环形导轨上由内侧的环链拖动而回转,每个托盘座上有地址识别码。当一个工件加工完毕,数控机床发出信号,由托盘交换装置将加工完的工件(包括托盘)拖至回转台的空位处,

然后转至装卸工位,同时将待加工工件推至机床工作台并定位加工。

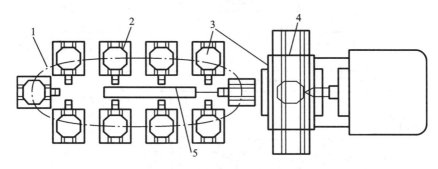

图 1-113　带有托盘交换系统的 FMC
1—环行交换工作台;2—托盘座;3—托盘;4—加工中心;5—托盘交换装置

　　在车削 FMC 中一般不使用托盘交换工件,而是直接由机械手将工件安装在卡盘中,装卸料由机械手或机器人实现,如图 1-114 所示。

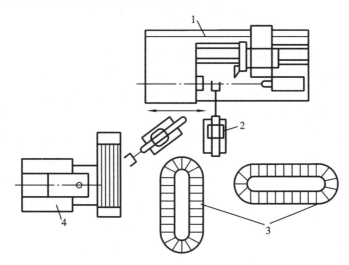

图 1-114　机器人搬运式 FMC
1—车削中心;2—机器人;3—物料传送装置

　　FMC 是在加工中心(MC)、车削中心(TC)的基础上发展起来的,又是 FMS 和 CIMS 的主要功能模块。FMC 具有规模小,成本低(相对 FMS),便于扩展等优点,它可在单元计算机的控制下,配以简单的物料传送装置,扩展成小型的柔性制造系统,适用于中小企业。

　　2. 柔性制造系统(flexible manufacturing system,FMS)

　　FMS 是集自动化加工设备、物流和信息流自动处理为一体的智能化加工系统。FMS由一组 CNC 机床组成,它能随机地加工一组具有不同加工顺序及加工循环的零件。实行自动运送材料及计算机控制,以便动态地平衡资源的供应,从而使系统自动地适应零件生产混合的变化及生产量的变化。

　　图 1-115 所示为一柔性制造系统框图,由图可见,柔性制造系统由加工系统、物料输送系统和信息系统组成。

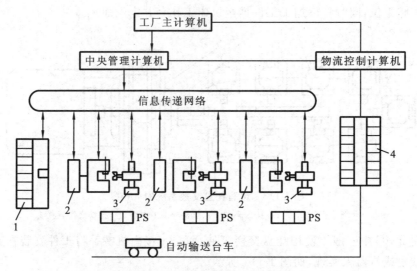

图 1-115　柔性制造系统框图
1—工具夹具站；2—CNC 机床；3—机器人；4—自动仓库

（1）加工系统　该系统由自动化加工设备、检验站、清洗站、装配站等组成，是 FMS 的基础部分。加工系统中的自动化加工设备通常由 5～10 台 CNC 机床、加工中心及其附属设备（如工件装卸系统、冷却系统、切屑处理系统和刀具交换系统等）组成，可以以任意顺序自动加工各种工件、自动换工件和刀具。

FMS 中常需在适当位置设置检验工件尺寸精度的检验站，由计算机控制的坐标测量机担任检验工作。其外形类似三坐标数控铣床，在通常安装刀具的位置上装置检测触头，触头随夹持主轴按程序相对工件移动，检测工件上一些预定点的坐标位置。计算机读入这些预定点的坐标值之后，经过运算和比较，可算出各种几何尺寸（如外圆内孔的直径、平面的平面度、平行度、垂直度等）的加工误差，并发出通过或不通过等命令。

清洗站的任务是清除工件夹具和装载平板上的切屑和油污。

工件装卸站设在物料处理系统中靠近自动化仓库和 FMS 的入口处。由于装卸操作系统较复杂，大多数 FMS 均采用人工装卸。

（2）物料运储系统　物料运送系统在计算机控制下主要实现工件和刀具的输送及入库存放，它由自动化仓库、自动输送小车、机器人等组成。

在 FMS 中，工件一般通过专用夹具安装在托盘上，工件输送时连同整个托盘一起由自动输送小车进行输送。在计算机的控制下，根据作业调度计划自动从工件存储区将工件取出送到指定的机床上加工，或者从机床上取出完成该工序加工的工件送到另一机床上加工。

自动输送小车在自动化仓库和各个制造单元之间完成工件输送任务。

自动化仓库包括仓库多层货架、出入库装卸站、堆垛机、传动齿轮和导轨等组成，它能通过物料运储工作站的指令实现毛坯、加工成品的自动入库及出库。

刀具输送是利用机器人实现刀具进出系统以及系统中央刀库和各加工设备刀库之间的刀具输送。

（3）信息系统　信息系统由主计算机、分级计算机及其接口、外围设备和各种控制装置的硬件和软件组成。其主要功能是实现各系统之间的信息联系,确保系统的正常工作。对FMS,计算机系统一般分为三级,第一级为主计算机,又称为管理计算机,其任务有三:一是用来向下一级计算机实时发布命令和分配数据;二是用来实时采集现场工况;三是用来观察系统的运行情况。第二级为过程控制计算机,包括计算机群控(DNC)、刀具管理计算机和工件管理计算机,其作用是接收主计算机的指令,根据指令对下属设备实施具体管理。第三级由各设备的控制计算机构成,执行各种操作任务。

在柔性制造系统中,加工零件被装夹在随行夹具或托盘上,自动地按加工顺序在机床间逐个输送,工序间输送的工件一般不再重新装夹。专用刀具和夹具也能在计算机控制下自动调度和更换。如果在系统中设置有测量工作站,则加工零件也能在测量工作站上检查,甚至进一步实现加工质量的反馈控制。系统只需要最低限度的操作人员,并能实现夜班无人作业,操作人员只负责启停系统和装卸工件。由于FMS是一种具有很高柔性的自动化制造系统,因此它最适合于多品种、中小批量的零件生产。

学习小结

本项目主要介绍了数控机床的一些基本概念,列出了数控机床输入的一些常用标准。通过本章的学习,应当明确以下几点。

(1)数控机床的核心问题是如何用数字代码的方式记载、输入并控制机床工作台移动的距离、方向、轨迹和速度。数控机床一般由控制介质、数控装置、伺服系统、机床和测量反馈装置等组成。在CNC和MNC系统中,其数控装置的功能由一台计算机(或微机)来实现。

(2)数控机床可以按多种方式进行分类。若按工艺用途,可将其分为一般数控机床、数控加工中心机床、多坐标机床等;若按加工路线分类,则可以分为点位控制、点位直线控制和轮廓控制的数控机床;若按测量装置的有无及位置,可分为开环、闭环和半闭环等系统;还可以按数控装置,将其分为普通数控(NC)机床、计算机数控(CNC)机床和微处理机数控(MNC)机床等。

(3)数控机床的主运动系统和进给运动系统以及典型机械结构及其工作原理。

(4)了解数控机床的产生和发展历程。

生产学习经验

数控机床是一种可编程的通用加工设备,但是因设备投资费用较高,还不能用数控机床完全替代其他类型的设备,因此,数控机床的选用有其一定的适用范围。图1-116粗略地表示数控机床的适用范围。从图1-116(a)可看出,通用机床多适用于零件结构不太复杂、生产批量较小的场合;专用机床适用于零件生产批量很大的场合;数控机床对于形状复杂的零件尽管批量小也同样适用。随着数控机床的普及,数控机床的适用范围也愈来愈广,对一些形状不太复杂而重复工作量很大的零件,如印制电路板的钻孔加工等,由于数控机床生产率高,也已大量使用。因而,数控机床的适用范围已扩展到图1-116(a)中阴影所示的范围。

图1-116(b)表示当采用通用机床、专用机床及数控机床加工时,零件生产批量与零件总加工费用之间的关系。据有关资料统计,当生产批量在100件以下,用数控机床加工具有一定复杂程度零件时,加工费用最低,能获得较高的经济效益。

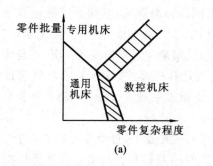
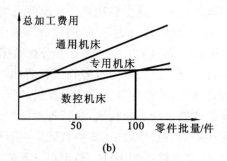

图 1-116　数控机床的适用范围

由此可见,数控机床最适宜加工以下类型的零件。

(1)生产批量小(100 件以下)的零件。

(2)需要进行多次改型设计的零件。

(3)加工精度要求高、结构形状复杂的零件,如箱体类,曲线、曲面类零件。

(4)需要精确复制和尺寸一致性要求高的零件。

(5)价值昂贵的零件,这种零件虽然生产量不大,但是如果加工中因出现差错而报废,将产生巨大的经济损失。

思考与训练

1.数控机床由哪些部分组成? 各有什么作用?

2.什么称为点位控制、直线控制、轮廓控制数控机床? 有何特点及应用?

3.简述开环、闭环、半闭环伺服系统的区别。

4.数控机床适合加工什么样的零件?

5.加工中心与普通数控机床的区别是什么?

6.数控机床对主轴驱动有哪些要求?

7.数控机床进给传动系统有哪些性能特点?

8.滚珠丝杠螺母副的特点是什么?

9.常用的刀具交换装置有哪几种? 各有何特点?

10.现代制造系统的发展与数控技术的关系如何?

11.FMC 有什么特点? 有哪些类型?

12.什么是 FMS? 它由哪几部分组成?

13.什么是 CIMS 系统?

14.简述数控机床的应用范围。

模块二　机床的传动设计

知识目标

1. 掌握机床主运动传动方案的选择及分级变速主传动系统的设计方法
2. 掌握扩大变速范围的主传动系统设计方法
3. 掌握主传动系统的计算转速的确定方法
4. 了解无级变速主传动系统设计的特点
5. 了解进给传动系统设计的特点

技能目标

1. 根据设计要求,能较合理地选择机床主运动的传动方案
2. 能设计一般的分级变速主传动系统
3. 能设计典型的扩大变速范围的主传动系统
4. 能较熟练地确定主传动系统的计算转速

教学重点

1. 机床主运动传动方案的选择及分级变速主传动系统的设计
2. 扩大变速范围的主传动系统设计
3. 主传动系统的计算转速

教学难点

1. 主变速传动系统的几种特殊设计
2. 扩大变速范围的主传动系统设计

教学方案(情景)　采用讲授与讨论相结合、讲授与实际训练相结合的教学方法

选用工程应用案例　以学生最熟悉的 CA6140 型普通车床作为工程应用案例

考核与评价方案　以学生的课堂听课状态、讨论发言观点、实训动手能力等综合考核与评价学生

建议学时　12 学时

项目 2.1　主传动方案的选择

任务 2.1.1　主传动方案概述

1. 了解机床主传动系统的组成和基本要求。
2. 掌握机床主传动方案的选择内容和选择方法。

任务引入

1. 机床主传动系统的定义及应满足的基本要求有哪些。

2. 机床主传动系统的组成及传动方案的选择方法是什么。

任务分析

1. 了解机床主传动系统的定义、组成和基本要求。

2. 掌握机床主传动方案的选择内容和选择方法。

机床的主传动系统实现机床的主运动,其末端件直接参与工件的切削加工,形成所需的表面和加工精度,且变速范围宽,传递功率大,是机床中最重要的传动链,设计时应满足下述基本要求。

(1)满足机床的使用要求 有足够的变速范围和转速级数;直线运动机床应有足够的双行程范围和变速级数;合理地满足机床的自动化和生产率的要求;有良好的人机关系。

(2)满足机床传递动力的要求 传动系统应能传递足够的功率和转矩。

(3)满足机床的工作性能要求 传动系统应有足够的刚度、精度、抗振性能和较小的热变形。

(4)满足经济性要求。

机床主传动系统一般由动力源(如电动机)、变速装置及执行件(如主轴、刀架、工作台等),以及启停、换向和制动机构等部分组成。动力源给执行件提供动力,并使其得到一定的运动速度和方向;变速装置传递动力以及变换运动速度;执行件执行机床所需的运动,完成旋转或直线运动。

当机床主传动系统的运动参数和动力参数确定之后,即可选择传动方案,其主要内容包括:选择电动机,选择传动布局,选择变速、启停、制动及换向方式。应根据机床的使用要求和结构性能综合考虑,通过调查研究,参考同类型机床,拟出几个可行方案的主传动系统示意图,以备分析、讨论。传动方案对主传动的运动设计、动力设计及结构设计有着重要影响。

一、电动机

主运动电动机一般可分为交流电动机和直流电动机。交流电动机又可分单速交流电动机或调速交流电动机。调速交流电动机又有多速交流电动机和无级调速交流电动机。机床主运动电动机的选择应根据机床的用途、类型和规格,并结合变速方式、启停、换向方式等综合考虑,具体可参考有关章节和其他课程,或参考同类机床来确定。

二、传动布局

对于有变速要求的主传动,其布局方式可分为集中传动式和分离传动式两种,应根据机床的用途、类型和规格等加以合理选择。

1. 集中传动式布局

把主轴组件和主传动的全部变速机构集中装于同一个箱体内,称为集中传动式布局,一般将该部件称为主轴变速箱。

目前,多数机床(如 CA6140 型普通车床、Z3040 型摇臂钻床、X62W 型铣床等)采用这种布局方式。其优点是:结构紧凑,便于实现集中操纵;箱体数少,在机床上安装、调整方便。其缺点是:传动件的振动和发热会直接影响主轴的工作精度,降低加工质量。因此,集中传动式布局一般适用于普通精度的中型和大型机床。

2. 分离传动式布局

把主轴组件和主传动的大部分变速机构分离装于两个箱体内,称为分离传动式布局,将该两个部件分别称为主轴箱和变速箱,中间一般采用带传动。

某些高速或精密机床(如 C616 型卧式车床、CM6132 型精密卧式车床等)采用这种传动布局方式。其优点是:变速箱中产生的振动和热量不易传给主轴,从而减少了主轴的振动和热变形;当主轴箱采用背轮传动时,主轴通过带传动直接得到高转速,故运转平稳,加工表面质量提高。其缺点是:箱体数多,加工、装配工作量较大,成本较高;位于传动链后面的带传动,低转速时传递转矩较大,容易打滑(俗称"没劲");更换传动带不方便等。因此,分离传动式布局适用于中小型高速或精密机床。

三、变速方式

机床主传动的变速方式可分为无级变速和有级变速两类。

1. 无级变速

无级变速是指在一定速度(或转速)范围内能连续、任意地变速。可选用最合理的切削速度,没有速度损失,生产率得到提高;可在运转中变速,减少辅助时间;操纵方便;传动平稳等,因此机床上应用有所增加。机床主传动采用的无级变速装置主要有以下几种。

(1)机械无级变速器 机床上使用的机械无级变速器是靠摩擦来传递转矩的,多用钢球式(如柯普型)、宽带式结构。但一般机构较复杂,维修较困难,效率低;因为摩擦所需要的正压力较大,使变速器工作可靠性及寿命受到影响;变速范围较窄(不超过10),往往需要与有级变速箱串联使用。机械无级变速器多用于中小型机床。

(2)液压、电气无级变速装置 机床主传动所采用的液压马达、直流电动机调速,往往因恒功率变速范围较小、恒转矩变速范围较大,而不能完全满足主传动的使用要求,在主轴低转速时出现功率不足的现象,一般也需要与有级变速箱串联使用。这种无级变速装置多用于精密、大型机床或数控机床。今后发展的趋势将是机床主传动采用交流变频调速电动机。

2. 有级变速

有级(或分级)变速是指在若干固定速度(或转速)级内不连续地变速。这是目前国内外普通机床上应用最广泛的一种变速方式。通常是由齿轮等变速元件构成的变速箱来实现变速。有级变速传递功率大,变速范围大,传动比准确,工作可靠,但速度不能连续变化,有速度损失,传动不够平稳。主传动采用的有级变速装置有下述几种。

(1)滑移齿轮变速机构 这是应用最普遍的一种变速机构,其优点是:变速范围大,得到的转速级数多;变速较方便,可传递较大功率;非工作齿轮不啮合,空载功率损失较小。其缺点是:变速箱结构较复杂;滑移齿轮多采用直齿圆柱齿轮,承载能力不如斜齿圆柱齿轮;传动不够平稳;不能在运转中变速。

滑移齿轮多采用双联和三联齿轮,结构简单、轴向尺寸小。个别也有采用四联滑移齿轮的(如奥地利 S18 卧式车床),但轴向尺寸较大。为缩短轴向尺寸,可将四联齿轮分成两组双联齿轮(如日本 MAZAK 卧式车床),但两个滑移齿轮必须连锁,机构较复杂。有的机床(如摇臂钻床)为了尽量缩短主轴变速箱的轴向尺寸,可全部采用双联齿轮。

滑移齿轮一般不采用斜齿圆柱齿轮,这是因为斜齿轮在滑进啮合位置的同时,还需要附加转动,因此变速操纵较困难(若采用滑移斜齿轮时,要求螺旋角 $\beta \leqslant 15°$,但性能无明显提高)。此外,斜齿轮在工作中会产生轴向力,因此对操纵机构的定位及磨损等问题要有特殊考虑。

(2)交换齿轮变速机构 采用交换齿轮(又称配换齿轮、挂轮)变速的优点是:结构简单,不需要操纵机构;轴向尺寸小,变速箱结构紧凑;主动齿轮与从动齿轮可以对调使用,齿轮数量少。其缺点是:更换齿轮费时费力;装于悬臂轴端,刚度低;备换齿轮容易散失等。因此,交换齿轮变速机构适用于不需要经常变速,或者变速时间长对生产率影响不大,但要求结构简单紧凑的机床,如用于成批、大批生产的某些自动或半自动机床、专门化机床等。

(3)多速电动机 多速交流异步电动机本身能够变速,具有几个转速,机床上多用双速或三速电动机。这种变速装置的优点是:简化变速箱的机械结构;可在运转中变速,使用方便。其缺点是:多速电动机在高、低速时的输出功率不同,设计中一般是按低速的小功率选定电动机,而使用高速时的大功率就不能完全发挥其能力;多速电动机的转速级数越多、转速越低,则体积越大,价格也越高;电气控制较复杂。

由于多速电动机的转速级数少,一般要与其他变速装置联合使用。随着电机制造业的发展,多速电动机在机床上的应用也在逐渐增多,如自动或半自动车床、卧式车床、摇臂钻床和镗床等。

(4)离合器变速机构 采用离合器变速机构,可在传动件(如齿轮)不脱开啮合位置的条件下进行变速,因此操纵方便省力;但传动件始终处于啮合状态,磨损、噪声较大,效率低。主运动变速用的离合器主要有以下几种。

①齿轮式离合器和牙嵌式离合器 当机床主轴上有斜齿轮($\beta > 15°$)或人字齿轮时,就不能采用滑移齿轮变速;某些重型机床的传动齿轮又大又重,若采用滑移齿轮则拨动费力。这时都可采用齿轮式或牙嵌式离合器进行变速,如图 2-1 所示。其特点是:结构简单,外形尺寸小;传动比准确,工作中不打滑,能传递较大的转矩;但不能在运转中变速。另外,因制造、安装误差使实际回转轴心并不重合,所产生的运动干扰引起的噪声增加。由于轮齿比端面牙容易加工,外齿半离合器脱开后还可兼作传动齿轮用,故齿轮式离合器在主传动中应用较多,但在结构受限制时可采用牙嵌式离合器。

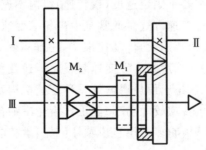

图 2-1 齿轮式离合器(M_1)和牙嵌式离合器(M_2)变速机构

②片式摩擦离合器　可实现运转中变速,接合平稳,冲击小;但结构较复杂,摩擦片间存在相对滑动,发热较大,并能引起噪声。主传动多采用液压或电磁片式摩擦离合器。应注意:不要把电磁离合器装在主轴上,以免因其发热、剩磁现象而影响主轴正常工作。片式摩擦离合器多用于自动或半自动机床。

变速用离合器在主传动链中的安放位置应注意两个问题:其一,尽量将离合器放置在高速轴上,可减小传递的转矩,缩小离合器尺寸;其二,应避免超速现象。当变速机构接通一条传动路线时,在另一条传动路线上会出现传动件(如齿轮、传动轴)高速空转的现象,称之为"超速"现象。这是不能允许的,它将会加剧传动件、离合器的磨损,增加空载功率损失,增加发热和噪声。如图 2-2 所示,I 轴为主动轴、转速 n_I,II 轴为从动轴、转速 n_{II}。图 2-2(a)所示为接通 M_1、脱开 M_2 时,小齿轮 Z_3 的空转转速等于 $\frac{80}{40} \times \frac{96}{24} n_I = 8n_I$,$Z_3$ 与 I 轴的相对转速为 $8n_I - n_I = 7n_I$,则小齿轮 Z_3 出现超速现象。同理,图 2-2(b)中 Z_3 也出现超速,图 2-2(c)和图 2-2(d)所示的则避免了超速。当两对齿轮的传动比相差悬殊时,特别要注意检查小齿轮是否出现超速现象(注:图 2-2(a)、图 2-2(b)中,接通 M_1 时,使 Z_4 与 Z_3 脱开啮合,可避免 Z_3 超速)。

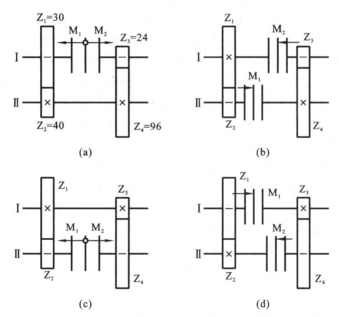

图 2-2　离合器变速机构的超速现象
(a)、(b)超速　　(c)、(d)不超速

根据机床的不同使用要求和结构特点,上述各种变速装置可单独使用,也可以组合使用。例如,CA6140 型普通车床的主传动主要采用滑移齿轮变速机构,也有采用齿轮式离合器变速机构。C7620 型多刀半自动车床的主传动采用多速电动机和滑移齿轮变速机构。CB3463-1 型液压半自动转塔车床的主传动采用多速电动机、滑移齿轮和液压片式摩擦离合器变速机构。

四、启停方式

控制主轴启动与停止的启停方式,可分为电动机启停和机械启停两类。

1. 电动机启停

这种启停方式的优点是:操纵方便省力,可简化机床的机械结构。其缺点是:直接启动电动机,冲击较大;频繁启动会造成电动机发热甚至烧损;若电动机功率大且经常启动时,因启动电流较大会影响车间电网的正常供电。电动机启停适用于功率较小或启动不频繁的机床,如铣床、磨床及中小型卧式车床等。若几个传动链共用一台电动机且又不要求同时启停时,不能采用这种启停方式。在国外机床上采用电动机启停(以及换向和制动)比较普遍,即使功率较大也多应用。随着国内电机工业的发展,机床上采用电动机启停已渐增多。

2. 机械启停

在电动机不停止运转的情况下,可采用机械启停方式使主轴启动或停止。

(1)启停装置的种类   大致有以下几种。

①锥式和片式摩擦离合器   可用于高速运转的离合,离合过程平稳,冲击小,特别适用于精加工和薄壁工件加工(因夹紧力小,可避免启动冲击所造成的错位);容易控制主轴回转到需要的位置上(俗称"晃车"),以便于加工测量和调整,国内应用较为习惯;离合器还能兼起过载保护作用。但因尺寸受限制,摩擦片的转速不宜过低,传递转矩不能过大;但转速也不宜过高(通常 $700 \leqslant n \leqslant 1\,000$ r/min),否则因摩擦片的转动不平衡和相对滑动,会加剧发热和增加噪声。这种离合器应用较多,如卧式车床、摇臂钻床等的启停装置。

②齿轮式和牙嵌式离合器   仅能用于低速(线速度 $v \leqslant 10$ m/min)运转的离合。这类启停装置结构简单,尺寸较小,传动比准确,能传递较大转矩,但在离合过程中齿(牙)端有冲击和磨损。某些立式多轴半自动车床的主传动采用这种启停装置。

根据机床的使用要求和上述离合器特点,有时将它们组合使用,这样就能够扬长避短。如卧式多轴自动车床采用锥式摩擦离合器和齿轮式离合器;立式多轴半自动车床采用锥式摩擦离合器和牙嵌式离合器。先用摩擦离合器在运转中接合,然后再接通牙嵌式或齿轮式离合器(要注意解决顶齿现象),用于传递较大的转矩。

总之,在能够满足机床使用性能的前提下,应优先考虑采用电动机启停方式,对于启停频繁、电动机功率较大或有其他要求时,可采用机械启停方式。

(2)启停装置的安放位置   将启停装置放置在高转速轴上,传递转矩小,结构紧凑;放置在传动链的前面,则停车后可使大部分传动件停转,减小空载功率损失。因此,在可能的条件下,启停装置应放在传动链前面且转速较高的传动轴上。

五、换向方式

有些机床的主运动不需要换向,如磨床、多刀半自动车床及一般组合机床等。但多数机床需要换向,例如卧式车床、钻床等在加工螺纹时,主轴正转用于切削,反转用于退刀;此外,卧式车床有时还用反转进行反装刀切断或切槽,以使切削平稳。又如铣床为了能够使用左刃或右刃铣刀,主轴应有正、反两个方向的转动。由此可见,换向有两种不同目的:一种是正、反向都用于切削,工作过程中不需要变换转向(如铣床),则正、反向的转速、转速级数及传递动力应相同;另一种是正转用于切削而反转主要用于空行程,并且在工作过程中需要经常变换转向(如卧式车床、钻床),为了提高生产率,反向应比正向的转速高、转速级数少、传递动力小。需要注意的是,反转的转速高,则噪声也随之增大。为了改善传动性能,可使其比正转转速略高(至多高一级)。另外,正向传动链应比反向传动链短,以便提高其传动效率。

主传动的换向方式可分为电动机换向和机械换向两类。

1. 电动机换向

电动机换向的特点与电动机启停类似。但因交流异步电动机的正、反转速相同,主轴不会得到较高的反向转速。在满足机床使用性能的前提下,应优先考虑这种换向方式。当前已有不少卧式车床,为了简化结构而采用了电动机换向。

2. 机械换向

在电动机转向不变的情况下需要主轴换向时,可采用机械换向方式。

(1)换向装置原理 主传动多采用圆柱齿轮-多片摩擦离合器式换向装置,可用于高速运转中换向,换向较平稳,但结构较复杂。如图 2-3 所示,若经 Z_1、Z_2 使 Ⅱ 轴正向转动,则经 Z_3、Z_0(或 Z_{01}、Z_{02})、Z_4 使 Ⅱ 轴以较高转速反向转动。可见是通过不同的齿轮传动路线换向、采用离合器控制的(可用机械、电磁或液压方式操纵)。为了换向迅速而无冲击、减少换向的能量损失,换向装置应与制动装置联动,即换向过程中先经制动,然后再接通另一转向。

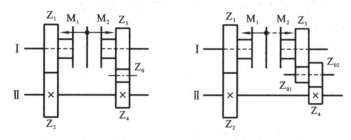

图 2-3 圆柱齿轮-多片摩擦离合器式换向机构

(2)换向装置的安放位置 将换向装置放在传动链前面,因转速较高,传递转矩小,故结构尺寸小。但传动链中需要换向的元件多,换向时的能量损失较大,直接影响机构寿命。此外,因传动链中存在间隙,换向时冲击较大,传动链前面的传动轴容易扭坏。若将换向装置放在传动链后面,即靠近主轴时,能量损失小、换向平稳,但因转速低,结构尺寸加大。因此,对于传动件少、惯量小的传动链,换向装置宜放传动链前面;对于平稳性要求较高,宜放后面。但也应具体分析,若离合器兼起启停、换向两种作用(如 CA6140 型普通车床)时,而且换向过程中又先经制动,能量损失和冲击均减小,经全面考虑,将其放在前面还是适当的。

思考与训练

1. 机床主传动系统设计时应满足的基本要求有哪些?

2. 机床主传动系统一般由哪几部分组成?各部分的作用是什么?

3. 机床主传动系统布局方式可分哪几种?各有什么特点?

4. 机床主传动的变速方式可分哪几类?每类各有哪几种?各自特点是什么?

5. 机床主传动的启停方式可分哪几类？每类各有哪几种？各自特点是什么？

6. 机床主传动的换向方式可分哪几类？各自特点是什么？

项目 2.2　分级变速主传动系统设计

任务 2.2.1　分级变速主传动系统概述

1. 了解分级变速主传动系统设计内容和步骤。
2. 掌握转速图的概念及转速图的设计原理。

任务引入

1. 分级变速主传动系统设计内容和步骤有哪些。
2. 转速图的一点三线具体是什么。
3. 转速图设计应符合哪些规律。

任务分析

了解分级变速主传动系统设计内容和步骤；掌握转速图的概念及转速图的设计原理。

分级变速主传动系统的设计内容和步骤是：在已确定了传动方案和变速方式、主传动系统运动参数和动力参数的基础上，拟定结构式、转速图，合理分配各传动副的传动比，确定齿轮齿数和带轮直径等，绘制主传动的传动系统图。

1. 转速图的概念

转速图是表示主轴各转速的传递路线和转速值，各传动轴的转速数列及转速大小，各传动副的传动比的线图。转速图包括一点三线：一点是转速点，三线是主轴转速线、传动轴线、传动线。

（1）转速点　主轴和各传动轴的转速值用小圆圈或黑点表示，转速图中的转速值是对数值。

（2）主轴转速线　由于主轴的转速数列是等比数列，所以主轴转速线是间距相等的水平线，相邻转速线间距为 $\lg\varphi$。

（3）传动轴线　距离相等的铅垂线。从左到右按传动的先后顺序排列，轴号写在上面。铅垂线之间距离相等是为了图示清楚，不表示传动轴间距离。

（4）传动线　两转速点之间的连线。传动线的倾斜方式代表传动比的大小，传动比大于1，其对数值为正，传动线向上倾斜；传动比小于1，其对数值为负，传动线向下倾斜。倾斜程度表示了升降速度的大小。一个主动转速点引出的传动线的数目，代表该变速组的传动副数；平行的传动线是一条传动线，只是主动转速点不同。

图 2-4 所示的中型车床，主轴转速级数为 12，公比 $\varphi=1.41$，主轴转速 $n=31.5\sim1\,400$ r/min。轴 I 的转速为

$$n_{\mathrm{I}}=1\,440\times\frac{126}{256}\ \text{r/min}\approx710\ \text{r/min}$$

电动机与轴 I 的传动比为

$$i = \frac{126}{256} = \frac{1}{2.03} = \frac{1}{1.41^{2.04}} = \frac{1}{\varphi^{2.04}}$$

电动机轴与轴 I 之间的传动线向下倾斜 2.04 格,使轴 I 的转速正好位于转速线上。轴 I—II 之间的变速组,轴 I 转速点上引出三条传动线,说明该变速组有三个传动副;传动线在轴 II 上相距一格,说明该变速组是等比数列转速,级比为 φ。

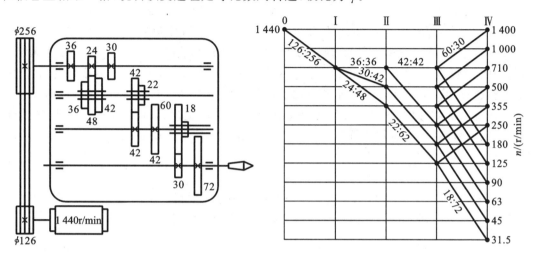

图 2-4　12 级等比转速传动系统图

2. 转速图原理

通常,按照动力传递的顺序(从电动机到执行件的先后顺序),即传动顺序分析车床的转速图。按传动顺序,变速组依次为第一变速组、第二变速组、第三变速组……,分别用 a、b、c……表示。传动副数用 P 表示。变速范围以 r 表示。

第一变速组 a(轴 I—II 之间的变速组), $P_a = 3$,传动比分别是

$$i_{a1} = \frac{24}{48} = \frac{1}{2} = \frac{1}{\varphi^2}$$

$$i_{a2} = \frac{30}{42} = \frac{1}{1.41} = \frac{1}{\varphi}$$

$$i_{a3} = \frac{36}{36} = 1$$

在转速图上,三条传动线分别下降 2 格、下降 1 格、水平。

变速组中,两相邻的转速或两相邻的传动比之比称为级比,级比通常写成公比幂的形式,其幂指数称为级比指数,用 x 表示。

变速组 a 中, $i_{a3} : i_{a2} : i_{a1} = 1 : \dfrac{1}{\varphi} : \dfrac{1}{\varphi^2} = \varphi^2 : \varphi : 1$,级比指数 $x_a = 1$;

变速范围: $r_a = \varphi^{x_a(P_a-1)} = \varphi^2 = 2$

分级变速中,级比或级比指数从小到大的顺序称为扩大顺序。级比等于公比或级比指数等于 1 的变速组称为基本组。基本组的传动副数用 P_0 表示,级比指数用 x_0 表示。在该车床主传动中,第一变速组 a 为基本组, $P_0 = 3$, $x_0 = 1$。其变速范围为

$$r_0 = \varphi^{x_j(P_0-1)} = \varphi^{1 \times (3-1)} = \varphi^2 = 2$$

经基本组的变速，使轴Ⅱ得到 P_0 级等比数列转速。

第二变速组 b（轴Ⅱ—Ⅲ间的变速组），$P_b=2$，传动比分别是

$$i_{b1}=\frac{22}{62}=\frac{1}{2.82}=\frac{1}{1.41^3}$$

$$i_{b2}=\frac{42}{42}=1$$

在转速图上，传动线 i_{b1} 下降三格、i_{b2} 水平。级比为 φ^3，级比指数 $x_b=3$；变速范围 $r_b=\varphi^{x_b(P_b-1)}=\varphi^3=2.82$。在转速图上，轴Ⅱ的 P_0 条等比数列转速线相距 P_0-1 格，在变速组 b 中，传动线 i_{b1} 可作 P_0 条平行线占据 P_0-1 格，传动线 i_{b2} 产生的最低转速点必须与 i_{b1} 产生的最低转速点相距 P_0-1+1 格，才能使轴Ⅲ得到连续而不重复的等比数列转速；即 $x_b=3=P_0$。因此扩大顺序中，级比指数等于基本组传动副数的变速组称为第一扩大组，其传动副数、级比指数、变速范围分别用 P_1、x_1、r_1 表示。在该车床主传动中，$P_1=2$，$x_1=3$，变速范围为

$$r_1=\varphi^{x_1(P_1-1)}=\varphi^{P_0(P_1-1)}=\varphi^{3\times(2-1)}=\varphi^3=2.82$$

经第一扩大组后，车床得到 P_0、P_1 级连续而不重复的等比数列转速。

第三变速组 c（轴Ⅲ—Ⅳ之间的变速组），$P_c=2$，传动比分别是

$$i_{c1}=\frac{18}{72}=\frac{1}{4}=\frac{1}{\varphi^4}$$

$$i_{c2}=\frac{60}{30}=2=\varphi^2$$

在转速图上，传动线 i_{c1} 下降 4 格、i_{c2} 上升 2 格。级比为 φ^6，级比指数 $x_c=6$；变速范围 $r_c=\varphi^{x_c(P_c-1)}=\varphi^6=8$。转速图中，轴Ⅲ的 P_0P_1 个转速点占据 P_0P_1-1 格，变速组 c 中，传动线 i_{c1} 可做 P_0P_1 条平行线占据 P_0P_1-1 格，传动线 i_{c2} 产生的最低转速点必须与 i_{c1} 产生的最低转速点相距 P_0P_1-1+1 格，才能使轴Ⅳ得到连续而不重复的等比数列转速，即 $x_c=P_0P_1=3\times2=6$。因此扩大顺序中，级比指数等于 P_0P_1 的变速组称为第二扩大组。第二扩大组的传动副数、级比指数、变速范围分别用 P_2、x_2、r_2。在该车床的主传动中，第二扩大组的传动副数 $P_2=2$，级比指数 $x_2=x_1P_1=P_0P_1=6$，变速范围为

$$r_2=\varphi^{x_2(P_2-1)}=\varphi^{P_0P_1(P_2-1)}=\varphi^{3\times2(2-1)}=\varphi^6=8$$

经第二扩大组的进一步扩大，使主轴（轴Ⅳ）得到 $Z=3\times2\times2=12$ 级连续等比的转速。总变速范围是

$$R=r_0r_1r_2=\varphi^{P_0-1+P_0(P_1-1)+P_0P_1(P_2-1)}=\varphi^{12-1}=45$$

综上所述，该车床的扩大顺序和传动顺序一致。一个等比数列变速系统中，必须有基本组、第一扩大组、第二扩大组、第三扩大组……

第 j 扩大组的级比指数为 $\qquad x_j=P_0P_1P_2\cdots P_{(j-)}$

第 j 扩大组的变速范围为 $\qquad r_j=\varphi^{x_j(P_j-1)}=\varphi^{P_0P_1P_2\cdots P_{(j-1)}(P_j-1)}$

总变速范围为

$$R=r_0r_1r_2\cdots r_j=\varphi^{P_0P_1P_2\cdots P_j-1}=\varphi^{Z-1}$$

任务 2.2.2　了解结构式和结构网的概念和特点

任务引入

1. 什么是结构式和结构网。

2. 结构式和结构网与转速图有什么关系。

3. 结构式和结构网有哪些特点。

任务分析

了解结构式和结构网的概念、特点，其与转速图的关系。

只表示传动比的相对关系，而不表示传动轴（主轴除外）转速值大小的线图称为结构网。由于不表示转速值，结构网画成对称形式，如图 2-5 所示。从图中可看出各变速组的传动副数和级比指数，以及传动顺序、扩大顺序、传动路线。对照图 2-4 可知，结构网是传动轴上各转速数列下移至与主轴转速数列对称位置而形成的，因而其保持传动路线不变。

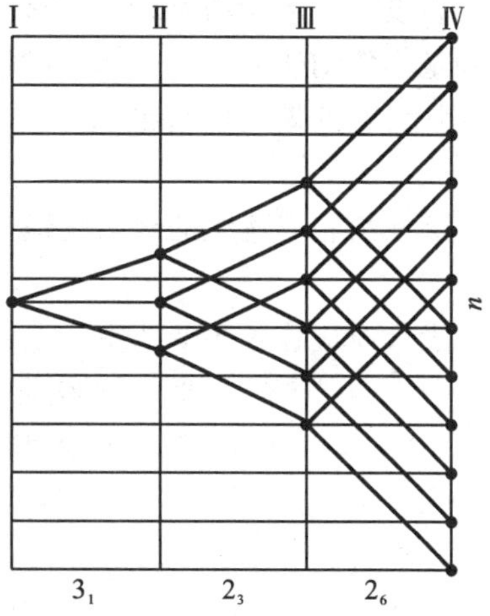

各变速组的传动副数的乘积等于主轴转速级数 Z，将这一关系按传动顺序写出数学式，级比指数写在该变速组传动副数的右下角，就形成结构式。图 2-5 所示的结构网相应的结构式为

$$12 = 3_1 \times 2_3 \times 2_6$$

式中：12——主轴转速级数；

　　3、2、2——第一、二、三变速组的传动副数；

　　下标 1、3、6——第一、二、三变速组的级比指数。

图 2-5　12 级等比传动系统结构网

上述结构式中，有三个变速组。第一变速组的级比指数为 1，是基本组；第二变速组的级比指数等于基本组的传动副数，是第一扩大组；第三变速组的级比指数等于基本组与第一扩大组传动副数的乘积，是第二扩大组。该关系称为级比规律。

思考与训练

1. 何谓转速图中的一点三线？机床的转速图表示什么？

2. 结构式与结构网表示机床的什么内容？

3. 在等比传动系统中，总变速范围与各变速组的变速范围有什么关系？与主轴的转速级数有什么关系？

4. 等比传动系统中，各变速组的级比指数有何规律？

5. 某机床公比 $\varphi = 1.26$，转速级数 $Z = 18$，拟定结构式，画出结构网，并说出拟定结构式的依据。

6. 结构式是转速图的数学表达式，它是否具有乘法的交换率和分配率？为什么？

任务 2.2.3　掌握拟定转速图的一般原则

任务引入

如何进行转速图设计,遵循的一般原则有哪些。

任务分析

掌握拟定转速图的一般原则,能进行转速图设计。

拟定机床主传动系统转速图是机床主传动系统设计的重要环节,一般情况下,应遵循如下原则。

1. 极限传动比、极限变速范围原则

在设计机床传动时,为防止传动比过小而导致从动齿轮太大,增加变速箱的尺寸,一般限制最小传动比为 $i_{min} \geqslant 1/4$;为减少振动,提高传动精度,直齿轮的最大传动比 $i_{max} \leqslant 2$,斜齿圆柱齿轮的最大传动比 $i_{max} \leqslant 2.5$;直齿轮变速组的极限变速范围为

$$r = 2 \times 4 = 8$$

斜齿圆柱齿轮变速组的极限变速范围为

$$r = 2.5 \times 4 = 10$$

设计时应检查各变速组的变速范围是否超过上述限制。由于变速组的变速范围为 $r_j = \varphi^{P_0 P_1 P_2 \cdots P_{(j-1)}(P_j-1)}$,$j$ 越大,变速范围越大。所以,一般只检查最后扩大组。如:结构式 $12 = 3_2 \times 2_5 \times 2_6$,$\varphi = 1.41$,第二扩大组 2_6 为最后扩大组。

$$r_2 = \varphi^{x_2(P_2-1)} = \varphi^{6 \times (2-1)} = \varphi^6 = 8(未超限制)$$

再如:$18 = 3_1 \times 3_6 \times 2_3$,$\varphi = 1.26$,第一变速组的级比指数为 1,是基本组,$P_0 = 3$;第三变速组级比指数为 3,是第一扩大组,$P_1 = 2$;第二变速组级比指数为 $x_b = 6 = P_0 P_1$,是第二扩大组,其变速范围为

$$r_2 = \varphi^{x_2(P_2-1)} = \varphi^{6 \times (3-1)} = \varphi^{12} = 2^4 = 16 > 8 \quad (超出限制)$$

2. 确定传动顺序及传动副数的原则

实现某一等比数列转速,可有不同的变速组组合方案。以上述机床为例,机床类型为中型车床,$Z = 12$,$\varphi = 1.41$,$n_{min} = 31.5$ r/min,电动机功率为 7.5 kW,额定转速 $n_e = 1\,440$ r/min。变速组和传动副数的组合可有以下方案。

①$12 = 3 \times 2 \times 2$

②$12 = 2 \times 3 \times 2$

③$12 = 2 \times 2 \times 3$

④$12 = 4 \times 3$

⑤$12 = 3 \times 4$

⑥$12 = 6 \times 2$

⑦$12 = 2 \times 6$

首先直接比较方案的优劣。方案④、方案⑤和方案⑥、方案⑦皆有两个变速组,最少传动轴数为 3 根;当最少传动轴为 3 根时,方案⑥、方案⑦有 8 对齿轮副,比方案④、方案⑤多一对齿轮,致使Ⅱ轴的长度大于方案④、方案⑤,故方案⑥、方案⑦劣于方案④、方案⑤。方

案①、方案②、方案③传动系统各有 3 个变速组，最少传动轴数为 4 根，最少传动轴时有 7 对齿轮，与方案④、方案⑤相同，轴的数量比方案④、方案⑤多一根，但轴向尺寸短。直接比较不能判断方案优劣。从极限传动比、极限变速范围考虑，方案④、方案⑤中，若传动副数为 4 的变速组是扩大组，则

$$r_1 = \varphi^{x_1(P_1-1)} = \varphi^{3\times(4-1)} = \varphi^9 = 2^4 = 22.6 \gg 8 （超出限制）$$

若传动副数为 3 的变速组是扩大组，则 $r_1 = \varphi^{x_1(P_1-1)} = \varphi^{4\times(3-1)} = \varphi^8 = 16 > 8$，也超出限制，故应采用方案①、方案②、方案③。

　　进一步分析方案①、方案②、方案③，由于该车床的最高转速低于电动机的额定转速，所以该车床的主传动系统为降速传动。传动件越靠近电动机，其转速就越高，在电动机功率一定的情况下，所需传递的转矩就越小，传动件和传动轴的几何尺寸就越小。因此，从传动顺序来讲，应尽量使前面的传动件多一些。总之应采用三联或双联滑移齿轮变速组，且三联滑移齿轮变速组在前，即前多后少的原则（简称"2、3"原则和"前多后少"原则）。数学表达式为

$$3 \geqslant P_a \geqslant P_b \geqslant P_c \geqslant \cdots$$

因此应选方案①。

　　3. 确定扩大顺序原则

　　在 $12 = 3 \times 2 \times 2$ 方案中，还有几种扩大方案如下。

　　① $12 = 3_1 \times 2_3 \times 2_6$

　　② $12 = 3_1 \times 2_6 \times 2_3$

　　③ $12 = 3_2 \times 2_1 \times 2_6$

　　④ $12 = 3_4 \times 2_1 \times 2_2$

　　⑤ $12 = 3_2 \times 2_6 \times 2_1$

　　⑥ $12 = 3_4 \times 2_2 \times 2_1$

　　首先，扩大方案①、方案②、方案③、方案⑤的极限变速范围为

$$r_2 = \varphi^{x_2(P_2-1)} = \varphi^{6\times(2-1)} = \varphi^6 = 8$$

扩大方案④、方案⑥的极限变速范围为

$$r_2 = \varphi^{x_2(P_2-1)} = \varphi^{4\times(3-1)} = \varphi^8 = 16 > 8 （超出限制）$$

因此扩大方案④、方案⑥不宜采用。

　　变速组 j 的变速范围是 $r_j = \varphi^{x_j(P_j-1)}$。在公比一定的情况下，级比指数和传动副数是影响变速范围的关键因素。只有控制 $x_j(P_j-1)$ 的大小，才能使变速组的变速范围不超过允许值。传动副数多时，级比指数应小一些。考虑到传动顺序中有前多后少的原则，扩大顺序应采用前小后大的原则。为与传动顺序区别，这里称为前密后疏，即变速组中，级比指数小，传动线密；级比指数大，传动线疏（简称"传动顺序与扩大顺序一致"原则）。数学表达式为

$$x_a < x_b < x_c < \cdots$$

因此应选择扩大方案①。

　　4. 确定最小传动比的原则

　　为使更多的传动件在相对高速下工作，减少变速箱的结构尺寸，除在传动顺序上前多后

少,扩大顺序上前密后疏外,最小传动比应采取前缓后急的原则,也称为递降(或称"前慢后快")原则,即在传动顺序上,越靠前最小传动比越大,越靠后最小传动比越小,最后变速组的最小传动比常取 $1/4$。数学表达式为

$$i_{a\min} \geqslant i_{b\min} \geqslant i_{c\min} \geqslant \cdots \geqslant 1/4$$

由于制造安装等原因,传动件工作中有转角误差。传动件在传递转矩和运动的同时,也将其自身的转角误差按传动比的大小放大或缩小,依次向后传递,最终反映到执行件上。如果最后变速组的传动比小于 1,就会将前面各传动件传递来的转角误差缩小,传动比越小,传递来的误差缩小倍数就越大,从而提高传动链的精度。因此采用先缓后急的最小传动比原则,有利于提高传动链末端执行件的旋转精度。

另外,传动比不能超过极限传动比的限制;为计算和绘制转速图方便,各变速组的最小传动比应尽量为公比的整数次幂。

一般情况下,拟定转速图时应遵循上述原则。但具体情况还要灵活运用,如采用双速电动机驱动时,电动机的级比为 2,但一般机床主传动的公比不会为 2,所以电动机不可能是基本组,只能为第一扩大组,传动顺序和扩大顺序不一致。再如 CA6140 型卧式车床中,轴Ⅰ上安装有双向摩擦离合器,占据一定轴向长度,为使轴Ⅰ不致过长,第一变速组为双联滑移齿轮变速组,第二变速组为三联滑移齿轮变速组,传动顺序上传动副数不是前多后少;轴Ⅰ上的双向摩擦离合器径向尺寸较大,为了使第一变速组齿轮的中心距不致过大,第一变速组采用升速传动。

转速图的设计方法是:根据转速图的拟定原则,确定结构式和结构网,确定是否需要有定比传动,若需要定比传动,首先确定定比传动比的大小,应尽量保证轴Ⅰ为主轴转速线上的一个转速点;然后分配各传动组的传动比,并确定其他中间轴的转速。下面以具体实例进行说明。

例 2-1 拟定中型车床,$Z=12$,$\varphi=1.41$,$n_e=1\,440$ r/min,$n_{\min}=31.5$ r/min 的转速图。

解 查标准数列表(见附录表 1),得主轴的转速数列如下。

$$31.5,45,63,90,125,180,250,355,500,710,1\,000,1\,400$$

确定轴Ⅰ的转速值为 710 r/min,则定比传动的传动比为

$$i_0 = \frac{710}{1\,440} = \frac{1}{2.03}$$

确定各变速组的最小传动比:从转速点 710 r/min 到 31.5 r/min 共有 9 格,3 个变速组的最小传动线平均下降 3 格,按照前缓后急的原则,第二变速组最小传动线下降 3 格,第一变速组最小传动线下降 $3-1=2$ 格,第三变速组最小传动线下降 $3+1=4$ 格。

转速图绘制步骤如下。

步骤 1 画出转速线、传动轴线,标出转速点、标注转速值,在传动轴上方注明传动轴号,电动机轴用 0 标注。

步骤 2 在传动轴线Ⅰ上用圆圈标出转速点 710 r/min,计算电动机额定转速点在传动轴线 0 上的位置,$-\lg 2.03/\lg 1.41 = -2.04$,电动机转速在转速点 710 r/min 以上 2.04 格,用小圆圈标注,并在旁注明其转速值,两小圆圈之间的连线就是定比传动线。

步骤 3 画出各变速组最小传动线。

步骤4 画出基本组其他传动线,3条传动线在轴Ⅱ上相距1格;画出第一扩大组第2条传动线,两传动线在轴Ⅲ上相距3格;作第二扩大组第2条传动线,与第1条传动线相距6格。

步骤5 在各传动线上标出传动比或齿数比(直径比)的大小,如图2-6所示。

步骤6 作扩大组传动线的平行线,就可得到图2-7所示的转速图。

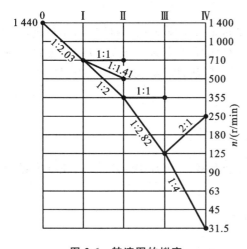

图2-6 转速图的拟定

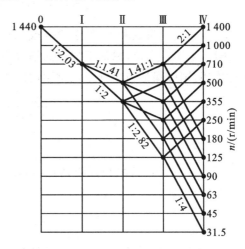

图2-7 12级等比转速转速图

若该车床与CA6140型普通车床一样在轴Ⅰ上安装双向摩擦离合器,可采取的方案可表示为

$$12 = 2_1 \times 3_2 \times 2_6$$

双向摩擦离合器从轴Ⅰ两端组装,致使轴Ⅰ组件必须整体装入变速箱;离合器的摩擦片压力应根据需求适时调节,因而轴Ⅰ必须在轴Ⅱ上面,轴Ⅱ装配后才能装入轴Ⅰ组件;摩擦离合器直径较大,为保证装配关系,轴Ⅰ上的最小齿轮的分度圆应比离合器大两个模数,为使第一变速组轴距不致太大,第一变速组从动齿轮应小些,转速图如图2-7所示。

思考与训练

1. 拟定转速图的原则有哪些?

2. 机床转速图中,为什么要有传动比限制,各变速组的变速范围是否一定在限定的范围内,为什么?

3. 机床传动系统为什么要前多后少,前密后疏,前缓后急?

任务2.2.4 掌握分级变速主传动系统齿轮齿数的确定原则与方法

任务引入

分级变速主传动系统齿轮齿数的确定原则与方法有哪些。

任务分析

掌握分级变速主传动系统齿轮齿数的确定原则与方法。

1. 齿轮齿数的确定原则

在保证输出转速准确的前提下,尽量减少齿轮齿数,使齿轮结构尺寸紧凑。一般情况下,要求:

①实际转速 n' 与标准转速 n 的相对转速误差 δ_n 为

$$\delta_n = \frac{n-n'}{n} = 1 - \frac{n'}{n} < \pm(\varphi-1) \times 10\%$$

②齿轮副的齿数和 S_z 低于 100 或 120。受啮合重合度的限制,直齿圆柱齿轮最少齿数 $z_{min} \geqslant 17$;采用正变位,保证不根切的情况下,直齿圆柱齿轮最少齿数 $z_{min} \geqslant 14$;若齿轮和轴为键连接,则应保证齿根圆至键槽顶面的距离大于两个模数,以满足其强度要求,即

$$\frac{z_{min}m - 2.5m}{2} - T \geqslant 2m$$

得

$$z_{min} \geqslant \frac{2T}{m} + 6.5$$

式中:T——齿轮的键槽顶面距轴孔中心的距离。如果齿轮和轴为花键连接,内花键大径为 D_j,则最少齿数为

$$z_{min} \geqslant \frac{D_j}{m} + 6.5$$

③满足结构安装要求,相邻轴承孔的壁厚不小于 3 mm。

④当变速组内各齿轮副的齿数和不相等时,齿数和的差不能大于 3。

2. 变速组内模数相同时齿轮齿数的确定方法

在同一个变速组内,各齿轮副的模数相同时,齿轮齿数的确定方法有查表法和计算法两种,其中计算法分为直接计算法、最小公倍数法、计算器法等。现只介绍最小公倍数法。

在一个变速组中,主动齿轮的齿数用 z_j 表示,从动齿轮的齿数用 z'_j 表示,$z_j + z'_j = S_{zj}$,则传动比 i_j 为

$$i_j = \frac{z_j}{z'_j} = \frac{a_j}{b_j}$$

式中,a_j、b_j——互质数。

设

$$a_j + b_j = S_{0j}$$

$$z_j = a_j \frac{S_{zj}}{S_{0j}}$$

$$Z'_j = b_j \frac{S_{zj}}{S_{0j}}$$

由于 z_j 是整数,S_{zj} 必定能被 S_{0j} 所整除;如果各传动副的齿数和皆为 S_z,则 S_z 能被 S_{01}、S_{02}、S_{03} 所整除,换言之,S_z 是 S_{01}、S_{02}、S_{03} 的公倍数。所以确定齿轮齿数时,应在允许的误差范围内,确定合理的 a_j、b_j,进而求得 S_{01}、S_{01}、S_{03},并尽量使 S_{01}、S_{02}、S_{03} 的最小公倍数为最小,最小公倍数用 S_0 表示,则 S_z 必定为 S_0 的整数倍。设 $S_z = kS_0$,k 为整数系数,然后根据最小传动比或最大传动比中的小齿轮确定 k 值,确定各齿轮的齿数。

3. 变速组内模数不同时齿轮齿数的确定方法

在最后变速组中,两传动副可采用不同的齿轮模数。大模数齿轮抗弯能力强,传递转矩大,用于低速传动中;高速则采用小模数多齿数齿轮,增加啮合重合度,提高运动的平稳性,并减少齿轮振动和噪声值。模数不同时,齿轮齿数的确定方法有查表法和计算法两种,现只介绍计算法。

低速传动的齿轮副齿数和、模数、传动比、主动齿轮齿数分别用 S_{z1}、m_1、i_1、z_1 表示,高速传动的齿轮副齿数和、模数、传动比、主动齿轮齿数分别用 S_{z2}、m_2、i_2、z_2 表示。由于两传动副的中心距相等,所以

$$S_{z1}m_1 = S_{z2}m_2, \frac{S_{z1}}{S_{z2}} = \frac{m_2}{m_1} = \frac{e_2}{e_1}(e_1,e_2 \text{ 为互质数})$$

$$z_1 = a_1\frac{S_{z1}}{S_{01}} = a_1\frac{S_0 k}{S_{01}}$$

$$z_2 = a_2\frac{S_{z2}}{S_{02}} = a_2 e_1\frac{S_{z1}}{S_{02}e_2} = a_2 e_1\frac{S_0 k}{S_{02}e_2}$$

由上式可知,S_{z1} 是 S_{01}、S_{02}、e_2 的最小公倍数,因而,确定最后变速组齿轮齿数的步骤是:选择 m_1、m_2,计算出 e_1、e_2;由 S_{01}、S_{02}、e_2 算出其最小公倍数 S_0,则 $S_{z1} = S_0 k$;然后,确定变速组中最少齿数齿轮 z_1,使 $z_1 \geqslant 17$,求出 k 值;最后确定其他齿轮齿数。

例 2-2 图 2-4 所示为车床的基本组,$i_{a_1} = \varphi^{-2}$,$i_{a_2} = \varphi^{-1}$,$i_{a_3} = 1$,$\varphi = 1.41$,试确定基本组各齿轮的齿数。

解 $i_{a_1} = \varphi^{-2} = \frac{1}{2}$,$S_{01} = 3$,$i_{a_2} = \varphi^{-1} = \frac{5}{7}$,$S_{02} = 12$,$i_{a_3} = 1 = \frac{1}{1}$,$S_{03} = 2$,$S_{01}$、$S_{02}$、$S_{03}$ 的最小公倍数为 12,即 $S_0 = 12$,则 $S_z = 12k$。最少齿轮齿数发生在 i_{a_1} 中,$z_{a_1} = \frac{12k}{3} = 4k \geqslant 17$,$k \geqslant 5$,取 $k = 6$,$z_{a_1} = 24$;$z_{a_2} = \frac{12k}{12} \times 5 = 5k = 30$;$z_{a_3} = \frac{12k}{2} = 6k = 36$;$S_z = 12k = 72$;$z'_{a_1} = 72 - 24 = 48$,$z'_{a_2} = 72 - 30 = 42$,$z'_{a_3} = 36$。

例 2-3 图 2-8 所示为某型铣床的转速图,试确定该铣床基本组各齿轮齿数。

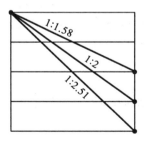

图 2-8 某型铣床的转速图

解 由于 $i_{a_2} = \frac{1}{2}$,$S_{02} = 3$,要使 S_{01}、S_{02}、S_{03} 的最小公倍数为最小,须使 S_{01}、S_{03} 为 3 的倍数。在转速误差允许的范围内,最大传动比为 $i_{a_3} = \frac{1}{1.58} \approx \frac{5}{8} \approx \frac{7}{11} \approx \frac{8}{13}$,取 $i_{a_3} = \frac{7}{11}$,$S_{03} = 18$;$i_{a_1} = \frac{1}{2.51} \approx \frac{2}{5} \approx \frac{7}{18}$,$S_{01}$ 没有 3 的倍数值,只好采用变位齿轮,减少(或增加)S_{z1},但 i_{a_1} 是

最小传动比,最少齿数齿轮为 z_{a_1},必须按 $S_{01}=18$ 确定 S_z。因而选择

$$i_{a_1} = \frac{1}{2.51} \approx \frac{2}{5} \approx \frac{5.142\ 857}{12.857\ 143}$$

则 $S_0=18, S_z=18k$。

$$z_{a_1} = 5.142\ 857 \times \frac{18k}{18} = 5.142\ 857k, \quad k=4, \quad z_{a_1} > 17$$

有
$$z_{a_2} = \frac{18k}{3} = 6k = 24, \quad z_{a_3} = 7 \times \frac{18k}{18} = 7k = 28$$

$$S_z = 18 \times 4 = 72$$

$$z'_{a_2} = 72 - 24 = 48, \quad z'_{a_3} = 72 - 28 = 34$$

由确定齿轮齿数的原则可知,$69 \leqslant S_{z1}=7k \leqslant 75$,取 $k_1=10$,则 $S_{z1}=70$。

于是有
$$z_{a_1} = 2 \times \frac{70}{7} = 20, \quad z'_{a_1} = 70 - 20 = 50$$

齿轮 z_{a_1}、z_{a_2} 采用正变位齿轮,总变位系数为1。

例 2-4 某车床的最后变速组分别为:$i_1 = \frac{1}{4}, i_2 = 2$,确定两齿轮副的齿数。

解 $S_{01}=5, S_{02}=3$;选择 $m_1=4, m_2=3$,则 $S_0=15, S_{z1}=15k$;

$$z_1 = \frac{15k}{5} = \frac{15 \times 6}{5} = 18, S_{z1} = 15 \times 6 = 90, z'_1 = 90 - 18 = 72$$

$$z_2 = 2 \times 4 \times \frac{15 \times 6}{3 \times 3} = 80, S_{z2} = \frac{15 \times 6 \times 4}{3} = 120, z'_2 = 120 - 80 = 40$$

思考与训练

1. 某机床公比 $\varphi=1.26$,主轴转速级数 $Z=16$,$n_1=40$ r/min,$n_{max}=2\ 000$ r/min,试拟定出结构式,画出结构网;若电动机功率 $P=4$ kW,转速 $n_e=1\ 440$ r/min,确定齿轮齿数,画出转速图。

2. 某机床的主轴转速为 $n=40 \sim 1\ 800$ r/min,公比 $\varphi=1.41$,电动机转速 $n_e=1\ 440$ r/min,试拟定结构式、转速图;确定齿轮齿数、带轮直径比,验算转速误差;画出传动系统图。

3. 某机床的主轴转速为 $n=100 \sim 1\ 120$ r/min,转速级数 $Z=8$,电动机转速 $n_e=1\ 440$ r/min。试拟定结构式、画出转速图和传动系统图。

任务 2.2.5 掌握分级变速主传动系统的几种特殊设计方法

任务引入

除常规设计方法外,分级变速主传动系统特殊设计方法有哪些。

任务分析

掌握分级变速主传动系统的几种特殊设计方法。

前面介绍了主变速传动系的常规设计方法。在实际应用中,有时还要根据不同的需要,采用非常规的特殊设计。

1. 具有转速重合及空转速的传动系统

为改善最后扩大组的性能,可采取减少其变速范围的方法,由此容易造成转速重合现象;为扩大系统的变速范围,又不想增加转速级数,可采取空转速的传动系统。

综上可知,等比传动系统只要符合级比规律,就能获得连续等比的转速。若某变速组的实际级比指数小于级比规律要求的理论值,则会产生转速重合;如果该变速组为双速变速组,则实际级比指数与理论值的差就是重复转速的级数,且重合转速发生在主轴转速数列的中间位置,如图 2-9 所示。如果产生重合转速的变速组为三速变速组,重合转速级数为级比指数差的两倍。

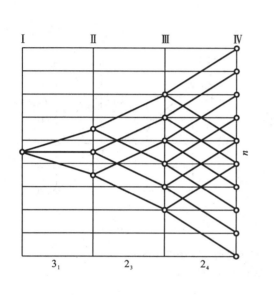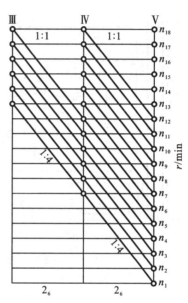

图 2-9 10 级等比转速结构网及 CA6140 低速分支转速图

若某变速组的级比指数大于级比规律要求的理论值,则会产生空转速;如果该变速组为双速变速组(基本组例外),则级比指数与理论值的差就是重复转速的级数,且空转速发生在主轴转速数列的中间位置;空转速若产生于两个传动副的基本组,则将形成对称双公比(或称为混合公比)传动系统;空转速均匀插入主轴转速数列的两端,形成高低转速端的大公比,显然大公比为小公比的平方。

以主轴转速数列高低端各有两级大公比的 12 级转速传动系统为例证明:

$$1,\varphi^2,\varphi^4,\varphi^5,\cdots,\varphi^{11},\varphi^{13},\varphi^{15}=\begin{bmatrix}1\\\varphi^5\end{bmatrix}\begin{Bmatrix}1\\\varphi^2\\\varphi^4\end{Bmatrix}\begin{Bmatrix}1\\\varphi^6\end{Bmatrix}$$

该传动系统结构式为 $12=3_2\times2_5\times2_6$,2_3、2_6 变速组符合级比规律分别为第一扩大组、第二扩大组;2_5 变速组肯定为基本组,级比指数增加了 4,主轴转速数列高低端各出现两级空转速。

2. 具有交换齿轮的传动系统

对于成批生产用的机床,例如自动或半自动车床,专用机床,齿轮加工机床等,加工中一般不需要变速或仅在较小范围内变速;但换一批工件加工,有可能需要变换成别的转速或在一定的转速范围内进行加工。为简化结构,常采用交换齿轮变速方式,或将交换齿轮与其他变速方式(如滑移齿轮、多速电动机等)组合应用。交换齿轮用于每批工件加工前的变速调整,其他变速方式则用于加工中变速。

为了减少交换齿轮的数量,相啮合的两齿轮可互换位置安装,即互为主、从动齿轮。反映在转速图上,交换齿轮的变速组应设计成对称分布的。如图 2-10 所示的液压多刀半自动车床主变速传动系统,在Ⅰ-Ⅱ轴间采用了交换齿轮,Ⅱ-Ⅲ轴间采用双联滑移齿轮。一对交换齿轮互换位置安装,在Ⅱ轴上可得到两级转速,在转速图上是对称分布的。

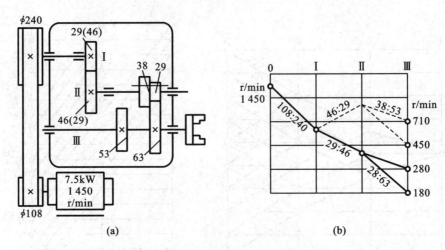

图 2-10　具有交换齿轮的主变速传动系统

(a)传动系统图　(b)转速图

交换齿轮变速可以用少量齿轮,得到多级转速,不需要操纵机构,变速箱结构大大简化。缺点是更换交换齿轮较费时费力;如果装在变速箱外,润滑密封较困难,如装在变速箱内,则更换麻烦。

3. 采用公用齿轮的变速传动系统

在变速传动系统中,既是前一变速组的从动齿轮,又是后一变速组的主动齿轮称为公用齿轮。采用公用齿轮可以减少齿轮的数目,简化结构,缩短轴向尺寸。按相邻变速组内公用齿轮的数目,常用的有单公用和双公用齿轮。

采用公用齿轮时,两个变速组的模数必须相同。因为公用齿轮轮齿受的弯曲应力属于对称循环,弯曲疲劳许用应力比非公用齿轮要低,因此应尽可能选择变速组内较大的齿轮作为公用齿轮。

在图 2-11 所示的铣床主变速传动系统图中采用双公用齿轮传动,图中画斜线的齿轮 z_2 = 23 和 z_5 = 35 为公用齿轮。

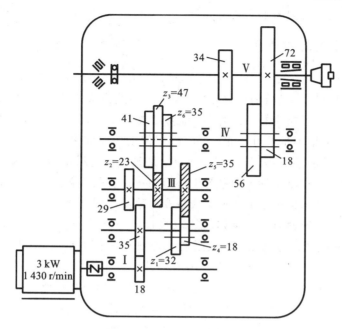

图 2-11 铣床主变速传动系统图

思考与训练

主变速传动系统有哪几种常见的特殊设计？各自的特点和应用有哪些？

项目 2.3 扩大变速范围的主传动系统设计

任务 2.3.1 掌握扩大变速范围的主传动系统设计方法

任务引入

1. 为什么要扩大主传动系统的变速范围，一般有哪几种方法？

2. 扩大变速范围的主传动系统如何设计。

任务分析

掌握扩大主传动系统变速范围的原因和设计方法。

根据前多后少的传动顺序原则，最后扩大组一定是双速变速组。若最后扩大组的变速范围为极限值 8，则公比为 1.41 的传动系统，级比指数为 6，其结构式为 $12 = 3_1 \times 2_3 \times 2_6$，总变速范围是 $R = \varphi^{z-1} = \varphi^{11} = 45$；对于公比为 1.26 的传动系统，最后扩大组的级比指数为 9，其结构式为 $18 = 3_1 \times 3_3 \times 2_9$，总变速范围是 $R = \varphi^{z-1} = \varphi^{17} = 50$。一般来说，这样的变速范围不能满足普通机床的要求，如车床 CA6140 的主轴最低转速为 10 r/min，最高转速为 1 400 r/min，变速范围 $R = 140$；数控铣床 XK5040-1 的主轴最低转速为 12 r/min，最高转速为 1 500 r/min，变速范围 $R = 125$；摇臂钻床 Z3040 的变速范围是 80。因此，必须扩大传动系统的变速范围,满足机床的工艺需求。

一、增加变速组的传动系统

由变速范围 $R=\varphi^{Z-1}=\varphi^{P_0P_1P_2\cdots P_j-1}$ 可知,增加公比、增加某一变速组中传动副数和增加变速组可扩大变速范围。但增加公比,会导致相对转速损失率增大,影响机床的劳动生产率,且各类机床已规定了相应的公比大小。机床类型一定时,公比大小是固定的,因此,通过增大公比来扩大变速范围是不可行的;同样,根据传动顺序前多后少的原则,为便于操作控制,变速组内传动副数一般不大于 3,因而通过增加某一变速组中传动副数的方法来扩大变速范围也是不可行的;在原有的传动系统中再增加一个双联齿轮变速组,可增大主轴转速级数,从而扩大变速范围。但由于受变速组极限变速范围的限制,增加的变速组级比指数往往小于理论值,导致部分转速重复。例如:公比 $\varphi=1.41$,其结构式为 $12=3_1\times2_3\times2_6$,第二扩大组的级比指数为 6,变速范围已达到极限值 8;增加第三扩大组后,级比指数理论值为 12,则其变速范围为 $r_3=\varphi^{12\times(2-1)}=\varphi^{12}=64\gg8$,必须减小级比指数,使变速范围不大于极限值,即 $r_3=\varphi^{x_3(2-1)}=\varphi^{x_3}\leqslant8=\varphi^6$,$x_3=6$ 比理论值小 6。增加第三扩大组后,主轴转速级数理论值为 24 级,实际只获得 $24-6=18$ 级,主轴转速重复 6 级,总变速范围为

$$R_{n+1}=(r_0r_1r_2)r_3=\varphi^{12-1}\times\varphi^{6(2-1)}=45\times8=360$$

将变速范围扩大 8 倍,主轴转速级数增加 6 级。若再增加第四扩大组,则变速范围将再扩大 8 倍,主轴转速级数再增加 6 级。再如:公比 $\varphi=1.26$,其结构式为 $18=3_1\times3_3\times2_9$,第二扩大组的级比指数为 9,变速范围已达到极限值 8;增加第三扩大组后,级比指数应为 18,受极限变速范围限制,$x_3=9$ 比理论值小 9,主轴转速级数理论值是 36 级,实际 27 级,重复转速 9 级。增加扩大组后,结构式为 $27=3_1\times3_3\times2_9\times2_9$,总变速范围是

$$R_{n+1}=(r_0r_1r_2)r_3=\varphi^{18-1}\times\varphi^{9(2-1)}\approx50\times8=400$$

同样将变速范围扩大 8 倍,主轴转速级数增加 9 级。若再增加第四扩大组,则变速范围将再扩大 8 倍,主轴转速级数再增加 9 级。

二、采用单回曲机构的传动系统

单回曲机构又称为背轮机构,传动原理如图 2-12 所示。图中轴 I 是输出轴,Z_1、Z_4 空套于轴 I 上,M 是双向离合器,与轴 I 花键配合。M 向右滑移与 Z_4 结合,运动和转矩经 Z_1、Z_2、Z_3、Z_4 传动,传动比 $i_1=\dfrac{z_1}{z_2}\times\dfrac{z_3}{z_4}$。若两传动比皆为最小极限 $1/4$,则 $i_1=\dfrac{1}{4}\times\dfrac{1}{4}=\dfrac{1}{16}$。M 向左滑移与 Z_1 结合,轴 I 的运动不经过 Z_1、Z_2、Z_3、Z_4 传动,而直接由轴 I 输出,所以称为单回曲机构,此时,$i_2=1$。单回曲机构的极限变速范围是 $r'=\dfrac{i_2}{i_1}=16$,扩大了变速范围。

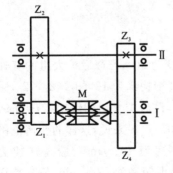

图 2-12 单回曲机构

当公比 $\varphi=1.41$ 时,采用单回曲机构的结构式为 $16=2_1\times2_2\times2_4\times2_8$,变速范围为 $R=\varphi^{16-1}\approx180$,为常规传动的

4 倍。

当公比 $\varphi=1.26$ 时,采用单回曲机构的结构式为 $24=3_1\times2_3\times2_6\times2_{12}$,变速范围为 $R=\varphi^{24-1}\approx203$,也是常规传动的 4 倍。

若增加的变速组为单回曲机构,则结构式为 $30=3_1\times3_3\times2_9\times2_{12}$,变速范围可扩大 16 倍。

回曲部分变速的背轮机构称为分支传动机构,其变速范围与单回曲机构相同,在此不再赘述。

三、采用对称双公比传动系统

在机床主轴的转速数列中,每级转速的使用概率是不相等的。使用最频繁、使用时间最长的往往是转速数列的中段,转速数列中较高或较低的几级转速是为特殊工艺设计的,使用概率较小。如果保持常用的主轴转速数列中段的公比 φ 不变,增大不常用的转速公比,就可在不增加主轴转速级数的前提下扩大变速范围。为了设计和使用方便,大公比是小公比的平方,高速端大公比转速级数与低速端大公比转速级数相等。在转速图上形成上下两端为大公比,且大公比转速级数上下对称,因此混合公比传动系统又称为对称双公比传动系统。对称双公比传动系统常用的公比为

$$\varphi=1.26$$

1. 基本组传动副数 $P_0=2$ 的对称双公比传动系统

基本组传动副数 $P_0=2$ 的传动链,主轴的转速数列为:n_1 $n_1\varphi$ $n_1\varphi^2k$ $n_1\varphi^{2(y-1)}$。由等比传动原理可知:转速数列 $n_1\varphi^{2(y-1)}$(y 为自然数)是由基本组的最小传动比 i_{01} 产生的,转速数列 $n_1\varphi^{2y-1}$ 是由基本组的最大传动比 i_{02} 产生的,级比为 φ^2。如果将转速 $n_1\varphi^{2y-1}$ 乘以 φ,即 i_{02} 乘以 φ,i_{02} 产生的转速数列变成 $n_1\varphi^{2y}$;$n_1\varphi^{2(y-1)}$ 除以 φ,即 i_{01} 除以 φ,i_{01} 产生的转速数列变成 $n_1\varphi^{2y-3}$。由于 y 为自然数,$2y$ 为偶数,$2y-3$ 为奇数,没有重复转速。由于 $n_1\varphi^{2y-2}>n_1\varphi^{2y-3}$,高速端出现一级大公比转速;由于 $n_1\varphi^{2y}>n_1\varphi^{2y-1}$,低速端也出现一级大公比转速。同样,转速数列 $n_1\varphi^{2y-1}$ 乘以 φ^2、φ^3,$n_1\varphi^{2(y-1)}$ 除以 φ^2、φ^3,该转速数列的高、低速两端各出现二、三级大公比转速,如图 2-13 所示。$P_0=2$ 的 12 级转速对称双公比传动链结构网和转速图如图 2-14 所示。对称双公比传动链的基本组为变形基本组,级比指数为 $x'+1$,图 2-14 所示的结构网和转速图的基本组,级比指数 $x'+1=7$。

$P_0=2$ 的对称双公比传动链的设计原则如下。

(1)基本组的传动副数 $P_0=2$,级比指数为 $x'+1$。x' 为高低速端大公比转速级数的总和。

(2)大公比转速级数必须是偶数。由于变形基本组的变速范围 $r_0\leqslant1.26^9=8$,所以 $x'\leqslant8$。若变形基本组是单回曲机构,则 $r_0\leqslant1.26^{12}=16$,$x'\leqslant10$。

2. 基本组传动副数 $P_0=3$ 的对称双公比传动系统

基本组传动副数 $P_0=3$ 的传动系统,主轴转速数列的因子数列 $n_1\varphi^{3(y-1)}$(y 为自然数)是由 i_{01} 产生的,因子数列 $n_1\varphi^{3y-2}$ 是由 i_{02} 产生的,$n_1\varphi^{3y-1}$ 是由 i_{03} 产生的,级比为 φ^3。如果将 i_{03} 产生的转速数列乘以公比 φ,则 $n_1\varphi^{3y-1}\times\varphi=n_1\varphi^{3y}$;将 i_{01} 产生的转速数列除以 φ,则

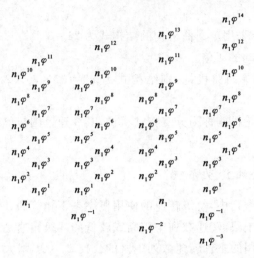

图 2-13　对称双公比传动链原理图(一)

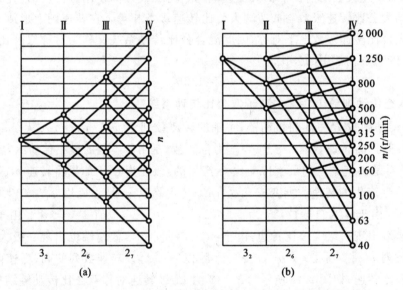

图 2-14　$P_0 = 2$ 的 12 级转速对称双公比传动链结构网和转速图

(a)结构网　(b)转速图

$n_1\varphi^{3(y-1)}/\varphi = n_1\varphi^{3y-4}$，基本组的级比指数为 2，则高低速两端各有一级大公比转速 $(n_1\varphi^{3y}/(n_1\varphi^{3y-2}) = \varphi^2$、$n_1\varphi^{3y-2}/(n_1\varphi^{3y-4}) = \varphi^2)$；$3y-2$、$3(y+1)-4$、$3y$ 为自然数列，形成小公比连续等比的转速数列。如果将 i_{01} 产生的转速数列乘以 φ^2，则 $n_1\varphi^{3y-1} \times \varphi^2 = n_1\varphi^{3y+1}$；将 i_{01} 产生的转速数列除以 φ^2，则 $n_1\varphi^{3(y-1)}/\varphi^2 = n_1\varphi^{3y-5}$，基本组的级比指数为 3。由于第一扩大组的级比指数为 3，转速数列出现重复转速，此时转速数列的公比为 φ^3。受极限变速范围的限制，$P_0 = 3$ 的基本组的级比指数最大为 4。如果将 i_{03} 产生的转速数列乘以 φ^3，将 i_{03} 产生的转速数列除以 φ^3，则形成三公比混合传动系统，如图 2-15 所示。

综上所述，在 $P_0 = 3$ 的对称双公比传动链中，基本组的级比指数 $x_0 = 2$，如图 2-16 所示。当第一扩大组传动副数为 2 时，与 $P_0 = 2$ 的双公比传动链相同，但 $P_0 = 2$ 的双公比传动链可实现 8 级大公比转速，$P_0=3$ 的对称双公比传动链仅能实现两级大公比转速，因此，$P_0=3$ 的对称双公比传动链仅适合 18 级转速的传动链。

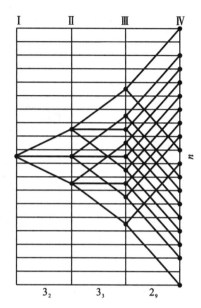

图 2-15　对称双公比传动链原理图(二)　　　图 2-16　18 级转速对称双公比传动链结构网

例 2-5　某摇臂钻床的主轴转速范围为 $n=25\sim2\,000$ r/min，公比 $\varphi=1.26$，主轴转速级数 $Z=16$，试确定该传动系统。

解　该钻床的变速范围是

$$R=\frac{2\,000}{25}=80$$

需要的理论转速级数为

$$Z'=\frac{\lg 80}{\lg \varphi}+1=20>16$$

采用混合公比传动，大公比格数为 $x'=20-16=4$，为偶数，且小于 8，则该钻床的结构式为

$$16=2_{1+4}\times2_2\times2_4\times2_8$$

按前密后疏的原则，有　　　　$16=2_2\times2_4\times2_5\times2_8$

结构网如图 2-17 所示。

混合公比传动与单回曲机构相结合，能产生极大的变速范围，如

$$24=3_2\times2_6\times2_9\times2_{12}$$

第三变速组为变形基本组，大公比格数为 8；第四变速组为单回曲机构，其变速范围为

$$R=\varphi^{24-1+8}=\varphi^8\times\varphi^{23}\approx6.35\times203=1\,290$$

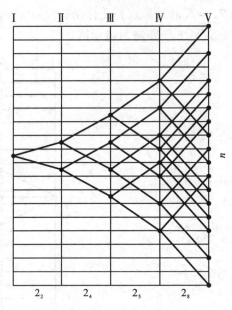

图 2-17 双公比结构网

四、采用双速电动机传动系统

机床上使用的双速电动机是 YD 系列异步电动机,它是利用改变定子绕组的接线方法和改变绕组的磁极数,即低速时将定子绕组连接成三角形,高速时将定子绕组连接成双星形,并改变绕组的通电相序,实现变速。双速电动机是动力源,必须为第一变速组(电变速组),但级比是 2,除可为混合公比传动系统中的变型基本组外,不可能是常规传动系统的基本组,只能作为第一变速组。因此,机床采用双速电动机时,传动顺序和扩大顺序不一致。由于第一扩大组的级比指数等于基本组的传动副数,故双速电动机对基本组的传动副数有严格要求。由于 $2 \approx 1.26^3 \approx 1.41^2$,所以,传动系统的公比采用 1.26 时,基本组的传动副数为 3;传动系统的公比为 1.41 时,基本组的传动副数为 2。

例 2-6 某多刀半自动车床,主传动采用双速电动机驱动,电动机型号为 YD160L-8/4,转速为 730/1 450 r/min,功率为 7/11 kW;车床主轴的转速级数为 8,最低转速 90 r/min,最高转速 1 000 r/min。试确定其传动系统。

解 该车床主传动需要的公比为

$$\lg\varphi = \frac{\lg R}{Z-1} = \frac{\lg 1\ 000 - \lg 90}{8-1} = 0.149, \quad \varphi = 1.41$$

结构式为
$$8 = 2_2 \times 2_1 \times 2_4$$

结构网和转速图如图 2-18 所示。从图中可知,主轴的 4 级低速是电动机在 730 r/min 时产生的。双速电动机的应用缩短了传动链,变相扩大了变速范围。车床采用同步转速为 1 000/1 500 r/min 的电动机时,级比是 1.5,公比为非标准值。另外,电动机极数不同,其功率不同,一般按小值选择。本例中车床的额定功率为 7 kW。

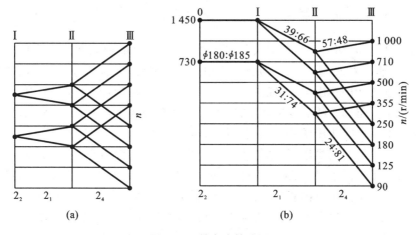

图 2-18　某车床转速图

(a)结构网　(b)转速图

思考与训练

1. 公比 $\varphi=1.26$，结构式为 $24=3_1\times2_3\times2_6\times2_{12}$，计算各变速组的级比、变速范围及总变速范围，并指出该结构式表示什么类型的传动链。在保证结构式性质不变的情况下，若想缩短传动链，应采用什么措施？

2. 适用于大批量生产模式的专门化机床，主轴转速 $n=45\sim500$ r/min，为简化结构，采用了双速电动机，$n_e=720/1\ 440$ r/min。试画出该机床的转速图和传动系统图。

3. 举例说明避免背轮机构高速空转的措施。

项目 2.4　主传动系统的计算转速

任务 2.4.1　掌握机床主传动系统计算转速的求解方法

任务引入

1. 为什么要求解机床主传动系统计算转速？

2. 机床主传动系统计算转速如何求解？

任务分析

掌握机床主传动系统中主轴和其他传动件计算转速的求解方法。

众所周知，零件设计的主要依据是其所承受的载荷，而载荷取决于所传递的功率和转速，外载一定时，速度越高，所传递的转矩就越小。对于某一机床，电动机的功率是根据典型工艺确定的，在一定程度上代表着该机床额定负载的大小。对于转速恒定的零件，可计算出传递的转矩大小，从而进行强度设计。对于有几种转速的传动件，则必须确定一个经济合理的计算转速，作为强度计算和校核的依据。

一、机床的功率-转矩特性

由切削原理得知,切削力主要取决于切削面积(背吃刀量和宽度的乘积)。切削面积一定时,不论切削速度多大,所承受的切削力是相同的。因此,主运动为直线运动的机床,可认为在任何能实现的切削速度中,都能进行最大切削面积的切削,即最大切削力存在于一切可能的切削速度中。驱动直线运动的传动件,不考虑摩擦力等因素时,在所有转速下承受的最大转矩是相等的。这类机床的主传动属于恒转矩传动。

主运动为旋转运动的机床,传动件传递的转矩不仅与切削力有关,而且与工件或刀具的半径有关。按照工艺需求,加工某一工件时,粗加工时采用大背吃刀量、大进给量,即较大的切削力矩,低转速;精加工时则相反,转速高,切削力矩小。工件或刀具尺寸小时,同样的切削面积,切削力矩小,主轴转速高;工件或刀具尺寸大时,切削力矩相对较大,主轴转速则低。众所周知,转矩与角速度的乘积是功率。因而主运动是旋转运动的机床维持功率近似相等,即属于恒功率传动。

通用机床的工艺范围广,变速范围大。有些典型工艺如精车丝杠、铰孔等,工件尺寸小,加工中必须采用小背吃刀量,小进给量,低主轴转速,消耗的功率小,此时主传动不需要传递电动机的全部功率。运动参数是完全考虑这些典型工艺后确定的,零件设计必须找出需要传递全部功率的最低转速,依此确定传动件所能传递的最大转矩。

主轴或其他传动件传递全部功率的最低转速称为计算转速 n_j。图 2-19 所示为主轴的功率转矩特性图,主轴从计算转速到最高转速之间的每级转速都能传递全部功率,而其输出的转矩则随转速的增高而降低,故称之为恒功率变速范围;从计算转速到最低转速之间的每级转速都能传递计算转速时的转矩(由结构强度决定的转矩),输出的功率则随转速线性下降,故称之为恒转矩变速范围。

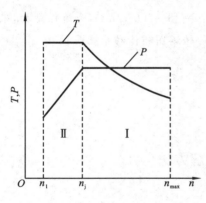

图 2-19　主轴的功率和转矩特性

各类通用机床主轴的计算转速如表 2-1 所示。数控机床由于考虑切削轻金属,变速范围比普通机床宽,计算转速应比表中高一些。但目前数控机床尚无统一标准,确定时可参考同类机床,结合统计分析,合理确定。

表 2-1　各类通用机床主轴的计算转速

机床类型		计算转速 n_j	
		等比数列传动	双公比、无级传动
中型通用机床和半自动机床	车床,升降台铣床,转塔车床,仿型半自动车床,多刀半自动车床,单轴、多轴自动车床,立式多轴半自动车床 卧式镗铣床($\phi63\sim\phi90$)	$n_j = n_1 \varphi^{\frac{Z}{3}-1}$	$n_j = n_1 \left(\dfrac{n_{\max}}{n_1}\right)^{0.3}$
	立式钻床,摇臂钻床,滚齿机	$n_j = n_1 \varphi^{\frac{Z}{4}-1}$	$n_j = n_1 \left(\dfrac{n_{\max}}{n_1}\right)^{0.25}$

机床类型		计算转速 n_j	
		等比数列传动	双公比、无级传动
大型机床	卧式车床($\phi 1\ 250 \sim \phi 4\ 000$) 单柱立车($\phi 1\ 400 \sim \phi 3\ 200$) 双柱立车($\phi 2\ 000 \sim \phi 12\ 000$) 卧式镗铣床($\phi 110 \sim \phi 160$) 落地式镗铣床($\phi 125 \sim \phi 160$)	$n_j = n_1 \varphi^{\frac{Z}{3}}$	$n_j = n_1 \left(\dfrac{n_{max}}{n_1}\right)^{0.35}$
	落地式镗铣床($\phi 160 \sim \phi 260$)	$n_j = n_1 \varphi^{\frac{Z}{2.5}}$	$n_j = n_1 \left(\dfrac{n_{max}}{n_1}\right)^{0.4}$
高精度和精密机床	坐标镗床 高精度车床	$n_j = n_1 \varphi^{\frac{Z}{4}-1}$	$n_j = n_1 \left(\dfrac{n_{max}}{n_1}\right)^{0.25}$

二、机床变速系统中传动件的计算转速

对变速传动中传动件的计算转速,可根据主轴的计算转速和转速图来确定。确定传动轴计算转速时,先确定主轴的计算转速,再按传动顺序由后往前依次确定,最后确定各传动件的计算转速。

现以图 2-4 所示的车床为例说明。

(1)主轴的计算转速为

$$n_j = n_1 \varphi^{\frac{Z}{3}-1} = 31.5 \times \varphi^{\frac{12}{3}-1} = 31.5 \times \varphi^3 = 90 \text{ r/min}$$

(2)各传动轴的计算转速　主轴的计算转速是轴Ⅲ经 Z18/Z72 的传动副获得的,此时轴Ⅲ相应转速为 355 r/min,但变速组 c 有两个传动副,轴Ⅲ转速为最低转速 125 r/min 时,通过 Z60/Z30 的传动副可使主轴获得 250 r/min,250 r/min＞90 r/min,应能传递全部功率,所以轴Ⅲ的计算转速为 125 r/min;轴Ⅲ的计算转速是通过轴Ⅱ的最低转速 355 r/min 获得的,所以轴Ⅱ的计算转速为 355 r/min;同样,轴Ⅰ的计算转速为 710 r/min。

(3)各齿轮副的计算转速　Z18/Z72 产生主轴的计算转速,轴Ⅲ的相应转速 355 r/min 就是主动轮的计算转速;Z60/Z30 产生的最低主轴转速大于主轴的计算转速,所对应的轴Ⅱ的最低转速 125 r/min 就是 Z60 的计算转速。

显然,变速组 b 中的两对传动副主动齿轮 Z22、Z42 的计算转速都是 355 r/min。变速组 a 中的主动齿轮 Z24、Z30、Z36 的计算转速都是 710 r/min。

思考与训练

1. 求图 2-20 所示转速图中各齿轮、主轴、传动轴的计算转速。

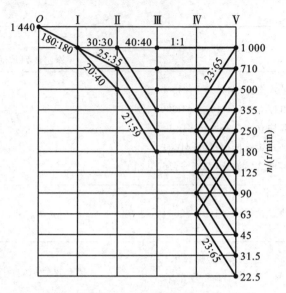

图 2-20   某机床的转速图

项目 2.5   无级变速主传动系统设计

任务 2.5.1   掌握机床无级变速主传动系统的设计方法

任务引入

1. 为什么要设计无级变速主传动系统?
2. 如何设计无级变速主传动系统?

任务分析

掌握机床无级变速主传动系统的设计方法。

无级变速能使机床获得最佳切削速度,无相对转速损失,且能够在加工过程中变速,保持恒速切削。无级变速器通常是电变速组,恒功率变速范围为 2~4,恒转矩变速范围 R 大于 100,这样,缩短了传动链长度,简化了结构设计。无级变速系统容易实现自动化操作,因而是数控机床的主要变速形式。

长期以来,直流调速占据无级调速的主导地位。直流电动机可单独减小励磁电流进行恒功率调速或独立减小电枢电压,实现恒转矩调速。

伺服电动机和步进电动机都是恒转矩变速范围,且功率不大,只能用于直线进给运动和辅助运动。

如果调速电动机驱动载荷特性是恒转矩的直线运动部件,如龙门刨床的工作台、立式车床刀架等,可直接利用电动机的恒转矩转速范围,将电动机直接或通过定比传动拖动直线运动部件,即使电动机的恒转矩变速范围等于直线运动部件的恒转矩变速范围,电动机的额定转速产生直线运动部件的最高速度。

如果调速电动机驱动主运动为旋转运动的机床主轴,由于主轴要求的恒功率变速范围 R_{Pn} 远大于调速电动机的恒功率变速范围 R_m,因此必须串联分级变速系统来扩大电动机的恒功率变速范围,以满足机床需求。即:电动机的额定转速产生主轴的计算转速;电动机的最高转速产生主轴的最高转速。主轴的恒转矩变速范围 R_T 则决定了电动机恒转矩变速范围 R_{Tm} 的大小,$R_{Tm} = R_T$,电动机恒转矩变速范围 R_{Tm} 经分级传动系统的最小传动比,产生主轴的恒转矩变速范围。由于电动机恒功率变速范围的存在,简化了分级传动系统。

由于调速电动机能在加工过程中自动调速,故一般要求串联的分级传动系统也能够自动化控制。分级传动系统可采用电磁离合器和液压缸控制的滑移齿轮自动变速机构。电磁离合器变速,结构复杂,体积大,因而应用受到一定限制;液压缸控制的滑移齿轮自动变速机构,靠电磁换向阀控制齿轮滑移方向。为使滑移齿轮定位精确,使液压缸结构及控制程序简单,常采用双作用液压缸控制双联滑移齿轮的方案,即串联的滑移齿轮变速组都是双速变速组,传动副数 $2 = P_a = P_b = \cdots$

调速电动机的恒功率变速范围为 φ_m,如图 2-21 所示,在保证无级变速连续的前提下,串联一个双速变速组,获得的最大变速范围为 φ_m^2,此时,$Z = P_a = 2$,$\varphi_m^2 = \varphi_F^z$,$\varphi_F = \varphi_m$;串联两个双速变速组后,能得到的连续无级转速的最大变速范围是 φ_m^4,这时,$Z = P_a P_b = 2^2 = 4$,$\varphi_m^4 = \varphi_F^z$。因而,调速电动机串联 k 级双速变速组后,能获得的最大变速范围是 $R_{Pn} = \varphi_F^z$,$Z = 2^k$,分级传动的公比 $\varphi_F = \varphi_m$。即串联的分级传动系统的公比等于电动机恒功率变速范围时,输出的无级转速的变速范围最大。换言之,变速范围一定,当分级传动系统的公比 $\varphi_F = \varphi_m$ 时,需串联的变速组数最少。设计无级变速系统时,主轴的变速范围一定,可用如下关系式得到至少需要串联的变速组数。

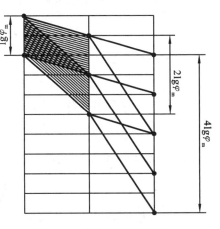

图 2-21　串联变速组特性

$$Z_{min} = \frac{\lg R_{Pn}}{\lg \varphi_m}$$

$$k_{min} = \frac{\lg Z_{min}}{\lg 2}$$

k 为自然数,且采用收尾法圆整,即 $1 < Z_{min} \leqslant 2$ 时,$Z = 2$;$2 < Z_{min} \leqslant 4$ 时,$Z = 4$;……因此,分级传动系统的公比一般比电动机的恒功率变速范围小,分级传动系统的实际公比为

$$\varphi_F = \sqrt[Z-1]{R_{PF}} = \sqrt[Z-1]{\frac{R_{Pn}}{R_{Pm}}} = \sqrt[Z-1]{\frac{R_{Pn}}{\varphi_m}}$$

为减少中间传动轴及齿轮副的结构尺寸,分级传动的最小传动比应采用前缓后急的原则;为降低中间轴齿轮的制造成本,应尽量使齿轮的速度 $v \leqslant 15$ m/s(硬齿面 HBW>350)或 $v \leqslant 18$ m/s(软齿面 HBW<350),扩大顺序应与传动顺序一致,采用前密后疏的原则。另外,串联的分级传动系统应遵循极限传动比、极限变速范围的原则。

例 2-7　有一数控机床,主运动由变频调速电动机驱动,电动机连续功率为 7.5 kW,额

定转速 $n_e = 1\,500$ r/min,最高转速 $n_{0max} = 4\,500$ r/min,最低转速 $n_{0min} = 6$ r/min;主轴转速 $n_{max} = 3\,550$ r/min,$n_{min} = 37.5$ r/min,计算转速 $n_j = 150$ r/min。设计所串联的分级传动系统。

解 (1)主轴要求的恒功率变速范围为

$$R_{Pm} = \frac{3\,550}{150} = 23.7 \approx 24$$

(2)电动机的恒功率变速范围是3,即 $R_{Pm} = \varphi_m = 3$。

(3)该系统至少需要的转速级数、变速组数为

$$Z_{min} = \frac{\lg R_{Pn}}{\lg \varphi_m} = \frac{\lg 24}{\lg 3} = 2.89$$

$$k_{min} = \frac{\lg 2.89}{\lg 2} = 1.53$$

取

$$k = 2, Z = 4$$

(4)分级传动系统的实际公比为

$$\varphi_F = \sqrt[Z-1]{\frac{R_{Pn}}{R_m}} = \sqrt[4-1]{\frac{24}{3}} = 2$$

(5)结构式为

$$4 = 2_1 \times 2_2$$

(6)分级传动系统的最小传动比为

$$i_{min} = \frac{150}{1\,500} = \frac{1}{10} = \frac{1}{2^{3.322}}$$

根据前缓后急的原则,取

$$i_{b1} = \frac{1}{2.82}, \quad i_{a1} = \frac{1}{2}, \quad i_0 = \frac{1}{1.77}$$

(7)其他传动副的传动比为

$$i_{a2} = i_{a1}\varphi_F = \frac{1}{2} \times 2 = 1$$

$$i_{b2} = i_{b1}\varphi_F^2 = \frac{1}{2.82} \times 2^2 = 1.41$$

(8)调速电动机的最低工作转速为

$$n_{min} = 37.5 \times 10 \text{ r/min} = 375 \text{ r/min}$$

(9)电动机最低工作转速时所传递的功率为

$$P_{min} = P_m \times \frac{n_{min}}{n_0} = 7.5 \times \frac{375}{1\,500} \text{ kW} = 1.875 \text{ kW}$$

转速图如图 2-22 所示。从转速图中可知,电动机的额定转速产生主轴的计算转速;电动机的最高转速产生主轴的最高转速;电动机的最低工作转速产生主轴的最低转速。区域Ⅰ是恒转矩变速范围,由分级传动的最小传动比产生,电动机的恒转矩变速范围等于主轴的恒转矩变速范围。区域Ⅱ为恒功率变速范围,有四段部分重合的无级转速,分别是 $150\sim450$ r/min,$300\sim900$ r/min,$600\sim1\,800$ r/min,$1\,200\sim3\,550$ r/min。段与段值间是等比的,比值就是分级传动的公比。每段的无级变速范围 $R_{Fj} = \varphi_m$。因此,无级变速系统利用调速电动机的电变速特性,能在加工中连续变速,实现恒速切削。

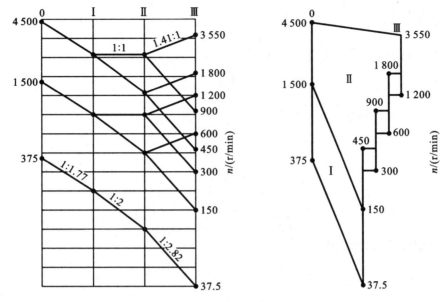

图 2-22 某数控机床转速图(一)

如果要求每段转速的无级变速范围 $R_{Fj} > \varphi_m$,应适当提高电动机的功率,增大的比率为 $k' = \dfrac{R_{Fj}}{\varphi_m}$,即将电动机的功率变为 $P'_m = k' P_m$,传递功率 P_m 的最低转速为 $n'_0 = \dfrac{n_0}{k'}$,从而使电动机传递功率为 P_m 的转速范围变为 $\varphi'_m = \varphi_m k' = R_{Fj}$。从另一个角度考虑,电动机传递功率 P'_m 的最低转速(额定转速)仍为 n_0,主轴传递电动机额定功率的最低转速(计算转速)则为 $n'_j = k' n_j$,对于增加功率后的电动机来讲,提高了主轴的计算转速,这样在某种程度上,简化了无级变速中串联的分级传动系统的设计。

例 2-8　如上述机床变频无级调速中,若要求主轴每段的恒功率无级转速范围 $R_{Fj} = 4$,确定其分级变速系统。

解　(1)主轴要求的恒功率变速范围为
$$R_{Pm} \approx 24$$

(2)电动机功率变为
$$P'_m = 7.5 \times \frac{4}{3} \text{ kW} = 10 \text{ kW}$$

电动机传递 7.5 kW 时的最低转速为
$$n_0 = 1\,500 \times \frac{3}{4} \text{r/min} = 1\,125 \text{ r/min}$$

(3)至少需串联的双速变速组数和传动副数为
$$Z_{min} = \frac{\lg 24}{\lg 4} = 2.30$$
$$k_{min} = \frac{\lg 2.3}{\lg 2} = 1.2$$

(4)分级传动的实际公比为
$$\varphi_F = \sqrt[4-1]{\frac{24}{4}} = 1.82$$

(5) 结构式为

$$4 = 2_1 \times 2_2$$

(6) 分级传动系统的最小传动比为

$$i_{\min} = \frac{150}{1\,125} = \frac{1}{7.5}$$

根据前缓后急的原则,取

$$i_{b1} = \frac{1}{2.82}$$

$$i_{a1} = \frac{1}{2}$$

$$i_0 = \frac{1}{1.325}$$

(7) 其他传动副的传动比为

$$i_{a2} = i_{a1} \times \varphi_F = \frac{1}{2} \times 1.82 = \frac{1}{1.1}$$

$$i_{b2} = i_{b1} \times \varphi_F^2 = \frac{1}{2.82} \times 1.82^2 = 1.17$$

(8) 调速电动机的最低工作转速为

$$n_{\min} = 37.5 \times 7.5 \text{ r/min} = 281 \text{ r/min}$$

(9) 电动机最低工作转速时所传递的功率为

$$P_{\min} = P_m \times \frac{n_{\min}}{n_0} = 7.5 \times \frac{281}{1\,125} \text{ kW} = 1.875 \text{ kW}$$

转速图如图 2-23 所示。

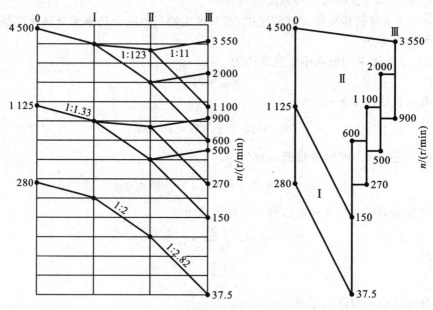

图 2-23 某数控机床转速图(二)

（10）主轴传递电动机额定功率（10 kW）的最低转速为

$$n'_j = \frac{1\,500}{7.5}\ \text{r/min} = 200\ \text{r/min}$$

利用 n'_j、P'_m 设计该传动系统,可获得与上述同样的结构式、机械变速系统公比、系统最小传动比等关键参数。

利用增大电动机功率的方法,提高主轴的计算转速,简化传动设计,这些都是数控机床常用的设计方法。如车床 C6163 的主电动机为 17 kW;车床 C61100 的主电动机为 22 kW;数控车床 CK3263B 的主电动机为 37 kW,主轴计算转速为 90 r/min;数控车床 CK6150D 的主电动机为 30 kW。但电动机功率增大后,不仅使电动机成本提高,而且机床工作中的空载功率损耗也会增加等。因而,应根据具体情况,结合经济效益对比,合理选用电动机功率。

思考与训练

1. 某数控机床,主轴 $n=31.5\sim3\,000$ r/min,计算转速 $n_j=125$ r/min;主传动采用变频电动机驱动,电动机转速为 $n_m=6\sim4\,500$ r/min,额定转速 $n_e=1\,500$ r/min,功率为 $P=7.5$ kW。试设计电动机串联的分级传动系统。

2. 某数控机床,主轴 $n=22.5\sim4\,500$ r/min,计算转速 $n_j=750$ r/min;主传动采用变频电动机驱动,电动机转速为 $n_m=6\sim4\,500$ r/min,额定转速 $n_e=1\,500$ r/min,功率为 $P=7.5$ kW。试设计电动机串联的分级传动系统。

3. 某数控机床,主轴 $n=31.5\sim2\,400$ r/min,计算转速 $n_j=200$ r/min;主传动采用变频电动机驱动,电动机转速为 $n_m=6\sim4\,500$ r/min,额定转速 $n_e=1\,500$ r/min,功率为 $P=7.5$ kW。试设计电动机串联的分级传动系统。

4. 无级变速有哪些优点?

5. 数控机床主传动设计有哪些特点?

项目 2.6 进给传动系统设计

任务 2.6.1 掌握机床进给传动系统的设计方法

任务引入

1. 机床进给传动系统的组成、分类、特点有哪些?

2. 机床进给传动系统的设计要求、设计原则有哪些?

3. 无级变速进给系统和直线伺服电动机进给传动系统设计特点有哪些?

任务分析

掌握机床进给传动系统的设计要求、设计原则和设计方法。

一、进给传动的载荷特点

进给传动用来实现机床的进给运动和辅助运动。机床的进给运动大多数为直线运动。直线进给运动的载荷是切削力,与切削面积成正比。根据工艺规程,不同的机床,有其相应的最大切削面积,对应有最大切削力,最大切削力可能出现于任何进给速度中。因此,直线运动的进给传动是恒转矩载荷,传动件的计算转速(速度)是该传动件可能出现的最大转速(或速度)。

二、进给传动的分类及组成

按运动链的性质,进给传动传动链可分为外联系进给传动链和内联系进给传动链;进给链按其控制方式及变速形式,可分为普通机床分级变速进给链和数控机床无级变速进给链。

通用机床的外联系传动链可与快速移动共用一台电动机,这种驱动形式传动链短,结构紧凑;也可与主运动共用一台电动机,这种驱动形式空载功率小,容易保证传动链执行件之间的严格传动比,特别适用于内联系进给传动链。外联系进给传动链一般包括变速机构、换向机构(如换向惰轮)、运动分配机构、过载保护机构、运动转换(将回转运动变换成直线运动)机构(齿轮齿条副、丝杠螺母副等)。若快速移动由单独的电动机驱动,快速移动与机动进给的交汇处应有超越机构,以免运动干涉。多方向进给传动的运动分配机构,在传动顺序上,应位于变速机构之后,以减少变速组数目,简化结构,方便操作。内联系进给传动链只包括传动比准确的变速机构。

对数控机床的进给传动系统来说,每一进给运动采用一台伺服电动机,直接或通过定比传动机构与滚珠丝杠相连接,在丝杠(或伺服电动机)等旋转零件端部安装脉冲发生器,或在工作台侧安装光栅,用同步脉冲控制伺服电动机,保证工作台精确的运动速度和定位精度。

三、进给传动的基本要求

进给传动系统应满足以下要求。
(1) 有较高的静刚度。
(2) 具有良好的快速响应性,抗振性能好,噪声低,有良好的防爬行性能,切削稳定性好。
(3) 进给系统有较高的传动精度和定位精度。
(4) 能满足工艺需求,有足够的变速范围。
(5) 结构简单,制造工艺性好,调整维修方便,操纵轻便灵活。
(6) 制造成本低,有较好的经济性。

四、分级进给传动设计原则

对于等差数列的进给传动,设计时以满足工艺需求为目的。随机数列进给传动系统,如齿轮加工机床的分齿运动链、车床的非标准螺纹进给传动链等,采用交换齿轮机构。等比进给传动应遵循以下原则。

(1) 进给传动系统的极限传动比、极限变速范围　进给传动系统速度低,负荷小,消耗的功率小,因而齿轮薄、模数小,极限传动比为 $i_{\min} \geqslant \dfrac{1}{5}$,$i_{\max} \leqslant 2.8$,极限变速范围为

$$R = 2.8 \times 5 = 14$$

(2) 进给传动扩大顺序的原则、最小传动比原则　众所周知,转矩与传动比成反比,降

速传动,传动比小于1,输出转矩增加。由于进给系统是恒转矩变速,末端旋转传动件的转矩一定。为减小进给传动中间传动轴及其传动件的结构尺寸,一般情况下扩大顺序应采用前疏后密的原则。根据误差传递规律,最小传动比应采用前缓后急的原则,以提高进给传动系统的传动精度。

五、无级变速进给系统

进给传动系统的无级变速系统,普通机床多采用液压无级调速,数控机床一般采用伺服电动机无级调速。

液压无级调速利用调速阀等流量控制阀改变阀口过流面积或液流通道的长短来调节液体阻力的大小,调节液压缸出口流量,实现速度变化。其运动平稳性好,变速范围可达2 000,但不易实现准确的速度,故适用于外联系进给传动中。

伺服电动机分为直流伺服和交流伺服两类。直流伺服电动机主要有小惯量直流电动机和大惯量直流电动机。小惯量直流电动机的长径比约为5,其转动惯量约为普通直流电动机的1/10,响应快,适用于高速轻载的数控机床中;大惯量直流电动机又称为宽调速直流电动机,细分为电励磁和永磁型两种。电励磁直流电动机可调整励磁绕组的磁通量,属恒功率调速,成本低;永磁型直流电动机调速方式为恒转矩调速,能在较大过载转矩下长期工作,并能直接与滚珠丝杠连接而不需要中间传动装置,还可在低速下稳定地运转,输出转矩大。由于转动惯量大,故响应慢。直流伺服电动机可根据需要内装光电编码器等测速、角度测量元件及制动器。交流伺服电动机是在异步电动机和永磁同步电动机的基础上发展起来的,采用矢量变换控制技术调速,与直流伺服电动机相比具有结构简单、动态响应性好的优点;交流伺服电动机的输出功率比同体积的直流伺服电动机高 $10\% \sim 70\%$,交流伺服电动机的质量约为同容量直流伺服电动机的1/2,价格约为直流电动机的1/3。随着新型永磁稀土材料(钕铁硼)的出现,内装永磁交流伺服电动机发展迅速,有着广泛的应用前景。

伺服电动机组成的无级调速系统,按有无检测和反馈装置分为开环伺服系统、闭环伺服系统。按照检测和反馈装置的位置不同,闭环伺服系统分为全闭环伺服系统(习惯上仍称为闭环伺服系统)、半闭环伺服系统。

开环伺服系统是没有检测和反馈装置的伺服系统,数控装置发出的脉冲经环形分配器、功率放大器,驱动步进电动机旋转,运动经齿轮(或同步带)、滚珠丝杠螺母副,带动工作台等执行件移动,如图2-24所示。步进电动机每接受一个脉冲,旋转一个固定的角度(步进角)α,带动工作台移动一个固定的距离(脉冲当量)Q。滚珠丝杠的导程为 P_h,步进电动机到工作台等执行件的传动比为 i,则脉冲当量 Q 为

$$Q = \frac{\alpha}{360} P_h i$$

如果数控系统发出 N 个进给脉冲,工作台等执行件的移动量为

$$S = QN = \frac{\alpha}{360} P_h i N$$

由上式可知,开环伺服系统的精度取决于步进角、传动系统的传动精度和滚珠丝杠的精度。定位精度一般为 $0.01 \sim 0.02$ mm。开环伺服系统简单,精度低;突然加载或脉冲频率剧烈

变化时,执行件的运动可能发生误差,即常说的"失步"现象。因此,开环伺服系统适用于精度要求不高的数控机床中。

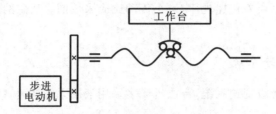

图 2-24 开环伺服系统

闭环伺服系统是将检测装置安装在工作台等执行件上的伺服系统。检测装置将工作台等执行件的实际位移量反馈给数控装置,与控制量相比较,比较结果对伺服电动机进行控制,或对伺服电动机的指令进行修正补偿,能完全消除工作台等执行件的移动误差。常用的检测装置有:旋转变压器(角度检测)、测速发电机(测量转速)、脉冲编码器(既能测量位移,又能测量速度)、直线光栅(位置监测)。闭环系统的定位精度取决于检测装置的精度;但系统结构复杂,成本高,适用于伺服电动机进给系统和步进电动机驱动的精密数控机床上。

半闭环伺服系统是检测装置不安装在工作台等执行件上的伺服系统。检测装置安装在进给传动中的旋转部件上,补偿环是伺服系统的一部分,不能检测工作台等执行件的运动误差,所以半闭环伺服系统的精度比开环伺服系统高,低于闭环伺服系统。图 2-25 所示为半闭环伺服系统,反馈装置安装在滚珠丝杠端部,补偿环路包括伺服电动机、定比传动,仅有丝杠螺母副在补偿环外。伺服系统可消除补偿环路中传动系统的转角误差和转速误差,不能消除滚珠丝杠螺母的导程误差;提高滚珠丝杠螺母的刚度和精度,可提高半闭环伺服系统的传动精度。图 2-26 所示的半闭环伺服系统,反馈装置安装于伺服电动机端部,补偿环路仅包括伺服电动机,调整和测试最简单,但不能补偿传动机构和丝杠螺母副的传动误差,伺服系统的精度较低。数控机床的进给系统多数为半闭环伺服系统。

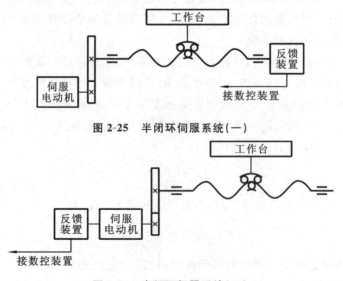

图 2-25 半闭环伺服系统(一)

图 2-26 半闭环伺服系统(二)

六、直线伺服电动机进给传动系统

直线伺服电动机是直接将电能转化为直线运动机械能的电力驱动装置,是适应高速加工或微量进给精加工技术发展的需要而出现的新型电动机,可直接驱动工作台或刀架直线运动。直线伺服电动机用于开环控制系统时,定位精度约为 0.03 mm,最高速度可达 0.4～0.5 m/s;直线伺服电动机用于闭环控制系统,定位精度可达 0.001 mm,最高速度可达 1～2 m/s。

采用直线伺服电动机驱动,省去齿轮、齿形带和滚珠丝杠副等机械传动,简化了机床结构,且避免了由传动机构的制造精度、弹性变形、磨损、热变形等因素引起的传动误差。直线伺服电动机通电后,在初级中产生行波磁场,推动动子(工作台)直线运动。这种非接触式直接驱动,结构简单,维护方便,可靠性高,体积小,传动刚度高,响应快,可获得较高的瞬时加速度。但是,由于直线伺服电动机的磁力线外泄,机床装配、操作、维护时,必须有效地隔磁、防磁;另外,直线伺服电动机安装在工作台下面,散热困难,应有良好的散热措施。

思考与训练

1. 机床进给传动链与主传动链相比,有哪些不同?

2. 直线运动的主传动链和进给传动链其载荷特性是否相同? 其计算转速怎样确定?

模块三 机床主要部件设计

项目实施建议

知识目标

1. 了解机床变速箱结构,掌握传动轴和齿轮的布置原则与方法
2. 掌握主轴组件设计的原则与方法
3. 掌握支承件设计的原则与方法
4. 掌握导轨设计的原则与方法
5. 了解滚珠丝杠副的特点、使用及设计方法

技能目标

1. 根据设计要求,能较合理地进行机床变速箱结构设计
2. 能设计典型的主轴组件
3. 能设计一般的支承件
4. 能进行一般的导轨设计

教学重点

1. 机床变速箱结构设计
2. 主轴组件设计
3. 支承件设计
4. 导轨设计

教学难点 滚珠丝杠副的特点及设计方法

教学方案(情景) 采用讲授与讨论相结合、讲授与实际训练相结合的教学方法

选用工程应用案例 以学生最熟悉的 CA6140 型普通车床作为工程应用案例

考核与评价方案 以学生课堂听课状态、讨论发言观点、实训动手能力等综合考核与评价学生

建议学时 10～12 学时

项目 3.1 变速箱结构及传动轴和齿轮的布置

任务 3.1.1 了解机变速箱的结构,掌握传动轴组件的布置原则与方法

任务引入

1. 机床变速箱的主要功能是什么?
2. 机床变速箱内传动轴的布置原则与方法是什么?

任务分析

1. 了解机床变速箱的主要功能。
2. 掌握机床变速箱内传动轴的布置原则与方法。

变速箱的主要功能是:保证机床的运动,有较高的几何精度、传动精度和运动精度;有足够的强度、刚度;振动小,噪声低;操作应方便灵活。

　　变速箱内传动轴的布置应充分考虑安装、调整、维修、散热等因素，按空间三角形分布，并根据运动的性能、标准零部件尺寸及机床的形式合理确定各传动轴位置。图 3-1 所示为立式镗铣加工中心主轴箱。主运动采用变频电动机驱动，连续输出功率为 7.5 kW，$i_1 = \frac{1}{4}$，$i_2 = 1$，级比为 4。主轴转速为 15～4 500 r/min。

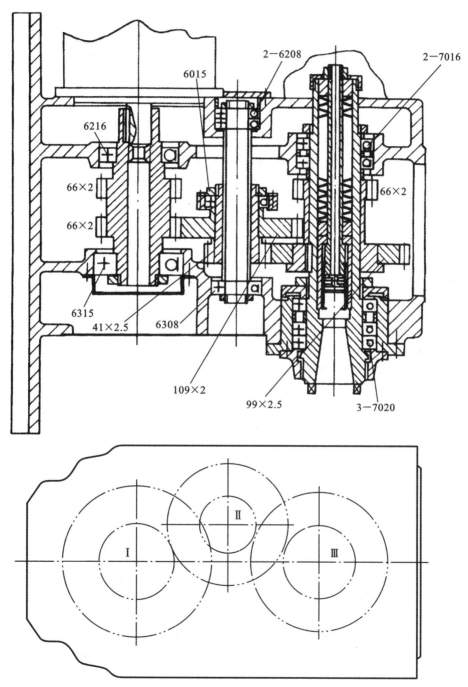

图 3-1　立式镗铣加工中心主轴箱展开图

立式数控机床的主轴是竖直的,为提高传动精度,传动轴应是竖直的,以避免使用传动精度低的锥齿轮。电动机直接与轴Ⅰ相连,电动机尺寸约为 $\phi270$。空心主轴内有吹屑管,主轴上部安装进气管和换刀控制机构,为安装、维修方便,轴Ⅰ与电动机应有一定距离,因此传动副的中心距 a 较大,有

$$a=\frac{m(z_1+z_1')}{2}=\frac{5}{4}\times\frac{mz_1'}{2}=\frac{5}{8}mz_1'$$

$$d_1'=mz_1'=\frac{8}{5}a$$

从动齿轮直径 d_1' 大。为减小 d_1',须增大其传动比,因此,必须增加定比降速传动。由于主轴最高转速等于电动机的最高转速,增加定比机构后,传动比 i_{a2} 等于定比机构传动比 i_0 的倒数,变为升速。由齿轮的齿面接触疲劳强度计算公式可知,齿轮副的齿数比相同,传递的转矩相等时,中心距相等,故定比传动(轴Ⅰ—Ⅱ)的中心距与轴Ⅱ—Ⅲ的中心距相等。为使主轴轴承受热后,主轴轴心横向位置不变,使轴Ⅰ、轴Ⅲ的轴心连线为主轴箱中心线。为提高传动精度,避免主轴上的小齿轮过小,根据误差传递规律,传动比 i_0、i_{a1} 采用先缓后急的分配原则,即

$$i_0=\frac{1}{1.65},\quad i_{a1}=\frac{1}{2.41},\quad i_{a2}=1.65$$

定比机构传动比 i_0 与传动比 i_{a2} 从整体上可认为,i_0 从动齿轮 z_0' 和 i_{a2} 的主动齿轮 Z_{a2} 为惰轮。为简化结构和设计,齿轮的尺寸参数可相等。为缩短轴向长度,在 i_{a1} 对应啮合位置增加一个齿轮 Z_0,将齿轮 Z_0' 和 Z_{a2} 合并为一。另外,定比机构传动比 i_0 相对较大,增加了齿轮 Z_0 的直径,方便轴Ⅰ组件与电动机轴的装配连接。轴Ⅰ上端的轴承孔和下端的轴承孔挡肩应大于齿轮的齿顶圆直径,以保证齿轮轴Ⅰ的装配工艺性能;轴Ⅰ的螺纹孔用于拆卸齿轮轴。在螺纹孔中拧入一螺钉,螺钉顶在固定的电动机轴端面上,拧紧螺钉就可将齿轮轴拆卸出来。由"机械设计"课程可知,螺纹的有效承载圈数是8~10圈,所以螺纹下面钻较大的沉孔,以减小螺钉和螺孔的螺纹长度。

从另一个角度考虑,要减小 d_1',可将传动比 $i_1=\frac{1}{4}$ 分为两个传动副串联传动,增加中间传动轴Ⅱ。因此传动比 i_2 中需增加惰轮,从而使轴Ⅰ—Ⅱ的中心距与轴Ⅱ—Ⅲ的中心距相等。为简化齿轮轴Ⅰ的结构,方便加工,轴Ⅰ的两齿轮采用相同的尺寸参数,则轴Ⅱ上的从动齿轮 Z_{11}' 与惰轮尺寸参数相同。为减小轴向长度,将齿轮 Z_{11}' 与惰轮合并为一,形成与上述方案相同的结构。在结构设计中,有时设计的出发点不同,但可得出相同的结论。主轴箱结构及传动展开图如图3-1所示。该机床的齿轮线速度,除传动比 i_{a1} 的齿轮副(线速度约为15 m/s)外,都超过30 m/s。故齿轮的第Ⅱ组精度都为5级,齿轮的精加工形式是磨齿。

安装深沟球轴承的传动轴Ⅰ、轴Ⅱ,采用一端轴承的内外圈轴向固定,另一端轴承外圈轴向自由的轴向定位方式,使轴受热膨胀时能自由伸展;若采用圆锥滚子轴承时,应两端轴向定位。由于轴Ⅲ的最高转速是4 500 r/min,超过轻系列角接触球轴承的极限转速,所以轴Ⅲ的支承轴承采用超轻系列角接触轴承,下端采用三联组配(型号为7020TBT;T表示三联组配;BT表示两套轴承同向,即"T";且与第三套轴承背靠背安装,即"B");主轴上端为双联组配(型号为7016T;T表示两角接触轴承同向安装,即"T")。精度等级为P4(或SP)级。

任务 3.1.2　掌握齿轮的轴向布置原则与方法

任务引入

1. 三联滑移齿轮顺利啮合的条件是什么？
2. 齿轮轴向布置的原则与方法是什么？

任务分析

1. 了解三联滑移齿轮顺利啮合的条件。
2. 掌握齿轮轴向布置的原则与方法。

一、三联滑移齿轮顺利啮合的条件

如图 3-2 所示，当三联滑移齿轮右移使齿轮 Z_1 与 Z_4 啮合时，次大齿轮 Z_2 越过了固定的小齿轮 Z_6，为防止次大齿轮 Z_2 与固定的小齿轮 Z_6 齿顶相碰，应使次大齿轮 Z_2 与齿轮 Z_6 齿顶圆半径之和不大于中心距，即

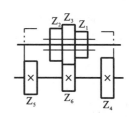

图 3-2　三联滑移齿轮滑移
啮合示意图

$$\frac{mz_2 + mz_6}{2} + 2m \leqslant \frac{mz_3 + mz_6}{2}$$

由此可得三联滑移齿轮顺利啮合的条件为

$$z_3 - z_2 \geqslant 4$$

即滑移的最大齿轮与次大齿轮的齿数差不小于 4。

二、齿轮轴向布置原则

（1）滑移齿轮机构中，必须当一对齿轮副完全脱离啮合后，另一对齿轮才能进入啮合。为此，固定齿轮间的最小距离应为齿轮宽度的 2 倍，并留有 $\Delta = 1 \sim 2$ mm 间隙，齿轮的齿宽为 $b = (6 \sim 12)m_n$，m_n 为齿轮的法向模数。

（2）为避免滑移齿轮与固定的小齿轮齿顶相碰，三联滑移齿轮的最大、次大齿轮齿数差应不小于 4。否则，应采用变位齿轮，使两齿顶圆直径之差不小于 4 个模数；或让滑移的小齿轮越过固定的小齿轮，改变啮合变速条件，使最大和最小齿轮齿数差不小于 4；采用牙嵌离合器变速，使齿轮不动。

（3）为减少轴向长度，应采用窄式排列。

（4）滑移齿轮应装在主动轴上，以减少滑移齿轮的质量，易于操纵。

三、一个变速组中齿轮的轴向布置

（1）窄式排列和宽式排列　滑移的齿轮紧靠在一起，大齿轮居中，固定的齿轮分离安装，相隔距离为 $2b + \Delta$，相邻变速位置的滑移行程也是 $2b + \Delta$，如图 3-3 所示。变速组轴向总长度等于相距最远的两固定齿轮外侧距离，这种排列为窄式排列。双联齿轮变速组窄式排列的总长度为 $B > 4b + \Delta$；三联齿轮变速组窄式排列的总长度为 $B > 7b + 2\Delta$。其中未计入齿轮插齿（或滚齿）时刀具的越程槽宽度等工艺尺寸。

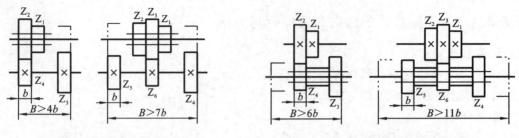

图 3-3   齿轮的窄式排列   图 3-4   齿轮的宽式排列

　　宽式排列与上述相反,是固定的齿轮紧靠在一起,大齿轮居中;滑移的齿轮分离安装,两齿轮的内侧距离为 $2b+\Delta$,相邻变速位置的滑移行程仍是 $2b+\Delta$,如图 3-4 所示。双联齿轮变速组宽式排列的总长度是 $B>6b+2\Delta$;三联齿轮变速组宽式排列的总长度为 $B>11b+4\Delta$。

　　(2) 亚宽式排列　三联滑移齿轮中的两齿轮紧靠在一起,另一齿轮与之分离,分隔距离为 $2b+\Delta$,这种排列的轴向总长度为 $B>9b+3\Delta$;介于宽式、窄式排列之间,故称亚宽式排列,如图 3-5 所示。亚宽式排列能实现转速从高到低(或由低到高)的顺序变速,三联滑移齿轮能使滑移的小齿轮越过固定的小齿轮,改变顺利啮合条件为:滑移的大齿轮、小齿轮的齿数差不小于 4。

　　(3) 滑移齿轮的分组排列　4 个传动副的变速组,滑移齿轮可分为 2 组,并联合控制,保证只有 1 组齿轮处于啮合状态,如图 3-6 所示。因此,分组排列操作机构复杂,其优点是能缩短轴向长度。

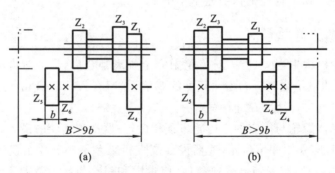

(a)   (b)

图 3-5   齿轮的亚宽式排列

(a) 顺序变速的亚宽式排列　(b) 滑移的小齿轮超过固定的小齿轮

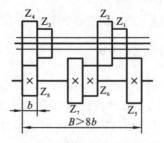

图 3-6   齿轮的分组排列

四、相邻两个变速组齿轮的轴向排列

（1）并行排列　在相邻两个变速组的公共传动轴上，从动齿轮和主动齿轮分别安装，主动齿轮安装一端，从动齿轮安装另一端；3 条传动轴上的齿轮排列呈阶梯形，其轴向总长度为两变速组轴向长度之和，如图 3-7 所示。这种排列结构简单，应用范围广，但轴向长度较大。

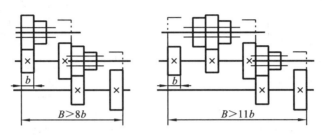

图 3-7　两变速组的并行排列

（2）交错排列　如图 3-8 所示，相邻两个变速组的公共传动轴上的主、从动齿轮交替安装，使两变速组的滑移行程部分重叠，从而减短了轴向长度。为使齿轮顺利滑移啮合，相邻齿轮模数相同时，齿数差应不小于 4，且大齿轮位于外侧。在图 3-7 中，第一变速组有三对齿轮副，窄式排列时轴向长度为 $B_a > 7b + 2\Delta$；第二变速组有两对齿轮副，窄式排列时轴向长度为 $B_b > 4b + \Delta$，两相邻变速组并行排列时轴向总长度为 $B > 11b + 3\Delta$。交错排列时，轴 Ⅱ 上第二变速组 Z_{36} 的主动齿轮，比第一变速组 Z_{41} 的从动齿轮少 5 个齿，满足齿数差要求；第一变速组 Z_{33} 的滑移齿轮能够越过 Z_{36} 的齿轮，因而将其安装在 Z_{41} 的内侧；Z_{52} 比 Z_{48} 的从动齿轮多 4 个齿，也满足齿数差要求，因而固定在 Z_{48} 从动齿轮的外侧。第一变速组的齿轮排列中插入了 Z_{36} 的

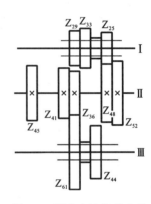

图 3-8　两个变速组的交错

主动齿轮，轴向长度增加一个齿宽，长度变为 $B_a > 8b + 2\Delta$；第二变速组的齿轮排列中插入了 Z_{48}（从动齿轮），轴向长度也增加一个齿宽，长度为 $B_b > 5b + \Delta$；交错排列的轴向长度为轴 Ⅱ 的轴向长度 $B > 9b + 2\Delta$，比并行排列的轴向长度短。

（3）公用齿轮传动结构　相邻两个变速组的公共传动轴上，将某一从动齿轮和主动齿轮合而为一，形成既是第一变速组的从动齿轮，又是第二变速组的主动齿轮的单公用齿轮。两变速组可减少一个齿轮，轴向长度可减短一个齿轮宽度。公用齿轮的应力循环次数是非公用齿轮的两倍，根据等寿命理论，公用齿轮应为变速组中齿数较多的齿轮。因此，公用齿轮常出现于前一级变速组的最小传动比和后一级变速组最大传动比中。在图 3-9 中，第一变速组的主动齿轮不满足最大、次大齿轮齿数差的要求，采用了亚宽式排列，Z_{36} 和 Z_{33} 从动齿轮之间插入了第 2 变速组的 Z_{27} 和 Z_{17} 的主动齿轮，由于第二变速组采用窄式排列。故 Z_{27} 和 Z_{17} 的主动齿轮间隔为 $2b + \Delta$，致使轴 Ⅰ 上最大、次大齿轮滑移齿轮分离 $2b + \Delta$；第一变速组 Z_{38} 的从动齿轮（图中有剖面线的齿轮）作为公用齿轮；同样，在第二变速组 Z_{17} 和 Z_{38} 齿轮

之间插入 Z_{33} 的从动齿轮，由于 $z_{17} < z_{33} < z_{38}$，Z_{38} 位于最外边，Z_{17} 位于 Z_{33} 从动齿轮内侧，致使最大、最小滑移齿轮分离一个齿宽；两级三联滑移齿轮变速组总的轴向长度为 $B > 11b + 3\Delta$。

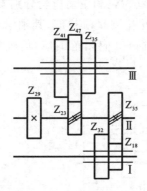

图 3-9　单公用齿轮的交错排列

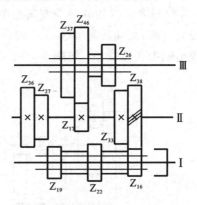

图 3-10　双公用齿轮的交错排列

在图 3-10 中，轴 Ⅱ 上 Z_{35}、Z_{23} 的齿轮为公用齿轮，是最大、最小齿数的齿轮。最小公用齿轮为易损件。两变速组的轴向长度与变速组 b 相等。由于机床的传动是降速传动，传动中转矩增加，转速降低，因而变速组 a 中心距小于变速组 b，轴 Ⅲ 的齿轮大于轴 Ⅱ 的齿轮，轴 Ⅱ 的齿轮大于轴 Ⅰ 的齿轮，一般情况下，基本组在后，扩大组在前。从级比上可证明这一点，图 3-10 所示传动系统中，第一变速组的级比为

$$\varphi^{x_a} = \frac{32}{23} \times \frac{35}{18} \approx 2.82$$

第二变速组的级比为

$$\varphi^{2x_b} = \frac{35}{35} \times \frac{47}{23} \approx 2, \quad \varphi^{x_b} = \sqrt{2} = 1.41$$

即公比为 1.41，变速组 b 为基本组，$P_0 = 3$，变速组 a 为第一扩大组。为保证传动精度，具有双公用齿轮的变速系统一般采用变位齿轮。

任务 3.1.3　掌握提高传动精度的措施

任务引入

1. 传动链的传动误差的传递规律是什么？
2. 提高传动精度的措施有哪些？

任务分析

1. 了解误差传递规律。
2. 掌握提高传动精度的措施。

一、误差传递规律

在对齿轮的齿形加工时，必然存在齿坯的几何中心 O 与机床工作台旋转轴心 O_1 的同轴度误差，偏心量为 e_1，这样齿坯绕 O_1 转动，加工的齿形在以 O_1 为圆心的分度圆上均匀分布，任意相邻的齿距相等，但对于以 O 为圆心的分度圆齿距是不均匀的。同样，齿轮的几何

中心 O 与传动轴轴心 O_2 也存在同轴度误差,偏移量为 e_2,齿轮工作时绕 O_2 旋转,以 O_2 为圆心的分度圆周上,齿距大小不均。设 O_1、O_2 与 O 在一条直线上,且与 O 方向相反,如图 3-11所示,总偏移量 $e = e_1 + e_2$,则理论齿距(弧长)和最大、最小齿距分别为 $2\pi r/z$、$2\pi(r+e)/z$、$2\pi(r-e)/z$;理论齿距、最大齿距、最小齿距在以 O_2 为圆心的分度圆上对应的圆心角为

$$\theta = \frac{2\pi}{z}$$

$$\theta_{\max} = 2\pi \frac{r+e}{rz}$$

$$\theta_{\min} = 2\pi \frac{r-e}{rz}$$

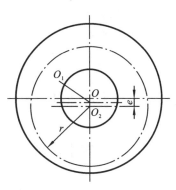

齿轮绕 O_2 转动时,转动一齿的最大转角误差为 $\delta_\theta = \frac{2\pi e}{rz}$ 设与之啮合的齿轮分度圆半径为 $2r$,即传动比为 $1/2$。当主动齿轮转过 θ 时,从动齿轮转过 $\theta/2$;当主动齿轮转过 $\theta' = \theta \pm \delta_\theta$ 时,理论上从动齿轮应转过 $\theta'/2 = \theta/2 \mp \delta_\theta/2$。由于齿轮是啮合传动,彼此转过的齿数相

图 3-11　齿轮的几何偏心、运动偏心

等,从动齿轮实际转过的角度为 $\theta/2$。从动齿轮由主动齿轮引起的最大转角误差为

$$\frac{\theta'}{2} - \frac{\theta}{2} = \frac{\theta}{2} \mp \frac{\delta_\theta}{2} - \frac{\theta}{2} = \pm \frac{\delta_\theta}{2} = \pm i\delta_\theta$$

上式说明,从动齿轮最大转角误差为主动齿轮的转角误差与传动比之积。如果传动比大于1,转角误差将被放大;如果传动比小于1,转角误差将在传动中被缩小。

在传动链中,前一级传动件的转角误差经缩小或放大后,与从动齿轮的转角误差一起传给后一级传动副,再按后一级传动副传动比的大小进行放大或缩小。即在传动链中,传动件在传递运动和转矩的同时,也将传动件的转角误差按传动比的大小进行放大或缩小,依次向后传递,最终反映到执行件上。如该传动件至执行件的总传动比小于1,则该传动件的转角误差在传动中被缩小;反之,将被放大。

二、提高传动精度的措施

制造误差、装配误差、轴承的径向圆跳动及传动轴的横向弯曲等,都能使齿轮等传动件形成几何偏心和运动偏心,产生转角误差。要提高传动精度,需从以下几方面采取措施。

(1)尽量缩短传动链。传动副越少,误差源越少。

(2)使尽量多的传动路线采用先缓后急的降速传动,且末端传动组件(包括轴承)要有较高的制造精度、支承刚度,必要时采用校正机构,这样可缩小前面传动件的传动误差,且末端组件不产生或少产生传动误差。

(3)升速传动,尤其是传动比大的升速传动,传动件的制造精度应高一些,传动轴组件应有较高的支承刚度。减小误差源的误差值,避免误差在传动中放大。

(4)传动链应有较高的刚度,减少受载后的弯曲变形。主轴及较大传动件应做动平衡试验,或采用阻尼减振结构,提高抗振能力。

思考与训练

1. 三联滑移齿轮的最大与次大齿轮的齿数差小于 4 时,为顺利滑移啮合变速,应采用什么措施?

2. 有公用齿轮的交错排列有什么优点?

3. 提高传动链的传动精度应采用什么措施?

4. 误差传递的规律是什么?如何提高传动链的传动精度?传动件的转角误差与哪些因素有关?

项目 3.2　主轴组件设计

任务 3.2.1　了解主轴组件应满足的基本要求

任务引入

1. 主轴组件的组成、功能是什么?

2. 主轴组件应满足的基本要求是什么?

任务分析

1. 了解主轴组件的组成、功能。

2. 掌握主轴组件应满足的基本要求。

主轴组件由主轴及其支承轴承、传动件、定位元件等组成。主轴组件是主运动的执行件,是机床重要的组成部分。它的功用是缩小主运动的传动误差,并将运动传递给工件或刀具进行切削,形成表面成形运动;承受切削力和传动力等载荷。主轴组件直接参与切削,其性能影响加工精度和生产率,因而是决定机床性能和经济性指标的重要因素。主轴组件应满足的基本要求如下。

一、旋转精度

主轴的旋转精度是机床几何精度的组成部分,它是指主轴组件装配后,静止或低速空载状态下,刀具或工件安装基面上的全跳动值。它取决于主轴、主轴的支承轴承、箱体孔等的制造精度、装配和调整精度。如:主轴支承轴颈的圆柱度,轴承内径、滚道的圆柱度及它们的同轴度,滚动体的圆柱度,两箱体孔的圆柱度及其同轴度等因素,均可使刀具或工件定位基面上产生径向圆跳动。轴承支承端面、主轴轴肩等对回转轴线的垂直度误差,推力轴承的滚道与支承端面的平行度,滚动体的圆柱度等因素,可使主轴产生端面圆跳动。刀具或工件定位基面自身的制造误差,也是影响主轴组件旋转精度的主要因素之一。

二、静刚度

静刚度简称为刚度,是主轴组件在静载荷作用下抵抗变形的能力,通常以主轴端部产生单位位移弹性变形时,位移方向上所施加的力表示。

典型主轴的力学模型为外伸梁（简支梁和悬臂梁的组合）。当外伸端受径向作用力 F（单位：N），受力方向上的弹性位移为 δ（单位：μm）时，如图 3-12 所示，主轴的刚度 K 为

$$K = \frac{F}{\delta}$$

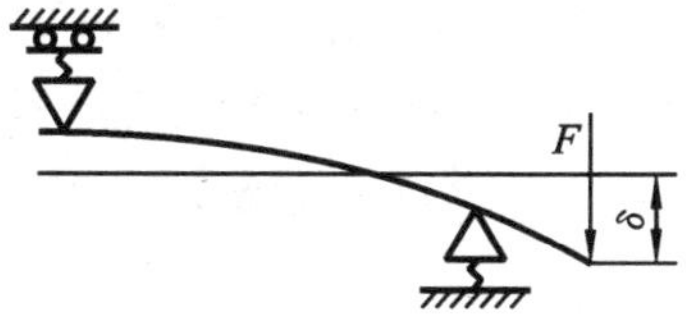

图 3-12　主轴组件刚度简图

由材料力学可知，弹性位移 δ 是位移方向上的力 F、主轴组件结构参数（如尺寸、支承跨矩、支承刚度等）的函数。为简化刚度计算，引入柔度 H（单位：μm/N），即刚度的倒数。

主轴刚度是综合性参数，与主轴自身的刚度和支承轴承刚度相关。主轴自身的刚度取决于主轴的惯性矩、主轴端部的悬伸量和支承跨距；支承轴承刚度由轴承的类型、精度、安装形式、预紧程度等因素决定。

三、动刚度

机床在额定载荷下切削时，主轴组件抵抗变形的能力称为动刚度。由于工件毛坯硬度不匀、尺寸误差、断续切削、多刃切削等因素，使切削力成为变量，主轴组件的弹性位移随之成为变化的值，形成振动。动态刚度实际上是指机床抵抗受迫振动和自激振动的能力。切削力等外载引起的弹性位移的不断变化是受迫振动；主轴、刀具、工件、导轨、支承件等内部系统自身形成的振动是自激振动，习惯上称为切削稳定性。

主轴组件的动刚度直接影响加工精度和刀具的使用寿命，是机床重要的性能指标。但目前对抗振性的指标尚无统一标准，设计时可在统计分析的基础上结合实验进行确定。

动刚度与静刚度成正比，在共振区，与阻尼（振动的阻力）近似成正比。可通过增加静刚度，增加阻尼比来提高动刚度。

四、温升与热变形

当主轴组件工作时，轴承的摩擦形成热源，切削热和齿轮啮合热的传递，导致主轴部件温度升高，产生热变形。主轴热变形可引起轴承间隙变化，轴心位置偏移，定位基面的形状尺寸和位置产生变化；润滑油温度升高后，黏度下降，阻尼降低。因此主轴组件的热变形，将严重影响加工精度。

各类机床对温升都有一定限制，如：高精度机床，室温为 20℃ 时，连续运转下允许的温升 T_{20} 为 8～10℃，精密机床为 15～20℃，普通机床为 30～40℃。室温不是 20℃ 时，温升 T_t 的许可值可表示为

$$T_t = T_{20} + K_t(t - 20)$$

式中，K_t——润滑剂修正系数。润滑油牌号为 N32、N46 时，K_t 分别是 0.6、0.5；脂润滑时，$K_t = 0.9$。

五、精度保持性

主轴组件的精度保持性是指长期保持其原始制造精度的能力。主轴组件的主要失效形式是磨损,所以精度保持性又称为耐磨性。主轴组件的主要磨损有:主轴轴承的疲劳磨损,主轴轴颈表面、装卡刀具的定位基面的磨损等。磨损的速度与摩擦性质、摩擦副的结构特点、摩擦副材料的硬度、摩擦面积、摩擦面表面精度以及润滑方式等有关。如普通机床主轴,一般采用 45 或 60 优质结构钢,主轴支承轴颈及装卡刀具的定位基面,高频淬火,硬度为 50～55HRC。

任务 3.2.2 了解主轴滚动轴承的类型,掌握主轴滚动轴承的选择方法

任务引入

1. 常用主轴滚动轴承的类型有哪些?

2. 主轴滚动轴承应如何选择?

任务分析

1. 了解常用主轴滚动轴承的类型。

2. 掌握主轴滚动轴承的选择方法。

一、轴承的选择

机床主轴最常用的轴承是滚动轴承。这是因为:①适度预紧后,滚动轴承有足够的刚度,有较高的旋转精度,能满足机床主轴的性能要求,能在转速和载荷变化幅度很大的条件下稳定工作;②由专门生产厂大批量生产,质量稳定,成本低,经济性好,特别是轴承行业针对机床主轴的工作性质,研制生产了 NN3000K、234400(见图 3-13)及 Gamet(加梅)轴承,更

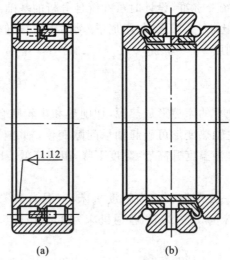

(a)   (b)

图 3-13　轴承示意图

(a) NN3000K 型轴承　(b) 234400 型轴承

使滚动轴承占据主轴轴承的主导地位;③滚动轴承容易润滑。滚动轴承与滑动轴承相比,缺点为:①滚动体的数量有限,因此滚动轴承旋转中的径向刚度是变化的;②滚动轴承摩擦力大,摩擦因数为 $f=0.002\sim0.008$,阻尼比小,$\xi=0.02\sim0.04$;③滚动轴承的径向尺寸较大。因此,在动刚度性能高的卧式精密机床(如外圆磨床、卧轴平面磨床、精密车床等)中,滑动轴承仍有一定应用领域。主轴组件的抗振性主要取决于前轴承,因而,有的机床前支承采用滑动轴承,后支承采用滚动轴承。

二、主轴滚动轴承的类型选择

机床主轴较粗,主轴轴承的直径较大,轴承所承受的载荷远小于其额定动载荷,约为后者的 1/10。因此,一般情况下,承载能力和疲劳寿命不是选择主轴轴承的主要依据。

主轴轴承应根据刚度、旋转精度和极限转速来选择。轴承的刚度与轴承的类型有关,线接触的滚子轴承比点接触的球轴承刚度高,双列轴承比单列的刚度高,且刚度是载荷的函数,适当预紧不仅能提高旋转精度,也能提高刚度。轴承的极限转速与轴承滚动体的形状有关,同等尺寸的轴承,球轴承的极限转速高于滚子轴承,圆柱滚子轴承的极限转速高于圆锥滚子轴承;同一类型的轴承,滚动体的分布圆越小,滚动体越小,极限转速越高。轴承的轴向承载能力和刚度,由强到弱依次为:推力球轴承、推力角接触球轴承、圆锥滚子轴承(见图 3-14(a))、角接触球轴承(见图 3-14(b))。承受轴向载荷轴承的极限转速由高到低为:角接触球轴承、推力角接触球轴承、圆锥滚子轴承、推力球轴承。

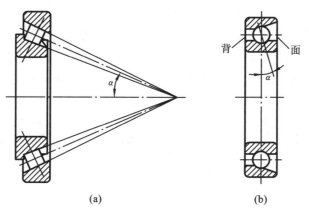

图 3-14 角接触轴承示意图

(a) 圆锥滚子轴承 (b) 角接触球轴承

为提高支承刚度,可采用两个角接触球轴承组合安装。组合的方式有三种:图 3-15(a)所示为背靠背组合(配置代号 DB);图 3-15(b)所示为面对面组合(配置代号 DF);图 3-15(c)所示为同向组合(配置代号 DT)。从图中可知,背靠背组合的支点 A、B(接触线与轴线的交点)间距大,所以支承刚度比面对面的组合高。轴承工作时,滚动体与内外圈摩擦产生热量,使轴承温度升高。轴承外圈安装在箱体上,散热条件比内圈好。所以内圈温度高,径向热膨胀使轴承过盈量增加;轴向热变形伸长,背靠背组合使轴承过盈量减少,可部分补偿径向变形导致的过盈增加。面对面组合则因轴伸长而使轴承过盈量增加,使轴承过盈进一步增加。因此机床主轴使用的轴承组合应为背靠背组合或采用同向安装形成轴承组。两同向安装的轴承组形成背靠背配置。另外,还有三联组配轴承,前两轴承同向组合,接触线朝前,后轴承与之背靠背。数控机床主轴的角接触球轴承采用三联组合安装。图 3-14(a)所示为圆锥滚子轴承,与锥齿轮相似,内圈滚道锥面、外圈滚道锥面及圆锥滚子轴线形成的锥面相交于一点,以保证圆锥滚子的纯滚动。圆锥滚子轴线形成的锥面与轴承轴线的夹角(即半锥角)等于接触角。由于圆锥滚子轴承是线接触,所以承载能力和刚度较高。圆锥滚子旋转时,离心力的轴向分力使滚子大端与内圈挡边之间产生滑动摩擦,摩擦面积大,发热量大,因而极限转速较低。轴承代号为 30000。

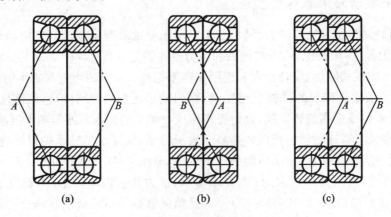

图 3-15　角接触轴承的组合
(a) 背对背组合　(b) 面对面组合　(c) 同向组合

（4）双列圆锥滚子轴承　如图 3-16 所示,双列圆锥滚子轴承有一个公用外圈,两个内圈,且内圈小端无挡边,可取出内圈,修磨中间隔套,调整预紧量。双列圆锥滚子轴承是背靠背的角接触轴承,支点距离大,线接触,滚子数量多,刚度高,承载能力大,可承受纯径向力,

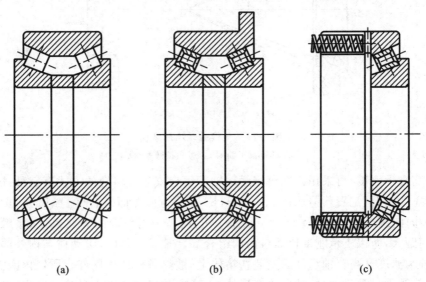

图 3-16　圆锥滚子轴承示意图
(a) 双列圆锥滚子轴承　(b) Gamet 轴承 H 系列　(c) Garnet 轴承 P 系列

也可承受以径向力为主的径向与双向轴向载荷,适用于中低速、中等以上载荷的机床主轴前支承。图 3-16(a)所示的型号为 35200 系列轴承;图 3-16(b)所示为 H 系列 Gamet(加梅)轴承,用于前支承;图 3-16(c)所示为 P 系列 Gamet(加梅)轴承,与 H 系列配套使用,用于后支承。这类轴承是法国 Gamet 公司生产的,其特点是,空心滚子,且两列滚子数量相差一个,改善了轴承的动刚度;保持架为黄铜实体保持架,并充满空间,润滑油只能通过空心滚子进行冷却,且旋转中在离心力轴向分力的作用下润滑油流向滚子大端摩擦面,润滑和冷却效果好;后支承受力小,单列滚子,外圈有 16~20 根弹簧,能自动预紧。

三、轴承的精度选择

轴承的精度应采用 P2、P4、P5 级和 SP、UP 级。SP、UP 级轴承的旋转精度相当于 P4、P2 级,内、外圈的尺寸精度比旋转精度低一级,相当于 P5、P4 级。这是因为轴承的工作精度主要取决于旋转精度,主轴支承轴颈和箱体轴承孔可按一定配合要求配作,适当降低轴承内、外圈的尺寸精度可降低成本。

切削力方向固定不变的主轴,如车床、铣床、磨床等,通过滚动体,始终间接地与切削力方向上的外圈滚道表面的一条线(线接触轴承)或一点(球轴承)接触,由于滚动体是大批量生产,且直径小,圆柱度误差小,其圆度误差可忽略,因此,决定主轴旋转精度的是轴承的内圈径向圆跳动 t_{ir},即内圈滚道表面相对于轴承内径轴线的同轴度。切削力方向随主轴的旋转同步变化的主轴,主轴支承轴颈的某一条线或点间接地跟半径方向上的外圈滚道表面对应的线或点接触。影响主轴旋转精度的因素为轴承内圈的径向圆跳动、滚动体的圆度误差、外圈的径向圆跳动。由于轴承内圈滚道直径小,且滚道外表面磨削精度高,因而误差较小,主轴旋转精度主要取决于外圈的径向圆跳动 t_{er},即外圈滚道表面相对于轴承外径轴线的同轴度;推力轴承影响主轴旋转精度(轴向圆跳动)的最大因素是动圈支承面的轴向圆跳动 t_s。轴承内(动)圈的精度如表 3-1 所示,轴承外圈的精度如表 3-2 所示。

表 3-1 主轴滚动轴承内圈(动圈)的旋转精度

单位:μm

轴承内径/mm		>50~80			>80~120			>120~150		
精度等级		P2	P4	P5	P2	P4	P5	P2[①]	P4	P5
圆柱滚子轴承及	t_{ir}	2.5	4	5	2.5	5	6	2.5	6	8
角接触球轴承	t_{is}	2.5	5	8	2.5	5	9	2.5	7	10
圆锥滚子轴承	t_{ir}	—	4	7		5	8	—	6	11
	t_{is}	—	4			5		—	7	
推力球轴承	t_s	—	3	4		3	4		4	5

注:①P2 及轴承最大内径为 150 mm。

表 3-2 主轴滚动轴承外圈的旋转精度

单位:μm

轴承外径/mm	>80~120			>120~150			>150~180			>180~250		
精度等级	P2	P4	P5	P2	P4	P5	P2	P4	P5	P2	P4	P5
向心轴承[①] t_{er}	5	6	10	5	7	11	5	8	13	7	10	15
圆锥滚子轴承 t_{er}	—	6	10	—	7	11	—	8	13		10	15

注:①向心轴承包括圆柱滚子轴承和角接触球轴承。

众所周知,两点确定一条直线。从工艺的角度考虑,三点支承的旋转轴一定存在同轴度误差,运动中必然出现干涉。因而,理论上主轴是两支承,可简化为外伸梁。前后轴承的精度对主轴旋转精度的影响是不同的,图 3-17(a)表示当后轴承的轴心偏移为 δ_b(径向圆跳动值的一半),主轴端部产生的轴心偏移量 δ_2 为

$$\delta_2 = \frac{a}{l}\delta_b$$

式中,a——主轴悬伸量(mm);

l——主轴两支承支点之间的距离(mm)。

图 3-17(b)表示前轴承轴线偏移为 δ_a,主轴端部产生的轴心偏移量 δ_1 为

$$\delta_1 = \left(1 + \frac{a}{l}\right)\delta_a$$

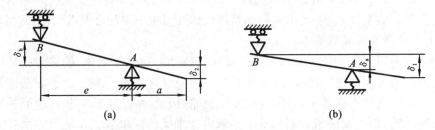

(a)　　　　　　　　　(b)

图 3-17　轴承轴心线偏移对主轴端部的影响

由上可知,前轴承的精度对主轴的影响较大,因此,前轴承的精度应比后轴承高一级。

切削力方向固定不变的机床,主轴轴承精度按表 3-3 选取。切削力方向随主轴旋转而同步变化的主轴,轴承按外圈径向圆跳动选择。由于外径尺寸较大,相同精度时误差大,若保持径向圆跳动值不变,可按内圈高一级的轴承精度选择。

表 3-3　主轴轴承精度选择

机床精度等级	前　轴　承	后　轴　承
普通精度级	P5 或 P4(SP)	P5 或 P4(SP)
精密级机床	P4(SP)或 P2(UP)	P4(SP)
高精度机床	P2(UP)	P2(UP)

四、轴承刚度

当轴承存在间隙时,只有切削力方向上的少数几个滚动体承载,径向承载能力和刚度极低;轴承零间隙时,在外载作用下,轴线沿 F_r 方向移动一距离 δ_r,F_r 对应的半圈滚动体承载,处于外载作用线上的滚动体受力最大,其载荷 Q_r 是滚动体平均载荷的 5 倍,滚动体的载荷随着与外载作用线距离的增大而减小;轴承受轴向载荷时,各滚动体承受的轴向力 Q_a 相等。滚动体受力方向在接触线上。当接触角为 α,滚动体列数为 i,单列滚动体个数为 z 时,轴承所承受的径向力、轴向力分别为 F_r、F_a,单个滚动体所承受的最大载荷 Q_r、Q_a 分别为

$$Q_r = \frac{5F_r}{iz\cos\alpha}$$

$$Q_a = \frac{F_a}{z\sin\alpha}$$

球轴承的钢球直径为 d_b，在外载作用下轴承的变形为

$$\delta_r = \frac{0.436}{\cos\alpha}\sqrt[3]{\frac{Q_r^2}{d_b}}$$

$$\delta_a = \frac{0.436}{\sin\alpha}\sqrt[3]{\frac{Q_a^2}{d_b}}$$

滚子轴承线接触的长度（滚子不包括两端倒角宽度的长度）为 l_a，在外载作用下的变形为

$$\delta_r = \frac{0.077}{\cos\alpha}\frac{Q_r^{0.9}}{l_a^{0.8}}$$

$$\delta_a = \frac{0.077}{\sin\alpha}\frac{Q_a^{0.9}}{l_a^{0.8}}$$

零间隙时球轴承的刚度为

$$K_r = \frac{dF_r}{d\delta_r} = 1.18\sqrt[3]{F_r d_b (iz)^2 (\cos\alpha)^5}$$

$$K_a = \frac{dF_a}{d\delta_a} = 3.44\sqrt[3]{F_a d_b z^2 (\sin\alpha)^5}$$

滚子轴承的刚度为

$$K_r = \frac{dF_r}{d\delta_r} = 3.39F_r^{0.1} l_a^{0.8} (iz)^{0.9} (\cos\alpha)^{1.9}$$

$$K_a = \frac{dF_a}{d\delta_a} = 14.43F_a^{0.1} l_a^{0.8} z^{0.9} (\sin\alpha)^{1.9}$$

机床主轴常用轴承的 d_b、z、l_a 见表 3-4。

表 3-4 主轴常用轴承的滚动体参数

轴承内径/mm		50	60	70	80	90	100	110	120
7000C、7000AC	z	18	18	19	20	20	20	20	20
	d_b	8.731	10.716	12.303	12.7	14.233	15.875	17.463	19.05
轴承内径/mm			80	90	100	110	120	140	160
234400	z		26	28	28	28	30	30	30
	d_b		10	11	11.113	13.494	13	15.875	18
NN3000K	iz		52	54	60	52	50	56	52
	l_a		9	10	10	12.8	13.8	14.8	16.6

从上述公式可看出，滚动轴承的刚度随载荷的增加而增大。计算轴承刚度时，若载荷无法确定，可取该轴承额定动载荷的 1/10 代替外载。

线接触轴承载荷的 0.1 次幂与刚度成正比，对刚度的影响较小，计算刚度时，可忽略预紧载荷。点接触轴承载荷的 1/3 次幂与刚度成正比，预紧力对轴承刚度影响较大，计算刚度时应考虑预紧力。有预紧力 F_{a0} 时，径向和轴向载荷分别是

$$F_r = F_{re} + F_{a0}\cos\alpha$$

$$F_a = F_{ae} + F_{a0}$$

式中：F_{re}、F_{ae}——径向、轴向外载荷（N）。

角接触球轴承的预紧分为轻预紧、中预紧、重预紧三种。轻预紧用于高速主轴；中预紧用于中低速主轴；重预紧用于分度主轴。双联组配轴承最小预紧力 F_{a0} 为最大轴向载荷 F_{ae} 的 35%；三联组配为 24%。角接触球轴承是通过内、外圈轴向错位实现预紧的；双联或三联组配轴承是通过改变轴承间的隔套宽度或修磨内外圈宽度实现预紧的。

虽然载荷对圆柱滚子轴承的刚度影响不大，但轴承径向游隙影响旋转精度。因此也必须通过预紧，消除轴承游隙并使之产生一定过盈量，使轴承承载后不受力一侧的滚动体仍能保持与滚道接触。内径小于 200 mm 的 NN3000K 和 NNU4900K 系列轴承径向预紧量（滚子包络圆直径与外圈滚道孔径之差）为 5～10 μm。预紧步骤是：将轴承外圈装入箱体孔中测量滚道直径 D_1，在不安装内圈定位隔套的情况下装上轴承内圈；旋转螺母推动轴承内圈沿锥度为 1∶12 的主轴移动，直到滚子包络圆直径 $D_2 - D_1 \geqslant 5～10$ μm 为止，然后测量定位隔套长度 l。如图 3-18 所示，按此尺寸精磨隔套端面。装上隔套后，拧紧螺母就可得到需要的预紧量。

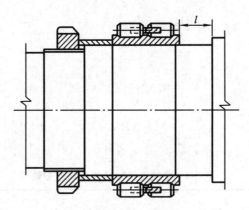

图 3-18　NN3000K 轴承预紧示意图

任务 3.2.3　了解主轴的结构，掌握主轴材质及技术要求的确定

任务引入

1. 常用主轴的结构有哪些特点？
2. 常用主轴的材质及技术要求有哪些？

任务分析

1. 了解常用主轴的结构。
2. 掌握主轴材质及技术要求的确定方法。

一、主轴的结构及材质选择

主轴的端部安装夹具和刀具，随着夹具和刀具的标准化，主轴端部已有统一标准。主轴为外伸梁，承受的载荷从前往后依次降低，故主轴常为阶梯形。车床、铣床、加工中心等机床,为通过棒料或拉紧刀具,其主轴为阶梯形空心轴。

主轴的载荷相对较小,一般情况下,引起的应力远低于钢的屈服强度。因此,机械强度不是选择主轴材料的依据。

当主轴的直径、支承跨距、悬伸量等尺寸参数一定时,主轴的惯性矩为定值;主轴的刚度取决于材料的弹性模量。但各种钢材的弹性模量 $E=2.06×10^5$ MPa,几乎没什么差别。因此刚度也不是主轴选材的依据。

选择主轴的材料,只能根据耐磨性、热处理方法及热处理后的变形大小来选择。耐磨性取决于硬度,故机床主轴材料为淬火钢或渗碳淬火钢,高频淬硬;普通机床主轴材料一般采用 45 或 60 优质结构钢,主轴支承轴颈及装卡刀具的定位基面高频淬火,硬度为 50～55HRC;精密机床主轴可采用 40Cr 高频淬硬或低碳合金钢(如 20Cr、16MnCr5 等)渗碳淬火,硬度不低于 60HRC;高精度机床主轴可采用 65Mn,淬硬 52～58HRC;高精度磨床砂轮主轴、镗床、加工中心主轴,采用渗氮钢(如 38CrMoAlA 等),表面硬度为 1 100～1 200HV。必要时进行冷处理。

二、主轴的技术要求

主轴轴承是根据载荷性质、转速、机床的精度选择的。主轴支承轴颈和箱体轴承孔的精度必须与其配合的轴承相适应,以保证主轴的旋转精度和刚度。以图 3-19 所示的车床主轴和箱体轴承孔为例说明,各项对应指标如表 3-5 所示。

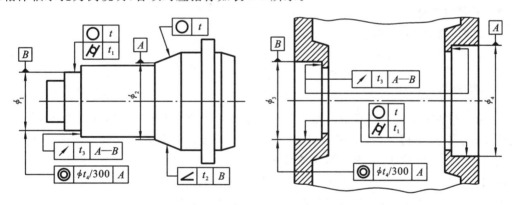

图 3-19　车床主轴、箱体轴承孔简图及其技术要求

表 3-5　主轴支承轴颈及箱体轴承孔的精度指标

公差名称 ＼ 轴承精度	P5	P4(SP)	P2(UP)	P5	P4(SP)	P2(UP)
直径 ϕ 公差	JS5 或 k5	JS4	JS3	JS5[①]　H5[②]	JS5[①]　H5[②]	JS4[①]　H4[②]
圆度 t 和圆柱度 t_1	IT3/2	IT2/2	IT1/2	IT3/2	IT2/2	IT1/2
倾斜度 t_2	—	IT3/2	IT2/2	—	—	—
跳动 t_3	IT1	IT1	IT0	IT1	IT1	IT0

公差名称 ＼ 轴承精度		P5	P4(SP)	P2(UP)	P5	P4(SP)	P2(UP)
同轴度 t_4		IT5	IT4	IT3	IT5	IT4	IT3
表面粗糙度 Ra	$D、d \leqslant 80$	0.2	0.2	0.1	0.4	0.4	0.2
	$D、d \leqslant 250$	0.4	0.4	0.2	0.8	0.8	0.4

注:①轴向固定端直径公差;

②轴向非固定端直径公差代号。

定位基面的精度按机床精度标准选择。普通机床主轴、安装齿轮等传动件的部位与两支承轴颈轴心线的同轴度允差可取尺寸公差的 1/2,转速大于 600 r/min 的主轴,非配合表面的表面粗糙度值 $Ra \leqslant 1.61\ \mu m$;线速度 $v \geqslant 3$ m/s 的主轴,主轴组件应做一级动平衡试验。

任务 3.2.4 了解主轴组件的含义,掌握主轴组件的传动与布置

任务引入

1. 主轴组件的含义是什么?

2. 主轴组件的传动与布置有哪些特点?

任务分析

1. 了解主轴组件的含义。

2. 掌握主轴组件的传动与布置方法。

一、传动方式

主轴上的传动方式主要有带传动和齿轮传动。带传动是靠摩擦力传递动力,结构简单,中心距调整方便;能抑制振动,噪声低,工作平稳,特别适用于高速主轴。线速度低于 30 m/s 时,可采用 V 带传动;多楔带的线速度可高于 30 m/s。由于多楔带是在绳芯结构平带的基础上增加若干纵向 V 形楔的环形带,兼有平带的柔软、V 带摩擦力大的特点。其承载机理仍是平带,带体薄,强度高,效率高,曲挠性能好,虽然线速度不甚高,但带轮尺寸小,转速可达 6 000 r/min,是近年来发展较快的一种应用广泛的传动带,有取代普通 V 带的趋势。同步齿形带是以玻璃纤维绳芯、钢丝绳为强力层,外覆聚氨酯或氯丁橡胶的环形带,带的内周有梯形齿,与齿形带轮啮合传动,传动比准确,线速度低于 60 m/s;高速环形平带用于带速恒定的传动,丝织(如天然丝、锦纶或涤纶丝等)高速平带线速度可达 100 m/s。

齿轮能传递较大的转矩,结构紧凑,尤其适合于变速传动。为降低噪声,通常采用硬齿面、小模数齿轮,尽量降低齿轮的线速度;线速度低于 15 m/s 时,采用 6 级精度的齿轮,线速度高于 15 m/s 时,则采用 5 级精度的齿轮。

另外,电动机直接驱动主轴,也是精密机床、高速加工中心和数控车床常用的一种驱动形式。如平面磨床的砂轮主轴,高速内圆磨床的磨头。转速低于 3 000 r/min 的主轴,采用异步电动机轴通过联轴器直接驱动主轴,机床可通过改变电动机磁极对数实现变速;转速低

于 8 000 r/min 的主轴,可采用变频调速电动机直接驱动;高速主轴,可将电动机轴与主轴做成一体,即内装电动机主轴,转子轴就是主轴,恒速切削可采用中频电动机。

二、传动件的布置

为了使传动带更换方便,防止油类的侵蚀,带轮通常安装在后支承的外侧。多数主轴采用齿轮传动。齿轮可位于两支承之间,也可位于后支承外侧。齿轮在两支承之间时,应尽量靠近前支承,若主轴上有多个齿轮,则大齿轮靠近前支承。由于前支承直径大,刚度高,大齿轮靠近前支承可减少主轴的弯曲变形,且转矩传递长度短,扭转变形小。齿轮位于后支承外侧,前后支承能获得理想的支承跨距,支承刚度高;前后支承距离较小,加工方便,容易保证其同轴度,能够实现模块化生产。为提高动刚度,限制最大变形量,在齿轮外侧增加辅助支承。辅助支承为径向游隙较大的轴承,且不能预紧,以避免辅助支承同轴度误差造成的影响。由于辅助支承存在间隙,因而当主轴载荷较小、变形量小于间隙值时,辅助支承不起作用;只有载荷较大、主轴辅助支承部位的变形大于间隙值时,辅助支承才起作用。

三、主轴轴向定位

推力轴承在主轴上的位置,影响主轴的轴向精度和主轴热变形的方向和大小。为使主轴具有足够的轴向刚度和轴向定位精度,必须恰当配置推力轴承的位置。轴向推力轴承配置如图 3-20 所示。图 3-20(a)所示为前端定位,推力轴承安装在前轴承内侧,前支承结构复杂,受力大,温升高,主轴受热膨胀向后伸长,对主轴前端位置影响较小,故适用于轴向精度和刚度要求高的高精度机床和数控机床。图 3-20(b)所示为后端定位,前支承结构简单,无轴向力影响,温升低;但主轴受热膨胀向前伸长,主轴前端轴向误差大。这种定位适用于轴向精度要求不高的普通机床,如卧式车床、立铣等。图 3-20(c)所示为两端定位,推力轴承安

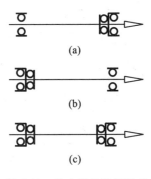

图 3-20　推力轴承配置形式
(a) 前端定位　(b) 后端定位
(c) 两端定位

装在前后两支承内侧,前支承发热较小,两推力轴承之间的主轴受热膨胀时会产生弯曲,即影响轴承的间隙,又使轴承处产生角位移,影响机床精度。这种定位适用于较短的主轴或轴向间隙变化不影响正常工作的机床,如钻床、组合机床等。

任务 3.2.5　掌握主轴主要尺寸确定方法,了解提高主轴部件性能的措施

任务引入

1. 主轴主要尺寸如何确定。

2. 提高主轴部件性能的措施有哪些?

任务分析

1. 了解提高主轴部件性能的措施。

2. 掌握主轴主要尺寸的确定方法。

主轴的尺寸参数主要有：主轴前后支承轴颈 D_1、D_2，主轴内孔直径 d，主轴前端的悬伸量 a 和主轴的支承跨距 l。这些参数直接影响主轴旋转精度和刚度。

一、主轴前支承轴颈的确定

主轴是外伸梁，由材料力学可知，外伸梁的刚度为

$$K = \frac{F}{\delta} = \frac{3EI}{a^2(l+a)}$$

主轴的刚度与其截面惯性矩成正比，而惯性矩与直径的四次方成正比，主轴直径越大，刚度值越大；但直径增大，轴承及传动件尺寸随之增大，在精度不变的前提下，尺寸误差、形位误差会增大；主轴组件质量增加，会导致主传动的空载功率增加；轴承的直径增大，还能使其极限转速降低。因此应综合考虑，合理地确定机床主轴前支承轴颈。在保证组件刚度的同时，尽量减小结构尺寸。

主轴前支承轴颈可按主传动功率选择，如表 3-6 所示；也可按主参数选择，或参考同类机床，在统计分析的基础上，结合计算确定。

车床和铣床的主轴为阶梯形，$D_2 = (0.7 \sim 0.9)D_1$；磨床主轴，$D_2 = D_1$。

表 3-6 主轴前支承轴颈　　　　　　单位：mm

主传动功率/kW	5.5	7.5	11	15
车床	60～90	75～110	90～120	100～160
升降台铣床	60～90	75～100	90～110	100～120
外圆磨床	55～70	70～80	75～90	75～100

二、主轴内孔直径的确定

许多机床都是空心主轴，由力学可知，外径为 D、内径为 d 的空心轴的惯性矩为

$$I_k = \frac{\pi}{64}(D^4 - d^4)$$

与实心主轴惯性矩的比值为

$$\frac{I_k}{I_s} = \frac{D^4 - d^4}{D^4} = 1 - \left(\frac{d}{D}\right)^4 = 1 - \omega^4$$

式中：ω——刚度衰减系数。

刚度衰减系数对主轴刚度的影响如表 3-7 所示。从表中可看出，$\omega > 7$，刚度衰减加快。因此机床上规定 $\omega \leqslant 0.7$。不同的机床对主轴中心孔都有具体要求，如车床主轴 $\omega \leqslant 0.55 \sim 0.6$；铣床主轴的孔径 d 比拉杆直径大 5～10 mm。

表 3-7 刚度衰减系数对主轴刚度的影响

ω	0.5	0.6	0.7	0.75	0.8
刚度损失/(%)	6.25	12.96	24.01	31.64	40.96

三、主轴前端部悬伸量 a 的确定

主轴前端部悬伸量 a 是指主轴定位基面至前支承径向支反力作用点之间的距离。悬伸

量 a 一般取决于主轴端部的结构形式和尺寸、主轴轴承的布置形式及密封形式。在满足结构要求的前提下,应尽量减少悬伸量 a,提高主轴刚度。初步确定时可取 $a=D_1$。为缩短悬伸量 a,主轴前端部可采用短锥结构;推力轴承放在前支承内侧,采用角接触轴承取代径向轴承,接触线与主轴轴线的交点在前支承前面。推力轴承和主轴传动件产生位置矛盾时,由于悬伸量对主轴刚度的影响大,应首先考虑悬伸量,使传动件距前支承略远一些。

四、主轴支承跨距 l 的确定

主轴支承跨距 l 是指两支承支反力作用点之间的距离,是影响主轴组件刚度的重要尺寸参数。

主轴组件的刚度主要取决于主轴的自身刚度和主轴的支承刚度。主轴自身的刚度与支承跨距成反比,即在主轴轴颈、悬伸量等参数一定时,跨距越大,主轴端部变形越大;主轴轴承弹性变形引起的主轴端部变形,则随跨距的增大而减少,即跨距越大,轴承刚度对主轴端部的影响越小。

根据叠加原理,主轴端部最大变形量 δ 是在刚性支承上弹性主轴引起的主轴端部变形量 δ_1 和刚性主轴弹性支承引起的主轴端部变形量 δ_2 的代数和,其力学模型如图 3-21 所示。

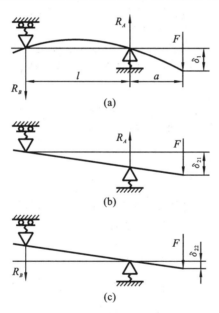

图 3-21 主轴组件刚度分解简图

（a）主轴自身刚度对主轴端部的影像 （b）前支承刚度对主轴端部的影像 （c）后支承刚度对主轴端部的影像

图 3-21(a)所示为弹性主轴在刚性支承上的受力简图,由材料力学可知:当端部受力 F 时,主轴端部变形 δ_1 为

$$\delta_1 = \frac{Fa^2}{3EI}(l+a)$$

图 3-21(b)、图 3-21(c)所示为弹性支承刚性主轴受力简图,R_A、R_B 为前后支承的支反力,K_A、K_B 分别为前后支承的刚度,前后支承的变形量 δ_A、δ_B 分别为

$$\delta_A = \frac{R_A}{K_A} = \frac{F}{K_A}\left(1 + \frac{a}{l}\right)$$

$$\delta_B = \frac{R_B}{K_B} = \frac{F}{K_B}\frac{a}{l}$$

刚性主轴弹性支承引起的主轴端部变形 δ_2 为

$$\delta_2 = \delta_{21} + \delta_{22} = \delta_A\left(1 + \frac{a}{l}\right) + \delta_B\frac{a}{l} = \frac{F}{K_A}\left(1 + \frac{a}{l}\right)^2 + \frac{F}{K_B}\left(\frac{a}{l}\right)^2$$

主轴端部的总挠度 δ 为

$$\delta = \delta_1 + \delta_2 = \frac{Fa^2}{3EI}(l+a) + \frac{F}{K_A}\left[\left(1 + \frac{a}{l}\right)^2 + \frac{K_A}{K_B}\left(\frac{a}{l}\right)^2\right]$$

主轴组件的柔度 H 为

$$H = \frac{\delta}{F} = \frac{a^2}{3EI}(l+a)^2 + \frac{1}{K_A}\left[\left(1 + \frac{a}{l}\right)^2 + \frac{K_A}{K_B}\left(\frac{a}{l}\right)^2\right]$$

在上式中，$E = 2.06 \times 10^5$ MPa。计算惯性矩时，外径 $D = (D_1 + D_2)/2$；悬伸量 a 已确定；轴承型号确定后，刚度 K_A、K_B 可计算出来。因此引起柔度 H 变化的唯一因素是跨距 l。

柔度 H 的二阶导数为

$$H'' = \frac{1}{K_A}\left(\frac{6a^2}{l^4} + \frac{4a}{l^3}\right) + \frac{1}{K_B}\frac{6a^2}{l^4}$$

由上式可知，柔度 H 的二阶导数大于零，因此，主轴组件存在最小柔度值，即最大刚度值。当柔度 H 一阶导数等于零时，主轴组件刚度为最大值，这时的跨距 l 应为最佳跨距 l_0，即

$$H' = \frac{a^2}{3EI} + \frac{1}{K_A}\left(\frac{-2a}{l_0^2} - \frac{2a^2}{l_0^3}\right) + \frac{1}{K_B}\frac{-2a^2}{l_0^3} = 0$$

整理后得

$$l_0^3 - \frac{6EI}{K_A a}l_0 - \frac{6EI}{K_A}\left(1 + \frac{K_A}{K_B}\right) = 0$$

可通过解一元三次方程，得到最佳支承跨距 l_0；考虑到剪切变形的影响，在上式中，加入修正项，用计算机循环计算。修正后将 l_0 写为

$$l_0 = \left\{\left[\frac{6EI}{K_A a} + 0.5417(D^2 - d^2)\right]l + \frac{6EI}{K_A}\left(1 + \frac{K_A}{K_B}\right)\right\}^{\frac{1}{3}}$$

计算顺序为：①将 $l = 4a$ 代入式中，计算出 l_{01}；②将 $l = l_{01}$ 代入式中，计算出 l_{02}；③将 $l = l_{02}$ 代入式中，计算出 l_{03}；④将 $l = l_{04}$ 代入式中，计算出 l_{04}，l_{04} 即为千分位的精确值。

五、主轴组件的刚度校核

结构设计完成后，所有的结构和尺寸参数已经确定，由于主轴组件是机床最关键的部件之一，因此必须校核计算主轴组件在计算转速、额定载荷时的刚度或挠度。具体计算查阅相关手册。

六、提高主轴部件性能的措施

（1）提高旋转精度　在保证主轴制造精度，保证轴承精度的同时，采用定向误差装配法

可进一步提高主轴组件的旋转精度。

　　主轴组件装配后,插入主轴锥孔的测量心轴的径向圆跳动值 δ_1 是主轴轴承的径向圆跳动量引起的主轴端部的径向圆跳动值 δ_{z1}、δ_{z2} 和主轴锥孔相对于前后支承轴颈的径向圆跳动值 δ_{zc} 的综合反映。δ_{z1}、δ_{z2} 都有方向性,因此这三项跳动要注意主轴按一定方向装配,可使误差相互抵消。

　　首先,测出前后轴承内圈的径向圆跳动值及其方向,计算出 δ_{z1}、δ_{z2};将主轴放在 V 形架上,测出锥孔的径向圆跳动值 δ_{zc}。将三项误差按方向首尾连接,形成封闭三角形,利用余弦定理,求出 α、β 值,按此角度装配,可基本抵消误差,提高主轴旋转精度,如图 3-22(a)所示。为简化装配,或三误差不能形成封闭三角形时,可将数值小的两误差朝向一个方向,而较大的误差朝相反方向,使其和 δ_1 减小,如图 3-22(b)所示。

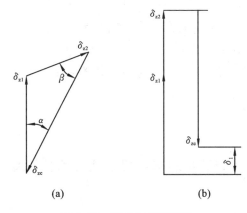

图 3-22　误差矢量装配法
(a) 封闭法　(b) 定向法

　　(2) 提高刚度　除提高主轴自身刚度外,可采用以下措施:①角接触轴承为前支承时,接触线与主轴轴线的交点应位于轴承前面;②传动件应位于后支承外侧,且传动力使主轴端部变形的方向,不能和切削力造成的主轴端部的变形方向相同,两者的夹角应大一些,最佳为 180°,以部分补偿切削力造成的变形;主轴为带传动时,应采用卸荷式机构,避免主轴承受传动带拉力;齿轮也可采用卸荷式机构;③适当增加一个支承内的轴承数目,适度预紧,采用辅助支承,以提高支承刚度。

　　(3) 提高动刚度　除提高主轴组件的静刚度,使固有频率增高,避免共振外,可采用如下措施:①用圆锥液压胀套取代螺纹等轴向定位件;径向定位采用小锥度过盈配合或渐开线花键;滑移齿轮采用渐开线花键配合;②采用三支承主轴;③旋转零件的非配合面全部进行较精密的切削加工,并做动平衡试验;④设置消振装置,增加阻尼;可在较大的齿轮上切削出一个圆环槽,槽内灌注铅,主轴转动时,铅就会产生相对微量运动,消耗振动能量,从而抑制振动;如果是水平主轴,可采用动压滑动轴承,提高轴承阻尼;圆锥滚子轴承的滚子大端有滑动摩擦,阻尼比其他滚动轴承高,因而在极限转速许可的情况下,优先采用圆锥滚子轴承,增加滚动轴承的预紧力,也可增加轴承的阻尼;⑤采用动力油润滑轴承,控制温升,减少热变形。

思考与训练

1. 为什么要对机床主轴提出旋转精度、刚度、抗振性、温升及耐磨性要求？

2. 主轴部件采用的滚动轴承有哪些类型，其特点和选用原则是什么？

3. 试分析主轴的结构参数：跨度 l、悬伸量 a、外径 D 及内孔 d 对主轴部件抗弯刚度的影响。

4. 主轴前后轴承的径向圆跳动量分别为 δ_A、δ_B，试计算 δ_A、δ_B 在主轴前端 C 处引起的径向圆跳动。

5. 提高主轴刚度的措施有哪些？

6. 主轴的轴向定位有几种，各有什么特点？CA6140 车床为什么采用后端定位，而数控机床为什么都采用前端定位？

7. 怎样根据机床切削力的特性选择主轴滚动轴承的精度？

8. 选择主轴材料的依据是什么？

9. 主轴的技术要求主要有哪几项？若达不到这些要求会有什么影响？

项目 3.3　支承件设计

任务 3.3.1　了解支承件应满足的基本要求及支承件的受力分析

任务引入

1. 支承件应满足的基本要求有哪些？

2. 如何进行支承件的受力分析？

任务分析

1. 了解支承件应满足的基本要求。

2. 掌握支承件的受力分析方法。

机床的支承件包括床身、立柱、横梁、摇臂、箱体、底座、工作台、升降台等。它们相互连接，构成机床基础，支承机床工作部件，并保证机床零部件的相对位置和相对运动精度。因此，支承件决定了机床的动态刚度，支承件设计是机床设计的重要环节之一。

一、支承件应满足的基本要求

（1）支承件应有足够的静刚度和较高的固有频率。支承件的静刚度包括整体刚度、局部刚度和接触刚度。如卧式车床床身，载荷通过支承导轨面施加到床身上，使床身产生整体弯曲扭转变形，且使导轨产生局部变形和导轨面产生接触变形，如图 3-23 所示。

支承件的整体刚度又称为自身刚度，与支承件的材料以及截面形状、尺寸等影响惯性矩的参数有关。局部刚度是指支承件载荷集中的局部结构处抵抗变形的能力，如床身导轨的刚度，主轴箱在主轴轴承孔处附近部位的刚度，摇臂钻床的摇臂在靠近立柱处的刚度以及底座安装立柱部位的刚度等。接触刚度是指支承件的结合面在外载作用下抵抗接触变形的能

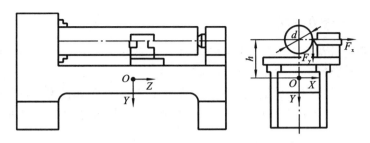

图 3-23 卧式车床床身静力分析简图

力,接触刚度 K_j 用结合面的平均压强 p(MPa)与变形量 δ(μm)之比表示。图 3-24 所示为车床床身变形对工件精度影响的简图。由于结合面在加工中存在平面度误差和表面精度误差,当接触压强很小时,结合面只有几个高点接触,实际接触面积很小,接触变形大,接触刚度低;接触压强较大时,结合面上的高点产生变形,接触面积扩大,变形量的增加比例小于接触压强的增加,因而接触刚度较高,即接触刚度是压强的函数,随接触压强的增加而增大。接触刚度还与结合面的结合形式有关,活动接触面(结合面间有相对运动)的接触刚度小于等接触面积固定接触面(结合面间无相对运动)的接触刚度。由此可知,接触刚度取决于结合面的表面粗糙度和平面度、结合面的大小、材料硬度、接触面的压强等因素。

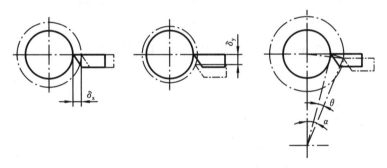

图 3-24 车床床身变形对工件精度影响的简图

支承件的固有频率是刚度与质量比值的平方根,即 $K = m\omega_0^2$,固有频率的单位为 rad/s;当激振力(如断续切削力、旋转零件的离心力等)的频率 ω 接近固有频率时,支承件将产生共振。设计时应使固有频率高于激振频率 30%,即 $\omega_0 > 1.3\omega$。由于激振力多为低频,故支承件应有较高的固有频率。在满足刚度的前提下,应尽量减小支承件的质量。另外,支承件的质量往往占机床总质量的 80% 以上,固有频率在很大程度上反映了支承件的设计合理性。

(2) 良好的动态特性。支承件应有较高静刚度、固有频率,使整机的各阶固有频率远离激振频率,在切削过程中不产生共振;支承件还必须有较大的阻尼,以抑制振动的振幅;薄壁面积应小于 400 mm×400 mm,避免薄壁振动。

(3) 支承件应结构合理,成形后进行时效处理,充分消除内应力,形状稳定,热变形小,使其受热变形后对加工精度的影响较小。

(4) 支承件应排屑畅通;工艺性好,易于制造,成本低;吊运、安装方便。

二、支承件的受力分析

支承件的静力分析是支承件设计的首要环节。通过受力分析,找出影响支承件刚度的最大因素;根据分析计算,相关技术资料,进行结构设计。

支承件的功能是支撑和承载。因而支承件承受多个载荷,如切削力,所支承零部件的质量、传动力等。按照各载荷对机床支承件的不同影响,将机床分为中小型机床、精密和高精度机床、大型机床。

(1)中小型机床　该类机床的载荷以切削力为主。工件的质量、移动部件(如中小型卧式车床的刀架)的质量等相对较小,支承件在受力分析时可忽略不计。

(2)精密和高精度机床　该类机床的工艺特性是精加工,切削力小,支承件在受力分析时可忽略。载荷以移动部件的质量和热应力为主。如双柱立式坐标镗床的横梁,受力分析时,主要考虑主轴箱在横梁中部时,引起的横梁弯曲和扭转变形。

(3)大型机床　该类机床加工的工件大而重,切削力大,移动部件的质量也较大,因而支承件受力分析时,工件质量、移动部件质量和切削力都要考虑。如重型车床、落地式车床、落地式镗铣床、龙门式铣刨床等。

在对静力分析时,通常将截面尺寸远小于长度或高度的支承件简化为梁或柱;将截面尺寸远大于高度或长度的支承件简化为板;将截面尺寸与长度或高度为同一尺寸数量级的支承件视为箱体。

任务 3.3.2　支承件的结构设计及提高支承件静刚度的措施

任务引入

1. 支承件的结构如何设计?
2. 提高支承件静刚度的措施有哪些?

任务分析

1. 掌握支承件的结构设计方法。
2. 了解提高支承件静刚度的措施。

一、支承件的结构设计

支承件的变形主要是弯扭变形。而抗弯刚度、抗扭刚度都是截面惯性矩的函数,随支承件截面惯性矩的增大而增加。表 3-8 所示为不同形状支承件的抗弯抗扭惯性矩及其比较,表中各支承件的截面积皆为 10 000 mm^2。

表 3-8　截面形状与惯性矩的关系

序号	1	2	3	4
截面形状	$\phi113$	$\phi160$	$\phi196$	$\phi196$

续表

序号		1	2	3	4
I_w	cm⁴	800	2 416	4 027	—
	%	100	302	503	—
I_n	cm⁴	1 600	4 832	8 054	108
	%	100	302	503	7

序号		5	6	7	8
截面形状		100×100 实心方形	141×141 空心方形	173×173 空心方形	250×95（63×218）空心矩形
I_w	cm⁴	833	2 460	4 170	6 930
	%	104	308	521	866
I_n	cm⁴	1 406	4 151	7 037	5 590
	%	88	259	440	350

从表中可看出:①空心截面比实心截面的惯性矩大;加大轮廓尺寸,减少壁厚,可提高支承件的刚度;设计时在满足工艺要求的前提下,应尽量减小壁厚;②方形截面的抗弯刚度比圆形截面的抗弯刚度大,而抗扭刚度比圆形截面的抗扭刚度低;矩形截面在高度方向上的抗弯刚度比方形截面的抗弯刚度大,而宽度方向上的抗弯刚度和抗扭刚度比方形截面的抗弯刚度和抗扭刚度小,因此,承受一个方向弯矩为主的支承件,其截面形状应为矩形,高度方向应为受弯方向;承受弯扭组合作用的支承件,截面形状应为方形;承受纯扭矩的支承件,其截面形状应为圆环形;③不封闭截面的刚度远小于封闭的截面刚度,其抗扭刚度下降更大;因此,在可能的情况下,应尽量把支承件做成封闭形状。截面不能封闭的支承件应采取补偿刚度的措施。

二、提高支承件静刚度的措施

空心床身铸造时须安装型芯和清砂,从铸造工艺考虑,支承件的截面也不能完全封闭;为减少机床占地面积,使结构紧凑,床身、主轴箱等支承件中要安装电器元件、液压元件和传动装置等零部件,从性能考虑,支承件的截面也不能完全封闭;卧式机床床身由于考虑排屑、切削液的回流,中间部分往往不能上下封闭。支承件不封闭的部位,将存在刚度损失,必须进行补偿。导轨支承工作部件,并为其导向,因而导轨刚度要求高,壁厚相对较大,导轨与床身的连接部位除要求平滑过渡、防止应力集中外,还应加强过渡连接处的局部刚度。另外,箱体的轴承孔处也应有提高刚度的措施。

1. 隔板和加强肋

连接外壁之间的内壁称为隔板,又称为肋板。隔板的作用是将局部载荷传递给其他壁板,从而使整个支承件能比较均匀地承受载荷。因此,支承件不能采用全封闭截面时,应采用隔板等措施加强支承件的刚度。

纵向隔板能提高抗弯刚度,如图 3-25 所示,当纵向隔板的高度方向与载荷 F 的方向相同时,增加的惯性矩为 $\frac{1}{12}h^3b$;当纵向隔板的高度方向与作用力 F 的方向垂直时,增加的惯性矩为 $\frac{1}{12}hb^3$。由于 $l\gg b$,所以纵向隔板的高度方向应垂直于弯曲面的中性层。

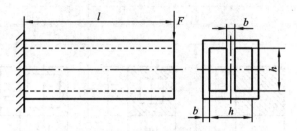

图 3-25　支承件的纵向隔板

横向隔板能提高抗扭刚度。如图 3-26 所示,方框形截面($h=b$)悬臂梁的长度为 l,$l=2.62h$,无横向隔板时的相对抗扭刚度为 1;当增加端面横向隔板 1 时,抗扭刚度为 4,即抗扭刚度提高 3 倍;均匀布置 3 条横向隔板后,抗扭刚度为 8,即抗扭刚度提高 7 倍。一般情况下,横向隔板的间距 $l=(0.865\sim1.31)h$。

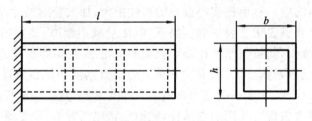

图 3-26　支承件的横向隔板

斜向隔板既能提高抗弯刚度,又能提高抗扭刚度。可将斜向隔板视为折线式或波浪形的纵向隔板,隔板和前后壁每连接一次,形成一个横隔板,即斜隔板是由多个横隔板和纵隔板的连续组合而形成的,如图 3-27 所示。因此可提高抗弯和抗扭刚度。较长的支承件常采用这种隔板。

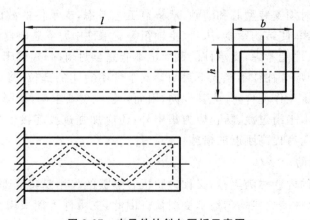

图 3-27　支承件的斜向隔板示意图

加强肋又称为肋条。一般配置在外壁内侧或内壁上。其主要用途是加强局部刚度和减少薄壁振动。图 3-28(a)所示的加强肋用来提高导轨与床身过渡连接处的局部刚度;图 3-28(b)所示的加强肋用来提高箱体轴承孔处的局部刚度;图 3-28(c)、(d)、(e)所示为工作台等板形支承件的加强肋,可提高抗弯刚度,避免薄壁振动。加强肋高度约为支承件壁厚的 5 倍。图 3-29 所示为立柱隔板和加强肋布置简图。

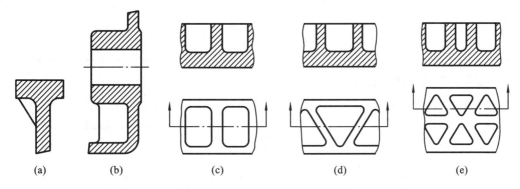

图 3-28　支承件的加强肋示意图

(a) 导轨与床身连接过渡处的肋条　(b) 轴承孔处的肋条　(c) 工作台的方形肋条
(d) 工作台的 W 形肋条　(e) 工作台的 X 形肋条

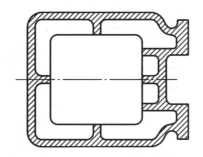

图 3-29　立柱隔板加强肋简图

在满足工艺要求和刚度的前提下,应尽量减少支承件的壁厚和隔板、加强肋的厚度。铸铁支承件的外壁厚 t 可根据当量尺寸 C 来选择(见表 3-9)。

当量尺寸 C 可表示为

$$C = \frac{1}{3}(2l + b + h)$$

式中,l、b、h——支承件的长、宽、高(m)。

支承件的壁厚、隔板厚度和加强肋的厚度也可按支承件的质量(kg)或最大外形尺寸(mm)确定,隔板的厚度可取 $(0.8\sim1)t$,加强肋的厚度可取 $(0.7\sim0.8)t$。如表 3-10 所示。

表 3-9　根据当量尺寸 C 选择壁厚 t　　　　　单位:mm

C	0.75	1.0	1.5	1.8	2.0	2.5	3.0	3.5	4.0
t	8	10	12	14	16	18	20	22	25

表 3-10　支承件壁厚、隔板和加强肋的厚度　　　　　　　单位:mm

质量/kg	外形尺寸	壁厚	隔板厚	加强肋厚	质量/kg	外形尺寸	壁厚	隔板厚	加强肋厚
≤5	≤300	7	6	5	101~500	1700	14	12	8
6~10	500	8	7	5	501~800	2500	16	14	10
11~60	750	10	8	6	801~1200	3000	18	16	12
61~100	1250	12	10	8	>1200	>3000	20~30		

2. 支承件开孔后的刚度补偿

立柱或梁中为安装机件或工艺的需要,往往需要开孔。立柱或梁上开孔会造成刚度损失。刚度的降低与孔的位置和大小有关。表 3-11 所示为立柱或梁上孔的尺寸对刚度的影响。

表 3-11　立柱或梁上孔的尺寸对刚度的影响

序号	1	2	3
结构件图			
相对抗扭刚度	1	0.73	0.65
相对抗弯刚度 $x-x$	1	0.88	0.82
相对抗弯刚度 $y-y$	1	0.94	0.88
序号	4	5	6
结构件图			
相对抗扭刚度	0.62	0.20	0.33
相对抗弯刚度 $x-x$	—	0.80	0.89
相对抗弯刚度 $y-y$		0.85	0.89

注:立柱或梁的横截面为方框形,边长为 b。

从表 3-11 可知,在弯曲平面垂直的壁上开孔,抗弯刚度损失大于在弯曲平面平行的壁上开孔的抗弯刚度损失;在立柱或梁上开孔,抗扭刚度的损失比抗弯刚度的损失大。对于矩形截面的抗扭刚度,在较窄的壁上开孔,对刚度的影响比在较宽的壁上开孔的影响大。为弥补开孔后的刚度损失,可在孔上加盖板,用螺栓将盖板固定在壁上,也可将孔的周边加厚(翻边),如表 3-12 中的序号 6;在翻边的基础上,加嵌入式盖板,补偿效果最佳。表 3-12 中的序号 6 加嵌入式盖板后,相对抗弯刚度为 0.91,相对抗扭刚度为 0.41。另外,在孔周边翻边,可增加局部刚度,翻边直径 D 与孔径 d 之比 $D/d \leqslant 2$,壁厚 t 与翻边高度 h 的比值 $t/h \leqslant 2$ 时,刚度增加较大。

一般情况下,立柱或梁外壁上开孔的尺寸应小于该方向尺寸的 20%;如开孔尺寸不大于该方向尺寸的 10%,则孔的存在对刚度的影响较小,故不需进行刚度补偿。

三、提高接触刚度

相对滑动的连接面和重要的固定结合面须进行精磨或配对刮研,以增加真实的接触面积,提高其接触刚度。固定结合面精磨时,表面轮廓的算术平均偏差 $Ra \leqslant 1.6~\mu m$;配对刮削时,在 $25.4~mm \times 25.4~mm$ 平面内,高精度机床均布的刮研点数不少于 12 点,精密机床为 8 点,普通机床应不少于 6 点。

紧固螺栓应使结合面有不小于 2 MPa 的接触压强,以消除结合面的平面度误差,增大真实的结合面积,提高结合刚度。结合面承受弯矩时,应使较多的紧固螺栓布置在受拉一侧,承受拉应力;结合面承受转矩时,螺栓应远离扭转中心,均匀地分布于四周。支承件的连接凸缘可采用加强肋增加局部刚度,如图 3-30 所示,图(a)为壁龛式加强肋,图(b)为三角形加强肋。

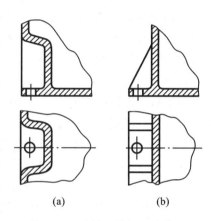

图 3-30 连接凸缘加强肋简图
(a) 壁龛式加强肋 (b) 三角形加强肋

任务 3.3.3 支承件的材料及提高支承件动刚度的措施

任务引入

1. 支承件的材料如何选择?
2. 提高支承件动刚度的措施有哪些?

任务分析

1. 掌握支承件的材料选择方法。
2. 了解提高支承件动刚度的措施。

一、支承件的材料

1. 铸铁

一般支承件用灰铸铁制成,在铸铁中加入少量合金元素如铬、硅、稀土元素等,可提高其耐磨性。铸铁铸造性能好,容易得到复杂的形状,且阻尼大,有良好的抗振性能,阻尼比 $\delta=$ $(0.5\sim3)\times10^{-3}$。铸件因壁厚不匀导致在冷却过程中产生铸造应力,所以铸造后必须进行时效处理,并尽量采用自然时效。自然时效是将铸件放在露天,任其日晒雨淋,少则 1 年,多则 3~5 年;精密机床支承件除粗加工前进行自然时效外,粗加工后还应进行人工时效处理,充分消除铸造应力。人工时效是将工件放在 200 ℃以下的退火炉中,以 60~80 ℃/h 的加热速度缓慢加温到 530~550 ℃,铸件壁厚 20 mm 时保温 4 h,壁厚每增加 25 mm,保温时间增加 2 h,然后以 30 ℃/h 的冷却速度炉冷至 200 ℃以下出炉。梁类支承件,如床身、立柱、横梁等,也可利用共振原理进行振动时效,消除内应力。振动时效时,支承件放在弹性支承(如废轮胎)上,激振器安装在支承件中部。激振器的频率为一次横向弯曲振动的共振频率。激振器可视为质量偏心的、偏心矩可调的无级变速电动机。这种方法时效时间短,较人工时效节能。其缺点是按照一次弯曲共振频率时效,中间部分振幅大,消除应力效果好,两端振幅小,效果较差。

镶装导轨的支承件,如床身、立柱、横梁、底座、工作台等,常用的灰铸铁牌号为 HT150;与导轨制作在一起的支承件,常采用 HT200;齿轮箱体常采用 HT250;主轴箱箱体常采用 HT300、HT350。

2. 钢材

用钢板和型钢焊接的支承件,其制造周期短,不用制作木模,特别适合于生产数量少品种多的大中型机床床身的制造。由于钢的弹性模量 $E=2.06\times10^5$ MPa,铸铁的弹性模量 $E=1.22\times10^5$ MPa,钢的弹性模量约为铸铁的 1.7 倍,所以钢板焊接床身的抗弯刚度约为铸铁床身的 1.45 倍。在刚度要求相同时,钢板焊接床身的壁厚比铸铁床身减少 1/2,质量减小 20%~30%。焊接床身可做成封闭的结构。钢板焊接床身的缺点是阻尼约为铸铁的 1/3,抗振性能差。为提高其抗振性能,可采用阻尼焊接结构或在空腔内充入混凝土等措施。

焊接床身常用钢材型号为 Q235-A、20 钢。床身壁厚如表 3-12 所示。

表 3-12 焊接床身壁厚 单位:mm

机床规格	外壁、隔板厚度	加强肋厚度	导轨支承壁厚度
大型机床	20~25	15~20	30~40
中型机床	8~15	6~12	18~25

3. 预应力钢筋混凝土

预应力钢筋混凝土主要制作不常移动的大型机床的床身、底座、立柱等支承件。钢筋的配置和预应力的大小对钢筋混凝土的影响较大。当三个坐标方向都设置钢筋,且预应力皆为 120~150 kN 时,预应力钢筋混凝土支承件的刚度比铸铁高几倍,且阻尼比铸铁大,抗振性能优于铸铁,制造工艺简单,成本低。其缺点是:脆性大,耐蚀性差,油渗入后会导致材质疏松,所以表面应进行喷漆或喷涂塑料,或将钢筋混凝土周边用金属板覆盖,金属板间焊接封闭结构。支承件的连接,可采用预埋加工后的金属件,或二次浇注。

4. 树脂混凝土

树脂混凝土是制造机床床身的新型材料,又称人造花岗岩。之所以称为树脂混凝土,是因为以树脂和稀释剂代替混凝土中的水泥和水,与各种尺寸规格的花岗岩块或大理石块等骨料均匀混合、捣实固化而形成的。树脂为黏合剂,相当于水泥,常用不饱和聚酯树脂、环氧树脂、丙烯酸树脂等合成树脂。稀释剂的作用是降低树脂黏度,浇注时有较好的渗透力,防止固化时产生气泡。有时还要加入固化剂,改变树脂分子链结构,使原有的线型或支链型结构转化成体型分子链结构,有时还要加入增韧剂,提高树脂混凝土的抗冲击性能和抗弯强度。

树脂混凝土的力学性能及其与铸铁的比较如表 3-13 所示。另外,树脂混凝土的阻尼比为灰铸铁的 8～10 倍,因而抗振性能好;对切削液、润滑剂等有极好的耐蚀性;与金属黏接力强,可根据不同的结构要求,预埋金属件,减少金属加工量;生产周期短,浇注时无大气污染,浇注出的床身静刚度比铸铁床身的静刚度高 16%～40%。树脂混凝土的缺点是某些力学性能,如抗拉强度较低。它可用增加预应力钢筋或加强纤维来提高抗弯刚度;用钢板焊接出支承件的周边框架,在空腔中充入树脂混凝土而形成的结构,适合于大中型机床结构较简单的支承件。

表 3-13　树脂混凝土的力学性能及其与铸铁的对比

性　能	树脂混凝土	铸　铁	性　能	树脂混凝土	铸　铁
密度	2.4	7.0	对数衰减率	0.04	
弹性模量/MPa	3.8×10^4	1.22×10^5	线膨胀系数	16×10^{-6}	11×10^{-6}
抗压强度/MPa	145		热导率/[W/(m·K)]	1.5	54
抗拉强度/MPa	14	250	比热容/[J/(kg·K)]	1 250	544

二、提高支承件动刚度的措施

机床是由部件组合而成的,部件是由许多零件或构件装配形成的。机床存在许多运动接触面和固定接触面,这些接触面的接触刚度和接触面的阻尼比是不同的;结构在不同的方向具有不同的刚度;因而机床存在许多固有频率和主振型。常见的振动有:整机摇晃振动、结合面间的相对振动和零部件的本体振动。

整机摇晃振动是机床整体在地基支承上的振动。摇晃振动时,机床上各点振幅沿高度和长度方向呈线性分布。垂直于宽度方向平面内的摇晃的共振频率最低。整机摇晃动刚度主要取决于支承件连接部位和基础的刚度与阻尼,共振频率为 15～30 Hz,阻尼比 $\xi = 0.03$～0.06。

结合面处部件间的相对振动是指整个部件作为一个刚体在结合面处相对于另一部件的直线振动或扭转振动。对于移动结合面,共振频率较低(40～100 Hz),阻尼比 $\xi = 0.04$～0.1;对于固定结合面,共振频率为 80～150 Hz,高于移动结合面的共振频率,阻尼比 $\xi = 0.02$～0.05,则比移动结合面的阻尼比低。

机床零部件的本体振动,如主轴组件的弯曲振动、传动系统的扭转振动、支承件的弯曲振动和扭转振动等。床身的一次水平弯曲振动,主振系统是床身,共振频率为 80～140 Hz,振动的特点是:各点的振动方向一致,同一横截面上的上下各点的振幅相差不大,越接近长度方向(Z 轴),中部振幅越大。床身的一次扭转振动,共振频率为 30～120 Hz,其振动的特点是:两端振动方向相反,振幅为两端大中间小;床身二次水平弯曲振动,共振频率为 90～150 Hz。

各种振动对加工精度的影响并不相同。对车床来讲,整机摇晃振动引起刀具和工件的相对振动较小,只要刀架、溜板箱、主轴箱中没有与整机摇晃振动相同固有频率的零件,其危害就不大。一次水平弯曲,引起工件与刀具之间的相对振动;该振动直接影响加工精度。床身的扭转振动,也在刀具和工件之间引起有害的振动,且影响是线性的,使加工件留下振纹。扭转振动和一次弯曲振动频率低,易在主轴范围内多刃切削时形成共振,危害较大。

主轴组件的动刚度为

$$K_\omega = K \sqrt{(1-\lambda^2)^2 + 4\xi^2\lambda^2}$$

将支承件振动系统的阻尼比(振动系统的阻尼由结合面的摩擦阻尼和材料的内摩擦阻尼组成,通常结合面的阻尼占主要地位)取代主轴轴承的阻尼比,上式就成为支承件的动刚度。利用导数性质,可求出动刚度相对于频率比的极值,即共振时的动刚度 $K_{\omega min}$ 为

$$K_{\omega min} = 2K\xi \sqrt{1-\xi^2} \approx 2K\xi$$

共振时,$\lambda = \dfrac{\omega}{\omega_0} = \sqrt{1-2\xi^2} \approx 1-\xi^2 \approx 1$。为便于对机床支承件动刚度进行分析比较,一般以共振时的动刚度作为支承件的动刚度。从上式可知,要提高支承件的动刚度,应提高支承件的静刚度和阻尼比;或通过提高静刚度来提高支承件的固有频率,使激振频率远小于支承件自身的固有频率,避免共振,从而提高动刚度。

1. 提高静刚度和固有频率

在不增加支承件质量的前提下,合理地选择支承件的截面形状,合理地布置隔板和加强肋,是提高静刚度和固有频率的简单而有效的方法。

2. 增加阻尼

对于铸铁支承件,可保留型芯,采用封砂结构。普通卧式车床床身可采用双壁支承导轨,型芯安装在铁板上(铁板为床身外壁的一部分)。该铁板固定在型腔中,并与床身外壁浇注在一起形成局部的封砂结构,如图 3-31 所示。

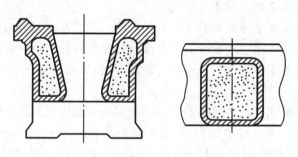

图 3-31　普通卧式车床床身

卧式数控车床为减少床身的热变形,将床身导轨倾斜于工件后上方,使切屑不与床身接触,避免了切屑携带的切削热的传递;切屑不与床身接触,使床身可采用封闭结构,以提高床身的静刚度;型腔内可保留型芯,提高动刚度,如图 3-32 所示。图 3-32(a)所示为中型车床,图3-32(b)所示为大型数控车床,床身底座材料可为预应力钢筋混凝土或树脂混凝土。焊接

支承件，其阻尼比与焊接方式、焊接长度、焊缝间距有关，如表 3-14 所示。焊接长度为结构件长度的 58.7% 时，静刚度略有降低，而动刚度显著提高，这种断续焊接的结构称为阻尼焊接结构。其实质是结合面受载后产生较大压力，未焊接的部位在振动中做微小的相对滑移，消耗一部分振动能量，从而提高了动刚度。图 3-33 所示的是增加结合面阻尼的焊接结构，它是通过预加载荷使焊接部位宽度为 B 的平面紧密接触，振动时具有一定接触应力的平面相对微小滑移，利用材料结合面的摩擦阻尼提高抗振性能。焊接结构和铸件，都可在空腔内充注水泥或高阻尼材料，可进一步提高阻尼比。图 3-34 所示为升降台铣床悬梁悬伸部分的断面图，在箱形铸件中装入四个铁块，并充满直径为 6～8 mm 的钢球，再注满高黏度油，振动时，油在钢球间运动产生的黏性摩擦及钢球、铁块间的碰撞，可消散振动能量，增大阻尼。日常生活中使用的日光灯，整流器线圈周围充满沥青，也是为了消除电磁振动。可采用预应力钢筋混凝土、树脂混凝土等高阻尼材料作为支承件；支承件外表面可刷涂高阻尼材料如沥青基胶泥减振剂、高分子聚合物、机床泥子等。涂层厚度越大，阻尼越大。这是在不改变结构设计和刚度又提高阻尼的方法，阻尼比可达 $\xi = 0.05\sim0.1$。

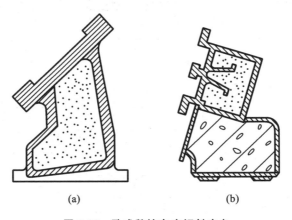

(a)　　　　　　　　(b)

图 3-32　卧式数控车床倾斜床身

（a）中型卧式数控车床　（b）大型卧式数控车床

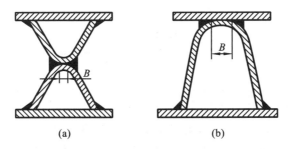

(a)　　　　　　　　(b)

图 3-33　增加结合面阻尼的焊接结构

（a）X 形阻尼焊接结构　（b）倒 U 形阻尼焊接结构

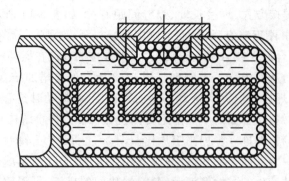

图 3-34　铣床悬梁的阻尼结构

表 3-14　不同焊缝尺寸对构件刚度的影响

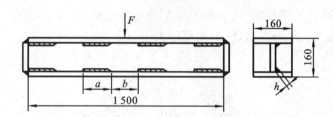

焊接方式	单面焊缝						双侧焊缝
焊角高 h/mm	4.0	4.0	4.0	4.0	4.5	5.5	5.5
焊缝长 a/mm	220	270	320	1 500	1 500	1 500	1 500
焊缝间距 b/mm	203	140	73	0	0	0	0
焊接率/(%)	58.7	72	85.3	100	100	100	100
固有频率 ω_0/Hz	175	183	190	196	196	201	210
静刚度 K/(N/μm)	28.4	30.8	32.6	33.0	33.5	35.0	35.8
阻尼比 ξ	2.3	0.34	0.33	0.32	0.30	0.29	0.25
动刚度 K_ω/(N/μm)	13	2.1	2.15	2.1	2.0	2.0	1.8

注:阻尼比为表中值乘以 0.001。

思考与训练

1. 为什么多数数控车床采用倾斜床身?
2. 怎样提高支承件的动态刚度?
3. 隔板和加强肋各有什么作用,使用原则有哪些?
4. 试述铸铁支承件、焊接支承件的优缺点,并说明其应用范围。
5. 树脂混凝土支承件有什么特点,目前应用于什么类型的机床?
6. 支承件截面形状的选用原则是什么?
7. 怎样补偿不封闭支承件的刚度损失?
8. 为什么固定结合面要求有较高的表面精度?

项目 3.4 导轨设计

任务 3.4.1 了解导轨的功用和基本要求,掌握滑动导轨结构设计方法

任务引入

1. 导轨的功用和基本要求有哪些?
2. 如何进行滑动导轨结构设计?

任务分析

1. 了解导轨的功用和基本要求。
2. 掌握滑动导轨结构设计方法。

一、导轨的功用和基本要求

导轨的功用是支承并引导运动部件沿一定的轨迹运动,它承受其支承的运动部件和工件(或刀具)的质量及切削力。

导轨按运动性质可分为主运动导轨、进给运动导轨和移置导轨。主运动导轨副之间相对运动速度较高,主要用于立车花盘及龙门铣刨床、普通刨插床、拉床、插齿机等的主运动导轨;进给运动导轨副之间的相对运动速度较低,机床中大多数导轨属于进给运动导轨。移置导轨的功能是调整部件之间的相对位置,在机床工作中没有相对运动,如卧式车床的尾座导轨等。

导轨按摩擦性质,可分为滑动导轨和滚动导轨。滑动导轨又可细分为静压滑动导轨、动压滑动导轨和普通滑动导轨。静压导轨是液体摩擦,导轨副之间有一层压力油膜,多用于高精度机床进给导轨。动压导轨也是液体摩擦,与静压导轨的区别仅在于油膜的形成不同,静压导轨靠液压系统提供压力油膜,动压导轨利用滑移速度带动润滑油从大间隙处向狭窄处流动,形成动压油膜;因而动压导轨适用于运动速度较高的主运动导轨。普通滑动导轨为混合摩擦,导轨间有一定动压效应,但由于速度较低,油楔不能隔开导轨面,导轨面仍处于直接接触状态。机床中大多数导轨属于混合摩擦。滚动导轨在导轨面间装有滚动元件(绝大多数为钢球),因而是滚动摩擦,广泛应用于数控机床和精密、高精度机床中。

导轨按受力状态,可分为开式导轨和闭式导轨。开式导轨利用部件质量和载荷,使导轨副在全长上始终保持接触;开式导轨不能承受较大的倾覆力矩,适用于大型机床的水平导轨。当倾覆力矩较大时,为保持导轨副始终接触,需增加辅助导轨副,图 3-35 所示的压块和床身导轨的下底面 a 组成辅助导轨副,从而形成闭式导轨。也可以说,闭式导轨去掉辅助导轨副就是开式导轨。

导轨具有承载和导向功能,且多数导轨的摩擦状态为混合摩擦。所以,导轨应满足如下要求。

1. 导向精度

导向精度主要是指导轨副相对运动时的直线度(直线运动导轨)或圆度(圆周运动导轨)。影响导向精度的因素很多,如导轨的几何精度和接触精度、导轨的结构形式和装配精

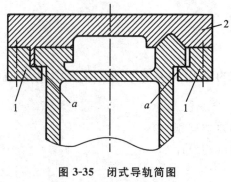

图 3-35　闭式导轨简图
1—压块；2—床身导轨

度、导轨和支承件的刚度和热变形等。动压导轨和静压导轨还与油膜刚度有关。导轨的几何精度直接影响导向精度，因此在国家标准中对导轨纵向直线度及横向直线度的检验都有明确规定。接触精度指导轨副摩擦面实际接触面积占理论面积的百分比。磨削和刮研的导轨面，接触精度按国家标准《金属切削机床　装配通用技术条件》(JB/T 9874—1999)的规定，用着色法检验，以 25.4 mm×25.4 mm 面积内的接触点数来衡量。

2. 精度保持性

精度保持性是导轨设计制造的关键，也是衡量机床优劣的重要指标之一。影响精度保持性的主要因素是磨损，即导轨的耐磨性。常见的磨损形式有：磨料（或磨粒）磨损、黏着磨损（或咬焊）和疲劳磨损。磨料磨损常发生在边界摩擦和混合摩擦状态，磨粒夹在导轨面间随之相对运动，形成对导轨表面的"切削"，使导轨面划伤。磨料的来源是润滑油中的杂质和切屑微粒。磨料的硬度越高，相对运动速度越高，压强越大，对导轨副的危害就越大。磨料磨损是不可避免的，因而减少磨料磨损是导轨保护的重点。黏着磨损又称为分子机械磨损。在载荷作用下，实际接触点上的接触应力很大，以致产生塑性变形，形成小平面接触，在没有油膜的情况下，裸露的金属材料分子之间的相互吸引和渗透，将使接触面形成黏结而发生咬焊。当存在薄而不匀的油膜时，导轨副相对运动，油膜就会被压碎破裂，造成新生表面直接接触，产生咬焊黏着。导轨副的相对运动使摩擦面形成黏结咬焊→撕脱→再黏着的循环过程。由此可知，黏着磨损与润滑状态有关，干摩擦和半干摩擦状态时，极易产生黏着磨损。机床导轨应避免黏着磨损。接触疲劳磨损发生在滚动导轨中。滚动导轨在反复接触应力的作用下，材料表层疲劳，产生点蚀。同样，接触疲劳磨损也是不可避免的，它是滚动导轨、滚珠丝杠的主要失效形式。

3. 刚度

导轨承载后的变形影响部件之间的相对位置和导向精度，因此要求导轨应具有足够的刚度。导轨的变形包括接触变形、扭转变形以及由于导轨支承件变形而引起的导轨变形。导轨的变形主要取决于导轨的形状、尺寸及与支承件的连接方式、受载情况等。

4. 低速运动平稳性

当进给传动系统低速转动或间歇微量进给时，应保证导轨运行平稳、进给量准确，不产生爬行（时快时慢或时走时停）现象。低速运动平稳性与导轨的材料及结构尺寸、润滑状况、动静摩擦因数之差、导轨运动的传动系统刚度有关。低速运动平稳性对高精度机床尤为重要。

5. 结构简单、工艺性好

二、滑动导轨结构设计

1. 导轨的截面形状

导向是导轨的主要功能,要使动导轨严格按规定的轨迹运动,须限定除运动轨迹外的五个自由度。支承导轨制造或安装在床身、立柱、横梁、摇臂等支承件上,导轨的摩擦面宽度远小于运动长度,因而导轨可视为窄定位板(图 3-36 所示的平面 a),只能限制两个自由度(沿 Y 轴的移动和绕 X 轴的转动);在一个坐标面中的两条窄支承平面 a、b 形成一个定位平面,可限制三个自由度(沿 Y 轴的移动和绕 X 轴、Z 轴的转动);要准确导向,需增加另一坐标面上的窄支承平面 c,以限制两个自由度(沿 X 轴的移动和绕 Y 轴的转动),从而形成最基本的双矩形导轨。该导轨结构简单,容易制造,刚度和承载能力大,安装调整方便。其缺点是导轨面磨损后不能自动补偿,应有间隙调整机构。这种导轨广泛用于普通精度机床和中型机床中,如中型车床、组合机床、升降台铣床,数控机床等。为使 c 面定位可靠,保证导向精度,应用镶条调整 c 面与动导轨结合面之间的间隙。如将窄支承面 a、c 绕纵向(Z 轴)旋转 $45°$,则形成图 3-37 所示的导轨组合。三角形和矩形导轨的组合兼有导向性好、制造方便和刚度高的优点,广泛用于车床、磨床、龙门铣、龙门刨、滚齿机、坐标镗床等机床的床身导轨。当减小角度 α 的值时,三角形导轨的导向性能提高,而承载能力和刚度下降;增加角度 α 的值时则相反。因此,一般机床的三角形导轨的角度 α 常取 $90°$,重型机床的三角形导轨 $\alpha>90°$,精密机床和滚齿机的三角形导轨 $\alpha<90°$。如果将图 3-36 中的 c 面旋转并移动,则形成图 3-38 所示的燕尾形和矩形导轨的组合。燕尾导轨与矩形导轨的组合具有调整方便、承受力矩大的特点,多用于横梁、立柱、摇臂的导轨副。

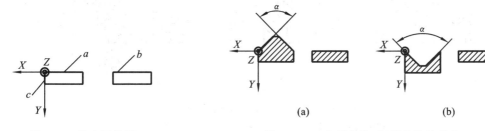

图 3-36　基本导轨面　　　　**图 3-37　三角形导轨、矩形导轨的组合**

(a) 凸三角形导轨、矩形导轨的组合　(b) 凹三角形导轨、矩形导轨的组合

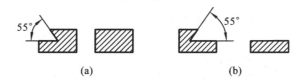

图 3-38　燕尾形与矩形导轨的组合

(a) 凸燕尾与矩形导轨的组合　(b) 凹燕尾与矩形导轨的组合

三角形导轨是矩形导轨的一个角旋转而成的,可限制四个自由度。两个平行的三角导轨组合,为过定位。虽然具有接触刚度好,导向性和精度保持性高的优点,但加工困难,只能配合加工,应用较少,仅用于精密机床,如丝杠车床、单柱坐标镗床等。双燕尾形导轨(通常简称为燕尾导轨)是没用辅助导轨副的闭式导轨,如图 3-39 所示。燕尾导轨高度小,可承受倾覆力矩。燕尾导轨也是过定位,必须用镶条调整摩擦面的间隙。这种导轨刚度差,加工、检验、维修不方便,适用于受力小、结构层数多、间隙调整方便的地方,如卧式刨床的滑枕导轨、卧式升降台铣床的床身导轨、卧式车床的横向进给导轨和刀架导轨等。

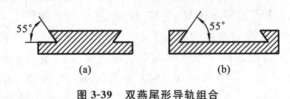

(a)   (b)

图 3-39   双燕尾形导轨组合
(a) 凸燕尾形导轨   (b) 凹燕尾形导轨

2. 导轨间隙的调整

(1) 辅助导轨副间隙调整   辅助导轨副用压板来调整间隙。压板用螺钉紧固在运动部件上,如图 3-40 所示。图 3-40(a)所示为通过精磨或刮削压板厚度调整间隙,这种方法结构简单,应用广泛;图 3-40(b)所示为利用改变垫片层数和垫片厚度调整间隙,垫片是由许多薄钢片组成的;图 3-40(c)所示为通过压板与导轨间的平镶条来调节间隙。

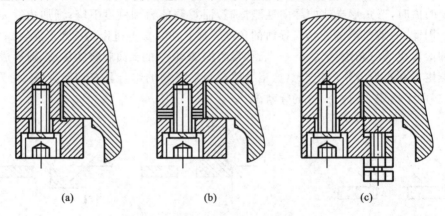

(a)   (b)   (c)

图 3-40   辅助导轨副的间隙调整方法
(a) 精磨或刮削压板厚度调整   (b) 垫片调整   (c) 螺栓调整

(2) 矩形导轨和燕尾形导轨的间隙调整   矩形导轨和燕尾形导轨常用镶条来调整侧面间隙。从提高刚度考虑,镶条应放在不受力或受力较小的一侧。镶条分为平镶条和斜镶条两种。全长厚度相等,横截面为平行四边形或矩形的镶条称为平镶条。平镶条靠横向移动来调整导轨侧面间隙。全长厚度按 1：100～1：40 的斜度变化的镶条称为斜镶条,斜镶条通过两斜面的相对纵向移动来调整导轨侧面间隙。

导轨副的平镶条及其调整方法如图 3-41 所示,图 3-41(a)所示为用于矩形导轨;图 3-41(b)、(c)所示为用于燕尾形导轨。图 3-41(c)所示的导轨间隙调整有顺序要求,必须在间隙调整完毕后,才能拧紧紧固螺栓。平镶条易制造,且调整方便;但图 3-41(a)、(b)所示的平

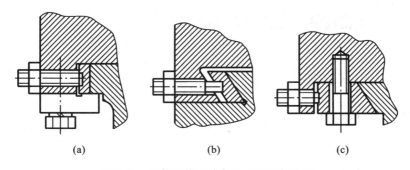

图 3-41　导轨副的平镶条及间隙调整方法
（a）矩形平镶条　（b）平行四边形平镶条　（c）梯形平镶条

镶条较薄,调整间隙的各螺钉单独调整,调整力不均匀,在调整螺钉与平镶条接触处存在变形,故刚度较差。

　　动导轨的一个导轨面在长度方向上(移动方向)做成斜面,斜度与镶条的斜度相等,倾斜方向和镶条相反。两斜度相等、倾斜方向相反的斜面配合,可纵向移动镶条调整导轨横向间隙。镶条配刮前应有一定的长度余量,以减少刮削量或避免因刮削量不足而造成废品;镶条平面与支承导轨面、镶条斜面与动导轨斜面配刮后,截去长度余量,固定在动导轨上,如图3-42所示。图 3-42(a)所示的调整方法是用螺钉推动镶条纵向移动,沟槽在配刮后铣出,结构简单、调整方便,但螺钉凸肩和镶条沟槽间的间隙会引起镶条在运动中窜动。图 3-42(b)所示为用双螺钉调节,避免了镶条窜动,耐磨性能较好。图 3-42(c)所示的是将镶条沟槽变为圆孔,将螺钉凸肩变为带圆柱销的调整套,圆柱销与圆孔配作,通过配合精度控制镶条的窜动。这种方法调整方便,但纵向尺寸较长。

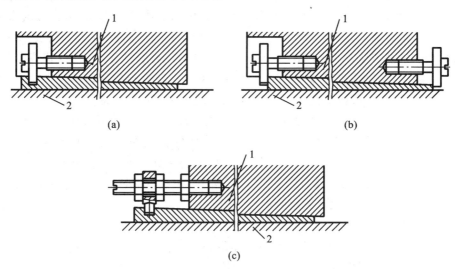

图 3-42　斜镶条的间隙调整
（a）单螺钉调整间隙　（b）双螺钉调整间隙　（c）单螺钉双锁紧螺母调整间隙
1—动导轨;2—静导轨

任务 3.4.2 掌握提高滑动导轨耐磨性的措施

任务引入

提高滑动导轨耐磨性的措施有哪些?

任务分析

掌握提高滑动导轨耐磨性的措施。

一、选用合适的材料

(1) 铸铁 铸铁是一种成本低,有良好减振性和耐磨性,易于铸造和切削加工的材料。常用的铸铁有灰铸铁、孕育铸铁、耐磨铸铁等。

需手工刮削,且与支承件做成一体的导轨一般采用 HT200,在润滑与防护较好的条件下有一定的耐磨性。对耐磨性能要求高,精加工方式为磨削,且与床身做成一体的导轨一般采用孕育铸铁 HT300。所谓孕育铸铁是指在铁水中加入少量孕育剂如硅、锰、铝、稀土等,使铸铁获得均匀的珠光体和细片状石墨的金相组织的铸铁,从而提高强度和硬度。HT300 孕育铸铁在机床上应用很广,如在卧式车床、转塔车床、升降台铣床及磨床等机床上都获得广泛应用。为提高耐磨性能,可进行电接触淬火或高频淬火。电接触表面淬火,表层大部分为细小马氏体组织,淬硬层 0.2~0.25 mm,表层硬度可达 50HRC 以上,耐磨性可提高 1~2 倍,基本上避免了铸铁导轨的黏着磨损;硬度不低于 180HBW 的导轨可进行高频淬火,淬火后硬度为 48~53HRC,淬火深度 1.2~2.5 mm,淬硬层组织主要为细小马氏体,高频淬火可使耐磨性提高两倍以上。

机床导轨专用耐磨铸铁是在相应牌号的灰铸铁中添加磷、铜、钛、钼、钒等细化晶粒的元素,从而提高了耐磨性。对于普通机床(如车床、磨床等)床身、溜板、工作台等支承件及其导轨,可采用高磷耐磨铸铁 MTP30($w_P = 0.4\% \sim 0.65\%$),耐磨性比 HT300 提高 1 倍以上,目前应用日趋广泛。钒钛耐磨铸铁适用于制造各类中小型机床的导轨铸件,它的力学性能好,优于高磷耐磨铸铁,熔铸工艺简单,耐磨性比孕育铸铁 HT300 提高 1.5~2 倍。对于精密机床(如坐标镗床、螺纹磨床等)的床身、立柱、工作台等支承件及其导轨,采用磷铜钛耐磨铸铁 MTPCuTi20、MTPCuTi25、MTPCuTi30,容易保证铸件质量,耐磨性比孕育铸铁 HT300 提高 1.5~2 倍。中小型精密机床、仪表机床的床身等支承件及其导轨,也可采用铬钼铜耐磨铸铁 MTCrMoCu25、MTCrMoCu30、MTCrMoCu35,耐磨性比孕育铸铁高 2 倍以上。耐磨铸铁成本较高,为保证导轨耐磨性,又使机床有较好的经济效益,导轨可采用耐磨铸铁,支承件采用灰铸铁 HT150,导轨镶装于支承件上。

(2) 钢 为提高导轨的耐磨性,可采用淬硬的钢导轨,铸铁、淬火钢组成的导轨副能够防止黏着磨损,抗磨粒磨损的性能比不淬硬的铸铁导轨副高 5~10 倍,并随合金成分和硬度的增加而提高。淬火钢导轨一般镶装在支承件上。镶钢导轨材料有合金工具钢或轴承钢(如 9Mn2V、GCr15 等)、淬火钢(如 45、T8A 等)、渗碳钢或氮化钢(如 20CrMnTi 或 38CrMoAlA)。镶钢导轨工艺复杂,加工困难,为减少热变形,需分段制作、拼装、树脂黏结,并用螺栓固定在支承件上。目前,国内有的数控机床和加工中心采用镶钢导轨。

（3）塑料 镶装导轨所用的塑料主要是聚四氟乙烯。聚四氟乙烯有"塑料王"之称，它的摩擦因数很小，与铸铁摩擦时摩擦因数为 0.03～0.05，且动、静摩擦因数相差很小，具有良好的防止爬行的性能；具有优异的耐热性，能够在 −250～260℃ 稳定工作，且摩擦因数在工作温度范围内几乎保持不变；强酸、强碱及各种氧化剂对它毫无作用，甚至沸腾的"王水"也不能使它产生任何化学反应，化学稳定性极好，超过玻璃、陶瓷、不锈钢、金。纯聚四氟乙烯极不耐磨，须加入青铜粉、石墨等添加剂增加耐磨性。聚四氟乙烯导轨软带可用环氧树脂粘贴在动导轨上，其接触压强应小于 0.35 MPa。目前，聚四氟乙烯导轨软带已广泛应用。广州机床研究所生产的 TSF 机床导轨软带性能如表 3-15、表 3-16 所示。

表 3-15 TSF 聚四氟乙烯软带的技术指标

项 目	指 标	项 目	指 标
密度/(g/cm³)	2.9	极限 pv 值/(MPa·m/min)	0.12
抗拉强度/MPa	14	线膨胀系数/(1/℃)	9.8×10^{-5}

表 3-16 TSF 聚四氟乙烯软带对铸铁的摩擦因数

滑动速度/(mm/min)		3	5	10	25	50	100	200	400	500
N32 号润滑机械油	f_0	0.01	0.012	0.015	0.016	0.018	0.018	0.023	0.026	0.026
	f_d	0.01	0.012	0.015	0.016	0.018	0.018	0.023	0.026	0.026
干摩擦	f_0	0.013	0.015	0.016	0.018	0.020	0.022	0.024	0.029	0.029
	f_d	0.013	0.015	0.016	0.018	0.020	0.022	0.024	0.029	0.029

FQ−1、SF−1、GS 导轨板是在钢板上烧结球状青铜颗粒并浸渍聚四氟乙烯的板材，导轨板厚度为 1.5～3 mm，青铜颗粒上浸渍的聚四氟乙烯表层厚 0.025 mm。导轨板可用环氧树脂黏结（或同时用螺钉固定）在动导轨上。导轨板既有聚四氟乙烯良好的摩擦特性，又具有青铜和钢的刚性和导热性，适用于中小型精密机床和数控机床，特别是润滑不良（如立式导轨）或无法润滑的导轨。

另外，环氧型耐磨涂层导轨也是常用的一种塑料导轨。环氧型耐磨涂层是以经过改性的环氧树脂为基体，加入固体润滑材料、增强材料等添加剂混合而成。广州机床研究所生产的 HNT 环氧耐磨涂层导轨材料就属于这一类。HNT−3 适用于中小型精密机床导轨和数控机床导轨；HNT−5 适用于大中型机床导轨。HNT 主要技术指标如表 3-17 所示。西欧国家生产的数控机床普遍采用涂塑导轨。

表 3-17 HNT 涂料的主要技术指标

项 目	指 标	项 目	指 标
密度/(g/cm³)	1.8	粘贴抗剪强度/MPa	18
摩擦因数	<0.035	抗压强度/MPa	95

导轨副材料的选用原则：为提高导轨副的耐磨性，防止黏着磨损，导轨副应采用不同的

材料制造;如果采用相同的材料,也应用不同的热处理方式使双方具有不同的硬度。在滑动导轨中,长导轨各处的使用概率不等,导致磨损不匀,不均匀磨损对加工精度的影响较大,因此,长导轨应采用较耐磨的和硬度较高的材料制造。普通机床的动导轨多用聚四氟乙烯导轨软带,支承导轨采用淬硬的孕育铸铁。精密机床、高精度机床,导轨面需刮削,可采用耐磨铸铁导轨副,但动导轨的硬度应比支承导轨的硬度低 15~45HBW。

二、导轨面的精加工方法及其精度

提高导轨的表面精度,增加真实的接触面积,能提高导轨的耐磨性。导轨表面一般要求 $Ra \leqslant 0.8~\mu m$。精刨导轨时,刨刀沿一个方向切削,使导轨表面疏松,易引起黏着磨损,所以导轨的精加工尽量不用精刨。磨削导轨能将导轨表层疏松组织磨去,提高耐磨性,可用于导轨淬火后的精加工。刮削导轨表面接触均匀,不易产生黏着磨损,不接触的表面可储存润滑油,提高耐磨性;但刮削工作量大。因此,长导轨面一般采用精磨;短导轨面和动导轨面可采用刮削。精密机床(如坐标镗床、导轨磨床等)导轨副,导轨表面质量要求高,可在磨削后刮研。

三、导轨的许用压强对导轨耐磨性的影响

导轨的压强是影响导轨耐磨性的主要因素之一。导轨的许用压强选取过大,会导致导轨磨损加快;若选取过小,又会增加导轨尺寸。动导轨材料为铸铁、支承导轨材料为铸铁或钢时,中型通用机床及主运动导轨和滑动速度较大的进给运动导轨,平均许用压强为 0.4~0.5 MPa,最大许用压强为 0.8~1.0 MPa;滑动速度较低的进给运动导轨,平均许用压强为 1.2~1.5 MPa,最大许用压强为 2.5~3.0 MPa。重型机床由于尺寸大,许用压强可为中型通用机床的 1/2。精密机床许用压强更小,以减少磨损,保持高精度;如磨床的平均许用压强为 0.025~0.04 MPa,最大许用压强为 0.05~0.08 MPa。专用机床、组合机床切削条件是固定的,负载比通用机床大,许用压强可比通用机床小 25%~30%。动导轨粘贴聚四氟乙烯软带和导轨板时,如滑移速度 $v < 1$ m/min,则许用压强与滑移速度的乘积为 $pv \leqslant 0.2$ MPa·m/min;如滑移速度 $v \geqslant 1$ m/min,则许用压强为 $p = 0.2$ MPa。

为减少平均压强,卧式机床工作时,应保证两水平导轨都受压;立式机床的垂直导轨应有配重装置来抵消移动部件的重力。常用的配重装置为链条链轮组,链轮固定在支承件上,链条两端分别连接重锤和动导轨及移动部件,重锤质量为运动部件质量的 85%~95%,未平衡的重力由链轮轴承和导轨的摩擦阻力以及绕在链轮上的链条的阻力来补偿。

导轨运动精度要求高的机床和承载能力大的重型机床,为减少导轨面的接触压强,减小静摩擦因数,提高导轨的耐磨性和低速运动的平稳性,可采用卸荷导轨。图 3-43 所示为常用的机械卸荷导轨,导轨上的一部分载荷由辅助导轨上的滚动轴承承受,摩擦性质为滚动摩擦。一个卸荷点的卸荷力可通过调整螺钉调节碟形弹簧来实现。如果机床为液压传动,则应采取液压卸荷。液压卸荷导轨是在导轨上加工出纵向油槽,油槽结构与静压导轨相同,只是油槽的面积较小,因而压力油进入油槽后,油槽压力不足以将动导轨及运动部件浮起,但油压力作用于导轨副的摩擦面之间,减少了接触面的压强,改善了摩擦性质。如果导轨的负载变动较大,则应在每一进油孔上安装节流器。

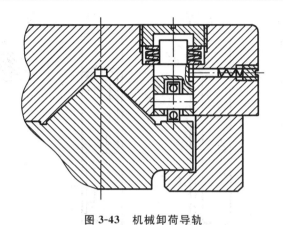

图 3-43 机械卸荷导轨

四、导轨的润滑对耐磨性的影响

从摩擦性质来看,普通滑动导轨处于具有一定动压效应的混合摩擦状态。混合摩擦的动压效应不足以把导轨摩擦面隔开。提高动压效应,改善摩擦状态,可提高导轨的耐磨性。导轨的动压效应主要与导轨的滑移速度、润滑油黏度、导轨面上油槽形式和尺寸有关。导轨副相对滑移速度越高,润滑油的黏度越大,动压效应越显著。润滑油的黏度可根据导轨的工作条件和润滑方式选择,如低载荷(压强 $p \leqslant 0.1$ MPa)的速度较高的中小型机床进给导轨可采用 N32 全损耗系统用油;中等载荷(压强 $p > 0.1 \sim 0.4$ MPa)的速度较低的机床导轨(大多数机床属于此类)和垂直导轨可采用 N46 号全损耗系统用油;重型机床(压强 $p > 0.4$ MPa)的低速导轨可采用 N68、N100 号全损耗系统用油。导轨面上的油槽尺寸、油槽形式对动压效应的影响在于其储存润滑油的多少,储存润滑油越多,动压效应越大;导轨面的长度与宽度之比(L/B)越大,越不容易储存润滑油。因此,在动导轨上加工横向油槽,相当于减少导轨的长宽比,提高了储存润滑油的能力,从而提高了动压效应。在导轨面上加工纵向油槽,相当于提高了导轨的长宽比,因而降低了动压效应。普通导轨的横向油槽数 K 可按表 3-18 选择。油槽的形式如图 3-44 所示。图 3-44(a)所示为只有横向油槽,整个导轨宽度都可形成动压效应。图 3-44(b)、图 3-44(c)所示为有纵向油槽,可集中注油,方便润滑。但由于纵向油槽不产生动压效应,因而减少了形成动压效应的宽度。卧式导轨应首先考虑图 3-44(a)所示的结构形式,但须向每个横向油槽中注油。在不能保证向每个横向油槽注油时,可采用图 3-44(b)所示的形式。垂直导轨可采用图 3-44(c)所示的形式。从油槽的上部注油。在卧式三角形导轨面和矩形导轨的侧面上加工油槽时,应将纵向油槽加工在上面,如图 3-44(d)、图 3-44(e)所示,注油孔应对准纵向油槽,使润滑油能顺利流入各横向油槽。油槽尺寸参考表 3-19。

表 3-18 普通滑动导轨横向油槽数与导轨长宽比的关系

L/B	$\leqslant 10$	$> 10 \sim 20$	$> 20 \sim 30$	$> 30 \sim 40$
K	$1 \sim 4$	$2 \sim 6$	$4 \sim 10$	$8 \sim 13$

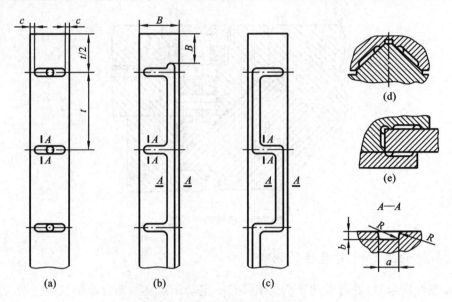

图 3-44　普通滑动导轨的油槽形式

（a）基本油槽形式　（b）集中供油油槽形式　（c）垂直导轨油槽形式　（d）三角导轨油槽　（e）闭式导轨油槽

表 3-19　普通滑动导轨润滑油槽的尺寸　　　　　　　　　　　　单位:mm

B	a	b	c	R
>20～40	1.5	3	4～6	0.5
>40～60	1.5	3	6～8	0.5
>60～80	3	6	8～10	1.5
>80～100	3	6	10～12	1.5
>100～150	5	10	14～18	2
>150～200	5	10	20～25	2
>200～300	5	14	30～50	2

任务 3.4.3　了解静压导轨及直线滚动导轨的特点及应用

任务引入

静压导轨及直线滚动导轨的特点及应用有哪些?

任务分析

了解静压导轨及直线滚动导轨的特点及应用。

一、静压导轨

将具有一定压强的润滑油经节流器通入动导轨的纵向油槽中,形成承载油膜,将导轨副的摩擦面隔开,实现液体摩擦,这种靠液压系统产生的压力油形成承载油膜的导轨称为静压导轨。静压导轨的优点是:摩擦因数为 0.005～0.001,机械效率高;导轨面被油膜隔开,不产生黏着磨损,导轨精度保持性好;导轨的油膜较厚,有均化表面误差的作用,相当于提高了制造精度;油膜的阻尼比大($\xi = 0.04 \sim 0.06$),因此静压导轨有良好的抗振性能;静压导轨低速运动平稳,防爬行性能良好。静压导轨的缺点是:结构复杂,需有一套完整的液压系统。因此,静压导轨适用于具有液压传动系统的精密机床和高精度机床的水平进给运动导轨。

常用的静压导轨为闭式导轨。如图 3-45 所示,油泵产生的压力油经可变节流器节流后,通入导轨面油腔 A 和辅助导轨面油腔 B。假定在初始状态,节流器的膜片在平直状态,导轨面油腔节流口节流缝隙宽度为 h_{c1},辅助导轨面节流口节流缝隙宽度为 h_{c2},导轨面油膜厚度和辅助导轨面厚度相等,皆为 h_0。每个油腔形成一个独立的液压支承点,在液压力的作用下动导轨及其运动部件便浮起来,形成液体摩擦。

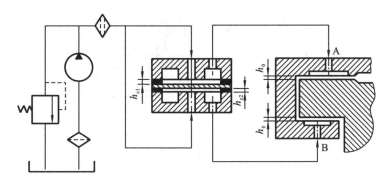

图 3-45 可变节流器反馈式静压导轨

导轨受载后,动导轨及其移动部件向下移动一个位移 e(图 3-45 中未示出),此时导轨副摩擦面间隙由 h_0 变为 $h_1(h_1 = h_0 - e)$,油液经导轨摩擦面的缝隙流回油箱的阻力增大,油液流出导轨摩擦面后的压强可视为零,导致油腔 A 的压强增高为 p_1(与缝隙节流压强损失相等);辅助导轨摩擦面之间的间隙由 h_0 变为 h_2,$h_2 = h_0 - e$,辅助导轨摩擦面的回油阻力减小,导致油腔 B 的压强减少至 p_2。p_1、p_2 反馈给可变节流器,在 $p_1 - p_2$ 压强差的作用下,膜片向下弯曲,使节流器上腔节流缝隙变宽,节流阻力减小,下腔节流缝隙变窄,节流阻力增大,连通导轨副油腔 A 的油液压强进一步增大,而油腔 B 的油液压强进一步减少,在油腔 A 与油腔 B 油液压力差的作用下,平衡外载。闭式静压导轨适用于双矩形导轨。

如果去掉油腔 B,则图 3-45 所示静压导轨就变为开式导轨。开式静压导轨的节流器可采用固定节流器。开式静压导轨适用于三角形矩形组合导轨副,且动导轨为凸三角形,以便于油腔的加工。

为使静压导轨副摩擦面有均匀一致的间隙,导轨面的几何精度和接触精度要求较高。动导轨在全长上的直线度和平面度:高精度和精密机床公差等级为 4 级;普通机床和大型机床为 5 级。导轨副摩擦面在 25.4 mm×25.4 mm 上均匀接触点数:高精度机床不少于 20点;精密机床不少于 16 点;普通机床不少于 12 点。刮研点的深度:高精度和精密机床 3～5 μm;普通机床和大型机床 6～10 μm。为减少静压导轨的磨粒磨损,液压泵入口应安装粗滤器,压力油进入节流器前须进行精滤,过滤精度为:中小型机床油液中最大颗粒为 10 μm;大型机床油液中最大颗粒为 20 μm。

直线运动的静压导轨,其油腔应加工在动导轨上,在摩擦面上形成承载油膜;圆周运动的静压导轨油腔可加工在支承导轨上,便于压力油的输送。为承受倾覆力矩,每个导轨面上的油腔个数应多于两个。油腔常用的形状如图 3-46 所示，$a \approx 0.1B$，$t = 0.5a$，$c = 2a$。为避免相邻油腔压力油的相互影响，可在中间加工回油槽 E。

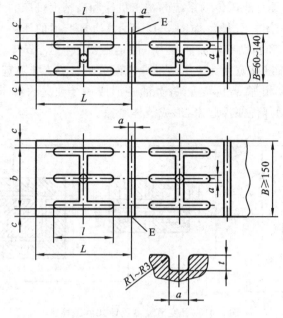

图 3-46 静压导轨油腔

二、直线滚动导轨

1. 滚动导轨概述

导轨副摩擦面之间放置钢球等滚动体，使滑动摩擦变为滚动摩擦，形成滚动导轨。滚动导轨的优点是：摩擦因数小（$f = 0.002 \sim 0.005$），且静、动摩擦因数很接近。因此，滚动导轨运动平稳，不易出现爬行；重复定位精度可达 $0.1 \sim 0.2$ μm；磨损小，精度保持性好，寿命长；可采用油脂润滑，润滑系统简单。滚动导轨的缺点是：抗振性能较差；对脏物比较敏感，必须有良好的防护装置。滚动导轨适用于对运动灵敏度要求高的机床，如精密机床（M1432A 等）和各种数控机床。

滚动导轨已形成系列，由专业厂生产。使用时可根据精度、寿命、刚度、结构进行选择。

滚动导轨按滚动体的循环形式分为循环式和非循环式滚动导轨。循环式滚动导轨的滚动体在运动过程中，沿工作轨道和返回轨道做连续循环运动；动导轨的移动行程不受限制，因而应用广泛。滚动体不循环的滚动导轨，其滚动体由保持架相对固定，并始终与支承导轨接触。保持架的长度与支承导轨长度相等，保持架的长度限制了滚动导轨的工作行程，因此非循环式滚动导轨多用于短行程导轨。

2. 滚动导轨副的工作原理

非循环式滚动导轨可视为将圆柱滚子轴承径向割开展成平面后形成的，也可认为是半径无穷大的圆柱滚子轴承的一部分。GGB 型直线循环式滚动导轨副如图 3-47 所示，支承导轨 1 用螺钉固定在支承件上；滑座 3 固定在移动部件上，沿支承导轨 1 作直线运动；滑座中装有四组滚珠 2,在支承导轨与滑座组成的直线滚道中滚动。当滚珠滚动到滑座的端部时,经合成树脂制造的端面挡球板 5、回球孔 4 回到另一端形成循环。四组滚珠与支承导轨和滑座相当于四个直线运动角接触球轴承,接触角为 45°。上边两组(图示位置)直线运动角接触球轴承形成三角形导轨,下边两组形成三角形辅助导轨,即滚动导轨是闭式导轨,四个方向上的等承载能力相同。为保证滑座的制造精度,便于调整滚珠间的间隙,滑座长度较小,相当于短 V 形支承。这样,每条支承导轨上至少有两个滑座,形成稳定的定位面,以便承受较大的倾覆力矩。

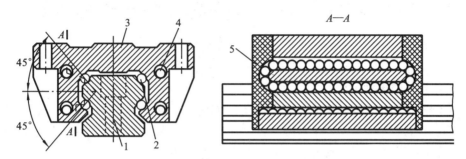

图 3-47 直线循环式滚动导轨副原理图
1—支承导轨;2—滚珠;3—滑座;4—回球孔;5—挡球板

图 3-48 所示是 HJG—K 滚动导轨块原理图。滚动体为滚柱,与支承导轨的接触是线接触,承载和刚度比滚珠导轨高。滚动导轨块是面接触,其接触面相对于支承导轨面很小,可视为点,因而导轨块是一个定位点,每条导轨上安装两个滚动导轨块时,两条导轨形成一个定位平面,只限制三个自由度,需增加侧面导向的导轨,限制沿 x 轴方向移动和绕 y 轴转动的自由度,以保证导向精度。

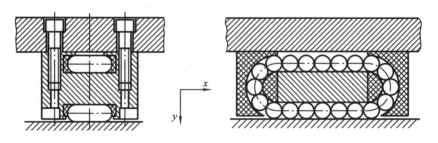

图 3-48 直线滚动导轨块原理图

3. 精度与刚度

滚珠导轨副的精度分为 1~6 级,1 级最高,6 级最低。数控机床应采用 1 级或 2 级精度。滚柱导轨块的精度为 1~4 级。

滚动导轨副的刚度与滚动轴承一样是载荷的函数,随载荷的增加而增加。因此,滚动导轨副应考虑预紧载荷。GGB 型滚珠导轨副由制造厂选配不同直径的钢球来确定预紧力,用户可根据预紧要求订货。HJG—K 滚子导轨副通过调整楔铁 1 的纵向位置预紧,如图 3-49 所示。

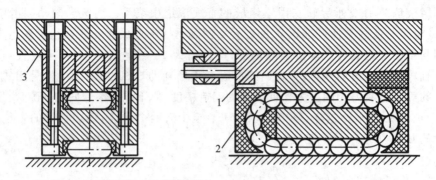

图 3-49 滚柱导轨块的预紧

1—楔铁；2—滚柱导轨块；3—动导轨

4. 滚动导轨的设计

滚动导轨的设计计算是以在一定的载荷下移动一定距离，90％的支承不发生点蚀为依据。这个载荷与滚动轴承一样称为额定动载荷 C；移动的距离称为滚动导轨的额定寿命，滚珠导轨副的额定寿命为 50 km，滚子导轨块的额定寿命为 100 km。GGB 型滚珠导轨的公称尺寸是支承导轨的宽度 B，承载能力如表 3-20 所示。HJG—K 型滚子导轨副的公称尺寸用四位数字表示，前两位表示导轨块宽度 B，后两位表示导轨块长度 L，HJG—K 型滚子导轨副的承载能力如表 3-21 所示。滚动导轨副的预期寿命，除与额定动载荷和导轨上单个滑座的实际工作载荷 F 有关外，还与导轨副的硬度、滑块部分的工作温度有关。

表 3-20 GGB 型滚珠导轨副单个滑座的承载能力

公称尺寸 B/mm	16	20	25	32	40	50	63	45
额定动载荷 C/kN	7.4	12	17.3	24.5	32.5	52.4	77.3	32.5
额定静载荷 C_0/kN	11.2	17.5	25.3	54.4	44.9	70.2	100.9	44.6

注：规格 45 为非标系列。

表 3-21 HJG—K 型滚子导轨副单个滑座的承载能力

公称尺寸 B/mm	3 040	3 650	4 560	5 570	6 890	82 125
额定动载荷 C/kN	10.9	19.1	28.4	45.1	69.6	119.6
额定静载荷 C_0/kN	20.7	43.3	66.6	117.6	185.3	326.3

滚动导轨设计时，可初选滚动导轨的型号，按计算预期寿命 L_m。

滚珠导轨 $$L_m = 50\left(\frac{C}{F}\frac{f_1}{f_2}\right)^3 \geqslant 50 \text{ km}$$

滚子导轨 $$L_m = 100\left(\frac{C}{F}\frac{f_1}{f_2}\right)^{\frac{10}{3}} \geqslant 100 \text{ km}$$

式中：F——单个滑块的工作载荷（N）；

f_1——系数，$f_1 = f_H f_T f_C$；

f_H——硬度系数，当滚动导轨副硬度为 58～64HRC 时，$f_H = 1.0$；硬度≥55HRC 时，$f_H = 0.8$；硬度≥50HRC 时，$f_H = 0.53$；

f_T——温度系数;当工作温度≤100 ℃时,$f_T=1$;

f_C——接触系数;每根导轨上安装两个滑块时,$f_C=0.81$;安装三个滑块时,$f_C=0.72$;安装四个滑块时,$f_C=0.66$。

f_2——载荷/速度系数;无冲击振动,滚动导轨的移动速度$v≤15$ m/min 时,$f_2=1\sim1.5$;轻冲击振动,$v>15\sim60$ m/min 时,$f_2=1.5\sim2$;冲击振动,$v>60$ m/min 时,$f_2=2\sim3.5$。

导轨设计时,也可根据额定寿命和工作载荷 F,计算出导轨副的额定动载荷 C,按额定动载荷 C 选择滚动导轨型号。额定动载荷 C 为

$$C=\frac{f_2}{f_1}F$$

如果工作静载荷 F_0 较大,则选择的滚动导轨的额定静载荷 $C_0≥2F_0$。

任务 3.4.4 了解爬行现象和机理;掌握消除爬行的措施

任务引入

1. 什么是爬行,爬行的机理是什么?

2. 消除爬行的措施有哪些?

任务分析

了解爬行现象和机理;掌握消除爬行的措施。

一、爬行现象和机理

进给传动机构简图如图 3-50 所示,当电动机 3 驱动齿轮 1 转动时,经传动机构驱动工作台 2 沿支承导轨直线运动。当齿轮 1 以很低的速度匀速转动时,工作台 2 出现速度不均匀的跳跃式运动,速度时快时慢,甚至出现间歇运动,时走时停。这种低速运动不均匀现象称为爬行。在间歇微量进给时,也会出现这种爬行现象。

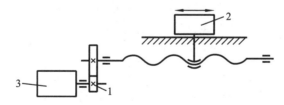

图 3-50 工作台的移动简图
1—齿轮;2—工作台;3—电动机

运动速度不均匀的低速爬行会影响机床的加工精度、定位精度,使工件表面精度降低;爬行严重时会导致机床不能正常工作。在精密机床、数控机床及大型机床中,爬行危害极大,因而爬行的临界速度是评价机床性能的一个重要指标。

爬行是一种摩擦自激振动。其主要原因是摩擦面上的动摩擦因数小于静摩擦因数,且动摩擦因数随滑移速度的增加而减小(摩擦阻尼)以及传动系统弹性变形。图 3-51 所示为进给传动的力学模型。主动件以极低的速度匀速移动,速度为 v;传动机构简化为一个刚度

为 K 的等效弹簧和阻尼系数为 c_1 的等效阻尼（传动系统的总阻尼）。动导轨及工作台质量为 m，沿支承导轨的 x 方向移动，静摩擦力为 F_0，刚开始移动时的动摩擦力为 F_d。当主动件以极低的速度匀速移动，驱动力小于工作台的静摩擦力 F_0 时，工作台不运动，因而传动机构产生弹性变形，相当于压缩等效弹簧；主动件继续运动，等效弹簧的压缩量增加至 x_0，恢复力 Kx_0 等于 F_0 时，工作台开始移动，同时静摩擦瞬间变为动摩擦，在摩擦力差 $\Delta F = F_0 - F_d$ 的作用下工作台加速，由于动摩擦因数在低速范围内随运动速度 $\dot{x}$ 的增加而近似线性下降，即动摩擦力 $F = F_d - c_2\dot{x}$（c_2 为导轨副的动摩擦阻尼系数），导致工作台进一步加速。当等效弹簧的压缩量逐渐恢复，驱动力减少到和动摩擦力 F 相等时，由于惯性使工作台向前冲过一小段距离后才开始减速，这样等效弹簧将有一定的拉伸量，同时动摩擦力增加；当驱动力与等效弹簧恢复力之差小于动摩擦力 F 时，工作台停止。这种现象不断重复产生爬行。在边界摩擦和混合摩擦状态下，动摩擦因数的变化是非线性的，在过程中，工作台的速度小于主动件的速度，工作台的速度尚未减到零时，等效弹簧的弹性恢复力又有可能大于动摩擦力，使工作台再次加速，出现时快时慢的爬行现象。

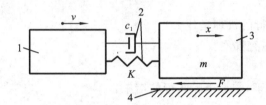

图 3-51 进给传动的力学模型

1—主动件；2—传动机构；3—动导轨及工作台；4—支承导轨

低速微量进给运动的运动方程为

$$m\ddot{x} + c_1(\dot{x} - v) - K(x_0 + vt - x) + (F_d - c_2\dot{x}) = 0$$

式中：$(\dot{x} - v)$——工作台相对于主动件的运动速度；

$(x_0 + vt - x)$——工作台相对于主动件的位移，即等效弹簧的压缩量。

设　　　　$(c_1 - c_2)/m = 2\omega_0\xi$，　$K/m = \omega_0^2$，　$\omega' = \omega_0\sqrt{1 - \xi^2} \approx \omega_0$

式中：ω_0——弹性传动系统振动的固有角频率；

ξ——阻尼比，$\xi = 0.01 \sim 0.04$。

整理得　　　　　　　　$\ddot{x} + 2\omega_0\xi\dot{x} + \omega_0^2 x = \dfrac{\Delta F}{m} + \dfrac{c_1 v}{m} + \omega_0^2 vt$

运动方程的特解 x_2 为　　　　　　　　$x_2 = av + b$

式中：a、b——系数。

确定 a、b 系数　　　　$a\omega_0\xi v + a\omega_0^2 vt + \omega_0^2 b = \omega_0^2 vt + \dfrac{c_1 v}{m} + \dfrac{\Delta F}{m}$

$$a = 1, \quad b = \dfrac{c_1 v}{K} - \dfrac{\xi v}{\omega_0} + \dfrac{\Delta F}{K} = \dfrac{c_2 v}{K} + \dfrac{\Delta F}{K}$$

运动方程的通解 x_1 为　　　　$x_1 = e^{-\xi\omega_0 t}(A\sin\omega_0 t + B\cos\omega_0 t)$

式中：A、B——系数。

二阶常系数线性非齐次方程的解 x 为

$$x = \mathrm{e}^{-\xi\omega_0 t}(A\sin\omega_0 t + B\cos\omega_0 t) + vt + \frac{c_2 v}{K} + \frac{\Delta F}{K}$$

运动的初始条件为 $t=0$ 时，$\dot{x}=0$，$\ddot{x}=\dfrac{\Delta F}{m}$

$$\dot{x} = \omega_0 \mathrm{e}^{-\xi\omega_0 t}[(-A\xi - B)\sin\omega_0 t + (-B\xi + A)\cos\omega_0 t] + v$$

$$\dot{x}_{t=0} = \omega_0(-B\xi + A) + v = 0 \tag{1}$$

$$\ddot{x} = \omega_0^2 \mathrm{e}^{-\xi\omega_0 t}[(A\xi^2 + 2B\xi - A)\sin\omega_0 t + (B\xi^2 - 2A\xi - B)\cos\omega_0 t]$$

$$\ddot{x}_{t=0} = \omega_0^2(B\xi^2 - 2A\xi - B) = \frac{\Delta F}{m} = Dv\omega_0 \tag{2}$$

式中：D——运动均匀性系数，$D = \dfrac{\Delta F}{v\sqrt{Km}}$。

将式(1)、式(2)联立，计算中忽略 ξ^2 项，得

$$A = -\frac{v}{\omega_0}(1 + D\xi)$$

$$B = -\frac{v}{\omega_0}(D - 2\xi)$$

运动方程的解为

$$x = -\frac{v}{\omega_0}\mathrm{e}^{-\xi\omega_0 t}[(D\xi + 1)\sin\omega_0 t + (D - 2\xi)\cos\omega_0 t] + vt + \frac{c_2 v}{K} + \frac{\Delta F}{K}$$

工作台的运动速度为

$$\dot{x} = v\{1 - \mathrm{e}^{-\xi\omega_0 t}[\cos\omega_0 t + (\xi - D)\sin\omega_0 t]\}$$

对于一个传动系统而言，其系统刚度 K 和动导轨及工作台的质量 m 是一定的，因而其固有频率 ω_0 是一个定值。由上式可知：当阻尼比 ξ 为负值，即 $c_1 - c_2 < 0$ 时，$\mathrm{e}^{-\xi\omega_0 t} > 1$，且随着运动的继续而增大，不论 D 多大，工作台都将出现爬行现象，且停止时间越来越长。在阻尼比 ξ 很小的情况下，动导轨及工作台的运动速度取决于 D 值的大小，故称 D 为运动均匀性系数。$\mathrm{e}^{-\xi\omega_0 t} < 1$，随着运动的继续，$\mathrm{e}^{-\xi\omega_0 t}$ 越来越小，工作台逐步趋于等速运动，ξ 越大，过渡过程越短。因此，改变摩擦性质，改善润滑条件，使 ξ 为较大的正值，可消除爬行。在混合摩擦时，滑动导轨的动摩擦阻尼 c_2 很小，导轨副材料为钢或淬硬铸铁对聚四氟乙烯塑料时，$c_2 \approx 0$；滚动导轨副的动摩擦阻尼 $c_2 = 0$；静压导轨为液体摩擦，c_2 为负值。因此机床低速微量进给时，$c_1 - c_2 < 0$，即爬行是衰减振动，爬行至等速运动的时间主要由 c_1 决定。

综上所述：当 $\mathrm{e}^{-\xi\omega_0 t}[\cos\omega_0 t + (\xi - D)\sin\omega_0 t] < 1$ 时，工作台不出现运动停顿，并随着运动的持续逐渐趋于等速运动；$\mathrm{e}^{-\xi\omega_0 t}[\cos\omega_0 t + (\xi - D)\sin\omega_0 t] > 1$ 时，工作台出现运动停顿，即发生爬行；$\mathrm{e}^{-\xi\omega_0 t}[\cos\omega_0 t + (\xi - D)\sin\omega_0 t] = 1$ 时，是运动爬行的临界点。满足这一关系的 D 值称为临界运动均匀系数 D_c。此时的主动件速度称为临界速度 v_c。

工作台的最小运动速度 $\dot{x}_{\min} = 0$。由高等数学可知：速度为极值时，速度的一阶导数为零，即

$$\dot{x} = v\{1 - \mathrm{e}^{-\xi\omega_0 t}[\cos\omega_0 t + (\xi - D)\sin\omega_0 t]\} = 0$$

$$\cos\omega_0 t + (\xi - D_c)\sin\omega_0 t = \mathrm{e}^{\xi\omega_0 t} \tag{3}$$

$$\ddot{x} = \omega_0 v \mathrm{e}^{-\xi\omega_0 t}[D_c\cos\omega_0 t + (1 - D_c\xi + \xi^2)\sin\omega_0 t] = 0$$

略去 ξ^2 项,整理得

$$D_c \cos\omega_0 t + (1 - D_c \xi)\sin\omega_0 t = 0 \tag{4}$$

$$\tan\omega_0 t = \frac{D_c}{1 - D_c \xi}$$

$$\sin\omega_0 t = \frac{-D_c}{\sqrt{1 - 2D_c \xi + D_c^2}}$$

$$\cos\omega_0 t = \frac{1 - D_c \xi}{\sqrt{1 - 2D_c \xi + D_c^2}}$$

解方程组(3)、(4),得

$$2\pi - \arctan\frac{D_c}{D_c \xi - 1} = \frac{1}{2\xi}\ln(D_c^2 + 1 - 2D_c \xi)$$

由上式可见,D_c 的值仅与 ξ 的大小有关。传动系统的扭转阻尼比 $\xi = 0.02 \sim 0.04$;D_c 与 ξ 的数值对应关系如表 3-22 所示。由于 ξ 较小,可近似计算运动均匀性系数,$D_c \approx 2\sqrt{\pi\xi}$。

表 3-22 D_c 与 ξ 的对应关系

ξ	0.01	0.015	0.02	0.025	0.03	0.035	0.04
D_c	0.365 055	0.453 45	0.530 93	0.601 80	0.668 25	0.731 58	0.792 62

根据临界运动均匀系数 D_c,可得主动件临界运动速度 v_c 为

$$v_c = \frac{\Delta F}{D_c \sqrt{Km}} \approx \frac{\Delta F}{2\sqrt{\pi Km\xi}} = \frac{F\Delta f}{2\sqrt{\pi Km\xi}}$$

式中:F——导轨面上的正向作用力(N);

Δf——静动摩擦因数之差,如表 3-23 所示。

表 3-23 摩擦副的摩擦因数

导轨副材料	静摩擦因数 f_0	动摩擦因数 f_d	差值 Δf
铸铁—铸铁	$0.25 \sim 0.27$	$0.15 \sim 0.17$	0.1
钢—铸铁	$0.20 \sim 0.25$	$0.05 \sim 0.15$	0.12
铸铁—青铜	$0.20 \sim 0.25$	$0.15 \sim 0.17$	0.06
铸铁—聚四氟乙烯	$0.05 \sim 0.07$	$0.02 \sim 0.03$	0.03
钢—钢	$0.13 \sim 0.16$	$0.05 \sim 0.10$	0.07
钢—青铜	$0.15 \sim 0.20$	$0.1 \sim 0.15$	0.05

注:试验条件压强为 0.2 MPa,润滑油为 N68。

二、消除爬行的措施

降低爬行临界速度的措施有:减少静动摩擦因数之差;改变动摩擦因数随速度变化的特性;提高传动系统的刚性;尽量减少动导轨及工作台的质量。

(1)减少静动摩擦因数之差,改变动摩擦因数随速度增加而减小的特性 其方法如下。

①用滚动摩擦代替滑动摩擦 采用滚动导轨和滚珠丝杠螺母,滚动摩擦因数为 0.005,几乎没有静动摩擦因数差,且动摩擦因数不随速度变化。

②用液体摩擦代替滑动摩擦 采用静压导轨或液压卸荷导轨,摩擦特性为液体摩擦或临界摩擦状态,液体摩擦的摩擦因数为 0.005~0.001,摩擦力是油层间的剪切力,摩擦因数小,并且没有动静摩擦因数之差,动摩擦因数随速度的增加而增加。

③采用减摩材料 导轨副为铸铁—聚四氟乙烯塑料时,$\Delta f = 0.03$,动摩擦因数基本不变。由表 3-17 可知,广州机床研究所生产的 TSF 机床导轨软带,其静动摩擦因数之差为零,摩擦因数 $f_0 = f_d \leqslant 0.029$。另外,FQ-1 等导轨板都具有良好的防爬性能。

④采用专用导轨油 防爬导轨油是在高黏度润滑油中加入活性添加剂,可使油分子仅仅吸附在导轨面上,运动停止后油膜也不会被挤坏,这样使摩擦变为液体摩擦,从而防止了低速运动的爬行。

(2)提高传动系统的刚度 应注意以下事项。

①机械传动的微量进给机构如采用丝杠螺母传动,丝杠的拉压变形占整个传动系统的 30%~50%,故应适当加大丝杠直径以提高拉压刚度。轴承适度预紧,消除间隙。

②缩短传动链,合理分配传动比,采用先密后疏的原则,使多数传动件受力较小。

③对液压传动进给机构,应防止油液混入空气。油液混入空气后,其容积弹性模量会急剧下降。

思考与训练

1. 导轨的基本要求有哪些?

2. 按摩擦性质导轨分为哪几类,各具有什么摩擦性质,适用于什么场合?什么是闭式导轨,开式导轨,主运动导轨,进给运动导轨?大多数普通滑动导轨属于什么摩擦性质?

3. 导轨的磨损有几种形式,导轨防护的重点是什么?

4. 导轨的材料有几种,各有什么特点,适用于什么场合。

5. 聚四氟乙烯软带有什么优点?复合导轨板有什么特点?

6. 导轨副材料选用原则是什么?

7. 常见的直线运动导轨组合形式有哪几种?说明其主要性能及应用场合。

8. 怎样提高普通滑动导轨的动压效应?静压导轨的油腔与普通滑动导轨的油槽有什么不同?液压卸荷导轨与静压导轨有什么区别?

9. 如何选择滚动导轨?

10. 什么为爬行?产生于什么类型的运动中?产生爬行的原因是什么?消除爬行的措施有哪些?

项目 3.5 滚珠丝杠螺母副机构

任务 3.5.1 滚珠丝杠螺母副机构的工作原理及调整方法

1. 了解滚珠丝杠副的结构、工作原理、特点、精度。
2. 掌握滚珠丝杠副轴向间隙的调整方法。

任务引入

1. 滚珠丝杠副的结构、工作原理、特点、精度有哪些？
2. 如何进行滚珠丝杠副轴向间隙的调整？

任务分析

1. 了解滚珠丝杠副的结构、工作原理、特点、精度。
2. 掌握滚珠丝杠副轴向间隙的调整方法。

一、滚珠丝杠副的工作原理及特点

如图 3-52 所示,滚珠丝杠副是将丝杠螺母皆加工成凹半圆弧形螺纹,在螺纹之间放入滚珠形成的。当丝杠、螺母相对转动时,滚珠沿螺旋滚道滚动,螺纹摩擦为滚动摩擦,从而提高了传动精度和传动机械效率。为了防止滚珠从螺母中滚出来,在螺母的螺旋槽两端设有回程引导装置,使滚珠能自动返回其入口循环流动。

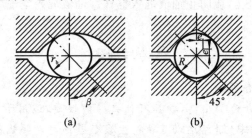

(a)   (b)

图 3-52 滚珠丝杠副螺纹滚道法向截面的形状

（a）单圆弧 （b）双圆弧

滚珠丝杠副的特点如下。

（1）传动效率高,摩擦损失小。滚珠丝杠副的传动效率 $\eta = 0.92 \sim 0.96$,比普通丝杠螺母副提高 3~4 倍。因此,功率消耗只相当于普通丝杠螺母副的 1/4~1/3。

（2）适当预紧,可消除丝杠和螺母的螺纹间隙,反向时就可以消除空行程死区,定位精度高,刚度高。

（3）运动平稳,无爬行现象,传动精度高。

（4）有可逆性,可以从旋转运动转换为直线运动,也可以从直线运动转换为旋转运动,即丝杠和螺母都可以作为主动件。

（5）磨损小,使用寿命长。

（6）制造工艺复杂。滚珠丝杠和螺母等元件的加工精度和表面质量要求高，故制造成本高。

（7）不能自锁。特别是对于垂直丝杠，由于工作台的自身重力，运动部件在传动停止后不能自锁，需增加制动装置。

二、滚珠丝杠副的结构和轴向间隙的调整方法

各种不同结构的滚珠丝杠副，其主要区别是在螺纹滚道的法向截面的形状、滚珠循环方式及轴向间隙的调整和预加负载的方法等三个方面。

1. 螺纹滚道法向截面的形状及其主要尺寸

螺纹滚道的法向截面形状有单圆弧形面和双圆弧形面两种，接触角皆为 45°，如图 3-52 所示。

（1）单圆弧形面　如图 3-52（a）所示，滚珠直径 $d \approx 0.6P_h$，P_h 为螺纹导程，螺纹滚道曲率半径为 R，$R = (1.04 \sim 1.12)r_b$。磨削滚道的砂轮形状与滚道法向截面一致。滚道磨削采用成形法加工，可获得较高的精度。接触角 β 随初始间隙和轴向负荷 F 的大小而变化。为保证接触角 $\beta = 45°$，必须严格控制径向间隙。消除间隙和调整预紧采用双螺母结构。承载后，随 F 的增大，接触变形增大，β 增大，即 β 由接触变形的大小决定。当接触角 β 增大后，传动效率 η、轴向刚度 K 以及承载能力随之增大。

（2）双圆弧形面　如图 3-52（b）所示，滚珠在滚道内只与相切的两点接触，接触角 β 不变。两圆弧交接处有一油沟槽，可容纳润滑油和脏物，有助于滚珠滚动的流畅。有较高的接触强度，但制造较复杂。接触角 $\beta = 45°$，螺纹滚道的圆弧半径 $R = 1.04r_b$ 或 $R = 1.11r_b$。偏心距 $e = (R - r_b)\sin45°$。

2. 滚珠循环方式

滚珠丝杠副分为内循环及外循环两类。图 3-53 所示为外循环螺旋槽式滚珠丝杠副。在螺母的外圆上铣有螺旋槽，并在螺母内部装上挡珠器，挡珠器的舌部切断螺纹滚道，迫使滚珠流入通向螺旋槽的孔中而完成循环。图 3-54 所示为内循环滚珠丝杠副，在螺母外侧孔中装有接通相邻滚道的反向器，迫使滚珠翻越丝杠的螺牙顶进入相邻滚道。通常一个螺母上装有三个反向器（即采用三列的结构），这三个反向器彼此沿螺母圆周相互错开 120°，轴向间隔为 $(4/3 \sim 7/3)P_h$（P_h 为螺距）；有的装两个反向器（即采用双列结构），反向器错开 180°，轴向间隔为 $3/2P_h$。

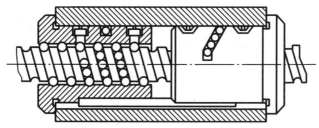

图 3-53　外循环滚珠丝杠副

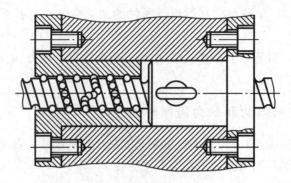

图 3-54　内循环滚珠丝杠副

3. 滚珠丝杠副轴向间隙的调整和施加预紧力的方法

滚珠丝杠副的轴向间隙会造成滚珠丝杠启动、停止以及受冲击载荷时运动不稳定,反向时有空行程,影响传动精度和定位精度。常用的双螺母消除轴向间隙的结构形式有以下三种。

(1)垫片调隙式(见图 3-55)　通常用螺钉连接滚珠丝杠两个螺母的凸缘,并在凸缘间加垫片。调整垫片的厚度使螺母产生轴向位移,以达到消除间隙和产生预紧力的目的。这种结构的特点是构造简单、可靠性好、刚度高以及装卸方便,但调整复杂。

(2)螺纹调隙式(见图 3-56)　螺母 1 的外端有凸缘,螺母 2 的外端有三角螺纹,它伸出套筒外,并用双圆螺母固定。旋转圆螺母,即可消除间隙,并产生预紧力;调整好后再用另一个圆螺母把它锁紧。双螺母调整的特点是:结构紧凑,调整方便,因而应用较广泛;但双螺母调整间隙不很精确。

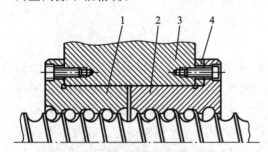

图 3-55　双螺母垫片调隙式结构

1、2—单螺母;3—螺母座;4—调整垫片

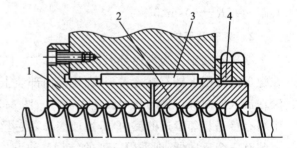

图 3-56　双螺母螺纹调隙式结构

1、2—单螺母;3—平键;4—调整螺母

(3)齿差调隙式(见图 3-57)　在两个螺母的凸缘上各有一个圆柱齿轮,两者齿数相差一个齿,在装入内齿圈中,内齿圈用螺钉或定位销固定在套筒上。调整时,先取下两端的内齿圈,当两个滚珠螺母相对于套筒同方向转动,每转过一个齿,滚珠丝杠螺距为 P_h,调整的轴向位移量为 $e\left(e=\dfrac{P_h}{z_1 z_2}\right)$。齿差式调整间隙,调整精确,但结构尺寸大,调整装配比较复杂,适用于高精度的传动机构。

另外,滚道法向截面为双圆弧的滚珠丝杠副,也可采用单螺母结构,通过增大钢球直径消除间隙。

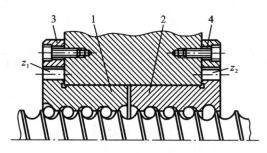

图 3-57　双螺母齿差调隙式结构

1、2—单螺母；3、4—内齿轮

三、滚珠丝杠副的精度

滚珠丝杠副的精度(JB/T 3162.2—1991)按使用范围及要求分为 1、2、3、4、5、7 和 10 级七个精度，1 级最高。各类机床滚珠丝杠副的推荐精度等级如表 3-24 所示。

表 3-24　各类机床滚珠丝杠副的精度选择

机床种类		X(横向)	Y(立向)	Z(纵向)	W(刀杆)
		坐　标　方　向			
开环系统	数控车床	2、3	—	3	—
	数控磨床	1、2	—	2	—
	数控钻床	3	3、4	3	—
	数控铣床	2	2	2	—
	数控镗床	1、2	1、2	1、2	3
	数控坐标镗床	1、2	1、2	1、2	2
	自动换刀数控机床	1、2	1、2	1、2	3
	数控线切割机床	2	—	2	—
坐标镗床、螺纹磨床		1、2	1、2	1、2	2
普通机床、通用机床		4	4	4	
仪表机床		1、2	1、2	1、2	—

思考与训练

1. 滚珠丝杠有什么特点？应用于什么场合？试述滚珠丝杠消除轴向间隙的方法。

模块四 组合机床设计

项目实施建议

知识目标 掌握机械加工生产线中组合机床的设计方法，熟悉常用组合机床通用部件的选择方法、机械加工工艺方案的制订。三图一卡的内容以及组合机床的设计

技能目标 了解组合机床的组成、分类，通用部件的选用；组合机床总体设计，多轴箱设计

教学重点 三图一卡、多轴箱设计

教学难点 三图一卡

教学方案(情景) 多媒体教学，案例教学以及视频

选用工程应用案例 机械加工机床、生产线在工程实际中的应用

考核与评价方案 考试成绩＋实验成绩

建议学时 6～8 学时

项目 4.1 概述

组合机床的应用非常广泛，几乎每个领域都要用到，直接影响生产效率的高低。组合机床的应用情况反映一个国家自动化水平的高低。

组合机床一般采用多轴、多刀、多工序、多面或多工位同时加工的方式，完成钻孔、扩孔、镗孔、攻丝、铣削、车端面等切削工序和焊接、热处理、测量、装配、清洗等非切削工序。组合机床的生产效率比通用机床高几倍至几十倍。由于通用部件已经标准化和系列化，可根据需要灵活配置，能缩短设计时间和制造周期，因此，组合机床兼有低成本和高效率的优点，在大批、大量生产中得到广泛的应用，并可用以组成生产线。现代生产工程对设备的柔性化要求日益明显，驱动和控制系统的不断更新、大量新技术的被采用，使现代组合机床通用部件技术水平有很大的提高。现代组合机床已经逐渐打破了通常认为只适用于箱体类零件加工的模式，其功能和应用范围正在不断延伸和扩展。组合机床未来的发展将更多地采用调速电动机和滚珠丝杠的传动，以简化结构，缩短生产节拍；采用数字控制系统和主轴箱、夹具自动更换系统，以提高工艺可靠性，纳入柔性制造系统等。

任务 4.1.1 组合机床的组成及类型

任务引入

根据被加工工件的具体情况，分析普通机床加工与生产线加工的区别。重点介绍组合机床加工的特点。

任务分析

从工件在普通机床上加工扩展到在组合机床上加工。

一、组合机床的组成

组合机床主要由侧底座 1、立柱底座 2、立柱 3、多轴箱 4、动力箱 5、滑台 6、中间底座 7、夹具 8 以及控制部件和辅助部件等组成,如图 4-1 所示。其中夹具和多轴箱是按加工对象设计的专用部件,其余均为通用部件,且专用部件中的绝大多数零件(70%~90%)也是通用部件。

加工时,刀具由电动机通过动力箱、多轴箱驱动做旋转主运动并通过各自的滑台做直线进给运动。

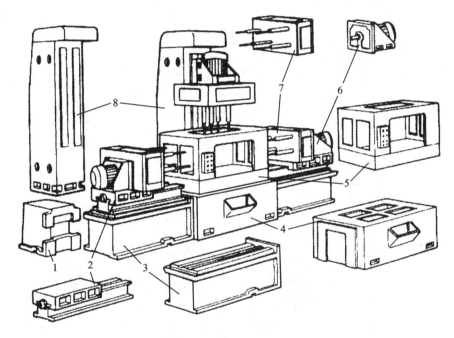

图 4-1　组合机床的组成

1—中间底座;2—动力滑台;3—侧底座;4—立柱底座;5—夹具;6—动力箱;7—主轴箱和刀具;8—立柱

二、组合机床的类型

根据所选用的通用部件的规格大小以及结构和配置形式等方面的差异,将组合机床分为大型组合机床和小型组合机床。习惯上滑台的台面宽度 $B \geqslant 250$ mm 为大型组合机床,滑台的台面宽度 $B < 250$ mm 为小型组合机床。

根据组合机床的配置形式,可将其分为具有固定夹具的单工位组合机床、具有移动夹具的多工位组合机床和转塔式组合机床三类。

1) 具有固定夹具的单工位组合机床

单工位组合机床特别适用于加工大、中型箱体类零件,在整个加工循环中,夹具和工件固定不动,通过动力部件驱动刀具从单面、两面和多面对工件加工。这类机床加工精度较高,但生产率相对较低。

按机床配置形式和动力部件的进给方向,单工位组合机床又可分为卧式、立式、倾斜式和复合式四种类型,如图 4-2 所示。

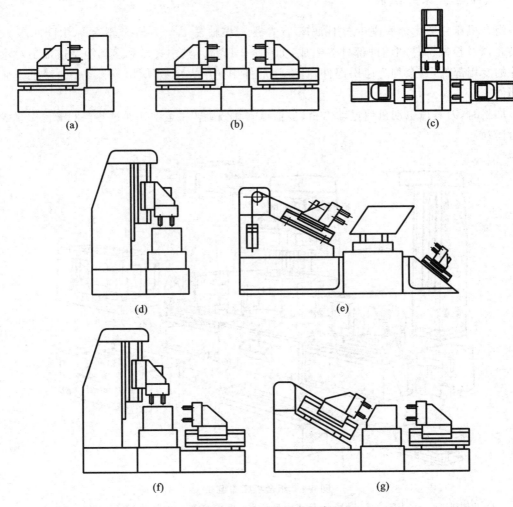

图 4-2　单工位组合机床

（a）单面卧式　（b）双面卧式　（c）三面卧式　（d）立式　（e）倾斜式　（f）复合式　（g）复合式

（1）卧式组合机床　卧式组合机床的刀具主轴水平布置,动力部件沿水平方向进给。按加工要求的不同可分为单面、双面和多面形式。

（2）立式组合机床　立式组合机床的刀具主轴垂直布置,动力部件沿垂直方向进给。一般只有单面配置一种形式。

（3）倾斜式组合机床　倾斜式组合机床的动力部件倾斜布置,沿倾斜方向进给,可配置成单面、双面和多面形式,以加工工件上的倾斜表面。

（4）复合式组合机床　复合式组合机床是立式、卧式、倾斜式中的两种或三种形式机床的组合。

2）具有移动夹具的多工位组合机床

多工位组合机床上的夹具和工件可按预定的工作循环做间歇的移动或转动,以便依次在不同工位上对工件进行不同的工位加工。这类机床的生产率高,但加工精度不如单工位组合机床,多用于中、小型零件的大批量加工。

　　多工位组合机床按照夹具和工件的输送方式不同,可分为移动工作台式、回转工作台式、中央立柱式和鼓轮式四种类型,如图 4-3 所示。

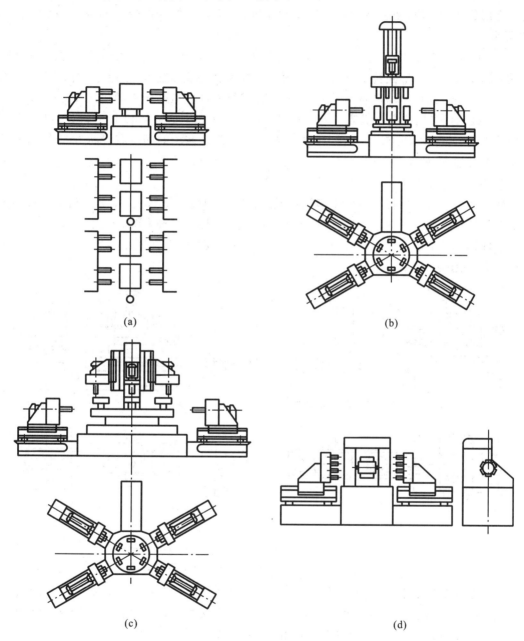

(a)

(b)

(c)

(d)

图 4-3　多工位组合机床
(a) 移动工作台式　(b) 回转工作台式　(c) 中央立柱式　(d) 鼓轮式

　　(1) 移动工作台式多工位组合机床　移动工作台式多工位组合机床可先后在两个工位上从两面对工件进行加工,夹具和工件随工作台直线移动实现工位变换,如图 4-3(a) 所示。

（2）回转工作台式多工位组合机床　回转工作台式多工位组合机床在每个工位上可同时加工一个或多个工件。其上的夹具和工件安装在绕垂直轴线回转的工作台上，并随其做周期转动来实现工作位置的变换。由于这种机床适宜于对中小工件进行多面、多工序加工，具有专门的装卸工位，使装卸时间和机动时间重合，所以不能获得较高的生产率，如图 4-3（b）所示。

（3）中央立柱式多工位组合机床　中央立柱式多工位组合机床上的夹具和工件安装在绕垂直轴线回转的环形回转工作台上，并随其做周期转动实现工位的变换。环形回转工作台周围以及中央立柱上均可布置动力部件，在各工位进行多工序加工，如图 4-3（c）所示。

（4）鼓轮式多工位组合机床　鼓轮式多工位组合机床上的夹具和工件安装在绕水平线回转的鼓轮上，并做周期转动实现工位的变换。该机床在鼓轮的两端布置动力部件，从两面对工件进行加工，如图 4-3（d）所示。

3）转塔式组合机床

转塔式组合机床的特点是几个多轴箱安装在转塔回转工作台上，每个多轴箱依次旋转到加工位置对工件进行加工，可完成一个工件的多工序加工。按多轴箱是否做进给运动，可分为多轴箱只做主运动的转塔式组合机床和多轴箱既做主运动又做进给运动的转塔式组合机床两类，如图 4-4 所示。

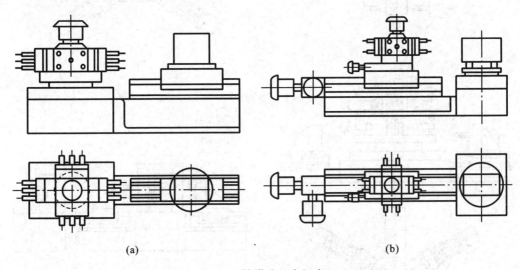

(a)　　　　　　　　　　　(b)

图 4-4　转塔式组合机床
(a) 多轴箱做主运动　(b) 多轴箱既做主运动又做进给运动

（1）多轴箱只做主运动的转塔式组合机床　多轴箱安装在转塔回转工作台上，主轴由电动机通过多轴箱的传动装置带动做旋转主运动；工件安装在滑台的回转工作面上（如果不需要工件转位时，可直接安装在滑台上），由滑台带动做进给运动。

（2）多轴箱既做主运动又做进给运动的转塔式组合机床　这类机床的工件固定不动（也可做周期转位），转塔式多轴箱在滑台上并随滑台做进给运动。

转塔式组合机床可以完成一个工件的多工序加工，因而可减少机床台数和占地面积，适用于中、小批量生产。

三、组合机床的特点

(1) 主要用于加工箱体类零件和杂件的平面和孔。

(2) 生产率高。

(3) 加工精度稳定。

(4) 研制周期短,便于设计、制造和使用维护,成本低。

(5) 自动化程度高,劳动强度低。

(6) 配置灵活。

任务 4.1.2　组合机床通用部件

任务引入

根据组合机床的组成,分析那些部件是通用部件,通用部件的分类和特点,如何选用。

任务分析

分析实现机械零件加工所需要的运动,配置相应的动力方式和加工方法。

一、组合机床通用部件的类型及标准

组合机床的通用部件是组合机床的基础。通用部件是根据其各自的功能,按标准化、系列化、通用化原则设计而成的独立部件。它在组成各种组合机床时能互相通用。

1) 通用部件分类

按功能的不同,通用部件可分为动力部件、支承部件、输送部件、控制部件和辅助部件几类。

(1) 动力部件　动力部件是传递动力实现进给运动或主运动的部件,是通用部件中的主要部件。动力部件包括主运动部件(动力箱和各种切削头)和进给运动部件(动力滑台)。动力箱与多轴箱配合使用,用于实现主运动;滑台用于实现进给运动。动力部件的工作性能基本上决定了组合机床的工作性能,其配套使用的动力箱和各种切削头,如铣削头、钻削头、镗孔车端面头等。其他部件都要以动力部件为基础来进行配置使用。

(2) 支承部件　支承部件是组合机床的基础部件,它包括侧底座、立柱、立柱底座、中间底座等,用于支承和安装各种部件,保证各部件之间的相对位置精度,保证机床的刚度。

(3) 输送部件　输送部件用于多工位组合机床上,完成工位间的工件输送。包括移动工作台、回转工作台、回转鼓轮工作台和环形回转工作台等。输送部件转位或移动后的定位精度直接影响着多工位组合机床的加工精度。

(4) 控制部件　控制机床按预定的加工程序进行循环工作。包括可编程控制器(PLC)、各种液压元件、操纵板、控制挡铁和按钮台等。

(5) 辅助部件　用于实现工件自动定位和夹紧的液压或气动装置、自动上下料机械手、冷却和润滑装置、排屑装置。

2) 通用部件的标准简介

我国最早的组合机床通用部件的标准建于 20 世纪 70 年代,以后不断发展完善,不但具

备了完善的国家标准,并已贯彻了国际标准。

（1）通用部件的特点　特点如下。

①全面贯彻了国际、国家和各部通用部件互换性尺寸标准,有利于打入国际市场。

②全面贯彻了国家机械制图标准及公差配合、形位公差、表面粗糙度、螺纹、齿轮及花键六项基础标准。

③精度分为普通级、精密级(M)和高精级(G)三种精度等级。

④噪声小、振动小、寿命长,且便于使用和维修。

⑤品种规格齐全。

（2）通用部件编制方法　机械工业部颁布的通用标准及其型号表示法如图4-5所示。组合机床通用部件的分类字头如表4-1所示。

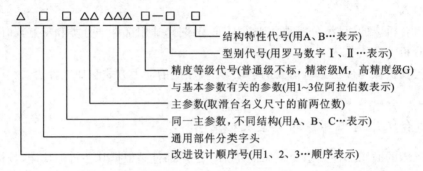

图 4-5　型号表示法

表 4-1　组合机床通用部件的分类字头

主轴部件 （铣削头）	适用 范围	铣头	镗头	偏心 镗头	精镗头	镗车头	可调头	钻削头		攻螺纹头	
								单轴	多轴	单轴	多轴
	短台面型	TX	TA	TAP	TJ	TC	TK	TZ	TZD	TG	TGD
	长台面型	TXA	TAA	—	—	TCA	TKA	YZA	—	—	—

动力头	滑套式				机械 箱体式	转塔式		自动更换式	
	机械	液压	风动	风动液压		机械	液压	机械	液压
	LHJ	LHY	LHF	LHQ	LXJ	LZJ	LZY	LGJ	LGY

工作台	分度回转工作台					移动工作台				
	机械	液压	风动	风动液压	机械液压	机械	液压	风动	风动液压	机械液压
	AHJ	AHY	AHF	AHQ	AHU	AYJ	AYY	AYF	AYQ	AYU

续表

转台	机械	液压	风动	风动液压	机械液压
	AZJ	AZY	AZF	AZQ	AZU

支承部件	适用范围	侧底座	立柱	落地式有导轨立柱	有导轨立柱	立柱底座	中间底座	支架
	短台面型	CC	CL	CLC	CLL	CD	CZ	CJ
	长台面型	CE	CLA	—	—	CLH	CZY、CZD	CJY、CJD、CJK、CJF

其他	跨系列传动装置	自动线通用部件	广泛通用部件	数控通用部件
	NG	ZXT	T	NC

注：短台面主要适用于大型组合机床，长台面主要适用于小型组台机床。

（3）通用部件的型号、规格和配套关系　通用部件标准规定动力滑台的主参数为其工作台面宽度 B。如 1HY32MIB（经过一次重大改进的液压滑台，其台面宽度为 320 mm，精密级，I 型的镶钢导轨），也是与动力滑台配套的其他通用部件的主参数，如动力箱、多轴箱、侧底座和立柱等部件。组合机床通用部件的品种、规格及其配套关系如表 4-2 所示。

表 4-2　通用部件的型号、规格及其配套关系

部件名称	标准	名义尺寸/mm					
		250	320	400	500	630	800
液压滑台	GB3668.4	1HY25	1HY32	1HY40	1HY50	1HY63	1HY80
		1HY25M	1HY32M	1HY40M	1HY50M	1HY63M	1HY80M
		1HY25G	1HY32G	1HY40G	1HY50G	1HY63G	1HY80G
机械滑台		1HJ25	1HJ32	1HJ40	1HJ50	1HJ63	
		1HJ25M	1HJ32M	1HJ40M	1HJ50M	1HJ63M	
		$1HJ_b25$	$1HJ_b32$	$1HJ_b40$	$1HJ_b50$	$1HJ_b63$	
		$1HJ_b25M$	$1HJ_b32M$	$1HJ_b40M$	$1HJ_b50M$	$1HJ_b63M$	
动力箱	GB3668.5	1TD25	1TD32	1TD40	1TD50	1TD63	1TD82

部件名称	标准	名义尺寸/mm					
		250	320	400	500	630	800
侧底座	GB3668.6	1CC251 1CC252 1CC251M 1CC252M	1CC321 1CC322 1CC321M 1CC322M	1CC401 1CC402 1CC401M 1CC402M	1CC501 1CC502 1CC501M 1CC502M	1CC631 1CC632 1CC631M 1CC632M	1CC801 1CC802 1CC801M 1CC802M
立柱	GB3668.11	1CL25 1CL25M $1CL_b25$ $1CL_b25M$	1CL32 1CL32M $1CL_b32$ $1CL_b32M$	1CL40 1CL40M $1CL_b40$ $1CL_b40M$	1CL50 1CL50M $1CL_b50$ $1CL_b50M$	1CL63 1CL63M	
铣削头		1TX25 1TX25G	1TX32 1TX32G	1TX40 1TX40G	1TX50 1TX50G	1TX63 1TX63G	1TX80 1TX80G
钻削头	GB3668.9	1TZ25	1TZ32	1TZ40			
镗孔车端面头		1TA25 1TA25M	1TA32 1TA32M	1TA40 1TA40M	1TA50 1TA50M	1TA63 1TA63M	

注:1. 机械滑台型号中,1HJ××型为滚珠丝杠传动;$1HJ_b$××型为普通丝杠传动,青铜螺母。

　2. 侧底座型号中,1CC××1型高度为560 mm;1CC××2型高度为630 mm。

　3. 立柱型号中,$1CL_b$××型与机械滑台配套使用;1CL××型与液压滑台配套使用。

二、常用通用部件

1. 动力滑台

动力滑台是由滑座、滑鞍(台)和驱动装置组成,实现直线进给运动的动力部件。滑台在滑座导轨上移动,实现机床的进给运动。滑台上可以安装各种功能的单轴工艺切削头或动力箱(多轴主轴箱),对工件进行工艺加工,也可以用做夹具和工件的输送部件。当滑台上安装各种功能的单轴工艺切削头(如钻削头、镗削头、铣削头或攻螺纹头等)时,可完成钻、扩、铰、镗、攻螺纹孔加工和铣平面等加工。

(1)动力滑台的组合形式如图4-6所示。

(2)HY系列液压滑台　液压滑台是目前生产和应用数量最多的一种动力部件,布置和结构都比较典型,没有很大差别,规格都已经标准化。液压滑台是由滑座、滑台、液压缸等组成,如图4-7所示。液压滑台既可用于配置卧式机床,又可配置立式机床,当液压滑台配置立式或倾斜式机床时,为了使滑台在滑座上移动轻便和防止滑台下滑,需要配置平衡重锤。

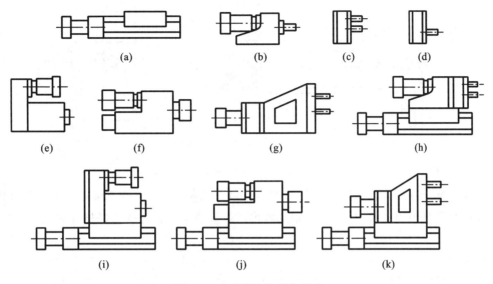

图 4-6　动力滑台的组合形式

(a) 滑台　(b) 动力箱　(c) 主轴箱　(d) 单轴头　(e) 铣削头

(f) 镗孔车端面头　(g) 主轴可调头　(h) 多轴(单轴)动力头

(i) 铣削动力头　(j) 镗孔车端面动力头　(k) 主轴可调动力头

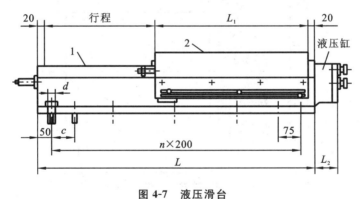

图 4-7　液压滑台

1—滑座;2—滑台

　　台面宽度 320 mm 以下的滑台可以安装分级进给装置,用于进行深孔加工。分级进给装置已有标准部件,可根据工艺需要来选择。

　　(3) HJ 系列机械滑台　机械滑台由滑台、滑座即传动装置组成,如图 4-8 所示。机械滑台可完成典型工作循环,其用途和导轨形式完全与液压滑台相同,不过它一般不适用于实现二次工作的工作循环。

　　机械滑台的形式大致有双矩形导轨结构、单导轨两侧面导向形式,滚珠丝杠传动;双矩形导轨结构、单导轨两侧面导向形式,普通丝杠(铜螺母)传动;三矩形导轨结构,以中间导轨两侧面导向,具有精度保持性好,导向约束稳定性好即动态性能好等优点,而且导轨的摩擦力作用线与驱动力作用线重合,可降低滑鞍(台)的扭转变形,是当今的发展方向。

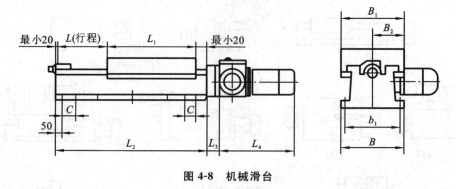

图 4-8 机械滑台

台面宽度 280 mm 以下的滑台可以安装分级进给装置,用于进行深孔加工。分级进给装置采用时间继电器控制。因此,在钻孔深度的准确性及钻头过载的保护方面,机械滑台不如液压滑台。

2. 动力箱

动力箱是标准化的专用主轴头,其端部安装刀具,尾部连接传动装置,即可进行切削。动力箱是驱动主轴箱的刀具做切削主运动的装置。它与动力滑台和主轴箱配套使用,如图 4-9 所示。

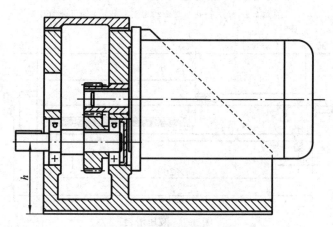

图 4-9 动力箱结构示意图

动力滑台实现进给运动,动力箱上安装主轴箱实现切削主运动,用以组成带导向装置加工的卧式或立式组合机床。

动力箱的结构形式有齿轮传动和联轴节传动两种形式。

齿轮传动动力箱结构比较简单,运动从电动机到一对降速齿轮传到驱动轴。为了提高动力箱的刚度,设计规定动力箱与主轴箱结合面的高度等于动力箱与滑台结合面的宽度,动力箱与主轴箱的宽度以及动力箱的长度为同参数滑台宽度的 1.25 倍。

联轴节传动动力箱通过联轴节与电动机直连,可以吸收振动,使运动平稳。联轴节传动动力箱不需要润滑,这样就可以避免主轴箱与动力箱之间的漏油。

我国目前的通用部件中只有齿轮传动的动力箱,其主要尺寸及性能如表 4-3 所示。

表 4-3　齿轮传动动力箱的主要尺寸及性能

公称尺寸	250	320	400	500	630	800
动力箱宽度/mm	320	400	500	630	800	1 000
动力箱高度/mm	250	320	400	500	630	800
动力箱长度/mm	320	400	500	630	800	900
动力箱驱动轴中心高/mm	100	125	160	200	250	320
驱动轴直径/mm	25	30	40	40	50	60
驱动轴外伸长度/mm	45	45	65	65	65	85
电动机最大功率/kW	15	3	55	10	17	30
驱动轴转速/(r/min)	推荐驱动轴的转速与电动机转速的传动比为 1∶2					

3. 工艺切削头

工艺切削头是标准化的专用主轴头,其中包括铣削头、钻削头、镗削头及镗孔车端面头等。这些单轴的工艺切削头属于刚性主轴结构,在加工时,加工精度由主轴部件与导轨运动精度保证,主轴的设计方法与一般通用机床相同。

工艺切削头安装在滑台上,可以配置成立式或卧式组合机床。由于这类机床不需要带导向装置工作,因此,夹具加工简单,机床配置灵活。

(1) 铣削头　铣削头的形式有动力式铣削头、平面式铣削头、燕尾槽式铣削头和手动变速式铣削头四种。

动力式铣削头一般与机械、液压滑台(或箱)铣削工作台配套,组成各种形式的组合机床,用来完成对铸铁、钢件及非铁金属类零件的平面铣削、键槽、燕尾槽、花键等铣削加工。

平面式铣削头分普通级、精密级和高精级三种,最高加工精度:平面度(0.01～0.03)/600,表面粗糙度值 $Ra \leqslant 0.8 \sim 1.6$。配备 1NG 皮带传动装置,1NGb 交换齿轮传动装置,1NGd 手柄齿轮变速传动装置。

燕尾槽式铣削头一般与机械、液压滑台(或箱)铣削工作台配套使用,组成各种形式的组合机床,用来完成对铸铁、钢件及非铁金属类零件的加工,也可完成铣槽、铣扁等工艺。

手动变速式铣削头通过手柄操作来完成铣削头的变速。

铣削头的结构形式有 A、B 两类,图 4-10 所示为 A 类。其传动装置的变速级数按公比 1.26 等比级数排列,分高低两组,每组 9 级转速,靠改变交换轮或皮带实现变速。

设计时,先根据切削用量确定的切削速度以及刀盘的直径计算主轴转速。再根据主轴计算选择铣刀传动装置,并选择其型号。

(2) 钻削头　钻削头与相同规格的液压滑台或机械滑台配套组成组合机床,用来完成对铸铁、钢及非铁金属的工件进行钻孔、扩孔、倒角及锪窝等工序。

钻削头由主轴组件和传动主轴两部分组成,如图 4-11 所示。

钻削头的主要尺寸及参数如表 4-4 所示。

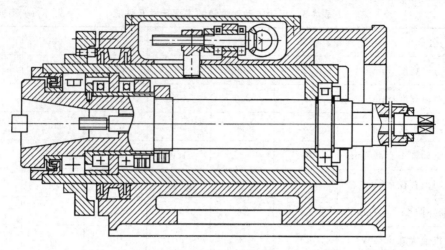

图 4-10 A 类铣削头的结构示意图

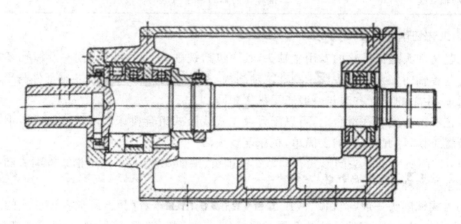

图 4-11 钻削头的结构示意图

表 4-4 钻削头的主要尺寸及参数

名义尺寸	型号	功率/kW	主轴孔直径/mm	主轴前端轴径/mm	最大钻孔直径(45 钢)/mm
125	1TZ12	0.75	28	40	10
160	1TZ16	1.1	28	50	16
200	1TZ20	1.5	36	60	20
250	1TZ25	2.2	36	70	25
320	1TZ32	3：4：55	48	85	32

（3）镗削头 镗削头与相同规格的液压滑台或机械滑台配套组成组合机床,用来完成对铸铁、钢及非铁金属的零件进行单轴刚性主轴的粗、精镗孔,精度可达到 H7 级,表面粗糙度值为 $Ra1.6~\mu m$。

1TA 镗削头由主轴组件和传动主轴两部分组成,如图 4-12 所示。

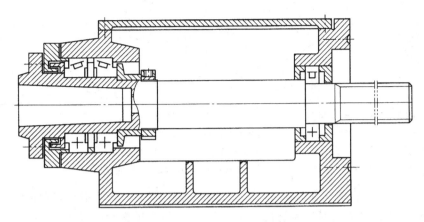

图 4-12   1TA 镗削头的结构示意图

与镗削头配套的传动装置有铣削传动装置和钻削传动装置。镗削头的主轴前端结构与车床主轴前端结构相似。

当镗削直径尺寸不大的孔时,用主轴的内莫氏锥孔作为镗刀杆定位面。当镗削直径较大的孔时,由于传递的扭矩大,用主轴前端的短圆锥面和端面定位,并由端面传递扭矩。

4. 支承部件

支承部件是组合机床的基础部件,在它的上面安装着其他部件。支承部件应有足够的刚度,以保证各部件之间能长期保持正确的相对位置,这是组合机床能否长期保持精度的重要条件之一。

支承部件包括中间底座、侧底座、立柱、立柱底座、支架及垫块等。通常情况下是通用和专用两部分的组合。

卧式组合机床的床身由通用的侧底座和专用的中间底座组合而成;立式组合机床的床身由立柱及立柱底座组合而成。

支承部件这种组合结构加工和装配工艺性好,安装运输方便,但削弱了床身的整体刚度。

(1)中间底座   组合机床中间底座的顶面用于安装夹具或输送部件,侧面可与侧底座相连接,并通过端面键或定位销定位。

根据键槽配置形式不同,中间底座有多种形式,如,双面卧式组合机床的中间底座,两侧面都安装侧底座;三面卧式组合机床的中间底座为三面安装侧底座。

中间底座的结构、尺寸需根据工件的大小、开关以及组合机床的配置形式等来确定。因此中间底座一般按专用部件进行设计,其主要尺寸应符合国家标准规定。中间底座主机尺寸如表 4-5 所示。

表 4-5   中间底座主机尺寸

中间底座长/mm	中间底座宽/mm						
800	500	560	630	710	800	900	—
1000	—	—	630	710	800	900	1 000

续表

中间底座长/mm	中间底座宽/mm						
1250	—	—	—	710	800	900	1 000
>1250	—	—	—	710	800	900	1 000

注:(1) 中间底座和侧底座、立柱底座的定位方式为键定位,允许锥销定位。

(2) 高度 630 mm 为优先采用值,可根据具体情况选用 560 mm 和 710 mm。

(3) 当中间底座长度大于 1250 mm 时,可从优选数系 R10(GB321—88)中选用。

(4) 当中间底座宽超过表中规定数值时,可从优选数系 R20(GB321—88)中选用。

(2)侧底座　组合机床侧底座用于卧式组合机床,其上面安装滑台,侧面与中间底座相连时可用键或锥销定位。侧底座的长度应与滑台相适应,即滑台有几种规格,侧底座就应有几种规格。

它的高度有 560 mm 和 630 mm 两种,当需要更低的高度时,可按 450 mm 设计。

为了适应一定的装料高度的要求,如果夹具高度调整受到限制,一般可在侧底座的滑台之间增加调整垫。

侧底座有普通级和精密级两种精度等级,与相同精度等级的滑台配套使用。

(3)立柱及立柱底座　立柱用于安装立式布置的动力部件,立柱安装在立柱底座上。立柱和立柱底座均有普通级和精密级两种。

三、通用部件的选用

1. 通用部件选用的原则

通用部件选用的原则是组合机床设计的主要内容之一,选用的基本方法是根据所需的功率、进给力、进给速度等要求,选择动力部件及其配套部件。应遵循如下原则。

(1)切削功率应满足所需的计算功率。

(2)进给部件应满足加工所需的最大进给力、进给速度和工作行程及工作循环的要求,同时还需要考虑装刀、调刀的方便性。

(3)动力箱和主轴箱尺寸应相适应和匹配。

(4)应满足加工精度的要求。

(5)尽可能按照通用部件的配套关系选用有关通用部件。

2. 通用部件的选用

(1)动力部件的选用　在设计组合机床时,对于选择何种动力部件,应根据具体的加工要求、机床的配套形式、工作环境和使用条件等来确定。

对于完成主运动的动力部件,如钻削头、铣削头、镗削头等,通常根据进给速度和稳定性、进给量的可调性、工作循环等要求来确定。

对于滑台,根据用户所在地区气候条件及用户实用的方便性来确定。对于自动线和流水线上各台机床,一般选用同一传动方式的滑台。

在设计组合机床时,影响动力部件规格的因素有功率、进给力、进给速度、最大行程及主轴箱外尺寸等。

在确定动力部件规格时,一般先进行功率和进给力的计算,再根据选用的原则来综合全面考虑其他因素来确定。

在确定动力部件规格时,当其他因素完全满足,而功率和进给力却不能满足但又相差不大时,不要轻易选择大一规格的动力部件,可适当调整一下切削用量或改变工艺方法。但以不影响加工精度和生产率要求为前提。

(2)其他通用部件的确定　对于支承部件,如侧底座、立柱等,可选与动力滑台规格相匹配的相应规格。

对于输送部件,可按所需工作台的运动形式、工作台面尺寸、工位数、驱动方式及定位精度来选用。

一般来说,根据工作台的运动形式、驱动方式确定输送部件的品种。根据所需工作台台面的大小、工位数及行程等要求,确定输送部件的规格。

选择通用部件时,还应根据加工精度要求、制造成本等确定通用部件的精度等级。

项目 4.2　组合机床总体设计

组合机床总体设计内容和步骤与普通机床相同,但由于组合机床只加工一种或数种工件的特定工序,工艺范围窄,主要技术参数已知,且工艺方案一旦确定,也就确定了结构布局,因而总体设计的侧重点不同,主要是通过工件分析等掌握机床设计的依据,画出详细的加工零件工序图,通过工艺分析,画出加工示意图,然后根据功能总体布局,画出机床尺寸联系图。

任务 4.2.1　制订工艺方案

任务引入

分析被加工零件图样,根据组合机床各种工艺方法能达到的加工精度和技术要求,解决零件是否可以利用组合机床加工以及采用组合机床加工是否合理等问题。

任务分析

确定零件在组合机床上合理进行的加工方法、工序时间、加工余量、刀具的结构形式、刀具数量及切削用量等。

分析被加工零件图样,根据组合机床各种工艺方法能达到的加工精度和技术要求,解决零件是否可以利用组合机床加工以及采用组合机床加工是否合理等问题。综合考虑影响制定零件工艺方案、机床配置形式、工艺装备的各种因素。完成如下内容。

确定零件在组合机床上合理进行的加工方法(安排工序及流程,选择加工的定位基准及夹压方案)、确定工序时间加工余量、确定刀具的结构形式、刀具数量及切削用量等。

一、选择合适、可靠的工艺方法

1. 考虑被加工零件的加工精度和加工工序

(1)精度为 H7 的孔加工,工步数应设为 3~4 个对于不同尺寸的孔径,需采用不同的工艺方法(如镗孔或铰孔)。

(2) 当孔与孔有较高位置精度要求(误差≤0.05 mm)时,应在一个安装工位对所有孔同时进行最终加工。

(3) 如果箱体件的同一轴线上几个孔的同轴度要求较高(同轴度误差≤0.05 mm)则最后精加工应从一面进行。

(4) 加工精度为 H6,Ra 为 0.4 μm 的孔时,机床需采取主轴高速、低进给量(f≤0.01 mm/r)的加工方法,以尽量减小切削力和消除主轴振动。机床常采用皮带转动的精镗头,主轴采用设有卸载装置的,进给采用液压增稳系统。

(5) 加工精度为 H6~H7,直径为 φ80~φ150 mm 的气缸孔时,由于气缸孔间距小,不便安装向导,且需立式加工,切削容易落入下导向套,造成导向精度变差。此时,采用立式刚性主轴结构,不采用结构复杂的浮动主轴带导向加工。

2. 考虑被加工零件的材料、硬度、加工部位的结构形状、零件刚度和定位基准面

(1) 同样精度的孔,加工钢件一般比加工铸铁件的工步数多。

(2) 加工薄壁易振动的工件或刚度不足的工件,安排工序不能过于集中,以免加工表面多而造成工件受力大、共振及发热变形影响加工精度。

(3) 加工箱体多层壁同轴线的等直径孔,应在一根镗杆上安装多个镗刀进行镗削,退刀时,要求工件(夹具)"让刀",镗刀头周向定位。

3. 考虑被加工零件的生产批量及生产效率

零件生产批量是决定按单工位、多工位、自动线,还是按中、小批生产特点设计组合机床的重要因素。

(1) 零件的生产批量越大,工序安排一般越趋于分散,且粗、半精、精加工分别在不同机床上完成;

(2) 中、小批量生产则力求减少机床台数,尽量将工序集中在一台(多工位)或少数几台机床上加工。

4. 组合机床的工艺范围所能达到的加工精度

组合机床加工铸铁或钢件的主要工序能达到的精度和表面粗糙度可查阅设计手册。

二、合理安排粗、精加工

首先分析零件的生产批量、加工精度、技术要求,再合理安排粗、精加工工序。

(1) 零件批量大或加工精度较高,粗、精工序应分开。

①工件能得到较好的冷却,利于减少热变和内应变的影响。

②避免粗加工振动对加工精度、表面粗糙度的影响。

③利于精加工机床持久地保持精度。

④机床结构简单,便于维修、调整。

(2) 零件的粗、精加工集中在一台机床上,可减少机床台数,提高其负荷效率,但最大切除余量和最后精加工工序应分开。

三、合理实施工序集中

工序集中是指运用多种刀具,采用多面、多工位和复合刀具方法,在一台机床上对一个或几个零件完成多个工序过程,以提高生产率。

1. 注意工序集中带来的问题

(1) 导致机床结构复杂,刀具数量增加,调整不方便,可靠性降低,影响生产率的提高。

(2) 导致切削负荷加大,造成工件刚度不足、工件变形而影响加工精度。

2. 合理考虑工序集中

(1) 将相同工艺内容的工序集中在一台机床或同一工位上加工。如:将箱体零件的大量螺孔攻螺纹工序集中在一台机床上,不与大量钻、镗工序集中在同一台机床上进行,使机床结构简单。

(2) 箱体零件上有相互位置精度要求的孔时,孔加工应集中在一台机床上一次完成加工(粗、精加工)。

(3) 工序集中要保证零件能在较大的切削力、夹紧力作用下不变形,即在提高生产率的同时保证加工精度。

(4) 大量的钻、粗镗工序应分开。钻孔、镗孔直径相差较大,会使主轴转速相差很大,导致多轴箱传动链复杂。

钻孔产生很大的轴向力,会使工件变形而影响镗孔精度;

粗镗孔振动很大,影响钻孔加工,造成小钻头折断。

(5) 铰孔、镗孔工序分开。铰孔是低速大进给量切削,镗孔是高速小进给量切削,若将这两种工序集中,则会影响切削用量的合理选择和多轴箱传动结构的简化。

(6) 工序集中应考虑多轴箱轴承结构、设置导向需要,否则造成机床、刀具调整不便,工作性能、生产率低。

任务 4.2.2　确定组合机床的配置形式及结构方案

任务引入

在确定工艺方案的基础上,确定机床的配置形式。

任务分析

加工精度、工件结构及机床使用条件等对机床的配置形式影响。

在确定工艺方案的基础上,确定机床的配置形式。影响机床的配置形式的因素有加工精度、工件结构及机床使用条件等。

一、加工精度的影响

(1) 根据零件加工进度,考虑采用固定夹具的单工位还是移动夹具的多工位组合机床。

(2) 根据工件各孔的位置精度高低。考虑是否采用在同一工位上,一次安装对工件各孔同时精加工。

二、工件结构的影响

工件结构的影响是指工件的形状、大小和加工部位特点等的影响。

(1) 外形尺寸和质量较大的工件,一般采用固定夹具的单位组合机床。

(2) 多工序的中、小型零件,一般采用固定夹具的单位组合机床。

（3）箱体孔中心线与水平定位基面平行，且需由一面或基面加工，应采用卧式组合机床。

（4）工件孔深且直径大，且孔中心线与水平定位基面垂直，应采用立式组合机床。

三、机床使用条件的影响

（1）车间内零件输送线的高度直接影响机床装料高度。当工件输送穿过机床时，机床应设计成通过式，配置不能超过三面。

（2）生产线的工艺流程方向，机床在车间的安装位置，都会影响机床的配置方案。

（3）当工厂缺乏制造、刃磨复合刀具的能力时，制订方案时应避免采用复合刀具，考虑增加机床工位以及采用普通刀具分散加工。

（4）炎热地区的气温会影响液压油的性能，使用液压传动滑台可能造成机床进给运动不够稳定，应考虑采用机械传动的滑台进给机床。

任务 4.2.3　"三图一卡"编制

任务引入

针对具体的被加工零件，在选定的工艺和结构方案的基础上，进行方案图样设计。

任务分析

被加工零件工序图、加工示意图、机床联系尺寸图、生产率计算卡。

组合机床总体设计是指针对具体的被加工零件，在选定的工艺和结构方案的基础上，进行方案图样设计。这些图样包括：被加工零件工序图及加工示意图、机床联系尺寸图、机床生产率计算卡。

一、被加工零件工序图

1. 被加工零件工序图的作用和内容

被加工零件工序图是指根据选定的工艺方案，表示在一台机床上或一条自动线上完成的工艺内容，包括加工部位的尺寸及精度、技术要求、加工用定位基准、夹压部位、被加工零件材料特性如硬度和在本机床加工前毛坯情况的图样。它是在原有的工件图的基础上，以突出本机床或自动线加工内容，加上必要的说明绘制的。它是组合机床设计的主要依据，也是制造、使用、检验和调整机床的重要技术文件，图 4-13 所示为汽车变速器上盖单工位双面卧式钻、铰孔组合机床的被加工零件工序图。

本道工序内容：钻、铰汽车变速器上盖下表面 $2\times\phi8.5H10,4\times\phi8.5(Ra=1.6\ \mu m)$ 和上表面 $4\times M8\times1.5$ 螺纹底孔，$\phi7(Ra=1.6\ \mu m)$。

被加工零件工序图应包括下列内容。

（1）在图样上应表示出被加工零件的形状和轮廓尺寸及与本机床设计有关的部位的结构形状和尺寸。尤其是当需要设置中间导向套时，应表示出零件内部的肋、壁布置和有关的结构形状及尺寸，以及间穿插工件、夹具、刀具是否干涉。

（2）在图样上应表示出被加工零件加工所用的定位基准、夹压部位及夹压方向。以便依此进行定位支承（包括辅助定位支承）、限位、夹紧和导向装置的设计。

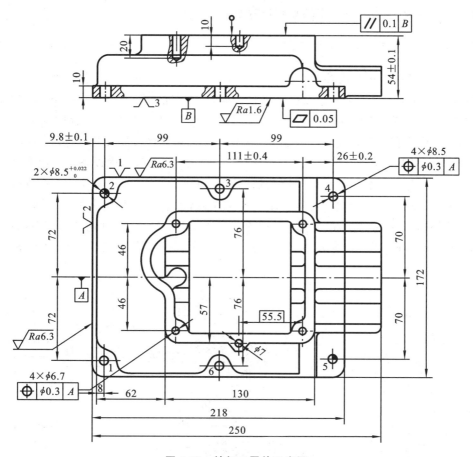

图 4-13 被加工零件工序图

（3）在图样上应表示出被加工零件表面的尺寸、精度、表面粗糙度、形状位置尺寸精度及技术要求（包括对上道工序的要求及本机床保证的部分）。

（4）在图样上还应表注明被加工零件的编号、名称、材料、硬度、重量及加工部位的余量等。

2. 绘制被加工零件工序图时的注意事项

（1）为了使被加工零件工序图清晰明了，一定要突出该机床的加工内容。绘制时，应按一定比例，选择足够的视图及剖视，突出加工部位（用粗实线），并把零件轮廓及与机床、夹具设计有关的部位（用细实线）表示清楚。凡本道工序保证的尺寸、角度等，均应该在尺寸数值下方画出实线标记，另外，还要用专用符号表示出加工用定位基准夹压位置、方向以及辅助支承尺寸公差。

（2）加工部位的位置尺寸应从定位基准注起。为方便加工及检查，尺寸应采用直角坐标系标注。但有时因所选定的定位基准与设计基准不重合，则必须对加工部位要求的位置尺寸精度进行分析换算。此外，应将零件图上的不对称位置尺寸公差换算成对称公差尺寸（如：零件图中尺寸 $10_{-0.3}^{-0.1}$ 应换算为工序图中的尺寸 9.8 ± 0.1），其公差数值的确定要考虑两方面，一是要能达到产品图样要求的精度，二是用组合机床能够加工出来。

（3）应注明零件加工对机床的某些特殊要求。

二、被加工零件的加工示意图

1. 加工示意图作用和内容

零件加工的工艺方案要通过加工示意图反映出来。加工示意图表示被加工零件在机床上的加工过程，刀具、辅具的布置状况以及工件、夹具、刀具等机床各部件间的相对位置关系，机床的工作行程及工作循环等。因此，加工示意图是组合机床设计的主要图样之一，在总体设计中占据重要地位。它是刀具、辅具、夹具、多轴箱、液压电气设备及通用部件选择的主要原始资料，加工示意图要反映机床的加工过程和加工方法，并决定浮动夹头或接杆的尺寸、镗杆长度、刀具种类及数量，刀具长度及加工尺寸，主轴尺寸及伸出长度，主轴、刀具、导向与工件间的联系尺寸等。根据机床要求的生产率及刀具特点，合理地选择切削用量，决定动力头的工作循环，图 4-14 所示为汽车变速器上盖单工位双面卧式钻、铰孔组合机床的加工示意图。

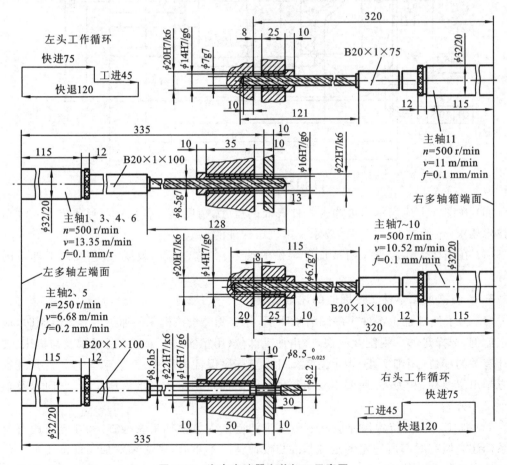

图 4-14　汽车变速器上盖加工示意图

加工示意图的内容如下。

（1）应反映机床的加工方法、加工条件及加工过程。

（2）根据加工部位特点及加工要求，决定刀具类型、数量、结构、尺寸（直径和长度），包括镗削加工时镗杆直径和长度。

（3）决定主轴的结构类型、规格尺寸及外伸长度。

（4）选择标准的或设计专用的接杆、浮动卡头、导向装置、导杆托架等，并决定它们的结构、参数及尺寸。

（5）标明主轴接杆（卡头）、夹具（导向）与工件之间的联系尺寸、配合及精度。

（6）根据机床要求的生产率及刀具、材料特点等，合理确定各主轴的切削用量。

（7）决定机床动力部件的工作循环及工作行程。

2. 加工示意图的画法及注意事项

（1）加工示意图应绘制成展开图，其绘制顺序是：首先按比例绘制工件的外形及加工部位的展开图，特别注意将那些距离很近的孔严格按比例相邻绘制，以便能清晰地看出相邻刀具、导向工具、主轴等是否会相碰；根据工件加工要求及选定的加工方法绘制刀具，并确定导向形式，位置及尺寸，选择主轴和接杆；从这些刀具中找出影响其联系尺寸的关键刀具，按其中最长的一根刀具从主轴箱到工件间的最小距离来确定全部刀具、导向装置及工件之间的尺寸关系。为简化设计，相同加工部位的加工示意图（指对同一规格的孔加工，所用刀具、导向、主轴、接杆等的规格尺寸、精度完全相同），允许只表示其中之一，以及同一多轴箱上结构尺寸相同的主轴可只画一根，但必须在主轴上标注轴号（与工件孔号相对应）。当轴数较多时，可采用缩小比例，用细实线画出工件加工部位简图（向视图）并标注孔号，以便设计和调整机床。

（2）一般情况下，在加工示意图上，主轴分布可不按照真实距离绘制。当被加工孔间距很小或需设置径向尺寸较大的导向装置时，相邻装置必须按严格比例绘制，以便检查相邻主轴、刀具、辅具、导向等是否干涉。

（3）主轴应从多轴箱端面画起，刀具画加工终了位置（攻丝加工则应画加工开始位置）。标准的通用结构（如接杆、浮动卡头、攻螺纹靠模及丝锥卡头、通用多轴箱的标准钻镗主轴外伸部分等）只画外轮廓，并需加注规格代号。对一些专用接杆（如导向、刀杆托架、专用接杆或浮动卡头等），为显示其结构而必须剖视，并标注尺寸精度及配合。

3. 绘制加工示意图的有关计算

（1）刀具选择　选择刀具，应考虑工艺要求与加工尺寸精度、工件材质、表面粗糙度及生产率的要求。只要条件允许应尽量选用标准刀具。为了提高工序集中程度或满足精度要求，可以采用复合刀具。孔加工刀具的长度应保证加工终了时刀具螺旋槽尾端与导向套之间有 30～50 mm 距离，以便于排出切削和刀具磨损后有一定的向前调整量。在绘制加工示意图时应注意，从刀具总长中减去刀具锥柄插孔内的长度。

（2）导向装置选择　应注意以下事项。

①导向装置的类型　组合机床加工孔时，除采用刚性主轴加工方案外，零件上孔的位置精度主要靠刀具的导向装置来保证。因此，正确选择导向装置的类型，合理确定其尺寸、精度，是设计组合机床的重要内容，也是绘制加工示意图时必须解决的问题。导向装置有两大类，即固定式导向和旋转式导向。

固定式导向是刀具的导向部分在导向套内既做转动又做轴向移动的导向套。用于刀具

线速度 $v<20$ m/min,加工孔径 $d<40$ mm 的钻、扩铰孔加工。固定导向装置一般由中间套、可换钻导套和压套螺钉组成。中间套的作用是在可换导套磨损后,可较为方便地更换,不会破坏钻模体上的孔的精度。

旋转式导向是刀具导向部分与夹具导向套之间只有相对移动而无相对转动的导向,分内滚式旋转导向、外滚式旋转导向,用于刀具线速度 $v>20$ m/min,加工孔径 $d>40$ mm 的镗孔加工。

②导向数量确定的原则　通常钻、扩、铰单层壁小孔或用悬伸量不大的镗杆镗削短孔时,采用单个导向加工。

在工件上扩孔时,若工件内部结构限制使刀杆悬伸较长,或扩、铰位置精度较高的长孔,为加强刀具导向刚度,常采用双导向加工。

镗削大孔或多层壁一系列同轴孔时,必须根据工件具体结构形状,采用双导向或多导向加工。

设计过程中并不是扩、铰孔只能采用固定式导向,镗孔只能采用旋转式导向。当导向装置引导复合刀具时,要检查开始加工时刀具进入导向部分长度 l($l\geqslant d$,d 为导向直径)。

考虑受结构限制,使用双导向或多导向时,也可固定导向和旋转导向混合使用。

③导向主要参数的确定　导向主要参数根据刀件形状、内部结构、刀具刚度、加工精度及具体加工情况决定。通常对于小孔加工用单个导向加工。导向的主要参数包括:导套的直径及公差配合,导套的长度、导套离工件端面的距离等,如表 4-6 所示。

表 4-6　导向装置的布置和参数选择　　　　　　　　　　单位:mm

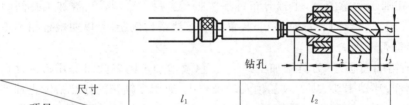

钻孔

尺寸 项目	l_1	l_2		l_3
与直径 d 的关系	$(2\sim3)d$	加工钢	$(1\sim1.5)d$	$d/3+(3\sim8)$ mm
		加工铸铁	d	
备注	小直径取大值 大直径取小值	当 d 过大或过小时, 此规律不适用		刀具出口平面已加工时取 小值,反之取大值

扩孔

尺寸 项目	l_1	l_2		l_3
与扩孔直径 d 的关系	$(2\sim3)d$	扩孔	$(1\sim1.5)d$	$10\sim15$
		铰孔	$(0.5\sim1.5)d$	
备注	小直径取大值 大直径取小值	直径小、加工精度 高时取小值		刀具出口平面已加工时 取小值,反之取大值

（3）切削用量的制订　需注意以下几个方面。

①组合机床切削用量的选择特点　在大多数情况下，组合机床为多轴、多刀、多面同时加工。因此，根据经验，所选切削用量应比一般万能机床单刀加工低30％左右。表4-7和表4-8分别是用高速钻头加工铸铁和用高速钢刀具扩孔的切削用量。

表4-7　用高速钢钻头加工铸铁的切削用量

材料名称 切削用量 加工直径/mm	铸铁	
	$v/(\text{mm/min})$	$s_0/(\text{mm/r})$
1～6	10～18	0.05～0.1
6～12	10～18	0.1～0.18

表4-8　用高速钢刀具扩孔的切削用量

加工材料 切削用量 加工直径/mm	铸铁			
	扩通孔		锪沉孔	
	$v/(\text{mm/min})$	$s_0/(\text{mm/r})$	$v/(\text{mm/min})$	$s_0/(\text{mm/r})$
10～15	10～18	0.15～0.2		0.15～0.2
16～25		0.2～0.25		0.15～0.3
26～40		0.25～0.3	8～12	0.15～0.3
40～60		0.3～0.4		0.15～0.3
60～100		0.4～0.6		0.15～0.3

组合机床多轴箱上所有刀具共用一个进给系统，通常为标准动力滑台。工作时，要求所有刀具每分钟进给量相同，且等于动力滑台的每分钟进给量。

②确定切削用量应注意的问题　尽量做到合理利用所有刀具，充分发挥其性能。由于连接于动力部件的多轴箱上同时工作的刀具种类不同且直径大小不等，因此其切削用量选择也各有特点，如钻孔要求切削速度高且每转进给量小，且同一多轴箱上的刀具每分钟进给量是相同的，要使每把刀具均能有合适的切削用量是困难的。

一般情况下，可先按各类刀具选择较为合理的主轴转速和每转进给量，然后进行适当调整，使各个刀具的每分钟进给量相同，即等于动力滑台的每分钟进给量。这样，各类刀具都不是按最合理的切削用量而是按一个中间切削用量工作。假如确实需要，可按多数刀具选用一个统一的每分钟进给量，对少数刀具采用附加（增、减速）机构，使之按各自需要的合理进给量工作，以达到合理使用刀具的目的。

复合刀具切削用量的选择应考虑刀具的使用寿命，进给量通常按复合刀具最小直径选择，切削速度按复合刀具的最大直径选择。

选择切削用量时，应注意零件生产批量的影响。生产率要求不高时，就没有必要将切削用量选得过高，以免降低刀具耐用度，对于要求生产率较高的组合机床，要首先保证那些耐用度低，刃磨困难，造价高的刀具的合理切削用量，但需注意不能影响加工精度，也不能使刀具的耐用度降低。对于普通刀具，应采取不使刀具耐用度降低的某一极限值，这样可减少切削功率。组合机床通常要求切削用量的选择能使刀具耐用度不低于一个工作班,即 4h。

切削用量选择有利于多轴箱设计。若能做到相邻主轴转速接近相等,则应适当降低切削速度。选择切削用量时,还必须考虑所选动力滑台的性能,尤其是当采用液压动力滑台时,所选择的每分钟进给量一般比动力滑台可实现的最小进给量大 50%。否则,会由于温度和其他原因导致进给量不稳定,影响加工精度,甚至造成机床不能正常工作。

(4)确定切削力、切削转矩、切削功率及刀具耐用度 确定切削转矩、轴向切削力和切削功率是为了分别确定主轴及其他传动件尺寸、选择滑台及设计夹具、选择主电动机(一般是选择动力箱的驱动电动机)提供依据。

①用选定的切削速度和进给量确定切削力,以此选择动力部件及设计夹具的依据。

②利用进给量确定切削转矩,以此确定主轴、传动件(齿轮、传动轴)的尺寸。

③利用切削速度和切削转矩确定切削功率,以此选择主传动电动机功率。

采用高速钻头钻铸铁孔时,有

$$F = 26Df^{0.8}HB^{0.6}$$
$$T = 10D^{1.9}f^{0.8}HB^{0.6}$$
$$P = \frac{Tv}{9\,550\pi D}$$

式中:F——轴向切削力(N);

D——钻头直径(mm);

f——每转进给量(mm/r);

T——切削转矩(N·mm);

P——切削功率(kW);

v——切削速度(m/min);

HB——材料硬度,[HB]一般取 HB 的最大值。

采用高速钢扩孔钻扩铸铁孔时,有

$$F = 9.2f^{0.4}f^{1.2}HB^{0.6}$$
$$T = 31.6Dt^{0.75}f^{0.8}HB^{0.6}$$
$$P = \frac{Tv}{9\,550\pi D}$$

根据上述公式,计算出本工序钻孔、扩孔及倒角的轴向切削力、切削扭矩、切削功率如表4-9所示。

表 4-9 本工序钻孔、铰孔的 F、T、P 值

孔位	孔数	钻头直径 D/mm	轴向力 F/N	转矩 T/(N·mm)	功率 P/kW
1、3、4、6	4	ϕ8.5	973	2 570	4×0.135
2、5	2	ϕ8.2	1 635	4 178	2×0.113
7、8、9、10	4	ϕ6.7	767	4×1 635	4×0.086
11	1	ϕ7	802	1 777	0.093

（5）确定主轴类型、尺寸、外伸长度　主轴类型主要取决于进给抗力和主轴-刀具系统结构的需要。

根据选定的切削用量计算切削转矩，查表初定主轴直径。

强度条件下 45 钢质主轴的直径为

$$d \geqslant \sqrt[3]{\frac{16T}{[\tau]\pi}} = 1.826\sqrt[3]{T}$$

按刚度条件计算时，主轴的直径为

$$d \geqslant \sqrt[4]{\frac{32T \times 180 \times 1\,000}{G\pi^2\theta}} = B\sqrt[4]{T}$$

式中：d——轴直径（mm）；

　　　　T——轴所承受的转矩（N·mm）；

　　　　$[\tau]$——许用剪应力（MPa），45 钢 $[\tau] = 31$ MPa；

　　　　B——系数，当材料的切变模量 $G = 8.1 \times 10^4$ MPa，刚性主轴 $[\theta] = 0.25°/\text{m}$，$B = 2.316$；非刚性主轴 $[\theta] = 0.5°/\text{m}$，$B = 1.948$；传动轴 $[\theta] = 1°/\text{m}$，$B = 1.638$。

主轴外伸长度是通过综合考虑加工精度和具体工作条件，查表确定主轴外伸部分直径（D/d）、长度 l、配套的刀具接杆莫氏锥号、攻螺纹靠模规格代号等如表 4-10 所示。

在本工序，$d = 20$ mm，主轴外伸长度为 $l = 115$ mm，内径为 $D = 20$（H7）mm，内孔深度 $l_1 = 77$ mm。

表 4-10　通用钻削类主轴的系列参数

主轴外伸	主轴类型	主轴直径/mm						
短主轴（用于与刀具浮动连接的镗、扩、铰等工序） 多轴箱端面　75　D/2 （立式60）	滚锥轴承短主轴			25	30	35	40	50
长主轴（用于与刀具刚性连接的钻、扩、铰、倒角、锪平面等工序或攻丝工序） 多轴箱端面　l　D/2 （立式l-15）	滚锥轴承长主轴		20	25	30	35	40	50
	滚珠轴承主轴	15	20	25	30	35	40	
	滚针轴承主轴	15	20	25	30	35	40	
主轴外伸尺寸/mm	D/d	25/16	32/20	40/28	50/36	50/36	67/48	80/60
	l	85	115	115	115	115	135	135
	孔深 l_1	74	77	85	106	106	129	129
接杆莫氏锥号			1	1,2	1,2,3	2,3	2,3	3,4	4,5

(6)选择接杆、浮动卡头　接杆、浮动卡头均是组合机床主轴与刀具之间的可调整连接元件,用来保证多轴箱上的各刀具能同时到达加工终了位置。

接杆连接用于单导向进行钻、扩铰、锪孔及倒角加工。

接标准接杆的形式、规格、尺寸可根据刀具结构(莫氏锥号)和主轴外伸部分内孔直径 d_1 查表而定,如表 4-11 所示。

表 4-11　可调接杆尺寸　　　　　　　　　　　　单位:mm

d(h6)	d_1(h6)	d_2		d_3	l	l_1	l_2	l_3	螺母厚度
		锥度	基准直径						
20	Tr20×2	莫氏 1 号	12.061	17	113	46	40	25	12
					138			50	
					163			75	
					188			100	
28	Tr28×2	莫氏 1 号或 2 号	12.061 或 17.780	25	120	51	42	25	12
					145			50	
					170			75	
					195			100	
36	Tr36×2	莫氏 2 号或 3 号	17.780 或 23.825	33	148	65	50	30	14
					178			60	
					208			90	
					238			120	
48	Tr48×2	莫氏 3 号或 4 号	23.825 或 31.267	45	184	76	65	40	18
					224			80	
					264			120	
					304			160	

注:1. 表中所列接杆为 B 型,$d=20$ mm,$l_3=50$ mm 的接杆标注为:B20/1/50。

2. A 型接杆 $l_3=0$;$d=20$ mm 的 A 型接杆标注为:A20/1。

浮动卡头连接用于长导向、双导向和多导向的镗、扩、铰孔。

(7)确定加工示意图的联系尺寸　加工示意图联系尺寸中最重要的联系尺寸是工件端面到多轴箱端面的距离,它等于刀具悬伸长度、主轴外伸长度与刀架长度之和减去加工孔的长度。为了使所设计的机床机构紧凑,应尽量使工件端面至多轴箱端面的间距最小。

确定加工示意图的联系尺寸应首先考虑多轴箱上刀具、接杆(卡头)、主轴等由于结构和相互连接所需要的最小轴向尺寸。当采用麻花钻时,刀具长度要考虑螺旋槽尾部离导向套端面的距离,以备排屑和刀具刃磨后由向前调整的可能。当接杆长度是标准尺寸,各规格均有可选择的范围,设计时先按最小长度选择。其次,考虑机床总体布局所要求的联系尺寸,如夹具的总体长度与排屑要求等。并且这两个方面的尺寸是相互制约的。

(8) 确定动力部件的工作循环及工作行程　动力部件的工作循环是指加工时动力部件从原始位置开始运动,到加工终了位置又返回到原始位置的动作过程。一般包括快速引进、工作进给和快速退回等动作。有时还有中间停止、多次往复进给、死挡铁停留等特殊要求,这是根据具体的加工工艺需要确定的。

工件进给长度(通孔)$l_{工}$:等于工件加工部位长度 l(多轴加工按最长孔计算)与刀具切入长度 l_1 和切出长度 l_2 之和,如图 4-15 所示。l_1 根据工件端面误差在 5~10 mm 之间选择,误差大取大值。采用一般刀具时,l_2 为 10 mm 左右,根据加工方法查手册确定;采用复合刀具时,按具体情况决定。

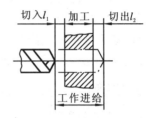

图 4-15　工作行程

当组合机床有Ⅰ工进和Ⅱ工进时,工作进给长度 $l_{工}=l_{Ⅰ工}+l_{Ⅱ工}$。Ⅰ工进用于钻、扩、铰、镗通孔等工序。Ⅱ工进用于钻、镗孔后需锪平面或倒大角等工序。

快速退回长度等于快速引进与工作进给长度之和。快速引进是动力部件把多轴箱连同刀具从原始位置送进到工作开始位置,其长度按加工具体情况确定。通常,在采用固定式夹具的钻、扩、铰组合机床上,快速退回行程长度必须保证所有道具均退至夹具导向套内而不影响工件装卸。如果刀具刚度较好,能满足生产率要求,为使滑台导轨在全长行程上均匀磨损,可加大快速退回行程。快速退回行程长度必须保证将刀具、退托架、钻模板及定位销都退离到夹具运动可能碰到的范围之外。

动力部件总行程长度既要保证所要求的工作循环工作行程(快速引进+工作进给=快速退回),也要考虑装卸和调整刀具方便,即考虑前备量、后备量。

前备量是指补偿刀具磨损或制造、安装误差,动力部件可向前调节的距离;后备量是指考虑刀具从接杆中或同接杆连同刀具一起从主轴孔中取出所需要的轴向距离。在理想情况下,这是保证刀具退离夹具导向套外端面的距离大于接杆插入主轴孔内(或大于刀具插入接杆孔内)的长度。

因此,动力部件总行程为快退行程长度与前后备量之和。以此作为选择标准推动滑台或设计专用部件的依据。

(9) 绘制加工示意图时的注意事项如下。

①加工示意图中的位置,应按加工终了时的状况绘制,且方向应与机床的布局相吻合。

②工件的非加工部位用细实线绘制,其余部分一律按"机械制图"标准绘制。

③同一多轴箱上,结构、尺寸完全相同的主轴,不管数量多少,允许只绘制一根,但应在主轴上标注与工件孔号相对应的轴号。

④主轴间的分布可不按真实的中心距绘制,但加工孔距很近或需设置径向尺寸较大的导向装置时,则应按比例绘制,以便检查相邻的主轴、刀具、导向装置等是否产生干涉。

⑤对于标准通用结构,允许只绘外形,标上型号,但对于一些专用结构,如导向、专用接杆等,应绘出剖视图,并标注尺寸、精度及配合。

三、机床联系尺寸图

机床联系尺寸图是表示各部件的轮廓尺寸及相互间联系关系的,是展开各专用部件设计和确定机床最大占地面积的指导图样。

组合机床是由一些通用部件和专用部件组成的。为了使所设计的组合机床既能满足预期的性能要求,又能做到配置上均匀合理,符合多快好省的精神,必须对所设计的组合机床各个部件间的关系进行全面的分析研究。这是通过绘制机床联系尺寸图来达到的。

机床联系尺寸图是在被加工零件图和加工示意图绘制完之后,根据初步选定的主要通用部件(动力部件及其配套的滑座、床身或立柱等)以及确定的专用部件的结构原理而绘制的,如图 4-16 所示。

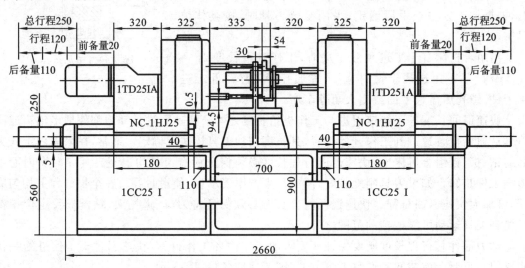

图 4-16 机床联系尺寸图

联系尺寸图的主要要求如下。

(1)以适当数量的视图(三视图),按同一比例画出机床各主要组成部件的外形轮廓及其相关位置,标明机床的配置形式及总体布局,主视图的选择应与机床实际加工状态一致。

(2)图上应尽量减少不必要线条及尺寸,但反映各部件的联系尺寸、专用部件的主要轮廓尺寸、运动部件的极限位置及行程尺寸必须完整齐全。各部件的详细结构不必画出,留在具体设计部件时完成。

(3)为便于开展部件设计,联系尺寸图上应标注通用部件的规格代号,电动机型号、功率及转速并注明机床部件的分组情况及总行程。

1. 动力部件的选择

组合机床的动力部件是配置组合机床的基础。它主要包括用以实现刀具主轴旋转主运动的动力箱、各种工艺切削头及实现进给运动的动力滑台。

在一台组合机床或自动线上究竟选用哪种动力部件,应当根据具体加工工艺及机床配置形式要求、制造及使用条件等因素全面考虑,以便所设计机床既具有合理先进的技术水平,又有良好的经济效益。

(1)滑台的选择 通常根据滑台的驱动方式、所需进给力、进给速度、最大行程长度和加工精度等因素来选用合适的滑台。

①选择动力滑台及附属部件 通过动力滑台中液压滑台与机械滑台的优缺点的比较;结合具体加工条件、使用条件等,查表 4-2 确定。各系列滑台的附属比较、支承部件以及配套设施部件查阅组合机床简明设计手册。

②驱动方式的确定 参照通用部件对液压滑台和机械滑台的性能特点比较,并结合具体加工要求、使用条件等情况选用。

③确定主轴轴箱进给力 每种动力滑台都有最大进给力 $F_进$ 的限制,设计时,可根据切削用量计算出各主轴轴向切削合力 ΣF,以 $\Sigma F < F_进$ 来确定动力滑台的型号和规格。

④确定进给速度 每种动力滑台有规定的快速行程速度及最小进给量的限制。所选择的实际快速行程速度和进给量应符合

$$v_{快(刀具)} < v'_{快(滑台)}$$

$$v_{工(刀具)} > v'_{滑台额定min}$$

⑤确定滑台行程 选用动力滑台时,必须考虑滑台允许的最大行程。设计时所确定的动力部件总行程应满足

$$l_{总(动力)} < l_{最大(滑台)}$$

滑台总行程为工作总行程、前备量和后备量之和。前备量是指补偿刀具磨损或制造、安装误差,动力部件可向前调节的距离一般取值 10～20 mm 后备量指考虑刀具从接杆中或同接杆以前从主轴中取出所需要的轴向距离,一般取值 40～50 mm。

(2)动力箱的选择 动力箱主要依据多轴箱所需的电动机功率来选择。首先根据各刀具主轴的切削用量,计算出总切削功率,然后考虑传动效率或空载功率和附功率损耗,作为选择机床传动用动力箱的依据。根据 $P_{电动机} > P_{计算}$ 原则,确定多轴箱所需的电动机功率。

动力箱所需的电动机功率为

$$P_主 = P_切 + P_空 + P_附$$

式中:$P_空$——可根据轴的直径及转速由表 4-12 查得;

$P_附$——一般取所传递功率的 1%。

表 4-12 主轴的空转功率 $P_空$/kW

转速 /(r·min^{-1})	主轴直径/mm					
	15	20	25	30	40	50
25	0.001	0.002	0.003	0.004	0.007	0.012
40	0.002	0.003	0.005	0.007	0.012	0.018
63	0.003	0.005	0.007	0.010	0.019	0.029
100	0.004	0.007	0.012	0.017	0.030	0.046
160	0.007	0.012	0.018	0.027	0.047	0.074
250	0.010	0.018	0.028	0.042	0.074	0.116

转速 /(r·min⁻¹)	主轴直径/mm					
	15	20	25	30	40	50
400	0.017	0.030	0.046	0.067	0.118	0.185
630	0.026	0.046	0.073	0.105	0.186	0.291
1 000	0.042	0.074	0.116	0.166	0.296	0.462
1 600	0.066	0.118	0.185	0.266	0.473	0.749

多轴箱传动系统设计之前 $P_空$ 无法确定时，则 $P_主$ 估算式为

$$P_主 = \frac{P_切}{\eta}$$

式中：η——多轴箱传动效率，加工钢铁金属时 $\eta = 0.8 \sim 0.9$，非铁金属时 $\eta = 0.7 \sim 0.8$；主轴数多，传动复杂时取小值，反之取大值。

2. 确定机床装料高度

装料高度是指机床上工件的定位基准面到地面的垂直距离。装料高度应与车间里输送工件的滚道高度相适应，同时应考虑工件最低孔位置，多轴箱最低主轴高度和所确定的通用部件、中间底座、夹具等高度尺寸的限制等因素。视具体情况在 $H = 850 \sim 1\,060$ mm 间选取。

3. 确定夹具的轮廓尺寸

工件的尺寸（长、宽、高）和形状是确定夹紧底座尺寸的基本依据。确定夹紧底座尺寸时应考虑工件的形状、轮廓尺寸和具体结构；需布置的工件的定位元件、夹紧机构、限位和导向装置的需求空间；夹具底座与中间底座连接所需的尺寸。对于随行夹具需从机床下返回（从中间底座中间通过）的自动线，机床装料高度 $H = 1\,000$ mm 左右。

4. 确定中间底座轮廓尺寸

中间底座轮廓尺寸能以满足夹具在其上安装的需要为原则。

长度方向尺寸应根据滑台和滑座及其侧底座的位置关系、各部件联系尺寸的合理性来确定。同时考虑多轴箱处于加工终了位置时，工件端面至多轴箱前面的距离不小于加工示意图上要求的距离；动力部件处于加工终了位置时，多轴箱与夹具外轮廓间应有便于机床调整、维修的距离；另外为便于切削和冷却液回收，中间底座周边须有 $70 \sim 100$ mm 宽度的沟槽。

中间底座长度方向尺寸 L 要根据所选动力部件和夹具安装要求来确定，一般可按

$$L = (L_{1左} + L_{1右} + 2L_2 + L_3) - 2(l_1 + l_2 + l_3)$$

计算。

式中：L_1——在加工终了位置时，工件端面至多轴箱前面的距离，本工序 $L_{1左} = 335$ mm，$L_{1右} = 320$ mm；

L_2——多轴箱厚度，本工序多轴箱用 90 mm 后盖，$L_2 = 325$ mm；

L_3——工件长度，本工序 $L_3 = 54$ mm；

l_1——滑台与多轴箱的重合长度，本工序 $l_1 = 180$ mm；

l_2——加工终了位置时,滑台前端面至滑座端面的距离和前备量之和,本工序 $l_2 = 40$ mm;

l_3——滑座前端面与侧底座端面距离,本工序 $l_3 = 110$ mm。

则中间底座长度为

$$L = (335 + 320 + 2 \times 325 + 54) \text{mm} - 2(180 + 40 + 110) \text{mm} = 699 \text{ mm}$$

取 $L = 700$ mm。

中间底座长度确定后,多轴箱端面至工件间的距离就最后确定了,因此,刀具接杆的长度也就最后确定了。

底座高度按标准选取 560 mm。在确定中间底座高度时,应考虑切削的存储和清理以及电气接线盒的安排。如用切削液时,还应考虑容纳 3~5 min 冷却泵流量的切削液。对加工铸铁的机床,为了使切削液有足够的沉淀时间,其容量还应加大到 10~15 min 流量。

5. 确定多轴箱轮廓尺寸

标准的通用钻削、镗削类多轴箱的厚度尺寸已标准化,卧式为 325 mm,立式为 340 mm。宽度和高度按标准尺寸系列选取。

多轴箱的宽度 B 和高度 H 的大小与被加工零件孔的分布位置有关,可按

$$B = b_2 + 2b_1$$
$$H = h + h_1 + b_1$$

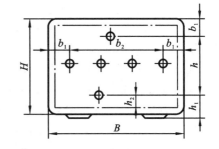

图 4-17 多轴箱轮廓尺寸

计算(见图 4-17)。

式中:b_1——最边缘主轴中心距箱体外壁的距离,mm;

b_2、h——工件在宽度方向、高度方向上相距最远的两个孔的距离,mm;

h_1——最低主轴高度,mm。

一般情况下,$b_1 > 70 \sim 100$ mm,$h_1 > 85 \sim 140$ mm。

本例中:

$$h_1 = (H + h_2) - (h_3 + h_4 + h_5 + h_6)$$
$$= (900 + 10) \text{ mm} - (250 + 5 + 560 + 0.5) \text{ mm}$$
$$= 94.5 \text{ mm}$$

式中:H——装料高度,由图 4-16 可知,$H = 900$ mm;

h_2——工件最低加工孔至工件底部定位基面的距离,由图 4-13 可知,$h_2 = 10$ mm;

h_3——滑台高度,NC—1HJ25 滑台,$h_3 = 250$ mm;

h_4——滑座与侧底座之间的调整垫厚度,一般取 $h_4 = 5$ mm;

h_5——侧底座高度,$h_5 = 560$ mm;

h_6——多轴箱底与滑台之间的距离,一般取 $h_6 = 0.5$ mm。

$b = 152$ mm,$h = 198$ mm,若取 $b_1 = 100$ mm,则多轴箱的轮廓尺寸为

$$B = b + 2b_1 = (152 + 2 \times 100) \text{ mm} = 352 \text{ mm}$$
$$H = h + h_1 + b_1 = (198 + 94.5 + 100) \text{ mm} = 392.5 \text{ mm}$$

根据标准,应取 $B \times H = 400 \text{ mm} \times 400 \text{ mm}$ 的多轴箱。

四、机床生产率计算卡

生产率计算卡是反映机床工作循环过程及每一过程所用时间,切削过程所选择的切削用量,机床生产率和负荷率,同时反应所设计机床的自动化程度。通过生产率计算卡的编制,可以分析所制订的机床方案,是否能满足生产要求及使用是否合理。

(1)理想生产率 $Q_{理}$ 指完成年生产纲领 A(包括备品率、废品率)所要求的机床生产率,可表示为

$$Q_{理} = \frac{A}{K}(件/h)$$

式中:K——机床全年工时总数,单班制和双班制生产取值不同。

(2)实际生产率 $Q_{实}$ 可表示为

$$Q_{实} = \frac{60}{T_{单}}(件/h)$$

式中:$T_{单}$——生产一个零件所需的时间(min),计算式为

$$T_{单} = t_{切} + t_{辅} = \left(\frac{L_1}{v_{f1}} + \frac{L_2}{v_{f2}} + t_{停}\right) + \left(\frac{L_3 + L_4}{v_{fk}} + t_{移} + t_{装卸}\right)$$

式中:L_1、L_2——刀具第Ⅰ、第Ⅱ工作进给行程长度,mm;

v_{f1}、v_{f2}——刀具第Ⅰ、第Ⅱ工作进给速度,mm;

$t_{停}$——加工沉头、止口、锪窝、倒角、光整表面时,动力滑台在死挡铁上的停留时间,通常指刀具在加工终了时的无进给状态下,刀具旋转 $5 \sim 10$ r 所需的时间,min;

L_3、L_4——动力部件快进、快退行程长度,mm;

v_{fk}——动力部件快进移动速度,mm/min;采用机械动力部件时取 $6 \sim 8\,000$ mm/min,液压动力部件取 $4 \sim 12\,000$ mm/min;

$t_{移}$——工作台移动或转动时间,min,一般为 $0.05 \sim 0.13$ min;

$t_{装卸}$——工件装卸(包括定位、夹紧及清除铁屑等)时间,min,一般为 $0.5 \sim 1.5$ min。

如果 $Q_{理} > Q_{实}$ 时,必须重新选择切削用量或修改机床设计方案。

(3)机床负荷率 当 $Q_{理} < Q_{实}$ 时,则机床负荷率为

$$\eta_{机} = \frac{Q_{理}}{Q_{实}}$$

机床负荷率为

当 $Q_{理} > Q_{实}$ 时,则 $\eta = Q_{实}/Q_{理} = Q_{实} t_k/A$

式中:$Q_{理}$——机床的理想生产率,件/h;

A——年生产纲领,件;

t_k——年工作时间,h;单班制工作时间 $t_k = 1\,950$ h;两班制 $t_k = 3\,900$ h。

机床负荷率一般以 $65\% \sim 75\%$ 为宜。机床复杂时取小值,反之取大值。设计时按组合机床允许最大负荷率表确定。

本例生产率计算卡如表 4-13 所示。

表 4-13　机床生产率计算卡

被加工零件	图号		毛坯种类		铸件
	名称	汽车变速箱上盖	毛坯重量		
	材料	HT200	硬度		175—225HBS

工序名称		钻、铰螺栓孔和螺纹底孔		工序号			

序号	工步名称	工作行程/mm	切速/$(m \cdot min^{-1})$	进给量/$(mm \cdot r^{-1})$	进给量/$(mm \cdot min^{-1})$	工时/min 工进时间	工时/min 辅助时间
1	安装工件						0.5
2	工件定位、夹紧						0.05
3	右滑台快进	75			5 000		0.015
4	右滑台工进 钻 $\phi 6.7$ 深 20	45	10.52	0.10	50	0.90	
5	死挡铁停留						0.01
6	右滑台快退	120			5 000		0.024
7	工件松开						0.05
8	卸下工件						0.5
					累计	0.90	1.149
					单件总工时	2.049	
备注	1. 右动力箱驱动的主轴,转速为 500 r/min 2. 一个安装加工一个工件 3. 本机床装卸工件时间取 1 min				机床生产率	29.28(件/h)	
					理论生产率	25.53(件/h)	
					负荷率	87.2%	

项目 4.3　通用多轴箱设计

任务 4.3.1　概述

任务引入

多轴箱的分类、用途和组成。

任务分析

多轴箱与动力箱一起安装于进给滑台,可完成铣、钻、镗孔等加工工序。

多轴箱是组合机床的重要组成部件。它是选用的通用部件,按专用要求进行设计的,是组合机床设计过程中工作量较大的部件之一。

一、多轴箱的用途和分类

多轴箱是组合机床的重要专用部件。它是根据加工示意图所确定的工件加工孔的数量和位置、切削用量和主轴类型等来设计传递各主轴运动的动力部件。其动力来自通用的动力箱,与动力箱一起安装于进给滑台,可完成铣面、钻、镗孔等加工工序。

多轴箱按结构特点,分为通用(标准)多轴箱和专用多轴箱两大类。前者结构典型,能利用通用的箱体和传动件;后者结构特殊,往往需要加强主轴系统刚度,主轴及某些传动件必须专门设计,故专用主轴箱通常指"刚性主轴箱",即采用不需要刀具导向装置的刚性主轴和用精密滑台导轨来保证加工孔的位置精度。通用多轴箱则采用标准主轴,借助导向套引导刀具来保证被加工孔的位置精度。通用多轴箱又分为大型多轴箱和小型多轴箱,这两种多轴箱的设计方法基本相同。

二、通用多轴箱的组成

通用多轴箱主要由箱体、主轴、传动轴、齿轮、轴套等零件和通用(专用)附加机构(润滑、防油元件等)组成,如图 4-18 所示。图中箱体 17、前盖 20、后盖 15 等为通用箱体类零件;主

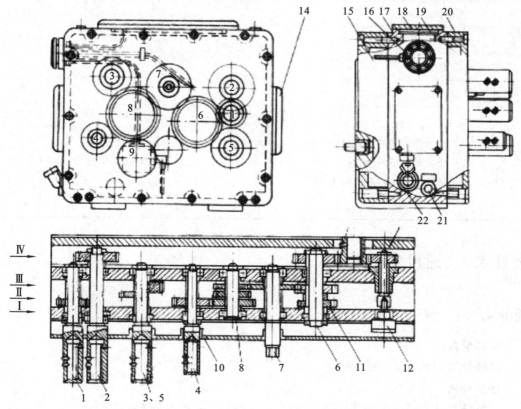

图 4-18　通用多轴箱基本结构

1~5—主轴;6、8—传动轴;7—手柄轴;9—润滑油泵轴;10—防油套;11、13—齿轮;12—润滑油泵;
14—侧盖;15—后盖;16—分油器;17—箱体;18—上盖;19—油盘;20—前盖;21—排油塞;22—注油杯

轴 1～5、传动轴 6 和 8、手柄轴 7、润滑油泵轴 9、传动齿轮 11 和驱动齿轮 13 等为传动类零件；润滑油 12、分油器 16、注油杯 22、油盘 19（立式多轴箱不用）、防油套 10 和排油塞 21 等为润滑和防油元件。

通常，卧式多轴箱的厚度为 325 mm，立式多轴箱的厚度为 340 mm。

在多轴箱前后壁之间可安排厚度为 24 mm 的齿轮三排或 32 mm 厚度的齿轮两排；在多轴箱后壁与后盖之间可安排一或两排齿轮。

通用多轴箱基本型后盖厚度为 90 mm，如只在动力箱输出轴和输入轴安排第Ⅳ排齿轮，可选用厚度为 50 mm 的前盖。

三、通用多轴箱的编号

编号中的 T07 表示多轴箱的通用零件；小组号分别用 1、2、3 和 4 表示箱体类、主轴类、传动轴类和齿轮类零件；顺序号和零件顺序号表示的内容随类别号和小组号的不同而不同。

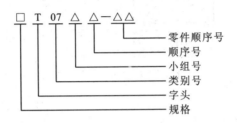

四、通用箱体类零件

通用箱体类零件包括多轴箱箱体、前盖、后盖、上盖和侧盖（见图 4-19）。箱体材料为 HT200，前、后盖材料为 HT150，上盖为 HT150。多轴箱箱体规格如表 4-14 所示。

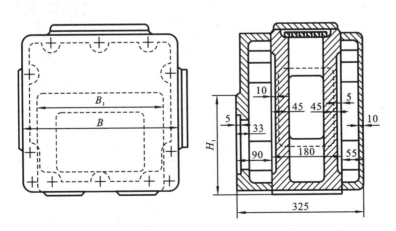

图 4-19　卧式多轴箱箱体

多轴箱后盖与动力箱的结合面上连接螺孔和定位销孔的大小、位置应与动力箱联系尺寸相适应，如图 4-20 所示。

表 4-14 多轴箱规格   单位:mm

动力箱型号	$B_1 \times H_1$	B	H
1TD25A	320×250	320,400,500,630	250,320,400
1TD32A	400×320	400,500,630,800	320,400,500
1TD40A	500×400	500,630,800,1 000	400,500,630
1TD50A	630×500	630,800,1 000,1 250	500,630,800
1TD63A	800×630	800,1 000,1 250	630,800,1 000
1TD80A	$1\ 000 \times 800$	1 000,1 250	800,1 000,1 250

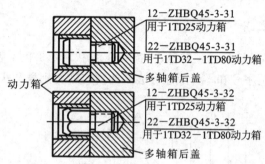

多轴箱后盖与1TD系列动力箱连接用定位销

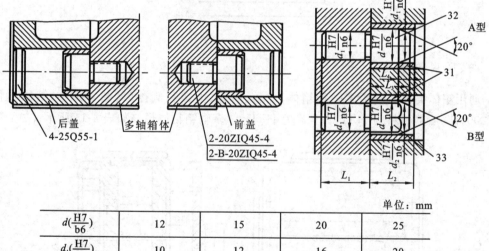

单位: mm

$d(\frac{H7}{b6})$	12	15	20	25
$d_1(\frac{H7}{n6})$	10	12	16	20
$d_2(\frac{H7}{n6})$	16	20	35	32
L_1	18	22	25	30
L_2	15	20	22	25
L_3	16	22	25	27
L_4	4	6	6	7

A型$d=12$ 标记:12ZIQ45-4-32
B型$d=12$ B-12ZIQ45-4-33
套(配$d=12$销):12ZIQ45-4-31

多轴箱体与前盖、后盖连接用定位销

图 4-20 多轴箱、动力箱、前后盖连接用定位销

多轴箱箱体的标准厚度为 180 mm,卧式组合机床的多轴箱前盖厚度为 55 mm,立式组合机床前盖兼作油池,故厚度为 70 mm;基本型后盖厚度为 90 mm,变型厚度分为 50 mm、100 mm 和 125 mm 三种,可以根据多轴箱内传动系统安排和动力箱与多轴箱的连接情况合理选用。如在后盖内只有一对齿轮啮合,且啮合的齿轮外轮廓(相啮合的两个齿轮的中心距与两齿轮齿顶圆半径之和)不超出后盖与动力箱连接法兰的范围时,若采用总宽 44 mm 的传动齿距,可选用 50 mm 的后盖;若采用总宽 84 mm 的传动齿距,可选用 90 mm 的后盖;但后盖窗口要按齿轮外廓加以扩大并进行补充加工(见图 4-21)。如果相啮合的齿轮外廓超出后盖与动力箱连接法兰的范围或多于一对啮合齿轮时,若为 IV 排齿轮,需采用厚度为 100 mm 的后盖;若为 V 排齿轮,需采用厚度为 125 mm 的后盖。

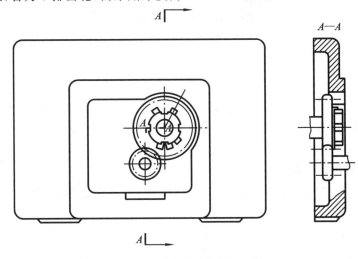

图 4-21　后盖窗口补充加工图

任务 4.3.2　多轴箱的设计步骤和内容

任务引入

与普通机床相比较,分析多轴箱的设计方法。

任务分析

依据三图一卡,确定主轴结构形式、传动轴结构形式、齿轮模数、多轴箱传动系统,同时绘制多轴箱坐标检查图和绘制多轴箱总装配图等。

多轴箱的设计包括根据"三图一卡"绘制多轴箱设计原始依据图,通用主轴结构形式和齿轮模数的确定,通用传动轴结构形式的选择,多轴箱传动系统设计,计算主轴及传动轴坐标,绘制多轴箱坐标检查图和绘制多轴箱总装配图等。

一、绘制多轴箱设计原始依据图

多轴箱设计原始依据图是根据"三图一卡"绘制的,如图 4-22 所示,其主要内容及注意事项如下。

(1) 根据机床联系尺寸图和加工示意图,标注所有主轴位置尺寸及工件与主轴、主轴与

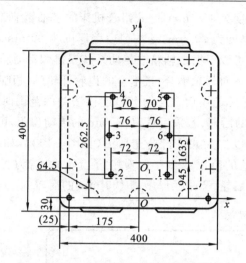

图 4-22   多轴箱设计原始依据图

驱动轴的相关位置尺寸。在绘制主轴位置时,要特别注意:主轴和被加工零件在机床上是面对面安放的,因此,多轴箱主视图上的水平方向尺寸正好相反;其次,多轴箱上的坐标尺寸基准和零件工序图上的基准经常不重合,应先根据多轴箱与加工零件的相对位置关系尺寸,然后根据零件工序图各孔位置尺寸,算出多轴箱上各主轴坐标。

(2)根据加工示意图标注各主轴转速及转向时,主轴逆时针转向(面对主轴看)可不标,只注顺时针转向。

(3)列表注明各主轴的工序内容、切削用量及主轴外伸尺寸等。

(4)标明动力部件型号及其性能参数等。

二、通用主轴结构形式和齿轮模数的确定

1. 通用主轴结构形式的选择

主轴结构形式由零件加工工艺决定,选择时需考虑主轴的工作条件和受力情况,如图4-23所示。

镗削加工的主轴,其轴向切削力较小,有时工艺要求主轴进退都要切削,两方向都有切削力,一般选用前后支承均为圆锥滚子轴承的结构,以承受较大的径向力和轴向力。此主轴结构的轴承个数少,装配调整较方便,广泛用于扩孔、镗孔、铰孔、攻螺纹等加工。

钻削加工的主轴,其轴向切削力较大。选用推力球轴承承受轴向力,向心球轴承承受径向力,且推力球轴承安排在主轴前端。

主轴孔间距较小,可采用滑动轴承。

短主轴采用浮动卡头与主轴连接,用于以长导套和双导套导向的镗、扩、铰等工序。

长主轴与刀具刚性连接,其内孔较长,可增大刀具尾部连接的接触面,减少刀具前端下垂。选用单导向套,用于钻、扩、铰、倒角或攻螺纹。

钻、扩、铰、镗的主轴,其轴头用圆柱孔与刀具接杆连接,用单键传递转矩。

前后支承均为无内圈滚针轴承和推力球轴承。

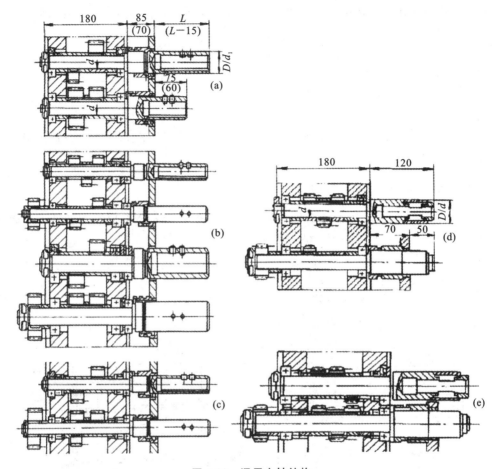

图 4-23　通用主轴结构

(a)、(b)、(c) 钻、镗孔类主轴　(d)、(e) 攻螺纹类主轴

攻螺纹主轴因靠模杆在主轴孔内做轴向移动,为获得良好的导向,采用双键结构,轴向不定位。

2. 通用主轴直径和齿轮模数的初步确定

(1) 初定主轴直径　即

$$d = B\sqrt[4]{\frac{M}{100}}\ (\text{mm})$$

式中:d——轴的直径,mm;

　　　M——轴所传递的扭矩,N·mm;

　　　B——系数,当材料的弹性模量 $G = 8.10 \times 10^4$ N/mm^2 时,按表 4-15 所示选择。

表 4-15　系数表

$[\varphi]$	1/4 刚性	1/2 非刚性	1 传动轴
B	7.3	6.2	5.2

（2）初定齿轮模数　初步估算齿轮模数 m（单位为 mm），再通过类比确定，即

$$m \geqslant (30 \sim 32)\sqrt[3]{\frac{P}{zn}}(\text{mm})$$

式中：P——齿轮传动功率，kW；

　　z——一对齿轮中小齿轮的齿数；

　　n——小齿轮的转数，r/min。

大型组合机床多轴箱常用的模数为 2,2.5,3,3.5,4 等。一般在同一个多轴箱中齿轮模数最好不多于两种。

三、通用传动轴结构形式的选择

按用途和支承形式，常用的通用传动轴可分为圆锥滚子轴承传动轴、滚针轴承和埋头式传动轴、润滑泵轴、手柄轴五种，如图 4-24 所示。

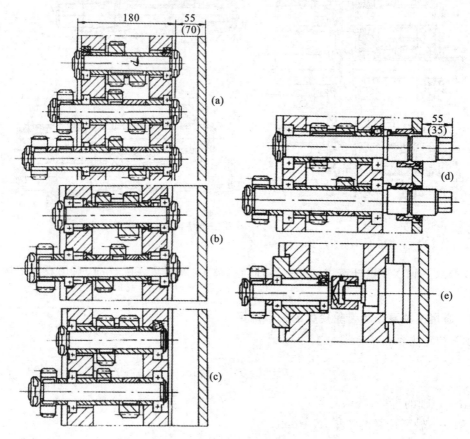

图 4-24　通用传动轴结构

（a）圆锥滚子轴承传动轴　（b）滚针轴承传动轴　（c）埋头式传动轴

（d）手柄轴　（e）润滑泵轴

通用传动轴材料一般用 45 钢，热处理 T215；滚针轴承的传动轴材料为 20Cr 钢，热处理 S0.5～1,C59。

四、通用齿轮的选择

多轴箱用通用齿轮有传动齿轮、动力箱齿轮和电动机齿轮。

通用齿轮指动力箱齿轮,如图 4-25(a)所示,齿宽 32 mm,总宽度 84 mm;电动机齿轮如图 4-25(b)所示,齿宽 32 mm;传动齿轮如图 4-25(c)所示,齿宽有 24 mm、32 mm 两种。

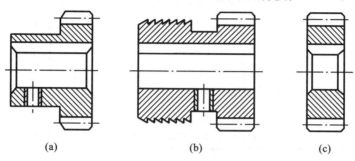

图 4-25 通用齿轮

(a)动力箱齿轮 (b)电动机齿轮 (c)传动齿轮

标准齿轮的材料为 45 钢,齿部高频淬火。

五、多轴箱的动力设计

多轴箱的动力计算包括计算多轴箱所需功率和进给力两项。

(1)多轴箱所需的功率为

$$P = P_{切削} + P_{空转} + P_{损失}$$

式中:$P_{切削}$——切削功率,kW;

$P_{空转}$——空转功率,kW;

$P_{损失}$——与负载成正比的功率损失,kW。

每根主轴的切削功率由选定的切削用量按公式计算或查图表获得;每根轴的空转功率按表 4-16 确定;每根轴上的功率损失,一般可取所传递功率的 1%。$P_{空转}$ 和 $P_{损失}$ 的计算都必须在传动结构确定以后才能进行。传动系统确定前可按

$$P = \frac{P_{切削}}{\eta}$$

初步估算多轴箱所需功率。

式中:$P_{切削}$——各主轴切削功率总和,kW;

η——组合机床多轴箱传动效率;钢铁金属 $\eta = 0.8 \sim 0.9$,非铁金属 $\eta = 0.7 \sim 0.8$;当主轴轴数多,传动复杂时取小值,反之取大值。

表 4-16 轴的空转功率 $P_{空}$ 　　　　　　　　　　　　　　　　　　单位:kW

转速/(r·min⁻¹) \ 轴径/mm	15	20	25	30	40	50	60	75
25	0.001	0.002	0.003	0.004	0.007	0.012	0.017	0.026
40	0.002	0.003	0.005	0.007	0.012	0.018	0.027	0.042

续表

转速/(r·min⁻¹) 轴径/mm	15	20	25	30	40	50	60	75
63	0.003	0.005	0.007	0.010	0.019	0.029	0.041	0.066
100	0.004	0.007	0.012	0.017	0.030	0.046	0.067	0.104
160	0.007	0.012	0.018	0.027	0.047	0.074	0.107	0.166
250	0.010	0.018	0.028	0.042	0.074	0.116	0.166	0.260
400	0.017	0.030	0.046	0.067	0.118	0.185	0.266	0.416
630	0.026	0.046	0.073	0.105	0.186	0.291	0.420	0.655
1000	0.042	0.074	0.116	0.166	0.296	0.462	0.666	1.040
1600	0.066	0.118	0.185	0.266	0.473	0.749	1.066	1.665

（2）多轴箱所需的进给力　多轴箱所需的进给力就是动力滑台所需的进给力 $F_{进}$，即

$$F_{进} = \sum F = F_1 + F_2 + \cdots + F_n (\text{N})$$

因动力滑台的最大进给力 $F_{进}$ 还要克服滑台移动所引起的摩擦阻力，故最终选择

$$F_{进} > \sum F$$

六、多轴箱传动系统设计

多轴箱的传动设计是根据动力箱驱动轴位置和转速、各主轴位置及其转速要求，设计传动链，把驱动轴与各主轴连接起来，使各主轴获得预定的转速和转向。

1. 对多轴箱传动系统的一般要求

（1）在保证主轴的强度、刚度、转速和转向的条件下，力求使传动轴和齿轮的规格、数量为最少。为此，应尽量用一根中间传动轴带动多根主轴，并将齿轮布置在同一排上。当中心距不符合标准时，可采用变位齿轮或略微改变传动比的方法解决。

（2）尽量不用主轴带动主轴的方案，以免增加主轴负荷，影响加工质量。遇到主轴分布较密，布置齿轮的空间受到限制或主轴负荷较小、加工精度要求不高时，也可用一根强度较高的主轴带动 1～2 根主轴的传动方案。

（3）为使结构紧凑，多轴箱内齿轮副的传动比一般要大于 1/2（最佳传动比为 1～1/1.5），后盖内齿轮传动比允许取至 1/3～1/3.5；尽量避免用升速传动。当驱动轴转速较低时，允许先升速后再降低一些，使传动链前面的轴、齿轮转矩较小，结构紧凑，但空转功率损失随之增加，故要求升速传动比小于等于 2；为使主轴上的齿轮不过大，最后一级经常采用升速传动。

（4）用于粗加工主轴上的齿轮，应尽可能设置在第Ⅰ排，以减少主轴端的弯曲变形；精加工主轴上的齿轮应设置在第Ⅲ排，以减少主轴端的弯曲变形。

（5）多轴箱内具有粗和精加工主轴时，最好从动力箱驱动轴齿轮传动开始，就分两条传动路线，以免影响加工精度。

（6）动轴直接带动的传动轴数不能超过两根，以免给装配带来困难。多轴箱传动设计

过程中,当齿数排数Ⅰ~Ⅳ排不够用时,可以增加排数,如在原来Ⅰ排齿轮的位置上排两排薄齿轮(其强度应满足要求)或在箱体与前盖之间增加0排齿轮。

2. 拟定多轴箱传动系统的基本方法

拟定多轴箱传动系统的基本方法是:先把全部主轴中心尽可能分布在几个同心圆上,在各个同心圆的圆心上分别设置中心传动轴;非同心圆分布的一些主轴,也宜设置中间传动轴(如一根传动轴带两根或三根主轴);然后根据已选定的各中心传动轴再取同心圆,并用最少的传动轴带动这些中心传动轴;最后通过合拢传动轴与动力箱驱动轴连接起来。

(1)将主轴划分为各种分布类型 被加工零件上加工孔的位置分布是多种多样的,但位置大致可归纳为:同心圆分布、直线分布和任意分布三种类型。因此,多轴箱上主轴也相应分布分为这三种类型。

对同心圆分布的轴类,可在同心圆处分别设置中心传动轴,由其上的一个或几个(不同排数)齿轮来带动各主轴,如图 4-26 所示。

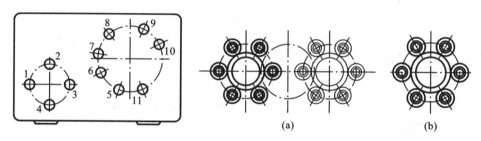

图 4-26　主轴位置按同心圆分布
(a)主轴按双组同心圆分布　(b)主轴按单组同心圆分布

对直线分布的轴类,可在两主轴中心连线的垂直平分线上设传动轴,由其上一个或几个齿轮来带动各主轴,如图 4-27 所示。

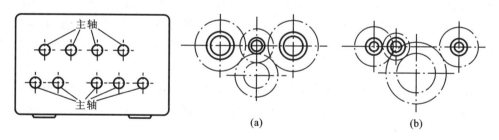

图 4-27　主轴位置按直线分布
(a)三主轴等距直线布置　(b)三主轴不等距直线布置

任意分布将靠近的主轴分别组成同心圆或直线分布,也称混合分布,如图 4-28 所示。

(2)确定驱动轴转速转向及其在多轴箱上的位置 驱动轴的转速按动力箱型号选定,驱动轴的转速按动力箱的型号选定;当采用动力滑台时,驱动轴旋转方向可任意选择;动力箱与多轴箱连接时,应注意驱动轴中心一般设置于多轴箱箱体宽度的中心线上,其中心高度则决定于所选动力箱的型号规格。驱动轴中心位置在机床联系尺寸图中已确定,如图 4-29所示。

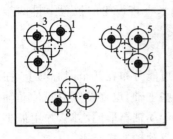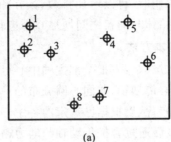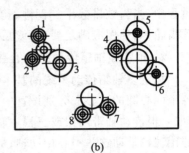

(a)   (b)

图 4-28   主轴位置任意分布

(a) 主轴位置分布图   (b) 主轴传动方案图

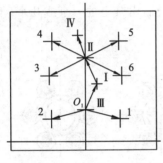

图 4-29   驱动轴的位置

（3）用最少的传动轴及齿轮副把驱动轴和各主轴连接起来   在多轴箱设计原始依据图中确定了各主轴的位置、转速和转向的基础上，首先分析主轴位置，拟定传动方案，选定齿轮模数（估算或类比），再通过"计算、作图和多次试凑"相结合的方法，确定齿轮齿数和中间传动轴的位置及转速。

（4）多轴箱的变速和操纵方法   变速方法可采用交换齿轮、滑移齿轮、电磁啮合器等。

操纵方法可根据需要采用电、液、机械等形式。调整手柄用于对刀，调整或装配维修时检查主轴精度。

为了扳动省力，手柄轴的转速尽量高一些，手柄轴位置应便于人工操作，应保证回转时手柄不碰主轴。

（5）润滑油泵的安排   油泵台数和油泵的转速根据工作条件而定，箱体宽，主轴多，采用两台油泵。油泵的转速应在 $400 \sim 800$ r/min 之间选择。泵轴的位置应尽量靠近油池，离油面距离不大于 $400 \sim 500$ mm。为便于维修，油泵齿轮最好安排在第 I 排，油泵安装在前盖内，前盖与油泵相应处开一窗口，以便于油泵清洗。如受结构限制，也可安排在第 IV 排（见图 4-30）。

油泵的安置要保证进油口到排油口转过 $270°$。可事先用透明油纸画出油泵外轮廓图（包括出油管接头），待传动系统安排好后再找个适当位置布置。当泵体或管接头与传动轴端部相碰时，传动轴用埋头形式。

规格较大的通用多轴箱常采用 R12—1A 叶片泵进行润滑，排油量为 6 mL/r，推荐转速为 $550 \sim 800$ r/min，如图 4-31 所示。

中等规格的多轴箱用一台润滑泵；规格较大且主轴数量多的多轴箱用两台润滑泵。润滑泵泵出的油经分油器输送至各润滑点。

润滑泵安装在前盖内，润滑泵轴在箱体内的悬伸长度为 24 mm。传动方式有两种，一是由润滑泵传动轴传动，另一种是通过传动轴上的齿轮直接与润滑泵轴上的齿轮啮合传动，传动齿轮齿宽为 12 mm。

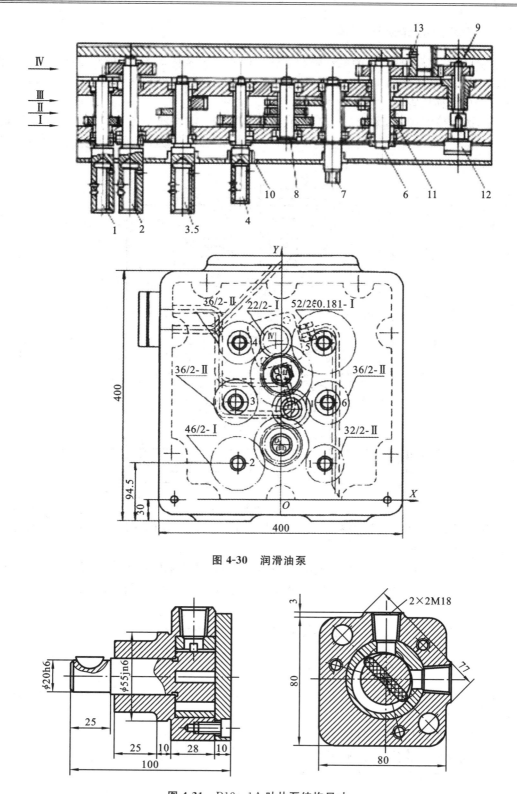

图 4-30　润滑油泵

图 **4-31**　R12—1A 叶片泵结构尺寸

七、多轴箱坐标设计计算

坐标计算就是根据已知的驱动轴和主轴坐标的位置及传动关系,精确计算出各中间传动轴的坐标,以使各孔的坐标尺寸完整地在零件图中标注;绘制出坐标检查图,作为对传动系统设计的全面检查。

(1)选择加工基准坐标系,计算主轴、驱动轴坐标 基准坐标系通常采用直角坐标系,用 XOY 表示。坐标系的原点选在定位销上,横轴(X 轴)、纵轴(Y 轴)均通过定位销孔,如图 4-32 所示。

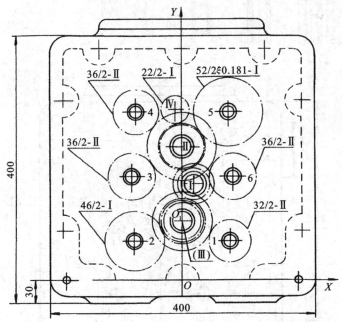

图 4-32 基准坐标系

根据多轴箱时间原始依据图,按选定的基准坐标系计算或标注出各主轴及驱动轴的坐标,同时计算传动轴坐标。

(2)验算中心距误差 多轴箱体上的孔系是按计算的坐标加工的,而装配要求两轴间齿轮能正常啮合。因此,必须验算根据坐标计算的实际中心距是否符合两轴间齿轮啮合要求的标准中心距。

验算标准:中心距允许误差$[\delta] \leqslant (0.001 \sim 0.009)$ mm

八、绘制坐标检查图

在坐标计算完成后,要绘制坐标及传动关系检查图,用以全面检查传动系统的正确性,如图 4-32 所示。

1. 坐标检查图的主要内容

(1)通过齿轮啮合,检查坐标位置是否正确,检查主轴转速及转向。

(2)进一步检查各零件间有无干涉现象。

(3)检查润滑油泵、分油器等附件机构的位置是否合适。

2. 坐标检查图绘制及要求

坐标检查图最好用 1∶1 比例绘制。

（1）绘出多轴箱轮廓尺寸和坐标系 XOY。

（2）按计算出的坐标值绘制各主轴、传动轴轴心位置及主轴外伸部分的直径，并注明轴号、驱动轴和润滑油泵轴的转速和转向等。

（3）用点画线绘制出各齿轮的分度圆，标明各齿轮排数、齿数及模数及变位齿轮的变位量。

（4）为便于检查，可用各种不同颜色的线条画出各轴、隔套外径、轴承外径、主轴防油套外径、附加机构的外轮廓及其相邻各轴的螺母外径。

检查图绘制好后，根据各零件在空间的相对位置逐排检查有无干涉现象；并再次复查主轴与被加工孔的位置是否一致。若相邻非啮合轴齿轮间、齿轮与轴套间间隙很小似碰非碰时，需画出齿顶圆作细致检查，甚至做必要的计算，以验证是否发生干涉现象。若某一轴上的齿轮或位置修改后，必须对相关的轴作相应的修改，并再一次检查主轴位置、工作尺寸与钻（镗）模板孔的位置是否一致。

九、多轴箱总图设计

多轴箱总体设计包括绘制主视图、展开图、侧视图和编列装配表以及制定技术条件等。

1. 主视图与侧视图

主视图主要用以标明多轴箱的传动系统、齿轮排列位置，附加机构及润滑油泵的位置，润滑点的配置，手柄的位置和各轴的编号。因此，只要在原来设计的传动系统图的基础上，加上润滑系统、轴的编号即可。画出多轴箱轮廓（宽×高），注上多轴箱联系尺寸等，便构成主视图，如图 4-33 所示。

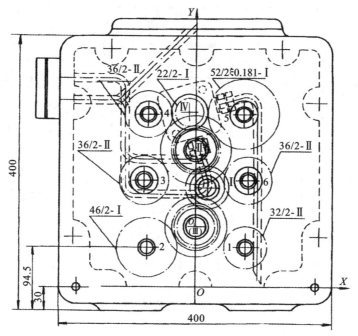

图 4-33 多轴箱主视图

设计润滑系统时需注意的是,卧式多轴箱箱体内三排齿轮是用油盘润滑的,后盖内第Ⅳ排齿轮则单独引油管润滑,还要引油管润滑动力箱齿轮。此外,分油器的位置要选择在靠近操作者一侧,以便观察和检查润滑油泵的工作情况。

当机床采用活动钻模板和刀具托架时,主视图必须反映该结构的要求。若主视图不能完全表达时,则需要再画一个侧视图作为补充。

2. 展开图

多轴箱内主轴多,齿轮啮合关系复杂;各主轴和传动轴及其上的零件大多通用化,且排列是有规律的,因此,一般采用简化的展开图并配合装配图来表达多轴箱的装配结构。

(1) 展开图主要表示多轴箱内各轴转配关系,主轴、传动轴、齿轮、隔套、防油套、轴承等的形状和轴向位置。

(2) 在展开图中各零件的尺寸要按比例画出;各轴径向可不按传动关系和展开顺序画;图中必须注明齿轮排数、轴的编号、直径和规格。

(3) 对结构相同的同类型主轴和传动轴,可只画一根,并注明相同的轴号。

(4) 对于轴向装配结构基本相同,只是齿轮大小及排列位置不同的两根轴可以画在一起,即轴心线两边各表示一根轴。

展开图上应完整标注多轴箱的厚度尺寸和与厚度有关的尺寸,主轴外伸部分长度尺寸及内外径。

多轴箱展开图如图 4-34 所示。

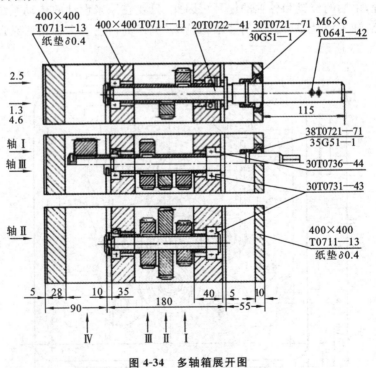

图 4-34 多轴箱展开图

3. 主轴和传动轴装配表

用装配表表示各根主轴和传动轴及其齿轮、隔套、键套、键滚动轴承、垫圈和螺母等零件的规格、尺寸和数量。图形表达清楚醒目可节省设计时间,有利于组织生产,方便装配。

4. 多轴箱技术条件

多轴箱总图上应注明多轴箱部件要求。

(1)多轴箱制造和验收技术条件;多轴箱按 ZBJ58011—1989《组合机床多轴箱制造技术条件》进行制造,按 ZBJ58012—1989《组合机床多轴箱验收技术条件》进行验收。

(2)主轴精度;按 JB3043—1982《组合机床多轴箱精度》标准进行验收。

(3)加入多轴箱的润滑油种类、数量。

此外,要标注必要的设计、装配、检验、调整和使用说明。

思考与训练

1. 多轴箱箱体是通用零件,为什么还要绘制补充加工图?

2. 多轴箱传动设计与通用机床的主传动设计有什么不同,多轴箱设计原则是什么?

3. 多轴箱主视图的作用是什么,怎样绘制?

4. 多轴箱展开图的作用是什么,怎样绘制?

模块五　机床夹具设计

项目实施建议

知识目标　掌握机床夹具的基本组成及工件定位理论,熟悉典型夹紧机构设计方法,掌握机床夹具定位组件的选择方法及定位误差产生的原因

技能目标　了解各类夹具的特征,具有设计专用夹具的能力和分析生产中与夹具有关的技术问题的能力

教学重点　六点定位原理,完全定位与不完全定位,各种定位组件的定位原理,螺旋夹紧机构和偏心夹紧机构,典型机床夹具的设计方法

教学难点　六点定位原理,夹具精度的验算,外圆和孔的定位

教学方案(情景)　多媒体教学,案例教学以及实验室做组合夹具的拆装实验

选用工程应用案例　车床夹具,箱式钻模,分度钻夹具在工程实际中的应用

考核与评价方案　考试成绩＋实验成绩

建议学时　8～10 学时

项目 5.1　机床夹具概述

任务 5.1.1　机床夹具的组成

任务引入

通过案例介绍在生产加工中仅有加工设备而没有机床夹具是无法完成工件的加工过程的,也是无法保证工件的加工精度的。

任务分析

从工件的加工定位和固定的要求扩展到夹具的具体要求与组成。

夹具是一种装夹工件的工艺装备,它广泛应用于机械制造过程的切削加工、热处理、装配、焊接和检测等工艺过程中。

图 5-1 所示为典型的铣键槽夹具,其组成元件的功能可分为以下几类。

(1) 定位元件及定位装置　用于确定工件正确位置的元件或装置。如图 5-1 中的 V 形块 5 和圆柱销 6。所有夹具都有定位元件,它是实现夹具基本功能的重要元件。

(2) 夹紧元件和夹紧装置　用于固定工件已获得的正确位置的元件或装置,图 5-1 中的夹紧机构由液压缸 2、压板 3 等组成。工件在夹具中定位之后加工之前必须将工件夹紧,使其在进行加工时,在切削力等的作用下不发生位移。夹具的夹紧机构千变万化,所有能用于夹紧的机构和原理都可以考虑。但是,在生产实际中应用最多的是螺旋、斜楔、偏心等结

构形式,其动力源多采用手动、液压和气动方式等。

(3)导向元件 确定刀具(一般指钻头、镗刀)的位置并引导刀具的元件称为导向元件。导向元件只有钻镗类夹具才具备。导向元件也可供钻镗类夹具在机床上安装时作基准找正时使用。

(4)对刀元件及定向元件 确定刀具(一般指铣刀)相对夹具定位元件位置的元件称为对刀元件。图 5-1 所示的铣键槽夹具的对刀块 4。它的作用是通过塞尺调整铣刀的位置,也简称对刀块。对铣床夹具来说,只有对刀元件是不能完全地保证加工过程中铣刀对工件的正确位置。为了保证铣刀的走刀方向沿着调整好的位置不致偏离,在铣床夹具的安装基面上沿走刀方向安装两个定向键(图 5-1 中的件 7),使定向键与机床工作台中央的一个 T 形槽配合,即保证了夹具在机床上有一个正确的方向,从而保证铣刀对工件的正确位置及走刀方向。一般情况下,对刀元件和定向元件是配套使用的。

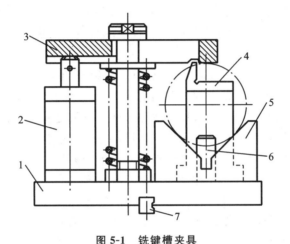

图 5-1 铣键槽夹具

1—夹具体;2—液压缸;3—压板;4—对刀块;5—V 形块;6—圆柱销;7—定向键

(5)夹具体 用于将夹具装置连接于一体,并通过它将整个夹具的各种元件安装在机床上。夹具体一般采用铸铁制造,它是保证夹具的刚度和改善夹具力学性能的重要部分,如果夹具体的刚度不好,加工时将会引起较大的变形和振动,产生较大的加工误差。

(6)其他元件及装置 根据加工需要来设置的元件或装置,如分度装置、驱动定位销的传动装置、气缸及管路附件、液压缸及油路、电动装置等。

任务 5.1.2 机床夹具的分类

任务引入

由于零件种类千差万别,不同的零件须用不同类型的机床夹具才能完成加工任务。

任务分析

工件的加工批量和加工方法不同,其对夹具的要求各不相同,夹具种类也各不相同。

机床夹具的种类很多,形状千差万别。为了设计和制造上的方便,往往按某一属性进行分类。常见的分类有以下两种。

一、按夹具的通用特性划分

(1) 通用夹具　已经标准化的,可加工一定范围内不同工件的夹具称为通用夹具,如三爪自定心卡盘、机床用平口虎钳、万能分度头、磁力工作台等。这些夹具已作为机床附件由专门工厂制造供应,只需选购即可。

(2) 专用夹具　这类夹具是指专为某个零件的某一道工序专门设计的。专用夹具只有在大批生产的情况下才能发挥它的经济效果。专用夹具的设计和制造的工作量大,而且它的结构随着产品的更新而更新,因此是一项周期长、投资较大的生产准备工作。

除大批生产之外,中小批生产中也需要采用一些专用夹具,但在结构设计时要进行具体的技术经济分析。

(3) 可调夹具　在中小批生产中,使用可调夹具往往会获得最佳的经济效益。可调夹具是指通过调节或更换装在通用夹具基础件上的某些可调或可换元件,达到能适应加工若干不同种类工件的一类夹具,它比专用夹具有较强的适应产品更新的能力。

(4) 成组夹具　成组夹具是根据成组加工工艺的原则,针对一组形状相近、工艺相似的零件而设计,也是具有通用基础件和可更换调整元件组成的夹具。

(5) 组合夹具　这类夹具是由预先制造好的标准元件和部件,按照工序加工的要求组合装配起来的,使用完后可拆卸存放,其元件和部件可以重复使用。它适用于新产品试制或小批生产。组合夹具的元件都已经标准化了,但尺寸过小或过大的工件还没有相应的组合夹具标准件。位置精度要求过高的工件也不宜采用组合夹具。

(6) 随行夹具　这是在自动线和柔性制造系统中使用的夹具,它既要完成工件的定位和夹紧,又要作为运载工具将工件在机床间进行输送,输送到下一道工序的机床后,随行夹具应在机床上准确地定位和可靠地夹紧。一条生产线上有许多随行夹具,每个随行夹具随着工件经历工艺的全过程,然后卸下已加工的工件,装上新的待加工工件,循环使用。

二、按所使用的机床类型划分

机床夹具也可按使用的机床类型来划分。如车床夹具、铣床夹具、镗床夹具、磨床夹具和钻床夹具等。

按所使用的机床类型分类,反映出了各类夹具的结构特征。如车床、磨床类夹具都是有回转轴线的,各定位元件的工作面对回转轴线都有位置度要求。钻床、镗床类夹具一般都有引导刀具用的钻套、镗套等导向元件。导向元件的轴线对各定位元件的工作面都有相应的位置度要求。铣床类夹具一般都有对刀块及定向键等元件,各定位元件的工作面对它们都有位置度的要求。从设计角度来说,这样分类比较易于类比。

在实际生产中,还有按夹具的动力源来分类的,如手动夹具、气动夹具、液压夹具、磁力夹具、真空夹具和离心夹具等。

思考与训练

1. 机床夹具的组成有哪些部分?
2. 举例说明机床夹具在机械加工中的作用。

项目 5.2　机床夹具定位机构的设计

任务 5.2.1　工件定位原理

任务引入

零件在加工过程中如果不能实现准确定位则无法满足零件的技术质量要求,因此工件在夹具中的定位是实现加工的重要前提。

任务分析

从工件实现定位入手对定位基准和定位原理进行研究。

一、工件定位基准

工件在加工过程中,用来确定工件在夹具中正确位置的表面(点、线、面)称为定位基准。工件的定位基准确定后,其他部分的位置也随之确定。如图 5-2 所示,工件表面 A 和 C 靠在夹具支承元件 1 和定位元件 2 上定位。工件上的其他部分如表面 B 和 D、中心线 O 等均与表面 A 和 C 保持一定位置关系,从而相应得到定位。表面 A 和 C 就是工件上的定位基准。定位基准除了工件上的实际表面外,也可以是表面的几何中心、对称线或对称面。

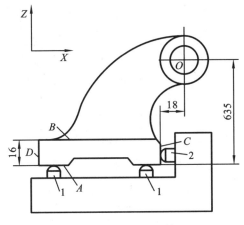

图 5-2　工件的定位基准

1—支承元件;2—定位元件

设计夹具时,为减小加工误差,应尽可能选用工件的设计基准为定位基准,即遵循基准重合原则。

二、六点定位原理

由运动学原理可知,刚体在空间中可以有六个独立运动,即具有六个自由度。将刚体置于 OXYZ 直角坐标系中,如图 5-3 所示,这六个自由度分别是:沿 X、Y、Z 轴的平移运动,分别用 X、Y、Z 表示;绕 X、Y、Z 轴的转动,分别用 A、B、C 表示。只有当刚体的六个自由度都被限制了,其空间位置即被确定。

限制工件自由度的典型方法是在夹具中设置如图 5-3 所示的六个支承元件,工件每次都装到与六个支承元件相接触的位置,从而使每个工件得到确定的位置;一批工件也就获得了同一位置。其中工件底面 A 放置在三个支承上,消除了 Z 及 A、B 三个自由度;侧面靠在两个支承上,消除了 X 及 C 两个自由度;最后端面 C 与一个支承接触,消除了 Y 的自由度。

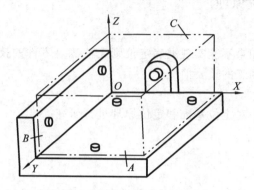

图 5-3　工件的六点定位示例

不同形状的工件,其定位点分布的方式可能有所不同。如图 5-4 所示盘类工件,其以大平面放在三个支承点上,消除 Z、A、B 三个自由度;外圆柱面与两个支承相靠,消除 X、Y 两个自由度;再用一个点支承在槽的侧面,消除一个自由度 C。

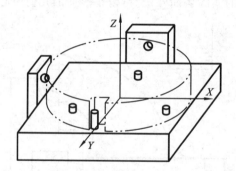

图 5-4　盘类工件的六点定位

由上所述可得六点定位原理:即按一定规则布置的六个定位点限制工件的六个自由度,使工件获得完全定位。但应注意,有些定位装置的定位点并非上述那样明显,这时需要从它所能消除自由度的数目来判断它是几点定位。

三、完全定位与部分定位

所谓完全定位是指限制了工件的全部六个自由度的定位。但有时并不要求工件完全定位,而只要求部分定位(或不完全定位)。一种原因是,由于工件的几何形状特点消除某些自由度没有意义。如图 5-5 所示,若工件没有槽,就没必要消除轴的转动自由度,工件对称中心不影响一批工件在夹具中位置的一致性。另一种原因是,工件某些自由度限制与否并不影响加工要求,如图 5-5 所示加工通槽时,工件沿 Y 轴的位置不影响槽的加工要求,为了简化定位装置,一般不限制 Y 轴,即采用五点定位。部分定位并不违背六点定位原理,因为六

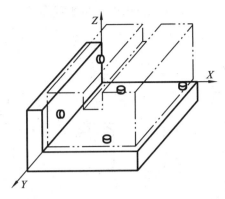

图 5-5 工件的部分定位

点定位是指工件的完全定位。

四、过定位与欠定位

当某个自由度被两个或多定位点重复限制时,这称为过定位。因过定位不能保证正确的位置精度,一般是不允许采用的。但是,对定位精度影响不大且需在提高刚度的特殊情况下,允许过定位。如在夹紧力、切削力的作用下,工件会产生较大变形时,则过定位仅为提高局部刚度,减小变形。如有的工件较大,可用四个支承钉而不是三个支承钉支承一个大平面时,用四个点消除三个自由度,四点一次同时磨出,支承稳固,刚度好,能减小工件受力的变形,这种过定位是允许的。如果定位表面粗糙,实际只可能三点接触,对于不同工件接触的三点并不相同,过定位会造成定位不稳定而增加定位误差,这种情况下不允许过定位。根据加工要求,需要限制的自由度没有被限制,工件定位不足,这称为欠定位。欠定位不能保证位置精度,生产中是绝对不允许的。

任务 5.2.2 常用定位元件及约束状态

任务引入

零件在实现定位时常用哪些定位元件,每种定位元件的作用以及约束的自由度。

任务分析

通过对不同种类的约束元件的作用分析,确定在不同的加工条件下选择正确的定位元件。

在实际生产中常用的定位元件主要有支承钉、支承板、定位销和 V 形块。

1. 支承钉

图 5-6 所示为支承钉,支承钉有平头(A 型)、圆头(B 型)、花头(C 型)之分。平头支承钉主要用于支承工件上已加工过的定位基面,可减少磨损,避免定位面压坏;圆头支承钉容易保证与工件定位基准面间的点接触,位置相对稳定,但因接触面积小,易磨损,多用于粗基准定位;花头支承钉其表面有齿纹,摩擦力大,能防止工件受力后滑动,常用于侧面粗定位。

在生产实际中,一个支承钉形成一个点定位副,限制一个自由度;两个支承钉组合形成直线定位副,限制两个自由度;三个支承钉组合形成平面定位副,限制三个自由度。

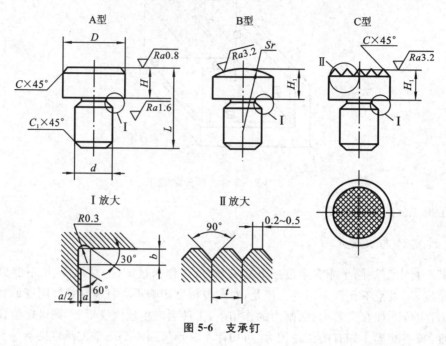

图 5-6 支承钉

2. 支承板

支承板种类和形状如图 5-7 所示,这类定位元件多用于精基准平面定位且成组使用,使用时必须保证一组支承板等高。

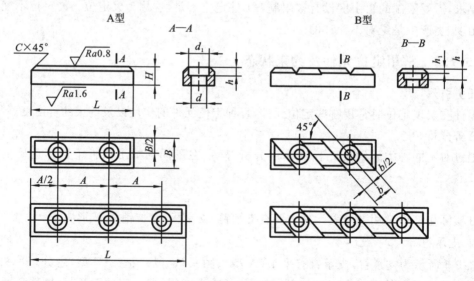

图 5-7 支承板

支承板的工作面必须装配后在一道工序中加工,以保证等高。一组支承板与精基准面接触,形成平面定位副,相当于三个支承钉或三个点定位副,限制三个自由度。一块长支承板定位时,形成线定位副,限制两个自由度。

3. 定位销

定位销是工件以孔为基准时的最常用的定位元件。标准定位销的结构如图 5-8 所示。根据定位销和基准孔的有效接触长度与孔径之比,分为短定位销和长定位销两种。一般有效长度 L 小于 $(0.5\sim0.8)d$(d 为孔径)时,可视为短销。有效长度 L 大于 $(0.8\sim1.2)d$ 时,可视为长销。

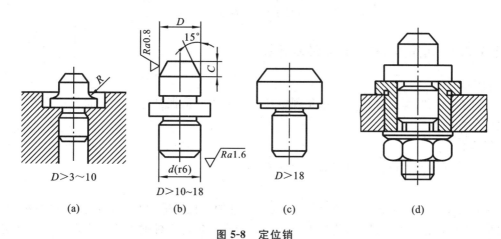

图 5-8 定位销

(a)、(b)、(c)分小、中、大直径的定位销 (d) 可更换定位套的定位销

在分析短销所能限制的自由度时,可以把它看成接触长度无限短的无间隙接触的定位副。从图 5-8(a)看出,短销只限制了工件的 X、Y 方向移动两个自由度,而不能限制 Z 方向的移动和转动自由度;从图 5-8(b)看出,短销不能限制 X、Y 的转动自由度。故短销只能限制工件的两个移动自由度。在结构设计上,为了保证定位销的强度和提高耐磨性,则必须具有一定的接触长度,但应尽可能短些。

工件用长定位销定位,可以看成两个短销和工件基准孔的接触定位。除不能限制 Z 方向的移动和转动自由度外,其余四个自由度都受到了限制。故长销能限制工件的两个移动和两个转动自由度。

4. V 形块

工件以外圆柱面定位时,不管是粗基准还是精基准,均可采用这种定位元件。它也分短 V 形块和长 V 形块两种。一般 V 形块和工件定位面的接触长度小于工件定位直径时,属于短 V 形块,大于 1.5~2 倍工件定位直径时,属于长 V 形块。图 5-9(a)所示为短 V 形块,图 5-9(b)所示为两个中心平面重合的短 V 形块组成的长 V 形块。分析 V 形块所能限制的自由度时,也可以把短 V 形块看成无限的短,理想的两点接触形成两个点定位副,只能限制 Y、Z 方向的移动两个自由度。同理,长 V 形块四点接触形成四个点定位副,限制四个自由度,即 Y、Z 方向的移动和转动自由度。V 形块的 V 形角有 60°、90°、120°三种,90°的应用最广。目前 V 形块的结构尺寸已标准化。

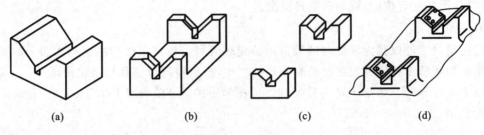

(a)　　　　　　(b)　　　　　　(c)　　　　　　(d)

图 5-9　V 形块

任务 5.2.3　定位方式及定位误差计算

任务引入

工件在加工时是通过什么方法实现定位的？其主要依据是什么？不同的定位方法其定位误差怎样计算？

任务分析

分析几种不同定位方式引起的定位误差。

工件在夹具中或在机床上的定位，是通过工件的定位基准面与夹具定位元件相接触（支承定位）或相配合来实现的，因此工件定位方式及夹具定位元件的选择完全取决于工件定位基准面的形状。而工件上的定位基准面基本上是由平面、内外圆柱面、圆锥面、成形面或它们之间的组合表面作为定位基准。

（1）平面定位　主要支承包括固定支承、可调支承、自位支承。它们在工件定位时起定位作用，限制工件的自由度。

（2）圆柱孔定位　工件以圆柱孔定位所用定位元件有定位销和心轴。

（3）外圆表面定位　工件以外圆柱面作定位基准时，可以在 V 形块、定位套筒、半圆定位座或定心夹紧机构（如三爪定心卡盘）中定位。

（4）一面两孔定位　一面两孔定位是一种组合定位方式。工件以一个平面及与该面垂直的两个定位基准孔（可以是工件上实际具有的孔，也可以是为定位所需而专门加工的工艺孔）定位。定位元件则为支承板和与支承板平面垂直的两定位销，通常其中一个为短圆柱销，另一个为短削边销。

一、造成定位误差的原因

造成定位误差的原因有两个：一是定位基准与工序基准不重合，由此产生基准不重合误差 Δ_B；二是定位基准与限位基准不重合，由此产生基准位移误差 Δ_Y。

二、定位误差的计算方法

定位误差 Δ_D 的常用计算方法如下。

1. 合成法

由于定位基准与工序基准不重合以及定位基准与限位基准不重合是造成定位误差的原

因,因此,定位误差应是基准不重合误差 Δ_B 与基准位移误差 Δ_Y 的合成。计算时,可先算出 Δ_B 和 Δ_Y,然后将两者合成而得 Δ_D。

2. 极限位置法

该方法直接计算出由于定位而引起的加工尺寸的最大变动范围。例如,求图 5-10 中的加工尺寸 A 的定位误差 Δ_D。其尺寸 A 的最大变动范围,即 $\Delta_D = A_{\max} - A_{\min}$,因此,计算定位误差时,需先画出工件定位时加工尺寸变动范围的几何图形,直接按几何关系确定加工尺寸的最大变动范围,即为定位误差。

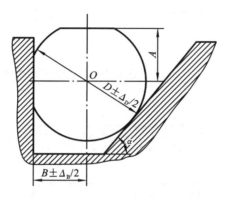

图 5-10　用极限位置法求定位误差

三、工件以圆柱面在 V 形块上定位时的定位误差

图 5-11(a)所示为在圆轴上铣一键槽,其槽深尺寸标注有 3 种可能的形式,分别为 H_1,H_2,H_3。设圆柱体的工件直径为 $D_{-T_d}^{0}$。图 5-11(b)表示工件在工作面夹角为 α 的 V 形块上定位。对图示定位方案可将工件的轴心线 O 看作定位基准,对于上述 H_1,H_2,H_3 尺寸,工序基准分别为轴心线 O、上母线 A、下母线 B,其计算定位误差分别为

$$\Delta_{DW}(H_1) = \frac{T_d}{2\sin\dfrac{\alpha}{2}}$$

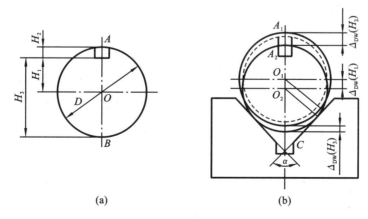

(a)　　　　　　　　　(b)

图 5-11　圆柱在 V 形块上的定位误差

$$\Delta_{\mathrm{DW}}(H_2) = \frac{T_{\mathrm{d}}}{2}\left[\frac{1}{\sin\frac{\alpha}{2}} + 1\right]$$

$$\Delta_{\mathrm{DW}}(H_3) = \frac{T_{\mathrm{d}}}{2}\left[\frac{1}{\sin\frac{\alpha}{2}} - 1\right]$$

可见工件直径上的误差并不是全部转换为定位误差,而是乘以折算系数。折算系数的大小与尺寸的标注方式及 α 角有关,α 角越大,定位误差就越小。但随着 α 的增大,工件定位稳定性或对心性下降。因此一般取 $\alpha = 90°$。

四、工件以一面两孔定位时的定位误差

工件以一面两孔定位时,其定位误差包括中心偏移误差和转角误差两部分,如图 5-12 所示。

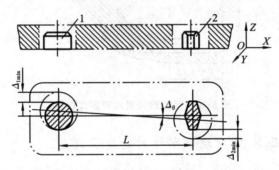

图 5-12　工件定位孔中心线的转角误差

1—圆柱定位销;2—削边销

1. 中心偏移误差

由于工件在 X 方向的移动自由度只受圆柱定位销 1 的限制,故中心偏移定位误差 Δ_1 与单孔定位的情况相似,由定位孔和圆柱定位销之间的配合间隙确定,即

$$\Delta_1 = \Delta_{1\min} + \delta_{D1} + \delta_{d1}$$

式中:$\Delta_{1\min}$——工件定位孔与圆柱销 1 之间的最小配合间隙;

δ_{D1}、δ_{d1}——定位孔、圆柱销 1 在直径上的公差。

2. 转角误差

转角误差是指工件上两定位孔中心连线发生偏转时的定位误差,可推出

$$\Delta_\theta = \arctan\left(\frac{\Delta_{1\min} + \delta_{D1} + \delta_{d1} + \Delta_{2\min} + \delta_{D2} + \delta_{d2}}{2L}\right)$$

式中:$\Delta_{2\min}$——定位孔与削边销 2 之间的最小配合间隙;

δ_{D2}、δ_{d2}——定位孔和削边销 2 在直径上的公差。

五、定位误差计算举例

如图 5-13 所示,求加工尺寸 A 的定位误差。

定位基准为底面,工序基准为圆孔中心线 O,定位基准与工序基准不重合。两者之间的

定位尺寸为 50 mm,其公差为 $\delta = 0.2$ mm,工序基准的位移方向与加工尺寸方向间的夹角 $\alpha = 45°$,$\Delta_B = \delta \cos 45° = 0.14$ mm。由此得出结论:(1)平面定位时,$\Delta_Y = 0$;(2)工序基准的位移方向与加工尺寸不一致时,需向加工尺寸方向进行投影。

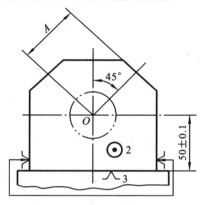

图 5-13 工件铣 $45°$ 平面定位示意图

思考与训练

1. 举例说明工件在机床夹具中定位的概念、定位和夹紧的区别。

2. 什么是过定位?造成的后果是什么?消除过定位的措施有哪些?

3. 在题图所示零件上铣键槽,要求保证尺寸 $54_{-0.14}^{0}$ mm 及对称度。现有三种定位方案,分别如题图(b)、(c)、(d)所示,已知内、外圆的同轴度误差为 0.02 mm,其余参数见图所示。试计算三种方案的定位误差,并从中选出最优方案。

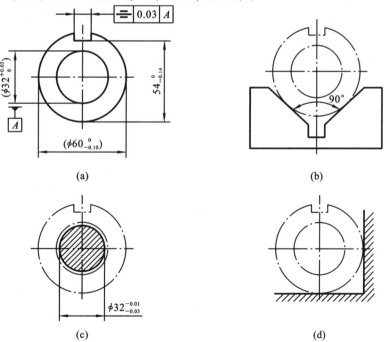

题 3 图

项目 5.3   机床夹具夹紧机构的设计

任务 5.3.1   夹紧机构设计要求

任务引入

由于在加工过程中,工件要受到切削力、惯性力和自身重力的作用,因此必须设计机床夹紧机构,将工件压紧。

任务分析

从加工工艺入手,介绍夹紧机构必须具备的要求。

工件定位之后,由于在加工过程中,工件要受到切削力、惯性力和自身重力的作用,因此必须设计合理的机构将工件压紧夹牢,保证工件在加工过程中具有定位的稳定性和生产的安全性。这种将工件压紧夹牢的机构就是夹紧机构。

设计夹紧机构时必须要考虑下列基本要求。

(1) 在夹紧过程中必须要能保持工件在定位时已获得的正确位置。

(2) 夹紧应具有可靠性。手动机构一般要有自锁作用,保证在加工过程中不产生振动和松动。

(3) 夹紧机构应操作方便、安全和省力,以便减轻劳动强度、缩短辅助时间和提高生产率。

(4) 夹紧机构的复杂程度和自动化程度应与工件的生产批量和生产方式相适应。

(5) 夹紧机构的结构设计以及元件的选用和设计,应符合标准化、规格化和通用化的要求。尽可能提高夹具的标准化水平,以便缩短夹具的设计和制造周期。

(6) 结构要力求简单、紧凑和刚度好,尽量使夹具具有良好的工艺性和使用性。

任务 5.3.2   夹紧力三要素分析

任务引入

零件如果定位后没有夹紧,则会在加工过程中产生位移,仍然无法满足零件的技术质量要求。因此工件在夹具中的夹紧力大小是夹具设计的重要参数。

任务分析

从工件在夹紧时的夹紧力大小、方向和作用点三个方面进行研究。

夹紧机构设计时必须确定夹紧力大小、方向和作用点。

一、夹紧力方向的确定

(1) 夹紧力应朝向主要限位面   对工件只施加一个夹紧力,或施加几个方向相同的夹紧力时,夹紧力的方向应尽可能朝向主要限位面。

如图 5-14(a)所示,在角形支座工件上镗一个与 A 面有垂直度要求的孔,根据基准重合

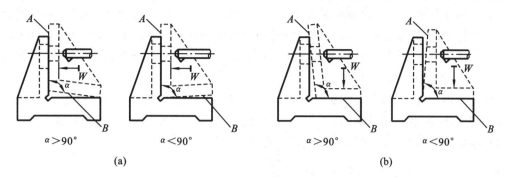

图 5-14　夹紧力方向

的原则,应选择 A 面为主要定位基准,因而夹紧力 W 应垂直于 A 面。不论 A、B 面的垂直度误差有多大,A 面始终靠近支承面,故易于保证垂直度要求。

若要求镗孔平行于 B 面,则夹紧力 W 应垂直于 B 面,如图 5-14(b)所示。

(2) 应有利于减小夹紧力　当夹紧力与切削力及重力同方向时,所需夹紧力最小;当夹紧力与切削力及重力垂直或相反时,需要夹紧力最大。确定夹紧力方向时,应有利于使夹紧力减小。

二、夹紧力作用点的确定

夹紧力作用点是指夹紧元件与工件相接触的部分的面积。选择夹紧力作用点的位置和数目,应考虑使工件稳定可靠,防止夹紧变形,确保加工精度。

(1) 应能保证工件定位稳定,不致引起工件产生位移或偏转　图 5-15(a)所示夹紧力虽垂直于主要定位基准面,但作用点却在支承范围以外,夹紧力与支反力构成力矩,工件将产生偏转,使定位基准与支承元件脱离,从而破坏原有定位,为此,应将夹紧力作用在图 5-15(b)所示的稳定区域内。

(2) 应使被夹紧工件的夹紧变形尽可能小　可采用增大工件受力面积和合理布置夹紧点位置等措施。如图 5-16 所示,采用较大弧面的卡爪,防止薄壁圆筒受力产生变形。

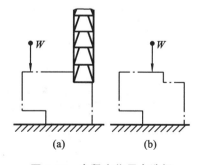

图 5-15　夹紧力作用点选择

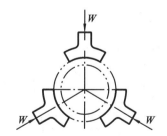

图 5-16　增大夹紧力面积

三、夹紧力大小的确定

为了选择合适的夹紧机构及传动装置,应该知道所需的夹紧力的大小。夹紧力的值要适当,过大会使工件产生变形,甚至压伤工件表面;过小则在加工时会松动,产生振动,使精度和安全无法保证。有关各种夹紧方式的夹紧力的计算在相关夹具设计手册中可以查阅。

当设计机动(气压、液压、电力)夹紧机构时,需要计算夹紧力的大小,以便确定动力部件的尺寸和功率。在实际应用中,动力部件尺寸可以参考相似条件下经过考验的同类型动力部件,以便进行类比设计和选用。

计算夹紧力时,一般可以根据切削原理的公式求出切削力的大小,必要时算出惯性力和离心力的大小,然后与工件重力及加工所需理论夹紧力组成平衡力系,求出理论夹紧力,再根据具体情况,乘以 2 至 3 倍的安全系数,便是夹紧机构实际应该产生的夹紧力。

任务 5.3.3 常用夹紧机构设计

任务引入

为了保证夹紧力的三要素,一般在生产过程中常用斜楔、螺旋及偏心机构实现夹紧任务。

任务分析

从工件实现夹紧时的增力和自锁方面进行研究。

夹具的夹紧机构虽然很多,但最基本的夹紧机构按机械原理分类有以下三种。即斜楔夹紧机构、螺旋夹紧机构和偏心夹紧机构。

一、斜楔夹紧机构

斜楔夹紧机构最适用于夹紧力大而行程小,且以气动或液压为动力源的夹具,它的结构形式很多,一般分为自锁斜楔和不自锁斜楔两种。

(1) 斜楔夹紧机构夹紧力的计算 最简单的斜楔夹紧机构如图 5-17 所示,动力源以 F_s 力作用于斜块的大端(见图 5-17(a)),斜块施于工件的作用力 F_j 的大小可按图示的力的平衡关系进行计算。F_j 为支承反力,F_1 和 F_2 为接触面之间的摩擦力。设 F_j 和 F_1 的合力为 F_f',F_j 和 F_2 的合力为 F_j',则 F_f 和 F_f' 的夹角即为夹具体与斜块之间的摩擦角 φ_1,F_j 和 F_j' 夹

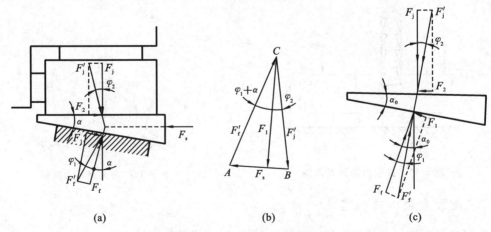

图 5-17 斜楔夹紧机构受力分析

角为工件与斜块之间的摩擦角 φ_2，夹紧时，F_s，F_j'，F_f' 三力平衡成图 5-17(b)所示的力三角形 ABC。可得

$$F_s = F_j' \sin\varphi_2 + F_f' \sin(\alpha + \varphi_1)$$

因为

$$F_j' = \frac{F_j}{\cos\varphi_2}$$

$$F_f' = \frac{F_j}{\cos(\alpha + \varphi_1)}$$

故

$$F_s = F_j \tan\varphi_2 + F_j \tan(\alpha + \varphi_1)$$

$$F_j = \frac{F_s}{\tan\varphi_2 + \tan(\alpha + \varphi_1)}$$

（2）斜楔夹紧机构的自锁条件　当动力源的作用力 F_s 为零时，斜块上的摩擦力 F_1 和 F_2 的方向应与图 5-17(a)所示的情况相反。根据力的平衡条件，合力 F_j' 与 F_f' 应大小相等，方向相反，并位于一条直线上，如图 5-17(c)所示，此时，$\alpha_0 = \varphi_1 + \varphi_2$，自锁条件则为

$$\alpha \leqslant \varphi_1 + \varphi_2$$

对一般金属材料，$\alpha \leqslant 11° \sim 17°$。

二、螺旋夹紧机构

螺旋夹紧机构利用螺旋直接夹紧工件，或与其他元件组合夹紧工件，是应用较广泛的一种夹紧机构。图 5-18(a)所示为最简单的螺旋夹紧机构，直接用螺杆压紧工件表面。图 5-18(b)所示为典型的螺旋夹紧机构，为避免压坏工件表面和破坏原有定位，在螺杆头部装有摆动压块 5。由于螺旋夹紧机构具有结构简单、制造容易、夹紧可靠、扩力比大和夹紧行程不受限制等特点，所以在手动夹紧装置中被广泛采用。其缺点是夹紧动作慢、效率低。适用于振动不大的场合，多用于小型工件的夹具中。

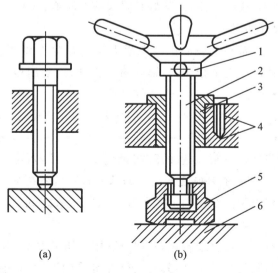

(a)　　　　(b)

图 5-18　螺旋夹紧机构

1—手柄；2—螺杆；3—套筒；4—螺钉；5—摆动压块；6—工件

如图 5-19 所示，手柄施加力矩 $M_Q = QL$，工件对螺杆端部的反作用力为 W，可表示为

$$W = \frac{2QL}{d_2 \tan(\alpha + \varphi_1) + 2r' \tan\varphi_2}$$

式中：φ_1——螺杆的摩擦角；

φ_2——螺杆断面与工件的当量摩擦角；

r'——螺杆断面与工件的当量摩擦半径。

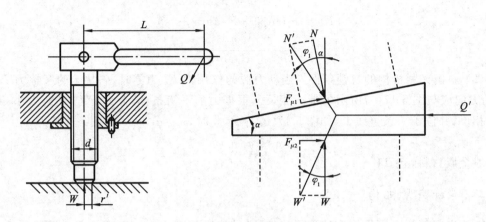

图 5-19　螺杆受力分析图

三、偏心夹紧机构

偏心夹紧机构的主要特点是：结构简单，动作迅速，但它的夹紧行程受偏心距的限制，夹紧力较小。偏心夹紧机构是一种快速动作的夹紧机构。偏心件有圆偏心和曲线偏心两种形式。曲线偏心因制造困难，很少使用，而圆偏心则因结构简单、制造方便而广泛应用。

偏心夹紧的工作原理如下。

图 5-20(a)所示为一种常见的偏心压板夹紧机构。力 Q 作用在手柄 1 上，偏心轮 2 绕轴 3 转动，偏心轮的圆柱面压在垫板 4 上，轴 3 向上移动，推动压板 5 夹紧工件。偏心轮一般与其他元件组合使用。

偏心夹紧机构原理如图 5-20(b)所示，o_1 是圆偏心的几何中心，R 为半径；o_2 是圆偏心的回转中心，R_0 为圆偏心的回转基圆。e 为偏心距（$e = R - R_0$）。当圆偏心绕 o_2 回转时，其回转半径是变化的，即圆上各点距 o_2 点的距离是变量。因此，可将以 R 为半径、o_1 为圆心的圆与以 R 为半径，o_2 为圆心的基圆之间所夹的部分看做是绕在基圆上的曲线楔。当圆偏心顺时针方向回转时，相当于曲线楔向前楔紧在基圆与垫板之间，使 o_2 到垫板之间的距离不断变化，故对工件产生夹紧作用。

圆偏心的夹紧力较小，自锁性能较差，一般只适用于切削力不大，且无很大振动的场合。因结构尺寸不能太大，为满足自锁条件，其夹紧行程也受到限制，只能用于工件受压面经过加工且位置变化较小的情况。

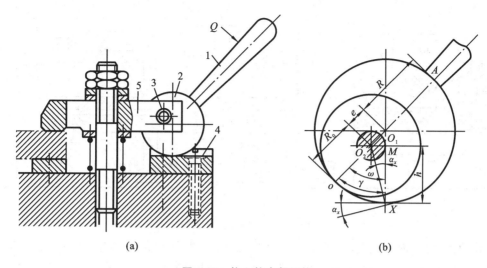

图 5-20 偏心轮夹紧机构

1—手柄;2—偏心轮;3—轴;4—垫板;5—压板

任务 5.3.4 其他夹紧机构介绍

任务引入

由于生产条件和工件要求的各不相同,除了上述三种夹紧机构,实际生产过程中还经常应用其他的夹紧机构。

任务分析

重点对定心夹紧机构、铰链夹紧机构和联动夹紧机构进行研究。

一、定心夹紧机构

定心夹紧机构把定位和夹紧合为一体,定位元件也是夹紧元件,在对工件定位过程中同时完成夹紧任务。这种夹紧机构对几何形状对称和以对称轴线、对称中心或对称面为工序基准的工件应用十分方便,且容易消除定位误差。如车床上的三爪卡盘就是典型的例证。

定心夹紧机构的工作原理是:各定位、夹紧元件作等速位移并同时实现对工件的定位和夹紧。根据位移量的大小和实现位移方法的不同,一般分为以下两类。

(1)定位夹紧元件做等速移动 这类机构又称刚性定心夹紧机构。等速移动范围较大,能适应不同定位面尺寸的工件,有较大的通用性。图 5-21 所示的是这类夹紧机构的代表。

(2)定位夹紧元件做均匀弹性变形,实现微量的等速位移 这类机构依靠弹性元件的均匀变形实现微量的等速位移。根据所采用的弹性元件不同,这类机构又分为弹性筒夹定心夹紧机构、膜片定心卡盘等。

二、铰链夹紧机构

采用以铰链相连接的杠杆做中间传力元件的夹紧机构称为铰链夹紧机构。这类机构的

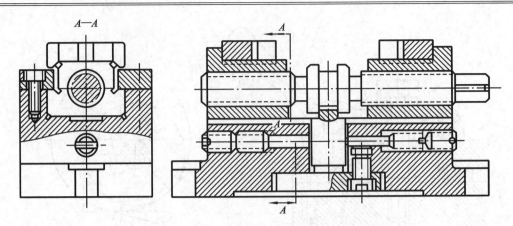

图 5-21　虎钳式夹紧机构

特点是动作迅速,增力比大,易于改变力的作用方向。其缺点是不具备自锁性,故常用于气动及液压夹具。此时,应在回路中增设保压装置,以确保夹紧安全可靠。

三、联动夹紧机构

在设计夹紧机构时,常常需要考虑工件的多处夹紧或多个工件的同时夹紧,甚至按一定的顺序夹紧,如果对每个夹紧部位或每个工件分别用各自的夹紧机构实施夹紧,则不但使夹紧机构庞大,制造成本惊人,夹紧操作麻烦,而且可能使夹紧工步不协调,产生较大的夹紧变形。图 5-22 所示的是多件联动夹紧机构,夹紧螺钉 5 通过压块夹压装在矩形导轨上的压块 3 上,压块 3 在实施夹紧工件的同时又向左推动左面的定位压紧块 2,以此类推,直到把最后一个工件夹紧在 V 形定位块 1 为止。支板 4 可绕销轴 6 打开,实现快卸。

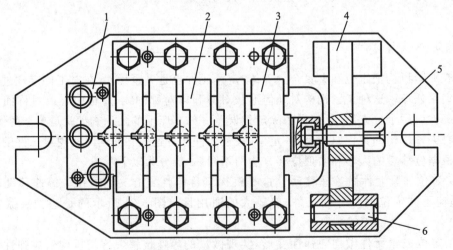

图 5-22　多件连续联动夹紧机构

1—V 形定位块;2—定位压紧块;3—压块;4—支板;5—夹紧螺钉;6—销轴

思考与训练

1. 夹具装夹保证工件规定加工精度的条件是什么?

2. 何谓装夹? 工件装夹方法有哪些?

3. 三种典型夹紧机构各有什么特点?

项目 5.4 机床夹具其他机构的设计

任务 5.4.1 孔加工刀具导向装置

任务引入

通过对孔的机械加工过程案例分析,提出刀具的导向及刚度概念。

任务分析

介绍各种钻套的特点及种类。

机床夹具在某些情况下还需要其他一些装置才能符合该夹具的使用要求。这些装置有导向装置、分度装置、对定装置及动力装置等。

孔加工刀具的导向装置的作用:刀具的导向是为了保证孔的位置精度,增加钻头和镗杆刚度,减少刀具的变形,确保孔加工的位置精度。

钻床夹具中钻头的导向常采用钻套,钻套有固定钻套、可换钻套、快换钻套和特殊钻套四种,图 5-23(a)所示的固定钻套是直接压入钻模板或夹具体的孔中,过盈配合,位置精度高,结构简单,但磨损后不易更换,适合于中、小批生产中只钻一次的孔。对于要连续加工的孔,如钻→扩→铰的孔加工,则要采用可换钻套,或快换钻套。图 5-23(b)所示的可换钻套是先把衬套用过盈配合固定在钻模板或夹具体孔上,再采用间隙配合将可换钻套装入衬套中,并用螺钉压住钻套。这种钻套更换方便,适用于中批以上生产。对于在一道工序内需要连续加工的孔,应采用快换钻套。

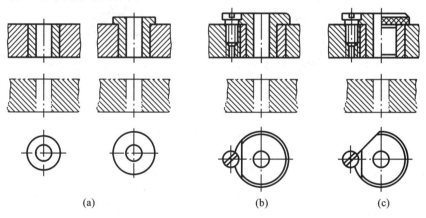

图 5-23 钻套的种类

(a) 固定钻套 (b) 可换钻套 (c) 快换钻套

图 5-23(c)所示的快换钻套与可换钻套结构上基本相似,只是在钻套头部多开一个圆弧状或直线状缺口。换钻套时,只需将钻套逆时针转动,当缺口转到螺钉位置时即可取出,换套方便迅速。

钻套设计时,要注意钻套的高度 H 和钻套底端与工件之间的距离 h,钻套高度是指钻套与钻头接触部分的长度。太短不能起到导向作用,降低了位置精度,太长则增加了摩擦和钻套的磨损。一般 $H=(1\sim2)d$,孔径 d 大时取小值,d 小时取大值,对于 $d\leqslant5$ mm 的孔,$H\geqslant2d$。h 的大小决定了排屑空间的大小,对于铸铁类脆性材料工件,$h=(0.6-0.8)d$;对于钢类韧性材料工件,$h=(0.7-1.6)d$。h 不要取得太大,否则会容易产生钻头偏斜。对于在斜面、弧面上钻孔,h 可取再小些。

任务 5.4.2 对刀装置

任务引入

通过对铣床和刨床的机械加工过程案例分析,提出对刀装置的概念。

任务分析

介绍铣床对刀装置的设计要求。

在铣床或刨床夹具中,刀具相对工件的位置需要调整,因此常设置对刀装置。对刀时一般不允许铣刀与对刀装置的工作表面接触,而是通过塞尺来校准它们之间的相对位置,这样就避免了对刀时损坏刀具和加工时刀具经过对刀块而产生摩擦。具体在铣床上对刀时可以这样做:移动机床工作台,使刀具靠近对刀块,在刀齿刀刃与对刀块间塞进一规定尺寸的塞尺,让刀刃轻轻靠紧塞尺,抽动塞尺感觉到有一定的摩擦力存在,这样确定刀具的最终位置,抽走塞尺,就可以启动机床进行加工。图 5-24 所示为常见的铣床对刀装置。

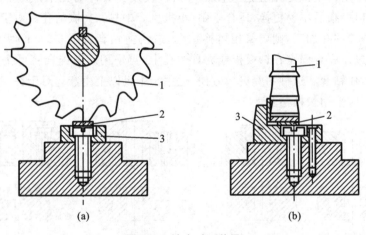

图 5-24 铣床对刀装置
1—铣刀;2—塞尺;3—对刀块

对刀装置通常制成单独元件,用销钉和螺钉紧固在夹具体上,其位置应便于使用塞尺对刀和不妨碍工件的装卸。对刀块的对刀表面的位置应以定位元件的定位表面来标注,以减小基准转换误差,该位置尺寸加上塞尺厚度就应该等于工件的加工表面与定位基准面间的尺寸,该位置尺寸的公差应为工件该尺寸公差的 $1/3\sim1/5$。

任务 5.4.3 分度装置

任务引入

通过一个零件不同表面上的孔的加工案例,引出分度装置的概念。

任务分析

介绍回转分度与直线分度装置。

在机械加工中,经常遇到在工件的一次定位夹紧后完成数个工位的加工。在使用通用机床的加工时代,往往是在夹具上设置分度装置来实现这种加工要求。

一、分度装置分类及组成

常见的分度装置有以下两类。

1. 回转分度装置

回转分度装置是指不必松开工件,通过回转一定角度,来完成多工位加工的分度装置。它主要用于加工有一定回转角度要求的孔系、槽或多面体等。

2. 直线移动分度装置

直线移动分度装置是指不必松开工件,而能沿直线移动一定距离,从而完成多工位加工的分度装置。它主要用于加工有一定距离要求的平行孔系和槽等。

二、分度装置的结构

回转分度装置由固定部分,转动部分,分度对定及控制机构,抬起锁紧机构以及润滑部分等组成。

(1) 固定部分　固定部分是分度装置的基体,其功能相当于夹具体。它通常采用经过时效处理的灰铸铁制造,精密基体则可选用孕育铸铁。孕育铸铁有较好助耐磨性、吸振性和刚度。

(2) 转动部分　转动部分包括回转盘、衬套和转轴,回转盘一般采用 45 钢经淬火至硬度 40～45 HRC 或 20 钢经渗碳淬火至硬度 58～63 HRC 加工制成。

(3) 分度对定机构及控制机构　分度对定机构由分度盘和对定销组成,其作用是在转盘转位后,使其相对于固定部分定位。

(4) 抬起锁紧机构　分度对定后,应将转动部分锁紧,以增强分度装置工作时的刚度。大型分度装置还需设置抬起机构。

(5) 润滑部分　润滑部分是指由油杯组成的润滑系统。其功能是减少摩擦面的磨损,使机构操作灵活。当使用滚动轴承时,可直接用润滑脂润滑。

任务 5.4.4　对定装置

任务引入

通过夹具在机床上实现定位的案例,引出对定装置的概念。

任务分析

介绍铣床的对定装置。

在进行机床夹具总体设计时,还要考虑夹具在机床上的定位、固定,才能保证夹具(含工件)相对于机床主轴(或刀具)、机床运动导轨有准确的位置和方向。夹具在机床上的定位有两种基本形式,一种是安装在机床工作台上,如铣床、刨床和镗床夹具,另一种是安装在机床主轴上,如车床夹具。

　　铣床类夹具的夹具体底面是夹具的主要基准面,要求底面经过比较精密的加工,夹具的各定位元件相对于此底平面应有较高的位置精度要求。为了保证夹具具有相对切削运动的准确的方向,夹具体底平面的对称中心线上开有定向键槽,安装上两个定向键,夹具靠这两个定向键定位在工作台面中心线上的 T 形槽内,采用良好的配合,再用 T 形槽螺钉固定夹具。由此可见,为了保证工件相对切削运动方向有准确的方向,夹具上的导向元件必须与两定向键保持较高的位置精度,如平行度或垂直度。定向键的结构和使用如图 5-25 所示。

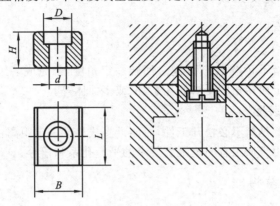

图 5-25　定向键

任务 5.4.5　动力装置

任务引入

通过大批生产实际案例,引出动力装置的概念。

任务分析

介绍气动、液压及气-液联合夹具装置。

手动夹紧机构在各种生产规模中都有广泛应用,但手动夹紧动作慢,劳动强度大,夹紧力变动大。在大批大量生产中往往采用机动夹紧,如气动、液动、电磁和真空夹紧。机动夹紧可以克服手动夹紧的缺点,提高生产率,还有利于实现自动化。

1. 气动夹紧装置

采用压缩空气作为夹紧装置的动力源。压缩空气具有黏度小、不污染、输送分配方便的优点。缺点是夹紧力比液压夹紧小,一般压缩空气工作压力为 0.4～0.6 MPa,结构尺寸较大,有排气噪声。

2. 液压夹紧装置

液压夹紧装置的工作原理和结构原理与气动夹紧装置相似,它与气动夹紧装置相比有下列优点。

(1) 压力油工作压力高,因此液压缸尺寸小,不需增力机构,夹紧紧凑。

(2) 压力油具有不可压缩性,因此夹紧装置刚度大、工作平稳可靠。

(3) 液压夹紧装置噪声小。

其缺点是需要有一套供油装置,成本要相对高一些。因此适用于具有液压传动系统的机床和切削力较大的场合。

3. 气-液联合夹紧装置

所谓气-液联合夹紧装置是利用压缩空气为动力,油液为传动介质,兼有气动和液压夹紧装置的优点。

思考与训练

1. 试述分度装置的功用和类型。

2. 回转分度装置由哪几部分组成?各组成部分有何作用?

3. 铣床夹具对刀装置有哪些作用?

项目 5.5　组合夹具的设计

任务 5.5.1　组合夹具的特点及分类

任务引入

通过对产品种类较多的企业降低生产成本入手,引入组合夹具的概念。

任务分析

介绍组合夹具的特点及种类。

1. 组合夹具的特点

组合夹具是由一套预先制造好的不同形状、不同规格、不同尺寸的标准元件及合件组装而成的。组合夹具是在夹具元件标准化、通用化的基础上发展起来的一种可重复使用的夹具系统,组合夹具把专用夹具的设计、制造、使用、报废的单向过程变为组装、拆散、清洗入库、再组装的循环过程。可用几小时的组装周期代替几个月的设计制造周期,从而缩短了生产周期,节省了工时和材料,降低了生产成本,还可减少夹具库房面积,有利于企业管理。

组合夹具的元件精度高、耐磨,并且实现了完全互换,元件精度一般为IT5~IT7级。用组合夹具加工的工件,位置精度一般可达IT8~IT9级,若精心调整,可以达到IT7级。

使用组合夹具的优点如下。

(1)缩短生产准备周期　组合夹具的使用,可使生产准备周期缩短80%以上,数小时内就可完成夹具的设计装配,同时也减少了夹具制作的人员,这对缩短产品制造周期和加快新产品上市有重要意义。

(2)降低成本　由于夹具元件的重复使用,大大节省夹具制造工时和材料,降低了成本。

(3)保证产品质量　实际生产中常由于夹具设计制作不良,造成零件加工后报废,组合夹具具有重新组装和局部可以调整的特点。零件加工出现问题后可进行调整补救,对提高质量有重要意义。

(4)扩大工艺装备应用和提高生产率　小批生产时,由于专用夹具设计制造周期长、成本高,故尽量少用,因而效率低。组合夹具的使用即使批量小也不会产生问题,可以促使生产率的提高。

（5）促进夹具标准化，有利于进行计算机辅助设计。

（6）促进现代加工技术的发展，特别是数控技术的普遍应用。

2. 组合夹具的分类

组合夹具通常分为槽系及孔系两大类

（1）槽系组合夹具　槽系组合夹具是指元件上制作有标准间距的相互平行及垂直的 T 形或键槽，通过键在槽中的定位，能准确决定各元件在夹具中的准确位置，元件之间通过螺栓连接和紧固。

（2）孔系组合夹具　孔系组合夹且是指夹具元件之间的相互位置由孔和定位销来决定，而元件之间的连接仍由螺纹连接紧固。

（3）孔系与槽系组合夹具的组合　图 5-26 所示为盘类零件钻径向分度孔的组合夹具立体图及其分解图。

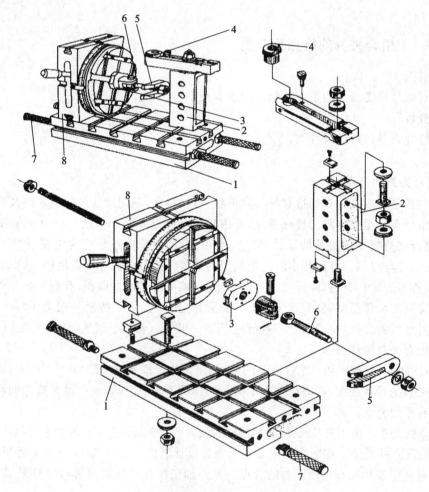

图 5-26　盘类零件钻径向分度孔组合夹具

1—基础件；2—支承件；3—定位件；

4—导向件；5—夹紧件；6—紧固件；

7—其他件；8—合件

任务 5.5.2 组合夹具的元件及作用

任务引入

通过对槽系和孔系组合夹具的结构分析，引出其元件作用。

任务分析

重点介绍槽系和孔系组合夹具中各种元件的作用及相互关系。

1. 槽系组合夹具元件及其分类

一般来说槽系组合夹具元件可分为 8 类，即基础件、支承件、定位件、导向件、压紧件、紧固件、其他件和合件。图 5-27 所示为分类中典型的元件。

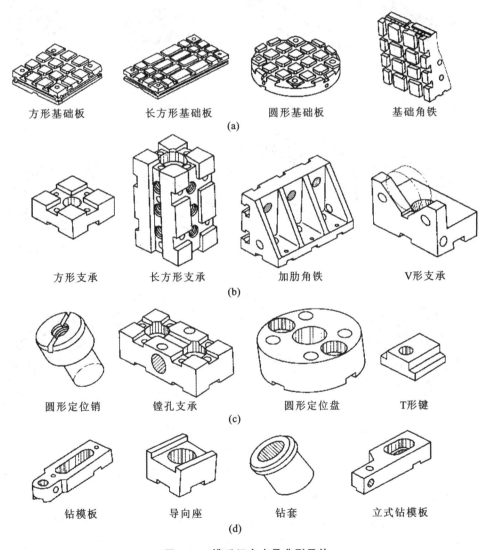

方形基础板　　长方形基础板　　圆形基础板　　基础角铁
(a)

方形支承　　长方形支承　　加肋角铁　　V形支承
(b)

圆形定位销　　镗孔支承　　圆形定位盘　　T形键
(c)

钻模板　　导向座　　钻套　　立式钻模板
(d)

图 5-27 槽系组合夹具典型元件

(a) 基础件　(b) 支承件　(c) 定位件　(d) 导向件　(e) 压紧件　(f) 紧固件　(g) 其他件　(h) 合件

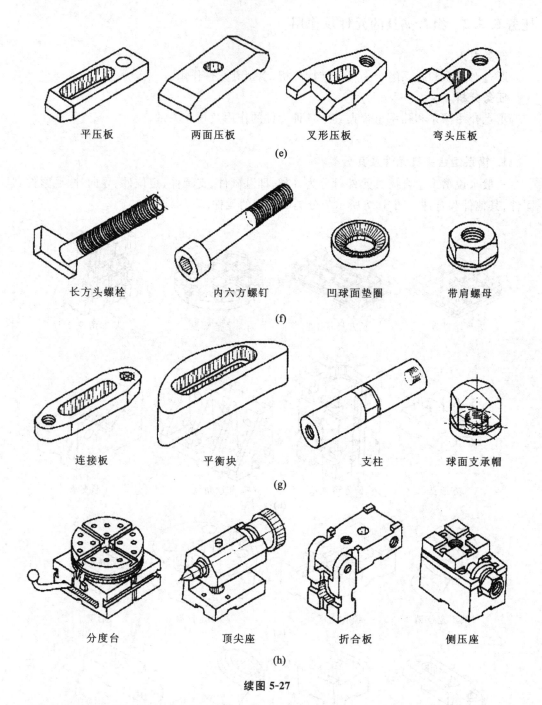

平压板　　　　　两面压板　　　　　叉形压板　　　　　弯头压板

(e)

长方头螺栓　　　　　内六方螺钉　　　　　凹球面垫圈　　　　　带肩螺母

(f)

连接板　　　　　平衡块　　　　　支柱　　　　　球面支承帽

(g)

分度台　　　　　顶尖座　　　　　折合板　　　　　侧压座

(h)

续图 5-27

2. 孔系组合夹具元件、功能单元及分类

孔系组合夹具典型元件大体上可分成 5 类,即基础件、结构件、定位件、夹紧件和附件。图 5-28 所示为此系统中较典型的元件,图 5-29 所示为一个典型的孔系组合夹具分解图。

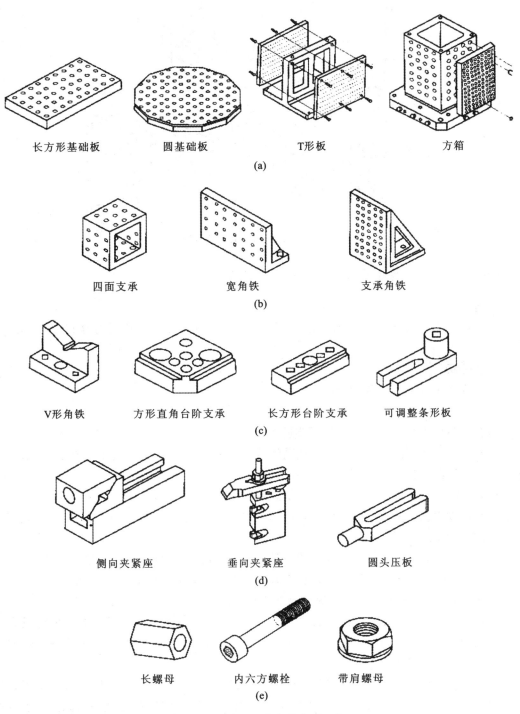

长方形基础板　　圆基础板　　　　T形板　　　　　　方箱

(a)

四面支承　　　宽角铁　　　　支承角铁

(b)

V形角铁　　方形直角台阶支承　　长方形台阶支承　　可调整条形板

(c)

侧向夹紧座　　　垂向夹紧座　　　圆头压板

(d)

长螺母　　　内六方螺栓　　　带肩螺母

(e)

图 5-28　孔系组合夹具典型元件

（a）基础件　（b）结构件　（c）定位件　（d）夹紧件　（e）附件

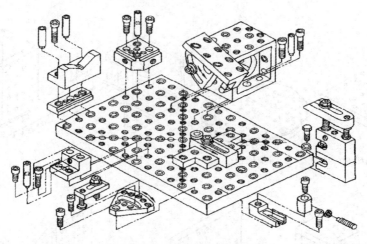

图 5-29 孔系组合夹具分解图

任务 5.5.3 组合夹具的装配

任务引入

根据不同零件的结构及技术要求,怎样把各种典型元件组装成符合生产要求的组合夹具。

任务分析

重点介绍组合夹具的装配过程。

组合夹具的组装过程一般按以下步骤进行。

(1)组装前的准备 组装前必须熟悉组装工作的原始资料,即工件的图样和工艺规程,了解工件的形状、尺寸和加工要求以及所使用机床、刀具等情况。

(2)确定组装方案 按照工件的定位原理和夹具的基本要求,确定工件的定位基准,需限制的自由度以及夹紧部位,选择定位元件、夹紧元件以及相应的支承件、基础板等,初步确定夹具的结构形式。

(3)试装 试装是将前面所设想的夹具结构方案,在各元件不完全紧固的条件下,先组装一下。对有些主要元件的精度,如等高、垂直度等,需预先进行测量和挑选。组装时应合理使用元件,不能在损害元件精度的情况下任意使用。

(4)连接 经过试装验证的夹具方案,即可正式组装。组装时需配置合适的量具和组装用工具、辅具。首先应清除元件表面的污物,装上所需的定位键,然后按一定的顺序将有关元件用螺栓和螺母连接起来。

(5)检测 元件全部紧固后,便可检测夹具的精度。检测夹具的总装精度时,应以积累误差最小为原则来选择测量基准。测量同一方向的精度时,应以基准统一为原则。夹具的检测项目,可根据工件的加工精度要求确定,除有关尺寸精度外,还包括同轴度、平行度、垂直度、位置度等公差要求。

思考与训练

1. 组合夹具有什么特点？由哪些元件组成？
2. 组合夹具的元件各有什么作用？
3. 组合夹具的组装步骤有哪些？

项目5.6　机床专用夹具的设计

任务5.6.1　钻床夹具

任务引入

通过对钻床夹具结构分析,了解一般钻模种类。

任务分析

介绍几种常用的机加工钻模。

钻床夹具大都有刀具导向装置,即钻套。钻套安装在钻模板上,因此习惯上把钻床夹具称为钻模。

根据工件的大小、形状、选用的机床及加工孔的分布形式,确定钻模的结构形式。钻模分为固定式钻模、回转式转模、翻转式钻模、盖板式钻模和滑柱式钻模等。

(1)固定式钻模　加工时,这种钻模相对于工件的位置保持不变。常用于立钻加工较大的单孔,或在摇臂钻床、多轴钻床上加工平行孔系。

(2)回转式钻模　这类钻模有分度、回转装置,能够绕某一固定轴线回转。主要用于加工以某轴线为中心分布的轴向或径向孔系。

(3)翻转式钻模　它像一个六面体那样,可以做不同方位的翻转,翻转时连同工件一起手工操作。如工件尺寸较小、批量不大,工件有不同方位的孔要在一道工序内完成,采用翻转钻模比较方便。

(4)盖板式钻模　主要特点是没有夹具体,钻模板直接在工件上定位,有时也可在钻模板上设置夹紧元件,将钻模夹紧在工件上。这类钻模主要用于加工工件主要孔周围的小孔,这些孔往往与主要孔有位置精度要求,钻模就直接以工件的主要孔来定位。

(5)滑柱式钻模　主要特点是钻模板固定在可以自由升降的滑柱上,滑柱的升降可以手动操作,也可以采用气压、液压传动装置。滑柱式钻模的结构已通用化,广泛应用于生产中。采用滑柱式钻模装卸工作迅速,操作方便。图5-30所示为手动双滑柱式钻模的结构。

任务5.6.2　镗床夹具

任务引入

通过对镗床夹具的结构分析,了解其在设计时的具体要求。

任务分析

对镗套及镗杆的分析与设计。

镗床夹具主要用于加工箱体、机体、支架等类零件上的孔或孔系。与钻床夹具相似,镗

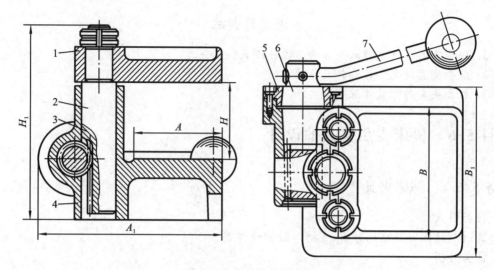

图 5-30 双滑柱钻模结构

1—钻模板；2—滑柱；3—齿条柱；4—夹具体；5—套环；6—齿轮轴；7—手柄

床夹具有引导刀具的导套(镗套)以及用于安装检套的镗模架。与钻床夹具不同之处是它的加工精度较高。镗床夹具又简称镗模。

采用镗模加工时，工件的加工精度在很大程度上取决于导向装置的精度和刚度，它可以不受机床精度的影响而加工出较高精度的孔和孔系，但此时镗杆必须与机床主轴浮动连接。

镗床夹具设计应注意以下问题。

(1) 镗套设计　镗套的长度 L 影响导向性能，根据镗套的类型和布置方式，它与镗杆直径的关系如下。

固定式镗套：　　　　　　　　$L = (1.5 \sim 2)d$

滑动式回转镗套：　　　　　　$L = (1.5 \sim 3)d$

滚动式回转镗套：　　　　　　$L = 0.75d$

对于单支承镗套或加工精度要求较高时，L 应取较大值。

镗套与镗杆及衬套的配合要选择恰当，过紧易研坏或"咬死"，过松则不能保证加工精度。

(2) 镗杆设计　镗杆导向部分的结构对保证镗孔精度、提高镗削速度有重要意义。图 5-31(a)所示的是开有油沟的镗杆导向结构，简单易造，但由于这种结构与镗套的接触面积大，润滑不好，加工时切屑易进入导向部分，故可能产生"咬死"现象。图 5-31(b)、(c)所示的是开有直槽和螺旋槽的镗杆导向结构，它与镗套的接触面小，沟槽又可容屑存油，其导向情况较好，但由于制造较复杂，镗削速度仍不宜超过 20 m/min。以上三种结构都是整体式，其直径不宜过大，一般不大于 60 mm。图 5-31(d)所示的是镶导向块的镗杆导向结构，导向块一般用铜、钢或硬质合金制成。设计镗杆直径时，应考虑到镗杆的刚度和镗孔时应有的容屑空间，一般可取 $d = (0.6 \sim 0.8)D$，而且要注意镗杆直径 d、镗孔直径 D、镗刀截面 B 之间的关系一般应符合

$$\frac{D - d}{2} = (1 \sim 1.5)B$$

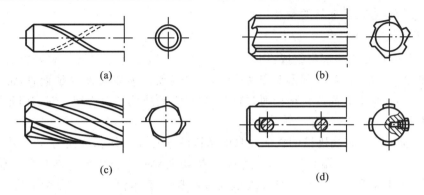

(a)   (b)

(c)   (d)

图 5-31　镗杆导向结构

任务 5.6.3　铣床夹具

任务引入

通过对铣床夹具的结构分析,了解其在设计时的具体要求。

任务分析

对铣床夹具中的要点进行分析。

用于铣削加工或用于铣床上的夹具通常称为铣床夹具。一般平面、沟槽及各类成形面大多采用铣削加工,特别是一些形体复杂的非回转体零件上的平面加工,更多地采用铣削。因此,铣床夹具在生产中占有较大比重。

为了提高生产率,在批量较大的情况下,铣床夹具常采用多工位装夹,气动、液压传动应用较多。夹具的整体结构及进给方式应尽可能使安装工件的辅助时间与机械加工时间重合。

一般铣削加工的切削用量和切削力较大,而且多刀齿断续切削,切削力是变化的,容易产生振动。因此要求工件定位可靠,夹紧力要足够大,夹具要有较好的刚度和强度。多采用定向键和对刀装置等。铣床夹具的设计要特别注意铣削加工的特点和铣削方式、生产率的要求,同时还要考虑加工件的形状。

1. 定向键

定向键安装在夹具的纵向槽中,一般使用两个,其距离尽可能布置得远一点,小型夹具也可使用一个断面为矩形的长键。通过定向键与铣床工作台 T 形槽的配合,使夹具上的定位元件的工作表面对于工作台的送进方向具有正确的相互位置关系。定向键可承受切削时产生的转矩,减少夹紧夹具的螺栓负荷,增加夹具在加工过程的稳固性。因此,铣削平面的夹具体上也装有定向键。

定向键的结构已标准化,常用的矩形断面定向键有两种结构,一种在键的两侧开有沟槽或台阶,把键分成上下两部分,其上部尺寸按 H7/h6 与夹具体的键槽配合,下部宽度尺寸与T 形槽配合,留磨量 0.5 mm,按 H7/h6 与机床工作台 T 形槽宽度配合;另一种上下两部分尺寸相同,适宜于夹具定向精度要求不高时采用。

定向精度要求高的夹具和重型夹具不适合采用定向键,而是在夹具体上加工出一窄长平面作为找正面,来校正夹具的安装位置。

2. 对刀装置

对刀装置由对刀块和塞尺组成,用来确定刀具与夹具的相对位置。对刀块的结构已标准化。加工单一平面时,常用圆形对刀块;在需要调整铣刀两垂直凹面位置时,常用方形对刀块;加工两相互垂直表面或铣槽面时,常用直角对刀块或侧装对刀块。对刀时还要使用平准尺和对刀圆塞尺。

图 5-32 所示的是直线进给的铣床夹具的结构图。工件以外圆柱面与 V 形块 1、2 接触定位,消除四个自由度,以端面与定位支承套 7 接触消除一个自由度。转动偏心轮 3,使 V 形块 2 移动,可夹紧和松开工件。两个定位键 6 与铣床工作台上的 T 形槽配合,确定夹具与铣床间的相互位置,然后用 T 形螺栓把夹具紧固在工作台上。对刀块 4 用以确定刀具的位置和方向。

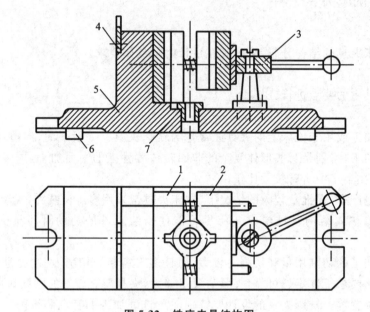

图 5-32 铣床夹具结构图

1,2—V 形块;3—偏心轮;4—对刀块;5—夹具体;6—定位键;7—支承套

任务 5.6.4 车床及磨床夹具

任务引入

通过回顾车床及磨床的加工过程,提出车床及磨床夹具的设计要求。

任务分析

车床及磨床夹具的设计要求。

车床夹具主要用于加工零件的内外圆、圆锥面、回转成形面、螺纹及端平面等。夹具安装在机床主轴端,带动工件随机床主轴作回转运动。由于车床夹具在回转状态下工作,因此夹具的平衡、夹紧力的稳定性及操作安全等问题都应予以足够的重视。

图 5-33 所示的是加工套筒内孔的车床夹具。工件以外圆和端面在定位件 2 中定位,用三个螺旋压板 3 及螺母 4 夹紧。夹具上的各元件均对称分布,不需要进行特殊的平衡。

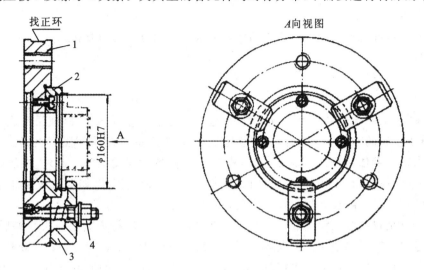

图 5-33　套筒加工车床夹具
1—圆盘;2—定位件;3—压板;4—螺母

车床及磨床夹具一般用于加工回转体工件。这类夹具的主要特点是:在加工过程中夹具要带动工件一起做旋转运动,这类夹具大多是定心夹具。设计中应注意以下问题。

(1) 结构应紧凑,轮廓尺寸要小,质量要小,并且重心尽可能与机床回转中心重合,以减少离心力和回转力矩。

(2) 工件的定位必须使加工表面的轴心线与机床主轴回转轴线同轴,定位装置的结构和布置应保证工件被加工表面与工序基准之间的尺寸精度及位置精度要求,即应使工件的工序基准和车床主轴回转中心保持正确的相对位置。

(3) 工件的夹紧应可靠。由于工件和夹具一起随着主轴旋转,在加工过程中除受到切削力的作用外,夹具还受到离心力的作用,又因为切削力和重力相对于定位装置的位置是变化的,因此夹紧装置产生的夹紧力必须足够,自锁性能要可靠,但要注意夹紧力应不使工件或夹具产生较大的变形。

(4) 夹具与机床的连接方式主要取决于夹具的结构和机床主轴前端的结构形式。常用的连接方式有两种:一种是以锥柄与机床主轴锥孔连接,由通过主轴孔的拉杆拉紧,若工件很小,也可不必拉紧,直接靠夹具与机床主轴的摩擦力夹紧;另一种是夹具直接或通过过渡盘在机床主轴端外圆柱面或圆锥面上定位,通过螺钉或螺栓使之与主轴紧固在一起。

(5)当工件及夹具上各元件相对机床主轴回转线不平衡时,应在夹具体上设置平衡块,特别是在一次安装中用回转分度的方法加工不同心的回转表面时更应如此。也可在夹具不重要部位采用减重孔的方法达到平衡的目的。

(6) 为保证工作安全,夹具体一般设计成圆柱形,工件及夹具上各元件不要在径向有特别突出的部分,并应防止各元件松脱,必要时应加防护罩。

任务 5.6.5　随行夹具

任务引入

通过一些特殊工件在加工过程中的工艺要求引出随行夹具的概念。

任务分析

随行夹具的设计要点。

在机械加工、装配自动线上，对形状复杂且无良好输送基面的工件，或虽有良好输送基面，但对材质较软的非铁金属工件，为防止输送中划伤基面，需要采用随行夹具。随行夹具带着工件由输送带依次输送到各工位，以实现对工件各工序的加工。此外，在流水线生产中，加工一些形体复杂、无良好定位基面而刚度又较差的薄壁工件，如涡轮增压器的动叶片，也可采用随行夹具。随行夹具在各工位上必须精确定位和夹紧。

随行夹具是自动线上使用的一种移动式夹具。工件在随行夹具上一次装夹后，随着随行夹具通过自动线上的输送机构被运送到自动线的每台机床上。随行夹具以规整统一的安装基面在各台机床的机床夹具上定位、夹紧，并进行工件各工序的加工，直到工件加工完毕，随行夹具回到工件装卸工位进行工件的装卸。

随行夹具在自动线机床的机床夹具上的安装如图 5-34 所示，随行夹具 1 由自动线上带棘爪的步伐式输送带 2 送到机床夹具 5 上。随行夹具以一面两孔在机床夹具的四个限位支承 4 及两个伸缩式定位销 8 上定位。这种定位方式使夹具五面敞开，可在多个方向上对工件进行加工。液压缸 7 的活塞杆推动浮动杠杆 6 带动四个钩形压板 9 将随行夹具紧固在机床夹具 5 上。

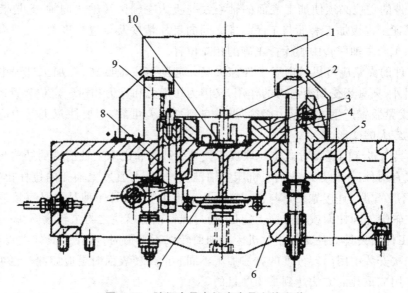

图 5-34　随行夹具在机床夹具上的安装

1—随行夹具；2—传送带；3—输送支承；4—限位支承；5—机床夹具；
6—浮动杠杆；7—液压缸；8—定位销；9—钩形压板；10—支承滚

思考与训练

1. 车床夹具可分为哪几类？各有何特点？
2. 镗床夹具可分为哪几类？各有何特点？其应用场合是什么？
3. 镗套有几种类型？生产中怎样选用？
4. 怎样避免镗杆与镗套之间出现"卡死"现象？
5. 随行夹具有什么特点？一般在什么情况下使用？

模块六　机械加工中物料储运装置与设备管理

项目实施建议

知识目标　掌握机械加工生产线的基本组成,熟悉典型机床上下料装置、工业机器人、物料运输装置和自动化立体仓库的典型结构及应用

技能目标　了解各类机床上下料装置、工业机器人、物料运输装置和自动化立体仓库的特征,具有设计输送装置的能力和分析生产中与输送装置有关的技术问题的能力

教学重点　机床上下料装置、工业机器人、自动化立体仓库和物料运输装置

教学难点　机床上下料装置和物料运输装置

教学方案(情景)　多媒体教学,案例教学以及视频

选用工程应用案例　机械加工机床、生产线在工程实际中的应用

考核与评价方案　考试成绩＋实验成绩

建议学时　6～8 学时

项目 6.1　机械加工生产过程

机械加工生产过程是指从原材料(或半成品)制成产品的全部过程。对机器加工生产而言,这个过程包括原材料的运输和保存、生产的准备、毛坯的制造、零件的加工和热处理、产品的装配及调试、油漆和包装等内容。机械加工生产过程的内容十分广泛,现代企业用系统工程学的原理和方法组织生产和指导生产,将生产过程看成是一个具有输入和输出的生产系统。

任务 6.1.1　机械加工生产线的组成

任务引入

根据被加工工件的具体情况、工艺要求、工艺过程、生产率和自动化程度等因素,分析普通机床加工与生产线加工的区别。

任务分析

从工件在普通机床加工扩展到生产线。

在机器零件的制造过程中,将工件的各加工工序合理地安排在若干台机床上,并用输送装置和辅助装置将它们连接成一个整体,在输送装置的作用下,被加工工件按其工艺流程顺序通过各台加工设备,完成工件的全部加工任务,这样的生产作业线称为机械加工生产线,如图 6-1 所示。

机械加工生产线分流水线和自动线。自动线是在流水线的基础上采用控制系统自动控

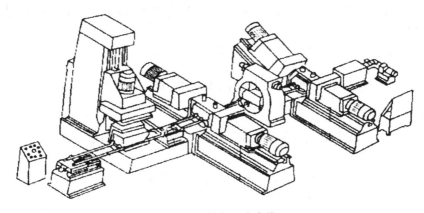

图 6-1　机械加工生产线

制各台机床之间的工件输送、转位、定位和夹紧以及辅助装置,并能按预先设计的程序自动工作的生产线。

　　根据被加工工件的具体情况、工艺要求、工艺过程、生产率和自动化程度等因素,自动线的结构及其复杂程度常有较大的差别,但不论其复杂程度如何,机械加工生产线一般由加工装备、工艺装备、输送装置、辅助装置和控制系统等五个基本部分组成,如图 6-2 所示。

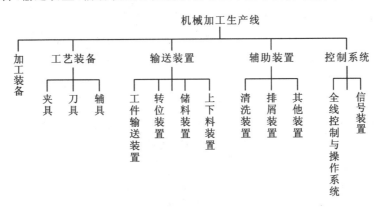

图 6-2　机械加工生产线的组成

项目 6.2　机床上下料装置

　　机床上下料装置是将待加工工件送到机床上的加工位置和将已加工工件从加工位置取下的自动或半自动机械装置,又称工件自动装卸装置。大部分机床上下料装置的下料机构比较简单,或上料机构兼有下料功能,所以机床的上下料装置也常被简称为机床上料装置。

　　机床上下料装置是自动机床的一个组成部分。当机床实现了加工循环自动化之后,还只是半自动机床,因为每当完成一个加工循环后必须停车,由工人进行装卸工件,经过再次启动,才能进行下一次加工循环。在半自动机床上配备上下料装置以后,由于能够自动完成装卸工作,因而自动加工循环可以连续进行,即成为全自动机床。

机床上下料装置用于效率高、机动时间短、工件装卸频繁的半自动机床,能显著地提高生产效率和减轻体力劳动。

机床上下料装置也是组成自动生产线的必不可少的辅助装置。

任务 6.2.1 机床上下料装置的类型及设计原则

任务引入

由于零件原料和毛坯形式不同,常用不同类型的机床才能完成加工任务。

任务分析

零件原料和毛坯形式不同,其装置的结构形式也不同。

一、机床上下料装置的类型

根据原材料及毛坯形式的不同,机床上下料装置有以下三大类型。

1. 卷料(或带料)上料装置

将线状的、细棒状的和带状的材料先绕成卷状,在加时将卷状材料装上自动送料机构,再从料盘中拉出来,经过自动校直后,在一卷材料用完之前,送料和加工是连续进行的。一般用于自动车床、自动冲床和自动冲压机等,如图 6-3 所示。

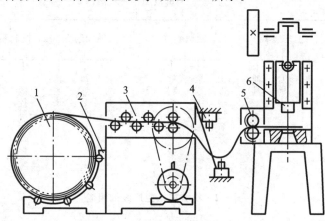

图 6-3 自动冲压机

1、2—料架;3—卷料校直机构;4—送料机构;5—卷料夹紧机构

2. 棒料上料装置

当采用棒料作为毛坯时,将一定长度的棒料装在机床上,然后按每一件所需的长度自动送料。在用完一根棒料之后,需要进行一次手工装料。一般用于自动车床,如图 6-4 所示。

3. 单件毛坯上料装置

当采用锻件或将棒料先切成单件坯料作为毛坯时,需要在机床上设置专门的单件毛坯上料装置。

前两类自动上料装置多属于冲压机床和通用(单轴和多轴)自动机的专门机构(部件)。

单件毛坯上料装置根据其工作特点和自动化程度的不同,可以分为料仓式上料装置和

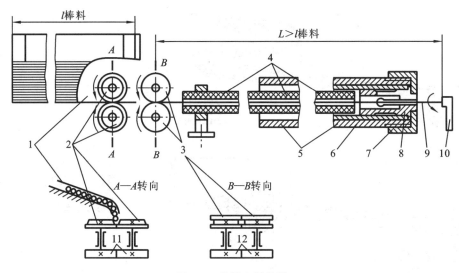

图 6-4　棒料上料装置

1—棒料架；2—预送料滚轮；3—送料滚轮；4—隔音套管；5—空心主轴；

6—夹紧锥套；7—螺母盖；8—弹簧夹头；9—棒料；10—送料挡块；11、12—齿轮

料斗式上料装置两种。

　　料仓式上料装置是一种半自动的上料装置，其特点是不能使工件自动定向，需要人工定时将一批工件按照一定的方向和位置，顺序排列在料仓中，然后由送料机构将工件逐个送到机床夹具中去。

　　料斗式上料装置是自动化的上料装置，工人将单个工件成批地任意倒进料斗后，料斗中的定向机构能将杂乱堆放的工件进行自动定向，使之按规定的方位整齐排列，并按一定的生产节拍把工件送到机床夹具中去。

　　图 6-5 所示为这两种机床上料装置的结构特点。图 6-5（a）和图 6-5（b）是料仓式上料装置。它具有料仓 3、输料槽 2、送料器 1、上料杆 4 和卸料杆 5。当工件的加工循环时间较长时，为了简化结构，可以适当加长输料槽使之兼有料仓的作用（图 6-5（a）），当料仓容量较大时，为了避免工件卡住堵塞，还设有搅动器（图 6-5（b））。

　　图 6-5（c）所示为料斗式上料装置。工件任意地堆放在料斗 9 内，通过定向机构 7 将工件按一定方向顺序送入输料槽 2 中，然后由送料器 1 送到机床的加工位置。在料斗上还设有剔除器 8，用以防止定向不正确的工件混入输料槽。

　　料斗式上料装置由于能够实现工件的自动定向，因而能进一步减轻工人的劳动强度，便于多机床管理。但这种自动定向的料斗多适用于工件外形比较简单、体积和重量都比较小，而且生产节拍短、要求频繁上料的场合。

　　料仓式上料装置虽然需要工人周期性地将工件按规定的方向和顺序进行装料，但结构比较简单，工作可靠性较强，适用于工件外形较复杂、尺寸和重量较大以及加工周期比较长的情况。

　　从图 6-5 中可以看出，这两种上料装置在实现送料、装料和卸料等过程时所用的机构具有共同性。不同仅在于料斗式上料装置具有可使工件自动定向的料斗。因此下面将先分析

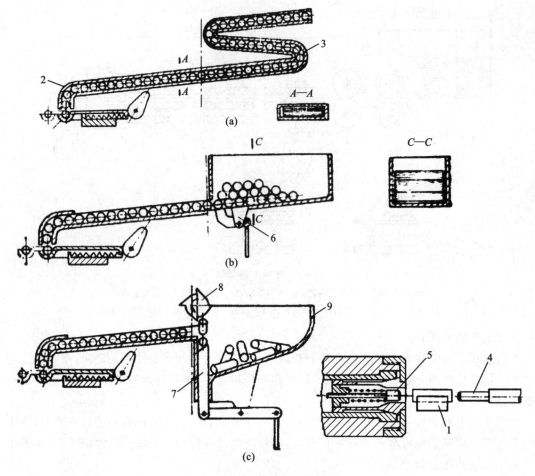

图 6-5　机床上料装置

组成料仓式上料装置的各种基本机构,然后再分析工件的各种自动定向方法和料斗的结构。

　　近年来,在各种类型的自动化机床上,广泛应用了机械手来实现装卸工件自动化。这里所说的机械手,就是一种能实现较为复杂的动作循环的上下料装置,它从料仓或输料槽中抓取工件,直接送入机床夹具,当工件加工完成后,也能从夹具中把工件卸到固定的地点。它代替了图 6-5 中所示送料器 1、上料杆 4 和卸料器 5 的作用。所以,从作用原理上看,仍然可以把它当做上述两类上料装置的组成部分。但由于目前生产上所采用的装卸料机械手的结构形式愈来愈多,而且累积了不少经验,为了便于归纳各种机械手的结构特点,所以在本章中将它作为自动上料装置的一种类型进行介绍和分析。

二、机床上下料装置设计原则

　　(1) 上下料时间要符合生产节拍的要求。
　　(2) 上下料工作平稳,尽量减少冲击,避免使工件产生变形或损坏。
　　(3) 上下料装置结构简单,工作可靠,维护方便。
　　(4) 有一定的适用范围,尽可能满足多种需求。

任务 6.2.2　机器人

任务引入

能够代替人类劳动的通用机器。

任务分析

工业机器人根据使用场合不同可完成不同功能。

一、机器人的定义

美国机器协会(RIA)定义：机器人是一种用于移动各种材料、零件、工具或专用装置的，通过程序动作来执行各种任务，并具有编程能力的多功能操作机。

国际标准化组织(ISO)定义：机器人是一种自动的、位置可控的、具有编程能力的多功能操作机，这种操作机具有几个轴，能够借助可编程操作来处理各种材料、零件、工具和专用装置，以执行各种任务。

我国科学家对机器人定义：机器人是一种自动化的机器，所不同的是这种机器具备一些与人或生物相似的智能能力，如感知能力、规划能力、动作能力和协调能力，是一种具有高度灵活性的自动化机器。

总之，机器人具有以下特点：

(1) 具有高度灵活性的多功能机电装置，可通过改编程序获得灵活性。简单地更换端部工具实现多种功能。

(2) 具有移动自身、操作对象的机构，能实现人手或脚的某些基本功能。

(3) 具有某些类似于人的智能。有一定感知，能识别环境及操作对象。具有理解指令、适应环境、规划作业操作过程的能力。

二、机器人的分类

目前，国际上的机器人学者，从应用环境出发将机器人分为两类：制造环境下的工业机器人和非制造环境下的服务与仿人型机器人。

中国的机器人专家从应用环境出发，将机器人分为两大类，即工业机器人和特种机器人。所谓工业机器人就是面向工业领域的多关节机械手或多自由度机器人。而特种机器人则是除工业机器人之外的、用于非制造业并服务于人类的各种先进机器人，包括：服务机器人、水下机器人、娱乐机器人、军用机器人、农业机器人、机器人化机器等。在特种机器人中，有些分支发展很快，有独立成体系的趋势，如服务机器人、水下机器人、军用机器人、微操作机器人等。

三、工业机器人

日本工业机器协会定义：工业机器人是一种装备有记忆装置和末端执行装置的、能够完成各种移动来代替人类劳动的通用机器。

我国 GB/T12643—1990 定义：工业机器人是一种能够自动控制、可以重复编程、多功能、多自由度的操作机,能够搬运物料、工件或操持工具。

操作机是具有和人手臂相似的动作功能,可在空间抓取物体或进行其他操作的机械装置。

综上所述,工业机器人是一种模拟人手臂、手腕和手功能的机电一体化装置,它可以把任一物体或工具按空间的时变要求进行移动,从而完成某一工业生产的作业要求。

工业机器人最显著的特点有以下几个。

(1)可编程 生产自动化的进一步发展是柔性启动化。工业机器人可随其工作环境变化的需要而再编程,因此它在小批量多品种具有均衡高效率的柔性制造过程中能发挥很好的功用,是柔性制造系统中的一个重要组成部分。

工业机器人是面向工业领域的多关节机械手或多自由度的机器人。工业机器人是自动执行工作的机器装置,是靠自身动力和控制能力来实现各种功能的一种机器。它可以接受人类指挥,也可以按照预先编排的程序运行,现代的工业机器人还可以根据人工智能技术制定的原则纲领行动。

(2)拟人化 工业机器人在机械结构上有类似人的行走、腰转、大臂、小臂、手腕、手爪等部分,在控制上有电脑。此外,智能化工业机器人还有许多类似人类的"生物传感器",如皮肤型接触传感器、力传感器、负载传感器、视觉传感器、声觉传感器、语言功能等。传感器提高了工业机器人对周围环境的自适应能力。

(3)通用性 除了专门设计的专用的工业机器人外,一般工业机器人在执行不同的作业任务时具有较好的通用性。比如,更换工业机器人手部末端操作器(手爪、工具等)便可执行不同的作业任务。

(4)工业机器技术涉及的学科相当广泛,归纳起来是机械学和微电子学的结合,即机电一体化技术。第三代智能机器人不仅具有获取外部环境信息的各种传感器,而且还具有记忆能力、语言理解能力、图像识别能力、推理判断能力等人工智能,这些都是微电子技术的应用,特别是与计算机技术的应用密切相关。因此,机器人技术的发展必将带动其他技术的发展,机器人技术的发展和应用水平也可以验证一个国家科学技术和工业技术的发展水平。

当今工业机器人技术正逐渐向着具有行走能力、具有多种感知能力、具有较强的对作业环境的自适应能力的方向发展。当前,对全球机器人技术的发展最有影响的国家是美国和日本。美国在工业机器人技术的综合研究水平上仍处于领先地位,而日本生产的工业机器人在数量、种类方面则居世界首位。

四、工业机器人的组成及分类

1. 工业机器人的组成

工业机器人由主体、驱动系统和控制系统三个基本部分组成。如图 6-6 所示。

1)主体

主体即机身和执行机构,具有和人手臂相似的动作功能。可在空间抓放物体或执行其他操作的机械装置。

2)驱动系统

驱动系统包括动力装置和传动机构,用以使执行机构产生相应的动作。动力装置可以

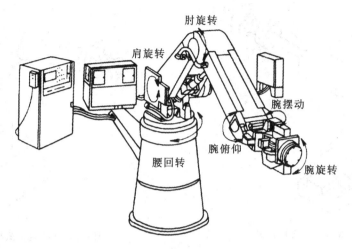

图 6-6　工业机器人的组成

是液压传动、气动传动、电动传动，或者把它们结合起来应用的综合系统，可以是直接驱动也可以间接驱动；传动机构可以是齿轮、同步带、链条、轮系、谐波齿轮等机械传动机构。

3）控制系统

控制系统是工业机器人的指挥中心。按照输入的程序对驱动系统和执行机构发出指令信号，并进行控制。一种是集中式控制，即机器人的全部控制由一台微型计算机完成。另一种是分散（级）式控制，即采用多台微机来分担机器人的控制。

计算机控制系统按内部功能的不同，可分为决策级、策略级和执行级。决策级具有识别环境、建立模型和任务分解的作用；策略级是按关节坐标协调变化的规律，将动作转化为各关节的运动参数，传递给伺服控制系统；执行级按给定指令（如动作顺序、运动轨迹、运动速度以及动作的时间节奏）动作。

2．工业机器人的分类

1）按坐标形式分

按坐标形式工业机器人可分为直角坐标式、圆柱坐标式、球面坐标式（极坐标式）和关节坐标式。

直角坐标式：执行机构通过沿三个互相垂直的轴向移动改变位置，工业机器人主体结构的关节都是移动关节，如图 6-7 所示。具有位置精度高，控制无耦合，简单可靠；但刚度和精度高，动作范围小，灵活性差。

圆柱坐标式：执行机构具有三个自由度，腰转、升降和伸缩，即具有一个旋转运动和两个直线运动，如图 6-8 所示。其通用性强，结构紧凑，机器人腰转时将手臂缩回，减少了转动惯量；但受结构限制，手臂不能抵达底部，缩小了工作范围。

球面坐标式（极坐标式）：执行机构具有三个自由度，即两个旋转运动和一个直线运动，如图 6-9 所示，其位置精度较好，结构紧凑，工作范围大，占地面积小，控制系统复杂。

关节坐标式：机器人的手臂按类似人的手臂形式配置，其运动有前后的俯仰及底座的回转构成，如图 6-10 所示。工作范围大、动作灵活，但位置精度低，控制过程中有复杂的耦合问题。

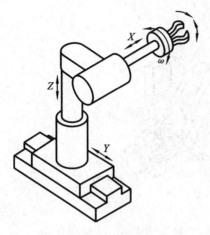

图 6-7　直角坐标式机器人

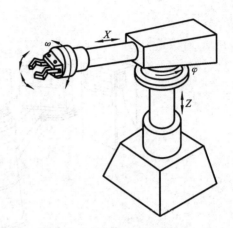

图 6-8　圆柱坐标式机器人

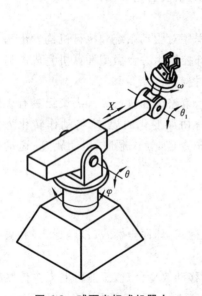

图 6-9　球面坐标式机器人

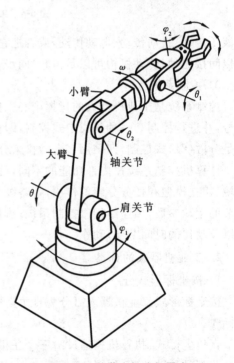

图 6-10　关节坐标式机器人

　　根据关节的数量和位置,还可分为水平多关节机器人,如图 6-11 所示。垂直方向上刚性好,适于装配工作。以及垂直多关节机器人,如图 6-12 所示。动作范围宽,结构刚度低,精度低,适合装配、搬运、弧焊、喷涂和点焊等。

　　2) 按控制方式分

　　按坐标形式工业机器人可分为点位控制和连续轨迹控制。

　　点位控制:运动是连接两点之间的直线运动,关键是末端执行器在两个给定点的位置和姿态,具体运动轨迹、运动时执行器姿态并不重要。控制方式简单,适用于机床上下料、点焊和一般搬运、装卸等作业。

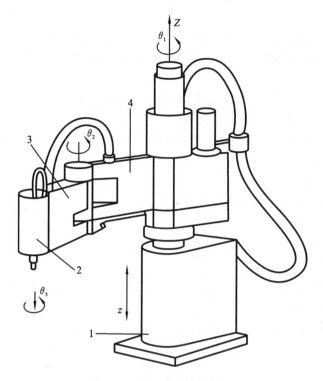

图 6-11　水平多关节机器人

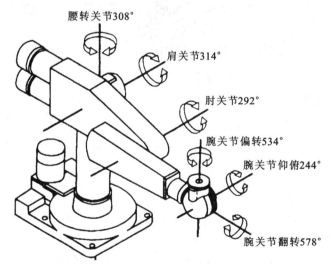

图 6-12　垂直多关节机器人

连续轨迹控制:运动轨迹可以是空间内的任意连续曲线,在整个运动过程中,机器人机身和手部均处于可控制状态,适用于连续焊接和涂装等作业。

3) 按驱动方式分

按驱动方式不同工业机器人可分为机械驱动、液压驱动、气压驱动和电力驱动。

机械驱动:由工作机械带动机械手运动,工作可靠,动作频率高,结构简单,成本低,但动

作固定不可变。

液压驱动：输出力和力矩大，传动平稳。如采用电液伺服电机，可实现连续轨迹控制。液压系统的密封要求严格，精度高、响应快，但液压机构维修复杂、成本高。油温对油的黏度影响较大。

气压驱动：气源方便，输出力小，速度快，结构简单，成本低。但工作不太稳定，冲击大，在同样抓重条件下它比液压驱动的机械手结构大。

电力驱动：直接采用电机驱动。动力源简单，不需要能量转换，维修方便，成本低，在现代工业生产中已基本普及。

4）按信息输入方式分

按信息输入方式可分为人工操作机器人、固定程序机器人、可变程序机器人、程序控制机器人、示教再现机器人和智能机器人。

五、工业机器人的机械结构系统

机械系统又称操作机或执行机构系统，由一系列连杆、关节或其他形式的运动副组成，如图 6-13 所示。机械系统通常包括：机身、立柱、关节和手部等，构成一个多自由度的机械系统，大多数工业机器人有 3～6 个运动自由度。

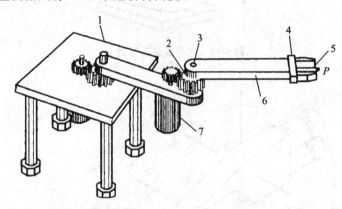

图 6-13　工业机器人的机械系统
1—机身；2—减速器；3—关节；4—手部；5—传感器；6—连杆；7—驱动器

1. 手部（末端执行器）

手部又称为末端执行器。直接装在工业机器人的手腕上用来握持工件或让工具按照规定的程序完成指定的工作。

（1）手部的特点　手部与手腕连接处可拆卸。手部与手腕有机械接口，也可能有电、气、液接头，当工业机器人有不同的作业对象时，可以方便地拆卸和更换手部。

手部是工业机器人末端执行器。它可以像人手那样具有手指，也可以是不具备手指的手，也可以是进行专业作业的工具如拟人的手掌、手指和夹持器、电焊枪、油漆喷枪等。

手部的通用性比较差。通常一个工业机器人配有多个手部装置或工具，因此要求手部与手腕处的接头具有通用性和互换性。比如一种手爪只能完成一种或几种在形状、尺寸、重量等方面相近的工件；一种工具只能执行一种作业任务，如图 6-14 所示。

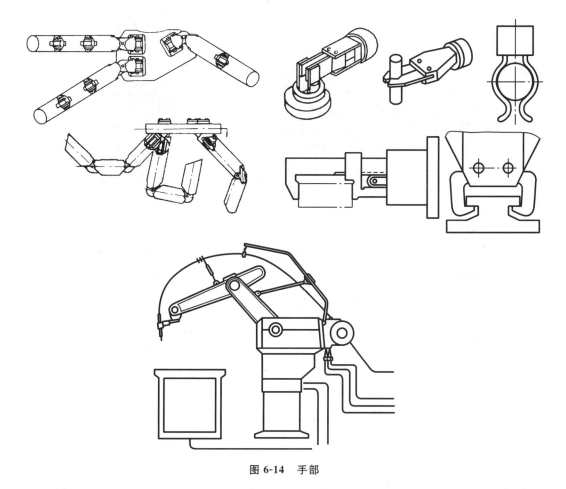

图 6-14　手部

手部是一个独立的部件。假如把手腕归属于手臂,那么工业机器人机械系统的三大件就是基座、手臂和手部。手部对于整个工业机器人来说是完成作业好坏的关键部件之一。具有复杂感知能力的智能化手爪的出现,增加了工业机器人作业的灵活性和可靠性。

（2）手部的设计要求　要求如下。

①手部设计时要求具有足够的夹持力。

②手指应能顺从被夹持工件的形状,对应被夹持工件形成所要求的约束,保证适当的夹持精度。

③根据作业对象的大小、形状、机构、位置、姿态、重量、硬度和表面质量等考虑手部自身的大小、形状、机构和运动的自由度。

④智能化手部根据感知手爪和物体之间的接触状态、物体表面形状和加持力的大小等结合实际工作情况配以相应的传感器。

（3）手部的构成　构成如下。

手部由手指、驱动机构和传动机构组成。

常见的四种机械式手爪结构如图 6-15 所示。

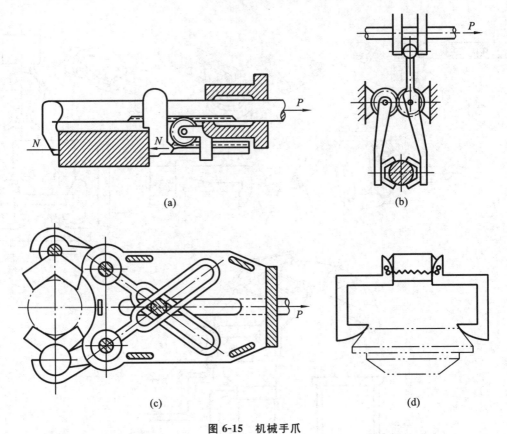

图 6-15　机械手爪

（a）齿轮齿条式手爪　（b）拨杆杠杆式手爪　（c）滑槽式手爪　（d）重力式手爪

图 6-16 所示为平行手指机构。回转动力源 1 和 6 驱动机构 2 和 5，顺时针后逆时针旋转，通过平行四边形机构带动手指 3 和 4 作平动，夹紧后释放工件。

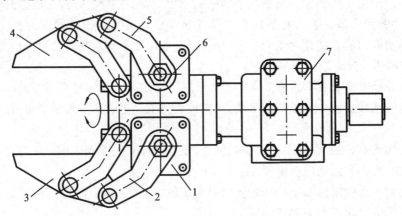

图 6-16　平行手指机构

图 6-17 所示为带有检测开关的手爪装置。手爪装有限位开关 5 和 7。在指爪 4 垂直方向接近工件 6 的过程中，限位开关检测手爪与工件的相对位置。当工件接触限位开关时发出信号，气缸通过连杆 3 驱动指爪加紧工件。

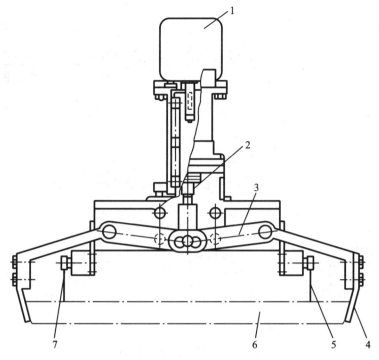

图 6-17　带有检测开关的手爪装置

2. 手腕

工业机器人手腕是连接手部与手臂的部件。其作用是调整或改变手部的方位(姿态)，并可扩大手臂的活动范围。具有独立的自由度才能实现手部复杂的运动，如图 6-18 所示。

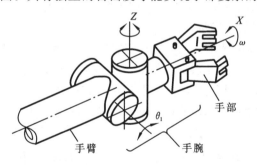

图 6-18　手部、手腕手臂关系

一般手腕由多个同轴回转副(R)或销轴回转副(B)即手腕关节组成。

手腕按自由度分可分为单回转、双回转、三回转。常见的双回转副配置形式有 R-R 和 R-B。三回转副的配置形式有 B-B-R,B-R-R,R-B-R,R-R-R,R-B-B 五种,如图 6-19 所示。

三回转手腕结构形式有偏置结构和球腕结构。前者手腕各关节轴作相对偏置,这在计算机控制上较为复杂;后者手腕各关节轴线相交于一点,这在运动分析和计算时,可等效于一副球腕接口处理。

手腕的设计要求如下。

(1) 由于手腕处于手臂末端,为减轻手臂的载荷,应力求手腕部件的结构紧凑,减小其

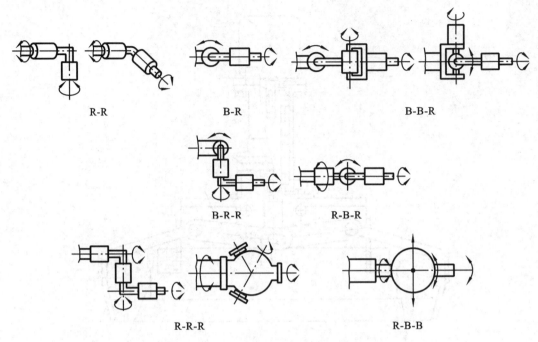

R-R

B-R

B-B-R

B-R-R

R-B-R

R-R-R

R-B-B

图 6-19 手腕自由度配置形式

质量和体积。为此手腕的驱动装置多采用分离传动,将驱动器安装在手臂的后端;

(2) 手腕部件的自由度愈多,各关节的运动角度范围愈大,其动作的灵活性愈高,运动控制难度加大。因此,设计时不应盲目增加手腕的自由度数。通用的机器人手腕多配置三个自由度,某些动作简单的专用工业机器人的手腕,根据作业实际需要,可减少其自由度数,甚至可以不设置手腕,以简化结构;

(3) 为提高手腕动作的精确性,除了应尽量提高机械传动系统的刚度外,应尽量减少机械传动系统中由于间隙产生的反转回差。如齿轮传动中的齿侧间隙,丝杠螺母中的传动间隙,联轴器的扭转间隙等。对分离传动采用链,同步齿带传动或传动轴。

(4) 对手腕各回转关节轴上要设置限位开关和机械挡块,以防止关节超限造成事故。

3. 手臂

机器人手臂可分为大臂、小臂,支承手腕和手部。手臂是用来调节手部在空间的位置,或把物料、工具运送到工作范围内的指定位置上。一般具有三个自由度,这些自由度可以是移动副、绕同轴回转的回转副和绕销轴摆转的回转副。

关节型机器人目前使用最多,其手臂上的最重要部件就是关节。

回转关节用来连接手臂与基座、手臂相邻杆件及手臂与手腕,并实现两构件间的相对回转(或摆动)。它由驱动电动机、回转轴和轴承组成。驱动电动机和关节之间没有速度和转矩的转换,如图 6-20 所示。

这种驱动方式具有机械传动精度高、振动小、结构紧凑和可靠性高等特点;但电动机的质量会增加转动负荷。

手臂的设计要求如下。

（1）手臂的结构和尺寸应满足机器人完成作业任务提出的工作空间要求。工作空间的形状和大小与手臂的长度,手臂关节的转角范围密切相关;

（2）根据手臂所受载荷结构的特点,合理选择手臂截面形状和高强度轻质材料。如常采用空心的薄壁矩形框体或圆筒,以提高其抗弯刚度和抗扭刚度,减小自身的质量。空心结构内部可以方便地安置机器人的驱动系统。

（3）尽量减小手臂质量和相对其关节回转轴的转动惯量和偏重力矩,以减小驱动装置的负荷,减少运转的动力载荷与冲击,提高手臂运动的响应速度。

（4）要设法减小机械间隙引起的运动误差,提高运动的精确性和运动刚度。采用缓冲和限位装置提高定位精度。

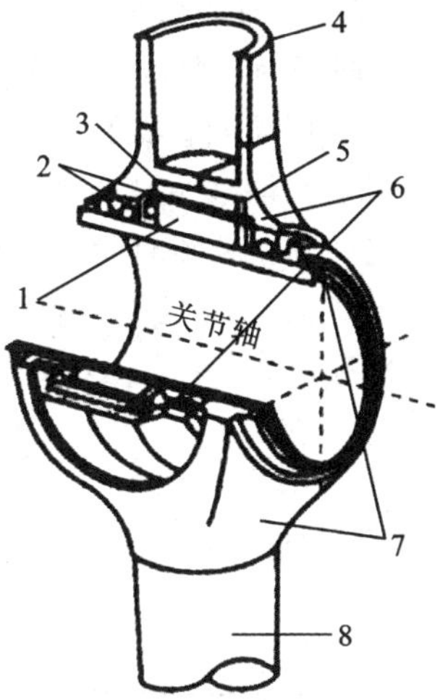

图 6-20　回转关节

1—转子;2—轴承;3—定子;4—杆件;
5—电刷环;6—内壳;7—外壳;8—杆件

4. 机身与行走机构

1）机身

机器人必须有一个便于安装的基础部件,这就是工业机器人的机座,机座往往与机身做成一体。可分为固定式和移动式(平移和旋转)。旋转机座也称为"腰"。

若机身具备行走机构便构成行走机器人,如图 6-21 所示,若机身不具备行走及旋转机构则构成单机器人臂。

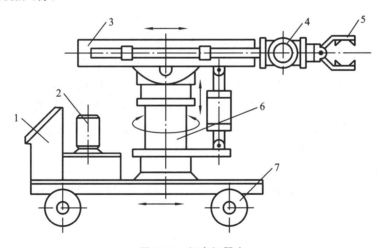

图 6-21　行走机器人

1—控制系统;2—驱动系统;3—手臂;4—手腕;5—手部;6—机身;7—行走机构

机身由手臂运动(升降、回转或俯仰)机构及其相关的导向装置、支承件等组成。并且手臂的升降、回转或俯仰等运动的驱动装置或传动件都安装在机身上,手臂的运动越多,机身的结构越复杂。机身可以组合成回转、升降、回转-升降、回转-俯仰和回转-升降-俯仰五种运动形式,采用哪种自由度形式由工业机器人的总体设计要求来定。

2）常见机身组合运动形式

（1）回转与升降运动　采用摆动油缸驱动实现回转运动。此时升降油缸在下，回转油缸在上。因摆动油缸安装在升降活塞杆的上方，故活塞杆的尺寸要加大。

采用摆动油缸驱动实现回转运动。此时回转油缸在下，升降油缸在上，相比之下，回转油缸的驱动力矩要设计得大一些。

采用链条传动机构，将链条的直线运动变为链轮的回转运动。它的回转角度大于360°。如图 6-22(a)所示。此外，也有用双连杆活塞气缸驱动链轮回转的方式，如图 6-22(b)所示。

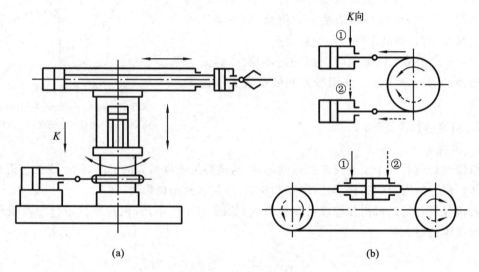

图 6-22　回转与升降机身
(a) 链条传动方式　(b) 双连杆活塞气缸驱动链轮回转的方式

（2）回转与俯仰运动　机器人手臂的俯仰运动，一般采用活塞油缸与连杆机构来实现的。手臂的俯仰运动用的活塞油缸位于手臂下方，活塞杆和手臂用铰链连接，缸体采用尾部耳环或中部销轴等方式与立柱连接，如图 6-23 所示。此外还有采用无杆活塞油缸驱动齿条齿轮或四连杆机构实现手臂的俯仰运动。

3）机身结构设计要求

机身结构要有足够刚度和稳定性；机身运动要灵活，升降运动的导套长度不宜过短；机身结构布局要合理。

4）行走机构

行走机构通常由驱动装置、传动装置、位置检测装置、传感器、电缆和管路等构成。

按运行轨迹可分为固定轨迹式和无固定轨迹式两种。固定轨迹式主要用于工业机器人。

按行走机构的特点分可分为轮式、履带式和步行式等。前两者与地面连续接触，后者与地面间断接触。前两者的形态为运行车式，后者为类人（或动物）的腿脚式。运行车式行走机构用得比较多，多用于野外作业，比较成熟。步行式行走机构正在发展和完善中。

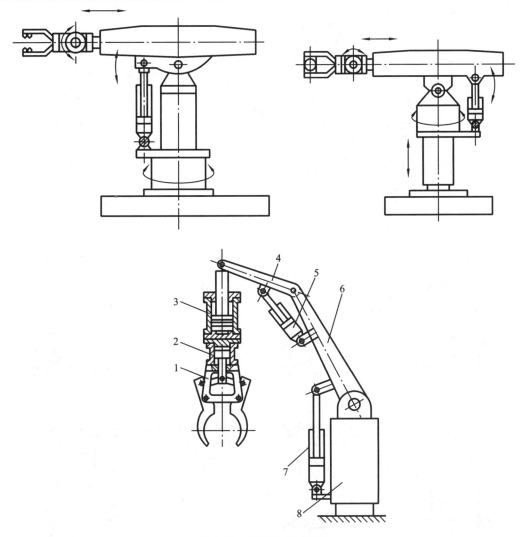

图 6-23　手臂的俯仰运动

1—手臂；2—夹置缸；3—升降缸；4—小臂；5、7—交接活塞缸；6—大臂；8—立柱

5）固定轨道式机器人运动的实现

该机器人机身底座安装在一个可以移动的拖板上，靠丝杠螺母驱动，整个机器人沿丝杠纵向移动。除了这种直线驱动方式外，还有类似起重机梁行走方式等。主要用在作业区域大的场合，如大型设备装配，立体化仓库中材料搬运、材料堆垛和储运，大面积喷涂等。

6）车轮式行走机器人

车轮式行走机器人通常有三轮、四轮和六轮之分，如图 6-24 所示。它们或有驱动轮和自位轮，或有驱动轮和转向轮，用来转弯。适合于平地行走，不能跨越高度，不能爬楼梯。

7）履带式行走机器人

履带式行走机器人可以在有些凸凹的地面上行走，可以跨越障碍物，攀爬不太高的台阶。没有自位轮，依靠左右两个履带的速度差转弯，会产生滑动，转弯阻力小，且不能准确地确定回转半径，如图 6-25 所示。

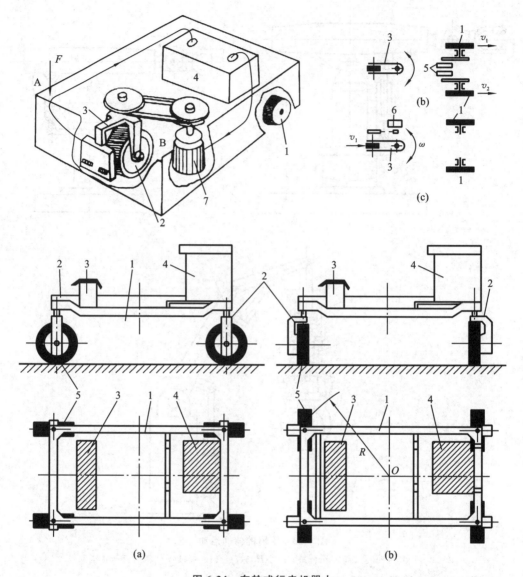

图 6-24　车轮式行走机器人

（a）总视图　（b）两轮均受驱动　（c）仅转向轮受到驱动

5. 工业机器人的应用

从广义上来说,除了表演机器人外,其余的都可称为工业机器人。目前,工业机器人主要应用于汽车制造、机械制造、电子器件、集成电路、塑料加工等较大规模生产企业。

1）焊接机器人

焊接是工业机器人应用的重要领域,它使人从灼热的、不舒服的、有时是危险的工作环境中解脱出来。在焊接工艺中,机器人主要用于点焊和弧焊作业。

点焊机器人能保证复杂空间结构件上焊接点位置和数量的正确性,而人工作业往往在诸多的焊点中会遗漏。弧焊机器人需要六个自由度,三个自由度用来控制焊具跟随焊缝的空间轨迹,另三个自由度保持焊具与工件表面有正确的姿态关系,这样才能保证良好的焊缝

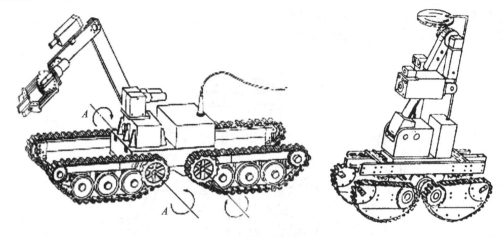

图 6-25　履带式行走机器人

质量,如图 6-26(a)所示。

　　弧焊机器人是连续轨迹操作,机器人必须按预先规定的路线和要求的移动速度进行作业,焊接轨迹的精度取决于焊接项目的类型和尺寸。弧焊机器人的应用范围很广,除汽车行业外,在通用机械、金属结构等许多行业中都有应用,如图 6-26(b)所示。

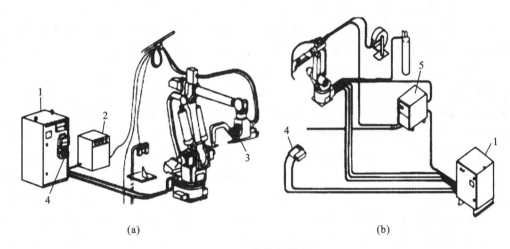

(a)　　　　　　　　　　　　　　　　(b)

图 6-26　焊接机器人

(a)点焊机器人　(b)弧焊机器人

1—控制柜;2—定时器;3—焊钳;4—编程器;5—弧焊电源

　　2)材料搬运机器人

　　材料搬运机器人可用来上下料、码垛、卸货以及抓取零件重新定向等作业。一个简单抓放作业机器人只需较少的自由度;一个给零件定向作业的机器人要求具有更多的自由度,增加其灵巧性。

　　图 6-27 所示是一个耐火砖自动压制系统,它由压机、搬运机器人和烧成车组成。制造耐火砖时,把和好的耐火材料送入压机,经过模压后,使耐火材料成为砖的形状,搬运机器人从压机中把砖夹出来,再在烧成车上堆垛,然后把烧成车同砖送入炉中烧烤。搬运机器人的

主要作业是从压机中取出砖块,按堆垛要求,把砖块堆放在烧成车上。机器人与压机、烧成车按一定顺序作业,并保持一定的互锁关系。

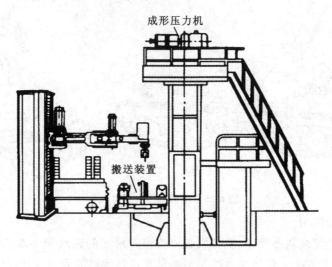

图 6-27　耐火砖自动压制系统

3）检测机器人

零件制造过程中的检测以及成品检测都是保证产品质量的关键问题。它主要有两个工作内容:确认零件尺寸是否在允许的公差内;零件质量控制上的分类。

4）装配机器人

装配是一个比较复杂的作业过程,不仅要检测装配作业过程中的误差,而且要试图纠正这种误差。因此,装配机器人应用了许多传感器,如接触传感器、视觉传感器、接近觉传感器、听觉传感器等。听觉传感器用来判断压入件或滑入件是否到位。图 6-28 所示是用两台 SCARA 型装配机器人装配计算机硬盘的系统,它具有一条传送线、两个装配工件供应单元（一个单元供应 A～E 五种部件;另一个单元供应螺钉）。传送线上的传送平台是装配作业的基台。一台机器人负责把 A～E 五个部件按装配位置互相装好,另一台机器人配有拧螺钉手爪,专管把螺钉按一定力矩要求安装到工件上。全部系统是在无尘间安装工作的。

图 6-29 所示是两台机器人用于自动装配的情况。主机器人是一台具有三个自由度且带有触觉传感器的直角坐标机器人,它抓取第 1 号(No.1)零件,并完成装配动作;辅助机器人仅有一个回转自由度,它抓取第 2 号(No.2)零件,第 1 号、第 2 号零件装配完成后,再由主机器手完成与第 3 号(No.3)零件装配工作。

5）机床上下料机器人

图 6-30 所示是机床上下料机器人,有一台 CNC 车床、一台 CNC 铣床、工件传送带、料仓、两台关节型机器人和控制计算机组成。两台机器人在 FMS 中服务,一台机器人服务于加工设备和传送带之间,为车床和铣床装卸工件;另一台位于传送带和料仓之间,负责上下料。

6. 工业机器人技术的发展趋势

归纳起来,工业机器人技术的发展趋势有以下几个方面。

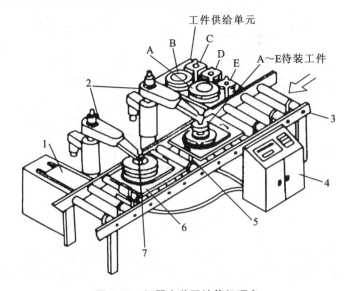

图 6-28　机器人装配计算机硬盘

1—螺钉供给单元；2—装配机器人；3—传送辊道；4—控制器；

5—定位器；6—随行夹具；7—拧螺钉器

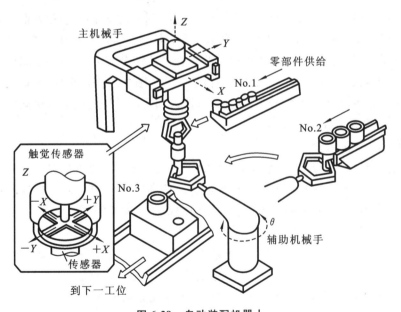

图 6-29　自动装配机器人

1）机器人的智能化

智能化是工业机器人一个重要的发展方向。目前，机器人的智能化研究可以分为两个层次，一是利用模糊控制、神经元网络控制等智能控制策略，利用被控对象对模型依赖性不强的特点来解决机器人的复杂控制问题，或者在此基础上增加轨迹或动作规划等内容，这是智能化的最低层次；二是使机器人具有与人类似的逻辑推理和问题求解能力，面对非结构性环境能够自主寻求解决方案并加以执行，这是更高层次的智能化。使机器人能够具有复

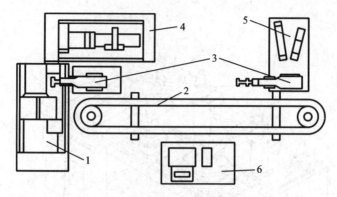

图 6-30　机床上下料机器人

1—CNC 铣床；2—传送带；3—机器人；4—CNC 车床；5—料仓；6—中央处理器

杂的推理和问题求解能力，以便模拟人的思维方式，目前还很难有所突破。智能技术领域有很多的研究热点，如虚拟现实、智能材料（如形状记忆合金）、人工神经网络、专家系统、多传感器集成和信息融合技术等。

2）机器人的多机协调化

由于生产规模不断扩大，对机器人的多机协调作业要求越来越迫切。在很多大型生产线上，往往要求很多机器人共同完成一个生产过程，因而每个机器人的控制就不单纯是自身的控制问题，需要多机协调动作。此外，随着 CAD/CAM/CAPP 等技术的发展，更多地把设计、工艺规划、生产制造、零部件储存和配送等有机地结合起来，在柔性制造、计算机集成制造等现代加工制造系统中，机器人已经不再是一个个独立的作业机械，而是成为了其中的重要组成部分，这些都要求多个机器人之间、机器人和生产系统之间必须协同作业。多机协同也可以认为是智能化的一个分支。

3）机器人的标准化

机器人的标准化工作是一项十分重要而又艰巨的任务。机器人的标准化有利于制造业的发展，但目前不同厂家的机器人之间很难进行通信和零部件的互换。机器人的标准化问题不是技术层面的问题，而主要是不同企业之间的认同和利益问题。

4）机器人的模块化

智能机器人和高级机器人的结构力求简单紧凑，其高性能部件甚至全部机构的设计已向模块化方向发展。其驱动采用交流伺服电动机，并向小型和高输出方向发展；其控制装置向小型化和智能化方向发展；其软件编程也在向模块化方向发展。

5）机器人的微型化

微型机器人是 21 世纪的尖端技术之一。目前已经开发出手指大小的微型移动机器人，预计将来会生产出毫米级大小的微型移动机器人和直径为几百微米甚至更小（纳米级）的医疗和军事机器人。微型驱动器、微型传感器等是开发微型机器人的基础和关键技术，它们将对精密机械加工、现代光学仪器、超大规模集成电路、现代生物工程、遗传工程和医学工程等产生重要影响。介于大中型机器人和微型机器人之间的小型机器人也是机器人发展的一个趋势。

思考与训练

1. 机器人手腕的功能及设计要求是什么?

2. 工业机器人与机床,在基本功能和工作原理上有何异同?

项目 6.3　物料运输装置

任务 6.3.1　输送机

任务引入

物料输送是可采用不同的输送方式。

任务分析

根据牵引力和输送物料不同详细分析每种输送机。

输送机是以连续、均匀、稳定的输送方式,沿着一定的线路搬运或输送散状物料和成件物品的物料搬运机械,又称连续输送机。输送机可进行水平、倾斜和垂直输送,也可组成空间输送线路,输送线路一般是固定的。输送机输送能力大,运距长,还可在输送过程中同时完成若干工艺操作,所以应用十分广泛。

可以单台输送,也可多台组成或与其他输送设备组成水平或倾斜的输送系统,以满足不同布置形式的作业线需要。

一、输送机的主要参数

一般根据物料搬运系统的要求、物料装卸地点的各种条件、有关的生产工艺过程和物料的特性等来确定各主要参数。

1. 输送能力

输送机的输送能力是指单位时间内输送的物料量。在输送散状物料时,以每小时输送物料的质量或体积计算;在输送成件物品时,以每小时输送的件数计算。

2. 输送速度

提高输送速度可以提高输送能力。在以输送带作牵引件且输送长度较大时,输送速度日趋增大。但高速运转的带式输送机需注意振动、噪声和启动、制动等问题。对于以链条作为牵引件的输送机,输送速度不宜过大,以防止增大动力载荷。同时进行工艺操作的输送机,输送速度应按生产工艺要求确定。

3. 构件尺寸

输送机的构件尺寸包括输送带宽度、板条宽度、料斗容积、管道直径和容器大小等。这些构件尺寸都直接影响输送机的输送能力。

4. 输送长度和倾角

输送线路长度和倾角大小直接影响输送机的总阻力和所需要的功率。

二、输送机的特点

输送机能沿固定线路不停地输送物料,其工作机构的装载或卸载都是在运行过程中进行的,因而输送机的启动和制动次数少。同时,被输送的物料均匀分布于构件上,被输送的成件物料也同样按一定的次序以连续方式输送。故具有以下特点。

(1)生产效率高。

(2)在同样生产率下,自身质量小,外形尺寸小,成本低,驱动功率小。

(3)传动机构的机械零部件负荷较低,冲击小。

(4)结构紧凑,制造和维修容易。

(5)输送物料路线固定,动作单一,便于实现自动控制。

(6)只能按固定的线路输送物料,每种机型只适用于一定类型的物料,输送物料的质量较小,通用性差。

(7)大多数输送机不能自取物料,因此必须配置相应的装载或卸载机械。

三、输送机的分类

1. 按有无牵引件分

可分为有牵引件和无有牵引件的输送机。

(1)有牵引件的输送机是将被运送物料装在与牵引件连接在一起的承载构件内,或直接装在牵引件(如输送带)上,牵引件绕过各滚筒或链轮首尾相连,形成包括运送物料的有载分支和不运送物料的无载分支的闭合环路,利用牵引件的连续运动输送物料。

这类输送机种类繁多,主要有带式输送机、板式输送机、小车式输送机、自动扶梯、自动人行道、刮板输送机、埋刮板输送机、斗式输送机、斗式提升机、悬挂输送机和架空索道等。

(2)无牵引件的输送机的结构组成各不相同,用来输送物料的工作构件亦不相同。它们的结构特点是:利用工作构件的旋转运动或往复运动,或利用介质在管道中的流动使物料向前输送。例如,辊子输送机的工作构件为一系列辊子,辊子做旋转运动以输送物料;螺旋输送机的工作构件为螺旋,螺旋在料槽中做旋转运动以沿料槽推送物料;振动输送机的工作构件为料槽,料槽做往复运动以输送置于其中的物料等。

2. 按使用的用途分

可分为散料输送机和物流输送机。

(1)散料输送机(如:带式输送机、螺旋输送机、斗式提升机和大倾角输送机等)。

①带式输送机由驱动装置拉紧装置输送带中部构架和托辊组成输送带作为牵引和承载构件,借以连续输送散碎物料或成件物品。

②螺旋输送机俗称绞龙,适用于颗粒或粉状物料的水平输送、倾斜输送和垂直输送等形式。输送距离根据地形不同而不同,一般从 2 m 到 70 m。

③斗式提升机是利用均匀固接于无牵引构件端上的一系列料斗,竖向提升物料的连续输送机械。

斗式提升机具有输送量大、提升高度高、运行平稳可靠、寿命长等显著优点;主要适于输送粉状,粒状及小块状的无磨琢性及磨琢性小的物料,如:煤、水泥、石块、砂、黏土、矿石等,由于提升机的牵引机构是环行链条,因此允许输送温度较高的物料(物料温度不超过 250 ℃)。一般输送高度最高可达 40 m。

斗式提升机结构简单、运行平稳,掏取式装料,混合式或重力卸料。斗式提升机轮缘采用组合链轮,更换方便,链轮轮缘经特殊处理,寿命长,下部如采用重力自动张紧装置,能保持恒定的张力,避免打滑或脱链,同时在料斗遇阻时,有一定的容让性能够有效地保护运动部件,但其输送的物料温度不能超过 250 ℃。

(2) 物流输送机(如:流水线、流水线设备、输送线、悬挂输送线、升降机、气动升降机、齿条式升降机、剪叉式升降机、辊道输送机)。

牵引件用以传递牵引力,可采用输送带、牵引链或钢丝绳;承载构件用以承放物料,有料斗、托架或吊具等;驱动装置给输送机以动力,一般由电动机、减速器和制动器(停止器)等组成;张紧装置一般有螺杆式和重锤式两种,可使牵引件保持一定的张力和垂度,以保证输送机正常运转;支承件用以承托牵引件或承载构件,可采用托辊、滚轮等。

任务 6.3.2　带式输送机

任务引入

带式输送机功能,使用场合。

任务分析

带式输送机详细结构、各部分功能。

一、带式输送机的组成及工作原理

带式输送机是一种以摩擦驱动、连续方式运输物料的机械。主要由输送带、驱动装置、传动滚筒、托辊、张紧装置等组成。它可以将物料在一定的输送线上输送,从最初的供料点到最终的卸料点间形成一种物料的输送流程。它既可以进行碎散物料的输送,也可以进行成件物品的输送。除进行纯粹的物料输送外,还可以与各工业企业生产流程中的工艺过程的要求相配合,形成有节奏的流水作业运输线。

如图 6-31 所示,工作时,在传动机构的作用下,驱动滚筒 8 作顺时针方向旋转;借助驱动滚筒 8 的外表面和环形带 6 的内表面之间的摩擦力的作用使环行输送带 6 向前运动;当启动正常后,将待输送物料从装料漏斗 3 加载至环行带 6 上,并随带向前运送至工作位置。当需要改变输送方向时,卸载装置 7 将物料卸至另一方向的输送带上继续输送;如不需要改变输送方向,则无须使用卸载装置 7,物料直接从环行输送带 6 右端卸出。

二、带式输送机的主要结构

1. 输送带

输送带是带式输送机的牵引构件机承载构件,用于所示物料和传递动力。常用的有橡胶带和塑料带两种。橡胶带品种如表 6-1 所示。对于大倾角输送可用花纹橡胶带。塑料带具有耐油、酸、碱等优点,但对气候的适应性差,易打滑和老化。带宽是带式输送机的主要技术参数,其宽度比成件物料大 50～100 mm。

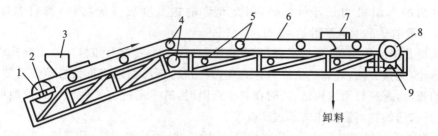

图 6-31 带式输送机

1—张紧滚筒；2—张紧装置；3—装料漏斗；4—改向滚筒；5—支承托辊；

6—环形带；7—卸载装置；8—驱动滚筒；9—驱动装置

表 6-1 橡胶带主要品种

品种	带宽 B/mm	带芯强度/(N/cm·层)	工作环境/℃	物料最高温度/℃
普通型	400 500 650 800 1 000 1 200 1 400	560	−10～＋40	50
耐热型	400 500 650 800 1 000 1 200 1 400	560	−10～＋40	120
维尼伦芯	650 800 1 000 1 200 1 400	1 400	−5～＋40	50

2. 托辊

在远距离带式物料输送时，为防止物料重和输送带自重造成的带下垂，而在输送带下安装托辊。分承载托辊、空载托辊和调心托辊等；根据输送物料的类型可分为平托辊、V 型托辊、槽型托辊、梳型托辊等，如图 6-32 所示。

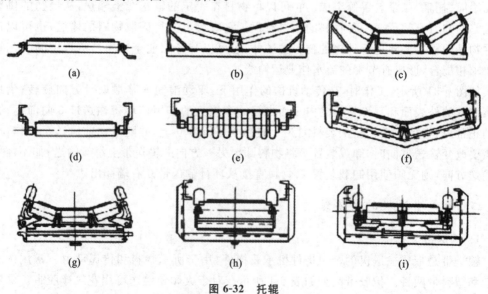

图 6-32 托辊

(a) 平托辊 (b) V 型托辊 (c) 槽型托辊 (d) 空载平托辊 (e) 平载梳型托辊
(f) V 型梳型托辊 (g) 挡辊式调心托辊 (h) 挡辊式空载调心托辊 (i) 挡辊式空载双辊调心托辊

3. 滚筒

滚筒分传动滚筒和改向滚筒。

传动滚筒是传递动力的主要部件。其表面有光面(金属)和胶面两种形式,胶面的作用是增大传动滚筒与输送带之间的摩擦力。可分为单滚筒(胶带对滚筒的包角为$210°\sim230°$)、双滚筒(包角达$350°$)和多滚筒(用于大功率)等。结构形式有钢板焊接结构和铸焊结构。

改向滚筒是改变输送带的运行方向或增加输送带与传动滚筒间的围包角,增加围包角的目的是增加输送带与滚筒间的接触面,使输送带与滚筒间不打滑。

4. 驱动装置

驱动装置是输送机的动力部分,它由电动机、联轴器、减速器及传动滚筒组成。当驱动功率较小时,由电动机、液力耦合器、减速器等组成;当驱动功率较大时(小于$45\ \text{kW}$),由电动机、刚性联轴器、减速器等组成。

电动滚筒采用电动机、减速器及传动滚筒做成一体。

5. 张紧装置

张紧装置是使输送带达到必要的张力,以免在传动滚筒上打滑,并使输送带在托辊间的挠度在规定范围内。其结构形式有螺旋张紧装置、重锤式张紧装置、车式重锤张紧装置、固定绞车式张紧装置等,如图 6-33 所示。

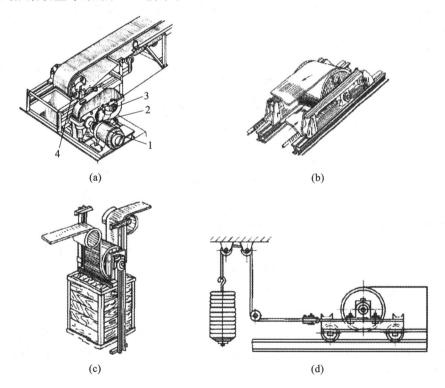

(a)

(b)

(c)

(d)

图 6-33　驱动和张紧装置结构形式

(a)螺旋张紧装置　(b)螺旋张紧装置　(c)重锤式张紧装置　(d)车式重锤张紧装置

1—电动机;2—联轴器;3—减速器;4—驱动滚筒

任务 6.3.3　步伐式输送装置

任务引入

箱体类零件的以及带随行夹具的自动线中采用步伐式输送装置完成物料的输送。

任务分析

详细分析该装置的送料结构。

步伐式输送装置是组合机床自动线上典型的工件输送装置。在加工箱体类零件的自动线以及带随行夹具的自动线中,使用非常广泛。常见的步伐式输送装置有棘爪式输送装置、回转式输送装置、抬起式输送装置及托盘式输送装置等。

一、棘爪式输送装置的结构

1. 棘爪式输送带

图 6-34 所示是组合机床自动线中最常用的棘爪式输送带动作原理图,在输送带 1 上装有若干个棘爪 4,每个棘爪都可以绕销轴 3 转动,棘爪的前端顶在工件 6 的后端,下端被挡销 2 挡住。当输送带向前运动时,棘爪 4 就推动工件移动一个步距 t;当输送带回程时,棘爪被工件压下,于是绕销轴 3 回转而将弹簧 5 拉伸,并从工件下面滑过,待工件退出之后,棘爪又重复抬起。

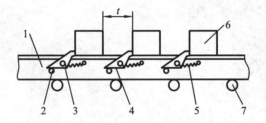

图 6-34　棘爪式输送带动作原理图
1—输送带;2—挡销;3—销轴;4—棘爪;5—弹簧;6—工件;7—支承滚子

棘爪式输送带 1 是支承在滚子 2 上作往复运动的(见图 6-35)。支承滚子通常安装在机床夹具上,支承滚子的数量应视机床间距的大小而定,一般可每隔一米左右安装一个。输送时,工件 3 在两条支承板 5 上滑动,两侧位板 4 是用来导向的。当工件较宽时,用一条输送带运送工件容易歪斜,这时可用同步动作的两条输送带来推动工件。

棘爪式输送带的结构,如图 6-36 所示。由若干个中间棘爪 1、一个首端棘爪 2 和一个末端棘爪 3 装在两条平行的侧板 4 上所组成。由于整个输送带比较长,考虑到制造及装配工艺性,一般都把它做成若干节,然后再用连接板 5 连成一体。输送带中间的棘爪的位置一般是等距离的,但根据实际需要,也可以将某些中间棘爪的间距设计成不等距的。自动线的首端棘爪及末端棘爪,与其相邻棘爪中间的距离,根据实际需要,也可以做得比输送带步距短一些。但首端棘爪的间距至少应可容纳一个工件。

通用输送带棘爪与工件之间的联系尺寸如图 6-37 所示。

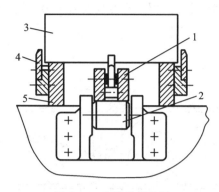

图 6-35　输送带的滚子

1—棘爪式输送带；2—滚子；3—工件；4—限位板；5—支承板

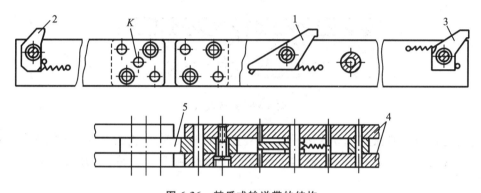

图 6-36　棘爪式输送带的结构

1—中间棘爪；2—首端棘爪；3—末端棘爪；4—侧板；5—连接板

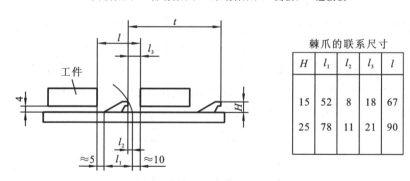

棘爪的联系尺寸

H	l_1	l_2	l_3	l
15	52	8	18	67
25	78	11	21	90

图 6-37　棘爪与工件之间的联系尺寸

　　因为步伐式输送装置是一种刚性连接的装置，因此输送带的结构尺寸不仅与输送步距有关，而且与机床在安装调整时的实际距离有关，所以设计输送带时还应注意以下几点。

　　（1）在一节输送带上，最好只安装一台机床加工工件的棘爪。如果在一节输送带上安装两台机床的棘爪，则不但要求棘爪间具有精确的距离，而且机床安装时的中心距离要求也很严，这是不合理的。

　　为了便于调整工作，可以采用如图 6-38 所示的微调棘爪。在全线安装调试时装好棘爪，当再一次重新安装自动线时，可以根据机床的实际距离，通过螺钉 3 对相邻两棘爪端面

间的距离 B 进行微调,只有当两台机床间的安装误差扩大,超出螺钉 3 的调整范围以外时,才修磨某个棘爪的前端。

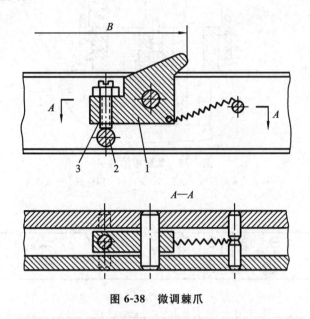

图 6-38 微调棘爪

(2) 连接板一般在前一节输送带上,在装置安装调试后,连接板与后一节输送带在中间要打一个定位销(图 6-36 中 K 处),运到使用单位时须重新调整,调好后再另打两个定位销。

为了调整方便,在设计各节输送带的长度时,应该注意到使输送带向前到终点的时候,连接板恰好处于机床间的空位上。

(3) 调整输送带时,输送带向前到达终点,工件应比规定安装位置滞后 0.3~0.5 mm(见图 6-39)。在定位时,定位销以顶端锥度引进工件的定位孔,把工件向前拉到准确的安装位置。如果不留这一滞后量,万一工件在到达终点因惯性而超程时,可能会引起工件定位的困难。因为在这种情况下,插销定位时需把工件引向后退,而工件后端因被棘爪阻挡,往往没有足够的退路,以至定位销不能插进孔中。

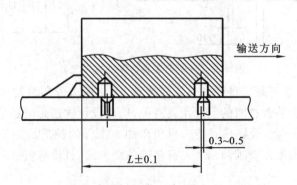

图 6-39 步伐式输送带的调整位置示意图

（4）由于棘爪式输送带不便于在工件的前方设置挡块，所以向前输送速度一般不宜大于 16 m/min，并且应在行程之末装行程节流阀减速，以防止因惯性前冲而不能保证位置精度。一般推荐在终点前 30～60 mm 处开始节流。

2. 输送带的传动装置

步伐式输送带的传动，可以采用机械驱动或液压驱动。

图 6-40 所示是一种机械驱动的所示装置。它是由通用的机械滑台传动装置 1 及所示滑台 3 组成。工作时，快速电动机 5 启动，通过丝杠、螺母驱动滑台 3，带动输送带 2 前进，接近终点时，快速电动机 5 停止而慢进电动机 4 启动，使工件准确到位。待工件定位夹紧之后，快速电动机 5 启动反转，使输送带快速返回。这种传动装置，纵向长度大，占地面积多，但结构简单，通用化程度高，一般多用于输送行程较短、不采用液压传动的自动线上。

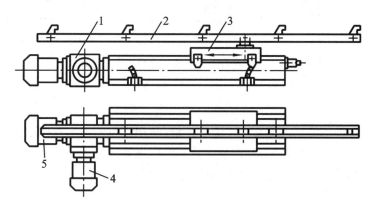

图 6-40　机械驱动的输送装置

1—机械滑台传动装置；2—输送带；3—螺母驱动滑台；4—慢进电动机；5—快速电动机

采用液压驱动的输送装置，可以得到较大的驱动力和输送速度，实现缓冲比较容易，调整也方便。加以目前绝大多数的自动线中都有液压传动系统，所以液压驱动的输送装置得到了广泛的应用。

二、抬起式步伐输送装置

常见抬起式步伐输送装置类型有齿轮齿条式和拨爪杠杆式两种，如图 6-41 所示。

抬起式步伐输送装置主要适用于不便于输送的畸形工件或软质材料工件，可避免工件的磨损。夹具在上下方向的敞开性要好，以便于输送带的运行。

图 6-41 和图 6-42 所示为抬起式步伐输送装置。输送时，先把工件抬起一个高度，向前移动一个步距，将工件放到夹具上或空工位的支承上，然后输送带再返回原位。这种方式可以输送缺乏良好输送基面的工件以及需要保护基面的有色金属工件和高精度工件。

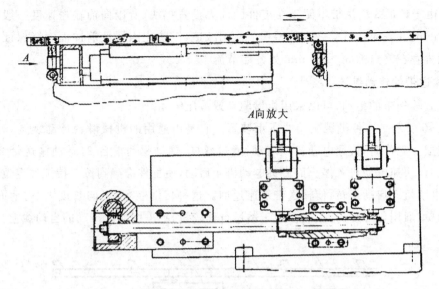

图 6-41 汽缸体精加工自动线的抬起式步伐输送装置

三、悬挂输送机

悬挂输送是一种三维空间闭环连续输送系统,适用于车间内和车间之间成件物料的自动化输送。广泛应用于机械制造、汽车装置和金属冶炼等行业。

根据输送物料的方法可分为牵引式和推式两大类。

(1)牵引式悬挂输送机为单层轨道,牵引构件直接与承载吊具相连并牵引其运行。常用有通用悬挂输送机和轻型悬挂输送机两种。

(2)推式悬挂输送机为双层轨道,上层牵引轨道上的牵引构件并不直接与下层承载轨道上携带的小车相连接,而是由牵引构件上的推杆推动承载小车运行。

具有积放功能的推式悬挂输送机又称之为积放悬挂输送机,常用的有通用悬挂输送机和通用积放悬挂输送机两种。

①通用悬挂输送机 如图 6-42 所示。通用悬挂输送机由架空轨道、牵引链、滑架小车、吊具、回转装置、驱动装置、张紧装置和安全装置等组成。架空轨道构成闭合环路,滑架在其上运行。各滑架小车等间距地连接在牵引链上。牵引链通过水平、垂直或倾斜的回转装置构成与架空轨道线路相同的闭合环路。吊具承载物品并与滑架铰接。依输送线路的长短,可设单驱动装置或多驱动装置。单驱动的输送线路长度可达 500 m 左右。多驱动的输送线路可更长,但各驱动装置之间需保持同步。在架空轨道的倾斜区段内设有捕捉器,牵引链一旦断裂捕捉器即挡住滑架,防止物品下滑。提式悬挂输送机不能将物品由一条输送线路转送到另一条输送线路。

②通用积放悬挂输送机 如图 6-43 所示。通用积放悬挂输送机可将物品由一条输送线路转送到另一线路。它在结构上与通用悬挂输送机的区别是:沿输送线路装有上、下两条架空轨道;除滑架小车外,还有承载挂车(简称挂车),各滑架小车与牵引链相连沿上轨道运行;挂车依靠滑架下的推头推动在下轨道上运行而不与滑架小车相连;线路由主线、副线、道

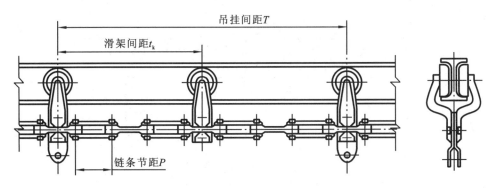

图 6-42 通用悬挂输送机结构

岔和升降段等部分组成。推头与挂车挡块结合或脱开,使挂车运行、停止或经道岔由一线转向另一线。升降段可使挂车由一个层高转向另一层高的轨道上。挂车增加前杆、尾板和挡块等组成的杠杆系统,便成为积放式挂车。积放式挂车用于积放推式悬挂输送机。挂车的积、放过程是:当挂车驶至副线上的某一预定地点时,挂车的前杆被该处停止器的触头抬起,挡块随即下降并与推头脱开,挂车停止前进;后一挂车驶到后,其前杆被已经停住的挂车的尾板抬起,挡块同样下降而停车。接之而来的各挂车也同样依次停车,形成悬挂空间仓库。挂车放行时,停止器的触头避开,挂车的前杆随即下降,挡块升起,副线上不停运动的滑架推头重新与挡块结合而使挂车运行。一挂车驶出后,后一挂车的前杆落下,被接之而来的推头推至停止器处,此时停止器的触头已恢复原位,后一挂车的前杆被触头抬起而停止。相应地,后续挂车也依次向前停靠。由于有主线和副线,并且应用了逻辑控制,因而可把几个节奏不同的生产过程组成一个复合的有节奏的生产系统,实现流水生产和输送的自动化。

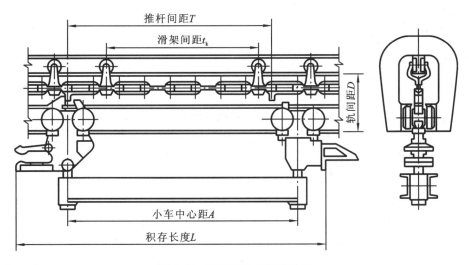

图 6-43 通用积放悬挂输送机

③悬挂输送机的主要部件 悬挂输送机由牵引链、滑架小车、吊具、轨道、张紧装置、驱动装置、回转装置(一般为链轮)和安全装置等组成。

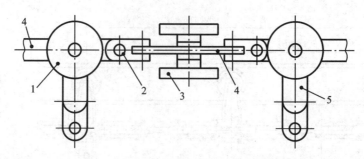

图 6-44　双铰接链

1—行走轮；2—铰销；3—导向轮；4—链片；5—吊板

牵引链是传递动力的主要构件，要求节距误差小，易拆和耐磨，具有良好的双向挠性，便于水平和垂直转向，牵引链可分为可拆链和双铰接链，如图 6-44 所示。

轨道是牵引链的导向构件和工件的承载工件，它是一个封闭的空间回路。通用型输送机常采用工字钢轨。

思考与训练

1. 目前机床间工件传输装置有哪些？

项目 6.4　自动化立体仓库

任务 6.4.1　自动化立体仓库的组成及分类

任务引入

物料如何自动化仓储。

任务分析

自动化立体仓库构成。

自动化立体仓库也称自动化立体仓储。利用立体仓库设备可实现仓库高层合理化，存取自动化，操作简便化。自动化立体仓库是当前技术水平较高的仓储形式。

一、自动化立体仓库的组成

自动化立体仓库（automatic storage & retrieval system）是由立体货架、有轨巷道堆垛机、出入库托盘输送机系统、尺寸检测条码阅读系统、通信系统、自动控制系统、计算机监控系统、计算机管理系统以及其他如电线电缆桥架配电柜、托盘、调节平台、钢结构平台等辅助设备组成的复杂的自动化系统，如图 6-45 所示。运用一流的集成化物流理念，采用先进的控制、总线、通信和信息技术，通过以上设备的协调动作进行出入库作业。

其中涉及的机械装备如下。

（1）货架　用于存储货物的钢结构。主要有焊接式货架和组合式货架两种基本形式。

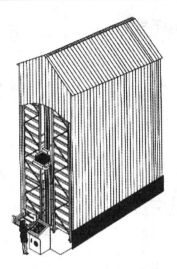

图 6-45 自动化仓库示意图

（2）托盘（货箱） 用于承载货物的器具，亦称工位器具。托盘其结构形式有平托盘、柱式托盘箱式托盘、轮式托盘和特种专用托盘等，如图 6-46 所示。

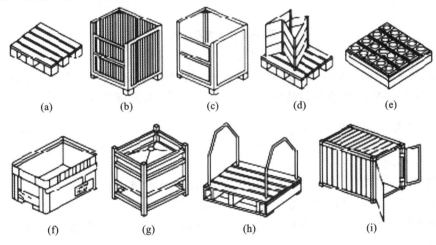

图 6-46 托盘（货箱）结构形式

（3）巷道堆垛机 用于自动存取货物的设备。按结构形式分为单立柱和双立柱两种基本形式；按服务方式分为直道、弯道和转移车三种基本形式，如图 6-47 所示。

（4）输送机系统 立体库的主要外围设备，负责将货物送到堆垛机或从堆垛机将货物移走。输送机种类非常多，常见的有辊道输送机、链条输送机、升降台、分配车、提升机和皮带机等。

（5）AGV 系统 即自动导向小车。根据其导向方式分为感应式导向小车和激光导向小车。

（6）自动控制系统 驱动自动化立体库系统各设备的自动控制系统。以采用现场总线方式为控制模式为主。

（7）储存信息管理系统 亦称中央计算机管理系统，是全自动化立体库系统的核心。

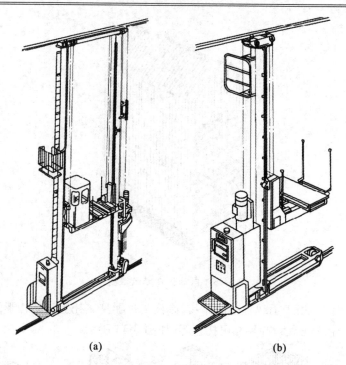

(a)   (b)

图 6-47　巷道堆垛机

（a）双立柱型堆垛机　（b）单立柱型堆垛机

典型的自动化立体库系统均采用大型的数据库系统（如 ORACLE,SYBASE 等）构筑典型的客户机/服务器体系,可以与其他系统（如 ERP 系统等）联网或集成。

二、自动化立体仓库分类

1. 按建筑形式

按建筑形式,自动化立体仓库可分为整体式和分离式两种。

（1）整体式是指货架除了存储货物以外,还作为建筑物的支撑结构,构成建筑物的一部分,即库房货架一体化结构,一般整体式高度在 12 m 以上。这种仓库结构重量轻,整体性好,抗震好。

（2）分离式中存货物的货架在建筑物内部独立存在。分离式高度在 12 m 以下,但也有 15 m 至 20 m 的,适用于利用原有建筑物作库房,或在厂房和仓库内单建一个高货架的场所。

2. 按照货物存取形式

按照货物存取形式,自动化立体仓库分为单元货架式、移动货架式和拣选货架式。

（1）单元货架式是常见的仓库形式。货物先放在托盘或集装箱内,再装入单元货架的货位上。

（2）移动货架式由电动货架组成,货架可以在轨道上行走,由控制装置控制货架合拢和分离。作业时货架分开,在巷道中可进行作业;不作业时可将货架合拢,只留一条作业巷道,从而提高空间的利用率。

（3）拣选货架式中的分拣机构是其核心部分，分为巷道内分拣和巷道外分拣两种方式。"人到货前拣选"是指拣选人员乘拣选式堆垛机到货格前，从货格中拣选所需数量的货物出库。"货到人处拣选"是指将存有所需货物的托盘或货箱由堆垛机至拣选区，拣选人员按提货单的要求拣出所需货物，再将剩余的货物送回原地。

3. 按照货架构造形式

按货架构造形式，自动化立体仓库可分为单元货格式、贯通式、水平旋转式和垂直旋转式仓库。

（1）单元货格式仓库类似单元货架式，巷道占去了 1/3 左右的仓库面积。

（2）贯通式取消了位于各排货架之间的巷道，将个体货架合并在一起，使每一层、同一列的货物互相贯通，形成能一次存放多货物单元的通道，而在另一端由出库起重机取货。根据货物单元在通道内的移动方式，贯通式仓库又可分为重力式货架仓库和穿梭小车式货架仓库。重力式货架仓库每个存货通道只能存放同一种货物，所以它适用于货物品种不太多而数量又相对较大的仓库。穿梭式小车可以由起重机从一个存货通道搬运到另一通道。如图6-48所示。

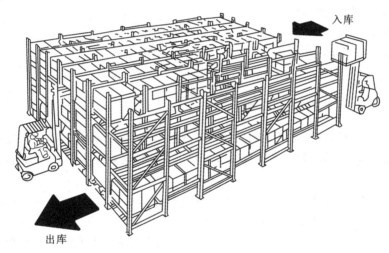

图 6-48　贯通式自动化仓库

（3）水平旋转式仓库的货架本身可以在水平面内沿环形路线来回运行。每组货架由若干独立的货柜组成，用一台链式传送机将这些货柜串联起来。每个货柜下方有支承滚轮，上部有导向滚轮。传送机运转时，货柜便相应运动。需要提取某种货物时，只需在操作台上给予出库指令。当装有所需货物的货柜转到出货口时，货架停止运转。这种货架对于小件物品的拣选作业十分合适。它简便实用，充分利用空间，适用于作业频率要求不太高的场合。

（4）垂直旋转货架式仓库与水平旋转货架式仓库相似，只是把水平面内的旋转改为垂直面内的旋转。这种货架特别适用于存放长卷状货物，如地毯、地板革、胶片卷、电缆卷等。

三、自动化立体仓库的特点

（1）节约占地面积，使仓库的空间实现了充分的利用　由于自动化立体仓库采用大型仓储货架拼装，又加上自动化管理技术使得货物便于查找，因此建设自动化立体仓库就比传统仓库的占地面积小,但是空间利用率大。在发达国家,提高空间的利用率已经作为系统合理性和先进性的重要考核指标。在提倡节能环保的今天,自动化立体仓库在节约占地资源上有着很好的效果,是未来仓储发展的一大趋势。

(2) 自动化管理提高了仓库的管理水平　自动化立体仓库采用计算机对货品信息进行准确无误的信息管理,减少了在存储货物中可能会出现的差错,提高了工作效率。同时,立体自动化仓库在入库出库的货品运送中实现机动化,搬运工作安全可靠,减少了货品的破损率,还能通过特殊设计使一些对环境有特殊要求的货品能有很好的保存环境,比如有毒、易爆的货品,也减少了人在搬运货品时可能会受到的伤害。

(3) 自动化立体仓库可以形成先进的生产链,促进了生产力的进步　专业人士指出,由于自动化立体仓库的存取效率高,因此可以有效地连接仓库外的生产环节,可以在存储中形成自动化的物流系统,从而形成有计划有编排的生产链,使生产能力得到了大幅度的提升。

任务 6.4.2　自动化立体仓库设计

任务引入

自动化立体仓库如何进行自动仓储。

任务分析

详细分析仓储过程。

一、自动化立体仓库的工作过程

自动化技术是当代最引人瞩目的高技术之一。严格地说,自动化就是指在没有人的直接参与下,机器设备所进行的生产管理过程。自动化立体仓库也不例外,是指能自动储存和输出物料的自动化立体仓库。

货物入库存储是在入库站台上进行的。堆垛机停在巷道起始位置,待入库的货物已放置在出入库装卸站上后,堆垛机的货叉将其取到装卸托盘上,待人工确认货物品牌后,入库过程自动完成。堆垛机将货物送到由主控计算机预先分配好的货位上进行存储。装卸托盘到达存入仓库前,即图 6-49 中第四列第四层,装卸托盘上的货叉将托盘上的货物送进存入仓位,堆垛机再行进到第五列第二层,到达调出仓位,货叉将该仓位中的货物取出,放在装卸托盘上。堆垛机带着取出的货物返回起始位置,货叉将货物从装卸托盘送到出入库装卸站。重复上述动作,直至暂无货物调入调出的指令时,堆垛机就近停在某一位置待命,如图 6-49 所示。

二、自动化仓库的设计原则

自动化仓库的物料流程和工艺布置规划要实现能力与成本的合理规划,使系统既能满足库存量和输送能力的需求又能够降低设计成本,在设计时需遵循以下原则。

(1) 总体规划原则。

(2) 最小移动距离原则。

(3) 直线前进原则。

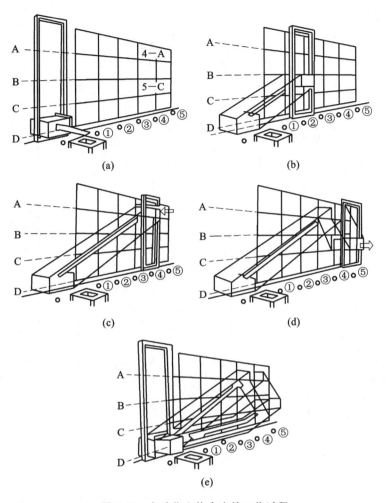

图 6-49　自动化立体仓库的工作过程

（4）充分利用空间、场地的原则。

（5）生产力均衡原则。

（6）顺利运行原则。

（7）弹性原则。

（8）能力匹配原则。

（9）安全性原则。

思考与训练

1. 自动化仓库的基本类型有哪些？

2. 自动化仓库的工作原理？

附　　录

附表 1　标准数列

公 比 φ 的 数 值							公 比 φ 的 数 值						
1.06	1.12	1.26	1.41	1.58	1.78	2	1.06	1.12	1.26	1.41	1.58	1.78	2
1			1	1	1	1	2.65						
1.06							2.8	2.8		2.8			
1.12	1.12						3						
1.18							3.15	3.15	3.15			3.15	
1.25	1.25	1.25					3.35						
1.32							3.55	3.55					
1.4	1.4		1.4				3.75						
1.5							4	4	4	4	4		4
1.0	1.6	1.6		1.6			4.25						
1.7							4.5	4.5					
1.8	1.8				1.8		4.75						
1.9							5	5	5				
2	2	2	2				5.3						
2.12						2	5.6	5.6		5.6		6.6	
2.24	2.24						6						
2.36							6.3	6.3	6.3		6.3		
2.8	2.6	2.5		2.5			6.7						
7.1	7.1						90	90		90			
7.5							95						
8	8	8	8			8	100	100	100		100	100	
8.5							106						
9	9						112	112					
9.5							118						
10	10	10		10	10		125	125	125	125			125
10.6							132						
11.2	11.2		11.2				140	140					
11.8							150						
12.5	12.5	12.5					160	160	160		160		

续表

公比 φ 的 数值							公比 φ 的 数值						
1.06	1.12	1.26	1.41	1.58	1.78	2	1.06	1.12	1.26	1.41	1.58	1.78	2
13.2							170						
14	14						180	180		180		180	
15							190						
16	16	16	16	16		16	200	200	200				
17							212						
18	18				18		224	224					
19							236						
20	20	20					250	250	250	250	250		250
21.2							265						
22.4	22.4		22.4				280	280					
22.6							300						
25	25	25		25			315	315	315			315	
26.5							335						
28	28						355	355		355			
30							375						
31.5	31.5	31.5	31.5		31.5	31.5	400	400	400		400		
33.5							425						
35.5	35.5						450	450					
37.5							475						
40	40	40		40			500	500	500	500			500
42.5							530						
45	45		45				560	560				560	
47.5							600						
50	50	50					630	630	630		630		
53							670						
56	56				56		710	710		710			
60							750						
63	63	63	63	63		63	800	800	800				
67							850						
71	71						900	900					
75							950						
80	80	80					1000	1000	1000	1000	1000	1000	1000
85													

参 考 文 献

[1] 戴曙.金属切削机床[M].北京:机械工业出版社,2005.

[2] 吴圣庄.金属切削机床概论[M].北京:机械工业出版社,1985.

[3] 顾维邦.金属切削机床概论[M].北京:机械工业出版社,2005.

[4] 郑修本.机械制造工艺学[M].北京:机械工业出版社,2000.

[5] 陈根琴.机械制造技术[M].北京:北京理工大学出版社,2007.

[6] 吴祖育.数控机床[M].上海:上海科学技术出版社,1990.

[7] 刘又午.数字控制机床[M].北京:机械工业出版社,1983.

[8] 周宗明.金属切削机床[M].北京:清华大学出版社,2004.

[9] 范相尧.现代机械设备设计手册:第3卷[M].北京:机械工业出版社,1996.

[10] 于骏一,邹青.机械制造技术基础[M].北京:机械工业出版社,2004.

[11] 赵玉刚,宋现春.数控技术[M].北京:机械工业出版社,2003.

[12] 王永章.数控技术[M].北京:高等教育出版社,2002年.

[13] 冯辛安.机械制造装备设计[M].2版.北京:机械工业出版社,2005

[14] 何萍.金属切削机床概论[M].北京:北京理工大学出版社,2010.